Controlling in der Baupraxis

Controlling in der Baupraxis

So sichern Sie Ihre Baustellengewinne

Herausgeber:
Prof. Dr.-Ing. Volker Wirth, Deggendorf

3. Auflage

Bundesanzeiger Verlag

Bibliografische Information der Deutschen Nationalbibliothek
Die Deutsche Nationalbibliothek verzeichnet diese Publikation in der Deutschen Nationalbibliografie; detaillierte bibliografische Daten sind im Internet über
http://dnb.d-nb.de abrufbar.

Bundesanzeiger Verlag GmbH
Amsterdamer Straße 192
50735 Köln

Internet: www.bundesanzeiger-verlag.de
Weitere Informationen finden Sie auch in unserem Themenportal unter
www.betrifft-bau.de

Beratung und Bestellung:
Tel.: +49 (0) 221 97668-306
Fax: +49 (0) 221 97668-236
E-Mail: bau-immobilien@bundesanzeiger.de

ISBN (Print): 978-3-8462-0395-8

Herstellung: Günter Fabritius
Satz: Satz-Offizin Hümmer GmbH, Waldbüttelbrunn
Druck und buchbinderische Verarbeitung: Medienhaus Plump, Rheinbreitbach
Printed in Germany

Vorwort des Herausgebers

Prof. Dr.-Ing. Volker Wirth

Eine Vielzahl von wertvollen Anregungen und der auch im Controlling stetige Wandel machten es möglich, eine neue wesentlich überarbeitete Auflage herauszubringen. Dabei wurden wichtige Ergänzungen aufgenommen. Eine wesentliche Ergänzung stellt das neue Kapitel »Controlling im 5D-Modell« dar. Hier wird dem Megatrend »Digitales Planen und Bauen«, international unter dem Begriff »BIM« bekannt, Rechnung getragen. Dieser Megatrend wird das Bauen revolutionieren und demzufolge auch Einflüsse auf das Controlling haben. Mit Dr.-Ing. Wolfgang Paul konnte hierzu ein anerkannter Fachmann in Sachen Controlling und 5D gewonnen werden.

Mit einem weiteren neuen Kapitel werden die Besonderheiten des Controlling im Ingenieurbüro behandelt. Prof. Dr.-Ing. Clemens Schramm stellt Kennzahlen für den Erfolg im Planungsbüro dar.

Ganz besonders liegt mir ein Nachruf am Herzen: Wir trauern um Werner Gutekunst, einen herausragenden Kaufmann, Baukaufmann, Unternehmer und sympathischen Menschen. In dieser Kombination ist Werner Gutekunst einzigartig. Wir werden ihm auch in diesem Fachbuch stets ein ehrendes Andenken bewahren!

Dem geneigten Leser wünsche ich viel Erfolg bei der Lektüre und praktischen Umsetzung! Wir bitten wieder um Ihre Kritik und Verbesserungsvorschläge!

Prof. Dr.-Ing. Volker Wirth — Juni 2015
Technische Hochschule Deggendorf

Inhaltsverzeichnis

Autorenverzeichnis

Prof. Dr.-Ing. Volker Wirth	Professor für Baubetrieb und Leitender Direktor der Akademie für Baumanagement an der Technischen Hochschule Deggendorf
Dipl.-Ing. (FH) Felix Aamot	Kalkulation, Leitung IT Mörk Bau GmbH & Co. KG, Leonberg
Dipl.-Ing., Dipl.-Betriebsw. Axel Blindow	Blindow& Partner Consulting GmbH, Innsbruck
Dipl.-Ing. Friedrich Karl Blindow	Blindow& Partner Consulting GmbH, Innsbruck
Prof. Dr. phil., Dipl.-Ing. (FH), Dipl.-Kfm. Bernd Breunig	Professor für Baubetrieb an der Hochschule Karlsruhe
Dipl.-Ing. (FH) Martin Brezger	Geschäftsführender Gesellschafter Mörk Bau GmbH & Co. KG, Leonberg
Betriebswirt (VWA) Werner Gutekunst (verstorben 2013)	Ostfildern/Stuttgart (ehemals Kaufm. Geschäftsführer, Müller-Altvatter Bauunternehmung, Stuttgart)
Dipl.-Ing. Calvin Kühn	Immomio Immobilienvermittlung, Hamburg
Prof. Dr. Klaus Möller	Georg-August-Universität Göttingen Wirtschaftswissenschaftliche Fakultät Professur für Unternehmensrechnung und Controlling
Dr.-Ing. Wolfgang Paul	Stellvertretender Institutsleiter am Institut für Baubetriebslehre, Universität Stuttgart
Dr.-Ing. Steffen Pekrul	CBDO Business Development, HOCHTIEF Building GmbH, Hamburg
Dr.-Ing. Albert Ripberger	Vorstand sfirion AG, Projektleitsysteme, München
Dr.-Ing. Dietmar Rudert	Essen (ehemals Prokurist, Leitung AV und Technische EDV, Teerbau, Essen)
Dipl.-Ing. Dominik Sablotny	kirstätter&partner Massivhaus GmbH, Mosbach-Neckarelz
Prof. Dr.-Ing. Clemens Schramm	Professor für Planungs- und Bauökonomie Jade Hochschule, Oldenburg
Dipl.-Ing. oec. MelichSeefeldt	Business Development Novozymes, Bagsværd (Dänemark)
Dipl.-Kfm. (FH) Michael Thon	Ferdinand Tausendpfund GmbH& Co. KG, Regensburg
Dipl.-Ing. (FH) Wolfgang Tockner	Blindow& Partner Consulting GmbH, Innsbruck

Abkürzungsverzeichnis

AB	Anfangsbestand
Abb.	Abbildung
Abs.	Absatz
AG	Auftraggeber
AGK	Allgemeine Geschäftskosten
AK	Arbeitskalkulation
AN	Auftragnehmer
AP	Ausführungsplanung
ARGE	Arbeitsgemeinschaft
AT	Arbeitstag
Aufl.	Auflage
BAB	Betriebsabrechnungsbogen
BAS	Bauarbeitsschlüssel
BE	Betriebsergebnis
BGF	Brutto-Grundfläche
BGK	Baustellengemeinkosten
BKR	Baukontenrahmen
BMSP	Büro- und Management-Software für Planer
BRI	Brutto-Rauminhalt
BStR	Baustellenrentabilität
ca.	cirka
CGM-System	Chancen-Gefahren-Managementsystem
CL	Checkliste
CR(-Controlling)	Chancen-Risiken-Controlling
d. h.	das heißt
DB	Deckungsbeitrag
DB	Deckungsbeitrag
DBF	Deckungsbeitragsfaktor
EB	Eröffnungsbilanz
EDV	Elektronische Datenverarbeitung
EK	Einzelkosten
EKT	Einzelkosten der Teilleistungen
f.	folgende
ff.	fortfolgende
GK	Gemeinkosten
GMP-Vertrag	Garantierter Maximalpreis-Vertrag

GoB	Grundsätze ordnungsgemäßer Buchführung
h	Stunde
HK	Herstellkosten
i. M.	im Mittel
IGC	Interessensgemeinschaft Controlling/International Group of Controlling
IuK	Informations- und Kommunikationsmanagement
KA	Kostenart
KA	Kalkulationsansatz
KAS	Kostenartenschlüssel
KER	kurzfristige Erfolgsrechnung
Kf	fixe Kosten
K_{ges}	Gesamtkosten
KLR	Kosten- und Leistungsrechnung
KSIV	Kosten-SOLL/IST-Vergleich
KSt	Kostenstelle
KT	Kostenträger
KTZ	Kostenträger-Zeitrechnung
Kv	variable Kosten
L	(Bau-)Leistung
LE-Menge	Leistungsmenge
LSP	Leitsätze für die Selbstkostenpreisermittlung
LV	Leistungsverzeichnis
NA	Nachtragsangebot
NK	Nebenkosten
NL	Nettoleistung
Nr.	Nummer
NU	Nachunternehmer
o. g.	oben genannt
OZ	Ordnungszahl
REFA	Verband für Arbeitsgestaltung, Betriebsorganisation und Unternehmensentwicklung (früher: **Re**ichsausschuß **f**ür **A**rbeitszeitermittlung – REFA)
RK	Rechnungskreis
SB	Schlussbestand
SEK	Sondereinzelkosten
SF	Schlüsselfertigbau
SK	Selbstkosten
SKP	Standardkostenplan
SSIV	Stunden-SOLL/IST-Vergleich

StLB	Standardleistungsbuch
T€	tausend €
u. a.	unter anderem
VA-Menge	Voraussichtliche Ausführungsmenge
VK	Vertragskalkulation
WB	Wertberichtigungen
WT	Wochentakt
WuG	Wagnis und Gewinn
z. B.	zum Beispiel

1. Erfolgsfaktoren des Controllings im Bau

Volker Wirth

Inhalt

1.1 Definition und Abgrenzung des Controllings

Es gibt keine einheitliche Definition des Controllings. Nach Horvath/2/ besteht Controlling aus folgenden Elementen:

- Planung,
- Kontrolle,
- Informationsversorgung.

Hilfreich ist eine zielorientierte Definition: Ziel des Controllings ist es, den wirtschaftlichen Erfolg des Unternehmens sicherzustellen. In der Baubranche bedeutet das für das Kerngeschäft, den wirtschaftlichen Erfolg jeder einzelnen Baumaßnahme sicherzustellen.

In der stationären Industrie lassen sich Kontrollen auch als Fremdkontrollen durchführen. Beispiele: In der Brauerei können die abgefüllten Flaschen abgezählt werden, die Automobilindustrie kann am Ende der Arbeitsschicht die Anzahl der fertiggestellten Fahrzeuge abzählen und mit der Sollvorgabe vergleichen. Bei Bauleistungen ist dies nur eingeschränkt möglich. Im Tiefbau ist die Leistung nach Fertigstellung zum Teil nicht mehr sichtbar. Damit hat das Element Kontrolle als Fremdkontrolle in der Bauindustrie nur eine eingeschränkte Bedeutung. Die Kontrolle ist eher im Sinne einer Selbstkontrolle möglich. Demzufolge wird das Element Steuerung ergänzt, das aussagt, dass das Controlling sein Ziel nur dann erreicht, wenn es selbständig betrieben wird. So ergibt sich folgende erweiterte Definition des Controllingsbegriffes für die Bauindustrie:

> **Controlling ist** die betriebswirtschaftliche Begleitung und Steuerung des ausführenden Bauunternehmens im Sinne einer **Selbststeuerung**.

Controlling in der Bauindustrie besteht damit aus den 4 Elementen:

1. Planung
2. Kontrolle

3. Steuerung
4. Informationsversorgung

Bezogen auf das Kerngeschäft des Baubetriebs lässt sich Controlling wie folgt definieren:

> Das **Baustellencontrolling** überwacht und steuert die Liquidität und das Ergebnis einer Baumaßnahme.

Diese Definition soll auch die Abgrenzung für dieses Fachbuch darstellen. Eingegangen wird auch auf eine effektive EDV-gestützte Informationsversorgung. Damit werden Themen wie Terminplanung, Qualitätssicherung usw., die alle erheblichen Einfluss auf das Baustellenergebnis haben, in diesem Fachbuch nicht näher untersucht.

1.2 Wertigkeit von Erfolgsfaktoren

Der Begriff des »Dynamischen Marktes« wird in der betriebswirtschaftlichen Literatur häufig strapaziert. Gemeint sind damit gravierende Veränderungen mit ihren erheblichen Auswirkungen auf alle wichtigen Geschäftsprozesse eines Unternehmens.

Die Baubranche war in den letzten Jahren einem nahezu dramatischen Wandel ausgesetzt. Mit der Wiedervereinigung leiteten viele Bauunternehmen ein überdurchschnittliches Wachstum ein. Eine Verdoppelung der Kapazitäten war dabei keine Seltenheit. Dies stellte das Management vor veränderte Aufgaben, die auch heute noch bestehen: Die vorhandenen Steuerungssysteme sind häufig nicht mehr geeignet. Baustellen müssen z. B. über größere Entfernungen als bisher gesteuert und überwacht werden. Der europäische Wettbewerb weitet sich zunehmend aus. Verschärft wird diese Entwicklung durch billige Fremdarbeitskolonnen. Neben diesen Veränderungen ist ein Trend zu umfassenden Dienstleistungen zu beobachten. Die Bauunternehmen werden eine Grundsatzentscheidung treffen müssen, ob sie zukünftig als Generalisten oder als Spezialisten am Markt operieren wollen. Einige Bauunternehmen entwickeln sich bereits zu Anbietern einer umfassenden »Dienstleistung Bau«, die von der Projektidee über die Finanzierung, die Planung, die Projektleitung, Teile der Ausführung und der Verwaltung sowie die Wartung des Bauwerks übernehmen. Andere sind dabei, sich weiter zu spezialisieren und als Nachunternehmer viele Gewerke für die Generalisten auszuführen. Nachfolgend sind Schwerpunkte des Wandels in der Baubranche aufgeführt:

- Verschärfter Wettbewerb,
- Internationaler Wettbewerb,
- Grundsatzentscheidung: Generalist oder Spezialist,
- Baustellen sind von der Verwaltung weiter entfernt,
- Einsatz von billigen Fremdarbeitskolonnen,
- Trend zur »Dienstleistung Bau«,
- zunehmend professionelle Auftraggeber.

Einen wesentlichen Wandel stellt der Trend zur »Dienstleistung Bau« dar. Dies betrifft nicht nur Unternehmen des Bauhauptgewerbes, die sich vom Rohbaubetrieb zum Anbieter von schlüsselfertigen Bauvorhaben entwickeln (müssen). Auch die Betriebe des Baunebengewerbes müssen sich diesem Trend stellen. So stellt sich z. B. für einen Malerbetrieb die Frage, weitere Ausbaugewerke mit anzubieten und somit als Generalunternehmer für den Ausbau am Markt aufzutreten.

Eine grundsätzliche Änderung stellt der verschärfte Wettbewerb dar, national wie auch international. Diese Verschärfung ging mit der Deutschen Einheit einher und zwingt die Bauunternehmen zum entschiedenen Handeln! Der Grund liegt darin, dass Marktveränderungen auch die Wertigkeit von Erfolgsfaktoren erheblich verändern können.

Unternehmen, die sich nicht schnell genug auf veränderte Marktverhältnisse einstellen, werden auf Null gestellt!

In einem Baumarkt mit geringer Wettbewerbsintensität spielt die Qualität der Angebotskalkulation und des Vertrags-/Nachtragsmanagements keine entscheidende Rolle. Begründung: Aufträge werden meist durch gute Kundenbeziehungen beschafft, Nachträge müssen bei Mehrkosten aufgrund des sehr guten Preisniveaus nicht gestellt werden.

Ganz anders verhält sich dies in einem Markt mit einem ausgeprägten Wettbewerb. Begründung: Gute Kundenbindungen reichen nicht mehr aus. Aufträge müssen mittels »scharf kalkulierter Angebote« beschafft werden. Das geringe Preisniveau zwingt den Unternehmer, Ansprüche bzgl. auftretender Mehrkosten über ein konsequentes Nachtragsmanagement vom Auftraggeber einzufordern. Nachfolgende Abbildung zeigt, wie sich die Wertigkeit von Angebotskalkulation und Nachtragsmanagement in einem erhöhten Wettbewerb erheblich verändert und diese beiden Geschäftsprozesse zu entscheidenden Erfolgsfaktoren macht!

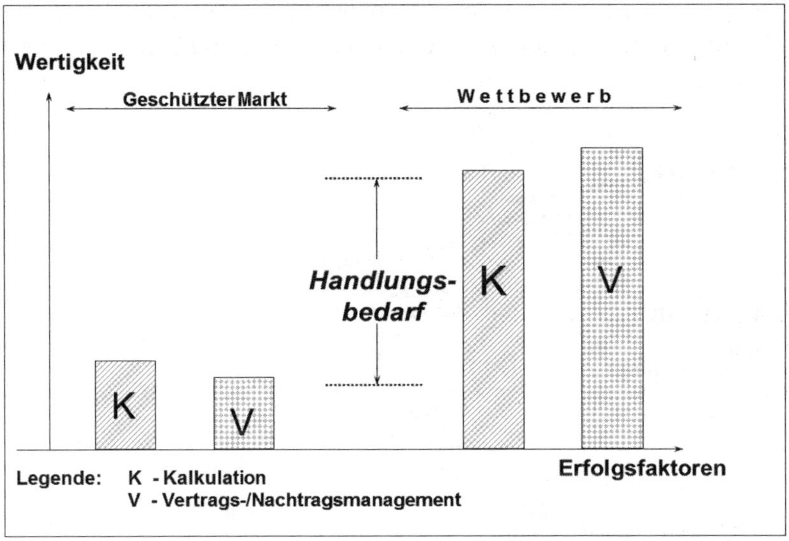

Abb. 1.1: Handlungsbedarf bei veränderten Wertigkeiten von Erfolgsfaktoren

1.3 Der ganzheitliche Controllingansatz

Neben den oben beschriebenen Marktveränderungen des nationalen und internationalen Wettbewerbs erschweren bauspezifische Randbedingungen die dringend erforderlichen Controllingprozesse:

- ausgeprägte Prozessorientierung,
- heterogene Auftragsstruktur,
- wechselnde Bauherrn,
- wechselnde Planer,
- Trennung Planung und Ausführung,
- instationäre Fertigung,
- Meister-/Ingenieurbaustellen,
- fehlende Standardisierung in der Ausschreibung,
- ausgeprägte Ressortegoismen,
- Berücksichtigung Klein-/Mittelbetriebe.

Die damit verbundene Heterogenität führt dazu, dass starre und häufig aus der stationären Industrie übernommene Controllingmethoden im Bauunternehmen zum Scheitern verurteilt sind. In der Praxis hat sich der ganzheitliche Controllingansatz bewährt, der flexibel auf die jeweiligen Randbedingungen reagiert und die Controllingprozesse entsprechend anpasst. Besonders bewährt hat sich dieser Ansatz im operativen Kerngeschäft: bei der Abwicklung von Bauvorhaben.

Von entscheidender Bedeutung ist, dass der Auftrag im Mittelpunkt aller Prozesse und Funktionsbereiche steht. Alle Beteiligten haben nach erfolgreicher Akquisition den Bauleiter bzw. Projektleiter in seiner unternehmerischen Aufgabe zu unterstützen.

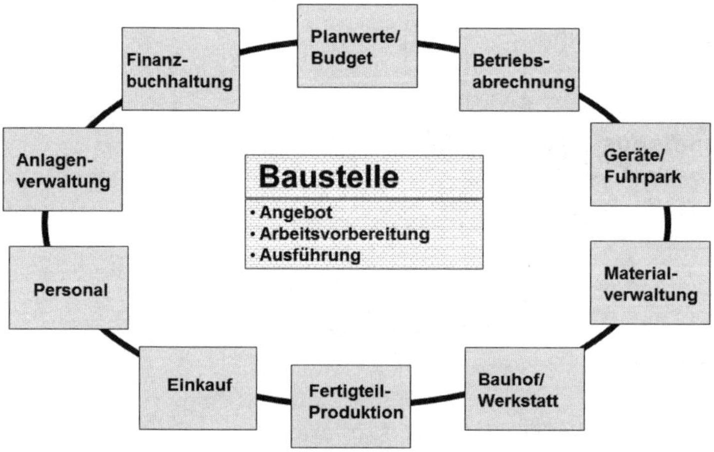

Abb. 1.2: Der Auftrag im Mittelpunkt

Aufeinander abgestimmte Erfolgsfaktoren erleichtern dies bzw. machen die geforderte Auftragsorientierung erst möglich. Der ganzheitliche Controllingansatz stellt eine ertragsorientierte Synthese dar, bei der alle wichtigen Komponenten berücksichtigt werden:

- Mitarbeiter, Personalentwicklung,
- Führungssysteme, Unternehmenskultur,
- strategische Planung,
- Controllingverfahren,
- betriebliche Aufbau-/Ablauforganisation,
- Teamentwicklung,
- Qualitätsmanagement nach ISO 9000 ff.,
- Informationskonzept/EDV-Systeme.

Die Mitarbeiter, das Humankapital, stehen dabei nicht zufällig an erster Stelle. Für die Unternehmen der Bauwirtschaft sind die Mitarbeiter die entscheidenden Erfolgsfaktoren!

1.4 Die VOB – Vertragsrechtliche Rahmenbedingungen

Die VOB /3/, Vergabe- und Vertragsordnung für Bauleistungen, schafft weitgehend ausgewogene Rahmenbedingungen für eine faire Abwicklung von Bauleistungen. Für das Controlling ist der § 2 VOB/B Vergütung von entscheidender Bedeutung, denn hier werden die Spielregeln für die Abrechnung von vertraglichen und außervertraglichen Leistungen mit dem Auftraggeber definiert. § 2 Nr. 1 regelt: »Durch die vereinbarten Preise werden alle Leistungen abgegolten, die . . . zur **vertraglichen Leistung** gehören.«

Damit verdient die vertragliche Leistung, der Vertragsgegenstand, eine besondere Betrachtung. »Auf dem Bau gehen die Uhren anders!« – diese Erkenntnis trifft insbesondere auf die Problematik Vertragsgegenstand zu. Beim Kauf eines PKWs lässt sich der Vertragsgegenstand exakt festlegen: mit oder ohne Schiebedach! Ja, es lässt sich sogar der Preis aus der Preisliste exakt ablesen! Bei Bauleistungen ist dies aus vielfältigen Gründen nicht möglich:

- Trennung zwischen Planung und Ausführung,
- die Planung ist bei Vertragsabschluss nicht abgeschlossen,
- Risiko/Restrisiko Baugrund,
- besondere Risiken bei Sparten wie Bausanierung, Spezialtiefbau, etc.,
- Störpotenziale der instationären Fertigung,
- Änderungswünsche des Auftraggebers bzw. Nutzers,
- Es gibt keine allgemeingültige Preisliste, sondern »nur« die projektspezifische Kalkulation des Unternehmers.

Erschwerend kommt hinzu, dass der Vertragsgegenstand aus vier Komponenten besteht: Baugrund, »Endprodukt« Bauleistung, Bauablauf (Art der Bauausführung), Kalkulationsannahmen. Die dritte und vierte Komponente wird in der VOB/B, dort § 2 Nr. 5 und 6, mit der Formulierung »Grundlagen des Preises bzw. der Preisermittlung« erwähnt. Dies sei an einem kleinen Beispiel verdeutlicht: Der Aushub von mehreren kleinen, nicht zusammenhängenden Abschnitten ist wesentlich kostspieliger als der Aushub desselben Volumens in einem zusammenhängenden Bauabschnitt. Dies liegt im Wesentlichen an der unterschiedlichen Produktivität der eingesetzten Arbeitskette.

Der Auftraggeber kann trotz aller Sorgfalt keine eindeutige Beschreibung des Vertragsgegenstands liefern. Demzufolge muss der Kalkulator des Unternehmers ergänzende Kalkulationsannahmen treffen. So kommt eine vierte Komponente hinzu, die das Konfliktpotenzial in der Abrechnung erheblich erhöht, da sie subjektiv von einem Vertragspartner (Unternehmer) geschaffen wurde.

Die vier Komponenten des Vertragsgegenstands:

1 – Baugrund

2 – »Endprodukt« Bauleistung

3 – Bauablauf (Art der Bauausführung)

4 – Kalkulationsannahmen

Angesichts dieser vier Komponenten des Vertragsgegenstands ist es verständlich, dass bei Bauleistungen häufig ein Streit über den Umfang der Vertragsleistung und zusätzliche Vergütungsansprüche entbrennt. Aus diesem Grund empfiehlt die VOB als Vertragsform den Einheitspreisvertrag, siehe hierzu § 5 Nr. 1 VOB/A: »Bauleistungen sollen so vergeben werden, ... a) in der Regel zu Einheitspreisen ... (Einheitspreisvertrag), ...«

Verschärft wird diese Situation durch den Trend zum Pauschalvertrag. Dies betrifft auch Bausparten, die sich einer Pauschalierung gemäß VOB entziehen. Die VOB definiert höchste Ansprüche an den Abschluss eines Pauschalvertrags: Er sollte nur geschlossen werden, wenn mit einer Änderung bei der Ausführung nicht zu rechnen ist (§ 5 Nr. 1 b) VOB/A). Das Risiko Baugrund lässt sich nie vollkommen ausschließen.

Damit ist eine wesentliche bauspezifische Besonderheit darin zu sehen, dass der außervertragliche Anteil an der Bauleistung zum Teil erheblich sein kann. Größenordnungen werden in nachfolgender Tabelle dargestellt.

Baumaßnahme	Außervertragliche Leistung in % der Auftragssumme	Ursachen
Hochbau	10%–20%	Baubegleitende Planung (Änderungen)
Bausanierung	10%–40%	Unwägbarkeiten
Spezialtiefbau	20%–80%	Risiko Baugrund
Sanierung denkmalgeschützter Gebäude	20%–100%	Unwägbarkeiten im Sanierungskonzept, behördliche Anordnungen

Abb. 1.3: Anteil der außervertraglichen Leistung

Die VOB hat klare Regeln zur Abrechnung von geänderten und zusätzlichen Leistungen geschaffen. Besonders klar sind die Bestimmungen im Kapitel 4 der VOB/C. Hier werden die zusätzlich zu vergütenden **Besonderen Leistungen** gewerkespezifisch und für jeden, auch den Nichtfachmann, nachlesbar und eindeutig definiert. Alle sogenannten Nachtragspreise sind auf Grundlage der Preisermittlung (Urkalkulation) zu vereinbaren.

Für das Controlling im Bau heißt das: Neben der Vertragsleistung muss vor allem die außervertragliche Leistung überwacht und gesteuert werden (siehe nachfolgende Abbildung).

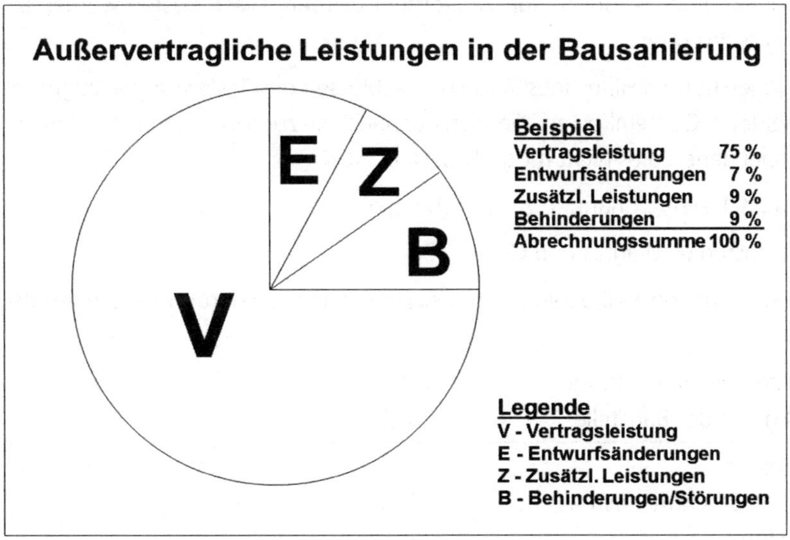

Abb. 1.4: Controlling der außervertraglichen Leistungen

1.5 Die Kalkulation als Ausgangsbasis

Die Angebotskalkulation ist die erste wichtige Phase der Projektbearbeitung. In dieser Phase geht es darum, zum einen mit einem kostengünstigen Angebotspreis gute Voraussetzungen für die Beauftragung zu schaffen. Zum anderen müssen mit einer ausführungsgerechten Kalkulation die Grundlagen für das Baustellencontrolling geschaffen werden. Damit steht bei Auftragserteilung bereits die Arbeitskalkulation zur Verfügung, auf deren Basis eine erste Ergebnishochrechnung zum Bauende erstellt werden kann.

Bauleistungen sind im Allgemeinen in Form von Leistungsverzeichnissen beschrieben. Ausnahme sind funktionale Ausschreibungen, bei denen die Leistungen nicht detailliert mit Positionsbeschreibungen definiert werden. Zur qualifizierten Bearbeitung empfiehlt sich in diesen Fällen, ein eigenes Leistungsverzeichnis zu erstellen.

Nachdem es keine Baustelle ohne Vertragsänderungen gibt, ist dem Gebot der verursachungsgerechten Kostenzuordnung besondere Bedeutung beizumessen. Nur so ist gewährleistet, dass es bei Leistungsänderungen zu keiner Kostenunterdeckung kommt. Nach der Zurechenbarkeit sind zu unterscheiden:

- Einzelkosten,
- Gemeinkosten.

Einzelkosten können direkt einzelnen Teilleistungen (Positionen) zugeordnet werden. So können z. B. die Stoffkosten für Beton direkt einer Betonposition zugeordnet werden. Diese Kosten werden als Einzelkosten der Teilleistung bezeichnet.

Gemeinkosten können dagegen nur mit Hilfe eines Verteilungsschlüssels den Teilleistungen zugeordnet werden. Man unterscheidet in Gemeinkosten, die man der Baustelle zuordnen kann (z. B. Bauleitung), und Gemeinkosten, bei denen dies nicht möglich ist (z. B. AGK):

- Gemeinkosten der Baustelle (zeitabhängig, zeitunabhängig),
- Allgemeine Geschäftskosten (+ Wagnis und Gewinn).

Beim Aufbau einer ordnungsgemäßen Kalkulation ergibt sich folgende Gliederung der Angebotssumme:

1.	Einzelkosten der Teilleistungen	(EKT)
2.	Gemeinkosten der Baustelle	(BGK)
=	Herstellkosten	
3.	Allgemeine Geschäftskosten	(AGK)
=	Selbstkosten	(SK)
4.	Wagnis und Gewinn	(WuG)
=	Angebotssumme (ohne Umsatzsteuer)	
5.	Umsatzsteuer	
=	Angebotssumme (mit Umsatzsteuer)	

Bei der Kalkulation empfiehlt sich eine Trennung in

- zeitunabhängige Kosten und
- zeitabhängige Kosten.

Dies hat Vorteile bei Nachforderungen bzgl. Bauzeitverlängerungen.

Ziel der Angebotskalkulation ist es, die zu erwartenden Kosten eines Projektes möglichst genau zu ermitteln (Nullkalkulation) und daraus einen möglichst marktgerechten Angebotspreis (Preiskalkulation) abzuleiten. Dazu stehen zwei unterschiedliche Verfahren der Zuschlagskalkulation (nach Opitz) zur Verfügung:

- Kalkulation über die Angebotssumme,
- Kalkulation mit vorberechneten Zuschlägen.

Bei der Kalkulation über die Angebotssumme werden die Gemeinkosten für jedes zu kalkulierende Angebot gesondert ermittelt. Daraus ergeben sich für jedes Angebot unterschiedliche Einzelkostenzuschläge. Dieses Verfahren ist damit wesentlich genauer als das Verfahren mit vorberechneten Zuschlägen, das mit meist einmal jährlich festgelegten Einzelkostenzuschlägen arbeitet, ohne die unter Umständen stark unterschiedlichen Kostenstrukturen der Angebote zu berücksichtigen.

Die Kalkulation über die Angebotssumme ermittelt jeweils

- Gemeinkosten der Baustelle,
- Allgemeine Geschäftskosten,
- Wagnis und Gewinn

für jedes Angebot neu. Diese Beträge werden zum Gemeinkostenblock zusammengefasst und mit Hilfe eines Verteilungsschlüssels auf die Einzelkosten der Teilleistungen umgelegt. Zur möglichst effektiven Unterstützung der Auftragsbeschaffung sollte eine Kalkulation immer in zwei Phasen erstellt werden:

1) Nullkalkulation: bestmögliche Kostenermittlung (Vollkostenrechnung),

2) Preiskalkulation: Festsetzung des Abgabepreises.

Nach einer bestmöglichen Kostenermittlung (Nullkalkulation) werden Marktüberlegungen angestellt und verschiedene Szenarien durchgespielt. »Es wird nie so gebaut wie geplant und vertraglich vereinbart. . .«. Diesem Umstand sollte bereits die Angebotsbearbeitung Rechnung tragen. Die Kunst des Kalkulators besteht darin, die voraussichtliche Ausführung bestmöglich vorherzusehen. Dies ist sicher nicht immer ganz einfach. Eine praktikable Methode ist, verschiedene mögliche Szenarien durchzuspielen. Ziel der Simulation ist, die Einheitspreise eines Angebots gegenüber der »Normalberechnung« (Nullkalkulation) so zu verändern, dass eine Reduzierung der Angebotssumme möglich ist, ohne Verluste in Kauf nehmen zu müssen. Ziel kann auch sein, bei Leistungs- und Massenänderungen Kostenunterdeckungen zu vermeiden bzw. Abrechnungsvorteile zu realisieren.

1.6 Die Psychologie des Controllings

Wie bereits beschrieben, entzieht sich das Bau-Controlling meist stichprobenartigen Fremdkontrollen. Welche Techniken und Verhaltensweisen gewährleisten ein funktionierendes Controllings? Was müssen alle Beteiligten beachten? Wie stark ist der **emotionale Anteil**? Im Mittelpunkt steht die Erfahrung, dass das Controlling von Baustellen nur im Team funktioniert, d. h. alle Beteiligten müssen miteinander »funktionieren«:

- Bauleiter als Controller,
- Kalkulator,
- Kaufmännischer Leiter,
- Oberbauleiter bzw. Niederlassungsleiter.

Beim Baustellencontrolling geht es vorrangig darum, gewünschte Ergebnisse zu erzielen und den Finanzierungsaufwand so gering wie möglich zu halten. Dies kann nur erreicht werden, wenn drohende Risiken und damit verbundene Probleme im o. g. Team kurzfristig gelöst werden können. Damit beinhaltet das Baustellencontrolling wesentliche Elemente des Problem- und Krisenmanagements. In der Praxis zeigt sich dabei, dass man in einem guten Verhältnis zur Person im »Controllingteam« die schwierigsten und unangenehmsten Problemstellungen und unterschiedliche Interessen gemeinsam lösen kann, während in anderen Fällen der geringste Anlass zu tiefen Zerwürfnissen und unerbittlichen Kämpfen führen kann.

Damit weist das Controlling im Bau eine wesentliche psychologische Komponente auf:

Controlling im Bau wird ohne psychologisches Fundament nicht funktionieren!

BEISPIEL:

Ein Bauleiter wird beim monatlichen Controlling-Gespräch auf den drohenden Verlust nur dann hinweisen, wenn ihm sein Chef »den Kopf nicht abreißt ». Ansonsten holt er sich die »Gardinenpredigt« lieber nur einmal ab, und zwar erst am Bauende!

1.7 Praktische Einführung auf Pilotbaustellen

Die praktische Einführung und Umsetzung eines ganzheitlichen Unternehmenscontrolling ist ein Prozess, der sich über Jahre erstreckt. Entscheidend für den Erfolg ist eine auf die Belange des Unternehmens abgestimmte Vorgehensweise. Vorteilhaft für die erzielbare Wertschöpfung ist der

Einstieg über das Baustellencontrolling

Damit ist sichergestellt, dass der administrative und kaufmännische Bereich optimal auf die Kernprozesse eines Baubetriebs abgestimmt ist. So wird z. B. die Ausprägung der Kostenrechnung in hohem Maße von der Gestaltung des Baubetriebsprozesses beeinflusst.

In der Praxis hat sich folgende Vorgehensweise bewährt. Nicht zu unterschätzen ist die Bedeutung einer zielgerichteten Projektidee, mit der eine nachhaltige Motivation bei allen Beteiligten erreicht werden kann. Hierbei ist wichtig, dass die Idee aus dem Unternehmen für das Unternehmen entwickelt wird. Dies sollte sich auch in einer geeigneten Projektbezeichnung widerspiegeln, z. B. **»Erfolgreiche Baustelle«.** Von entscheidender Bedeutung ist der geeignete Zeitpunkt für den Projektstart. Die Bauwirtschaft ist im Gegensatz zur übrigen Industrie von ausgeprägten konjunkturellen Höhen und Tiefen gekennzeichnet. Es ist in guten Zeiten sicher einfacher, derartige Prozessoptimierungen durchzuführen.

Nach dem Projektstart sollte pragmatisch mit Pilotprojekten bzw. Pilotbaustellen begonnen werden. Die **Methode der Pilotbaustelle** an konkreten Baustellen/Aufträgen bietet folgende Vorteile:

- Ausbildung on the job (keine verlorene Zeit!),
- konsequente Ausrichtung auf die Praxis,
- schnelle Erfolgserlebnisse,
- schneller return on investment,
- gute Motivation durch konkreten Bezug zum Tagesgeschäft.

1.8 Der »Rote Faden« eines erfolgreichen Bau-Controllings

Auf der Basis der vorigen Ausführungen wird nachstehend versucht, alle wichtigen Elemente und Sichtweisen des Bau-Controllings im Sinne eines »Roten Fadens« in Beziehung zueinander darzustellen.

Zu dem »Fundament« des Bau-Controllings gehören die Elemente Planung, Steuerung, Kontrolle und Informationsversorgung sowie das Rechnungswesen. Die EDV-Unterstützung hat sich mittlerweile zum Standard entwickelt. Wichtig ist die Ausrichtung auf die Besonderheiten der Baubranche. Beispiel: Die vergangenheitsorientierte Kontrolle ist auf Baustellen nicht so effektiv wie bei der Serienfertigung in der stationären Industrie. Daher ist auf die Zukunftsorientierung Wert zu legen; d. h., was können wir bis zum Bauende noch tun, um das geplante Baustellenergebnis zu erzielen?

Auf dieser Basis sind die Besonderheiten der verschiedenen Bausparten wie Hochbau, Schlüsselfertigbau, Straßen-/Tiefbau und Tunnelbau in spezifischen Controllingsystemen auszuprägen. Ergänzend werden die Änderungen beim Controlling des virtuellen Bauens im 5D-Modell erläutert. Flankierend muss das Controlling in die Organisation des Unternehmens eingebettet und in die Prozesse des Projekt- und Risikomanagements eingebunden werden. Planungsbüros stehen ebenso unter dem Druck des wirtschaftlichen Arbeitens, jedoch unterliegt das Controlling anderen Spielregeln als im Bauunternehmen. Die Psychologie ermöglicht als schützendes »Dach« die erforderliche Akzeptanz, eine effektive Umsetzung und die praxisgerechte Anwendung des Controllings. O. g. Elemente werden in den nachfolgenden Kapiteln behandelt. Die Nummerierung in der Abbildung entspricht den Kapitelnummern des Buches.

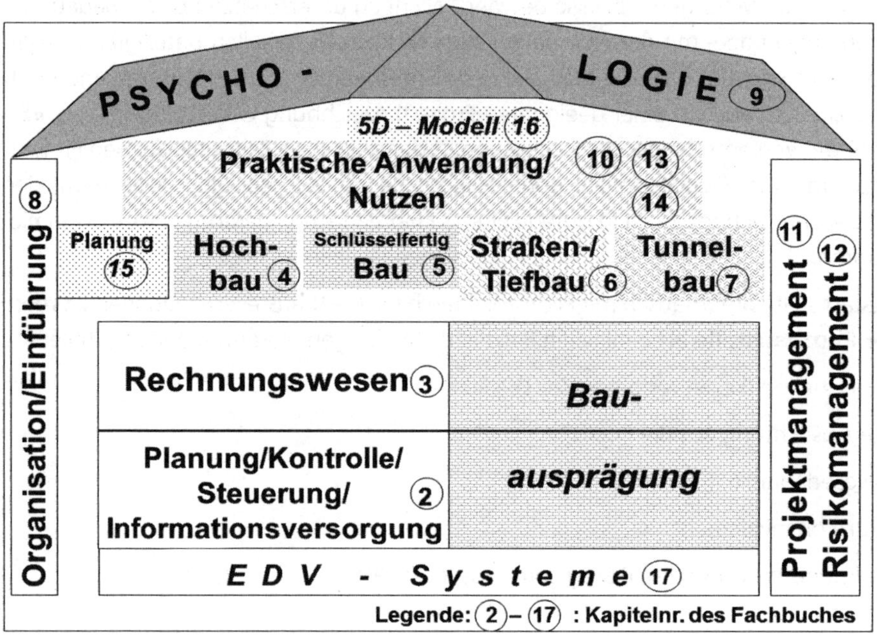

Abb. 1.5: Der »Rote Faden« eines erfolgreichen Bau-Controllings

Nachfolgend sind wichtige Ansätze und Regeln für ein erfolgreiches Controlling im Bau aufgeführt:

1. Controlling ist nicht gleich Kontrolle sondern Selbststeuerung,
2. der Mitarbeiter steht im Vordergrund,
3. flexible Handhabung anstatt fester Kochrezepte,
4. Einstieg über Pilotbaustellen,
5. auf Bestehendem aufbauen,
6. Controlling muss zur Routine werden!

Literatur

/1/ **Wirth, V., Seyfferth, G. u. a.** »Baustellencontrolling«, expert verlag, Renningen-Malmsheim 2001

/2/ **Horváth, P.** Controlling, 12. Aufl., Vahlen Verlag München 2011

/3/ **VOB** VOB 2012, Vergabe und Vertragsordnung für Bauleistungen, Beuth Verlag, Berlin 2012

/4/ **Wirth, V., u. a.** »Erfolgsfaktor Nachtragsmanagement im Bauwesen«, expert verlag, Renningen-Malmsheim 2000

2. Grundlagen und Elemente des Controllings

Klaus Möller, Martin Brezger, Felix Aamot

Inhalt

2.1 Historie

Die Ursprünge der institutionalisierten Controllingaufgaben im heutigen Sinne liegen in der industriellen Entwicklung in den USA in der zweiten Hälfte des 19. Jahrhunderts. Als Folge des Wachstums, einer stärkeren und umfassenderen steuerlichen Belastung und der komplizierten Finanzierungsformen nahmen die Aufgaben im Rechnungswesen stark zu. Das hohe Volumen machte es notwendig, diese Aufgaben von den Aufgaben des »secretary« (»Schriftführer«) und des »treasurer« (»Schatzmeister«) zu trennen.

- Die Eisenbahngesellschaften waren zu jener Zeit die Vorreiter der Industrialisierung: das »Atchison, Topeka & Santa Fe Railway System« richtete 1880 die Stelle eines »Controllers« ein, die eher mit finanzwirtschaftlichen Aufgaben ausgestattet war.
- Als erste Industrieunternehmung etablierte die »General Electric Company« 1892 die Stelle des Controllers.

Die Herausforderung der Depressionsjahre der Weltwirtschaftskrise hat zu verstärkten Anstrengungen auf den Gebieten der Planung und des Rechnungswesens in der Unternehmung und damit zur Etablierung der Controllingfunktion geführt. 1931 wurde das »Controller's Institute of America« gegründet. 1962 wurde der Verband in »Financial Executives Institute« umbenannt. Zu diesem Zeitpunkt umfasste er in den USA und Kanada ca. 5000 Mitglieder. 1934 wurde die Zeitschrift »The Controller« zum ersten Mal veröffentlicht, die seit 1962 unter dem Titel »The Financial Executive« erscheint. Im Jahre 1944 erfolgte die Gründung der Forschungsinstitution »Controllership Foundation«, die ebenfalls 1962 den Namen »Financial Executives Research Foundation« bekam.

In der Bundesrepublik fand die Controllingfunktion erst in der zweiten Hälfte der fünfziger Jahre des vergangenen Jahrhunderts Verbreitung. Auslöser waren mehrere Artikelveröffentlichungen deutscher Praktiker, die offenbar nach Reisen in die USA entstanden und für die Popularisierung des Controllings hierzulande sorgten. Die Ursache für diese Verzögerung ist insbesondere in den folgenden Punkten begründet:

- Das Maß der wirtschaftlichen Freiheit war in den USA der zwanziger Jahre größer als in Deutschland: Planung und Kontrolle erfolgten ausschließlich durch die Unternehmen selbst.
- In den USA war die Weltwirtschaftskrise früher und intensiver wirksam als in Deutschland. Die Unternehmen waren gezwungen, Planung und Kontrolle zu intensivieren.
- In den USA ist die Praxisnähe der Betriebswirtschaftslehre größer als in Deutschland. Wissenschaft und Unternehmen haben die Eignung des Rechnungswesens als Instrument der Führung früher erkannt.

In den vergangenen Jahren hat sich das Controlling stetig weiterentwickelt und ist heute eine aus modernen Unternehmen nicht mehr wegzudenkende Führungsfunktion. Trotz seiner Etablierung bestehen aber sowohl in der Theorie als auch in der Praxis z. T. erhebliche Meinungsunterschiede darüber, was unter dem Begriff »Controlling« genau zu verstehen ist.

Gleich zu Anfang erscheint daher eine Präzisierung des Controllingsbegriffes angebracht. Unstreitig ist, dass Controlling weit mehr als »Kontrolle« bedeutet. In der amerikanischen Managementliteratur bezeichnet man mit »Management Control« die Gesamtheit aller Führungsaufgaben, die der Durchsetzung und Überwachung der geplanten Entscheidungen dienen. Unter »Control« versteht man Beherrschung, Lenkung, Steuerung und Regelung von Prozessen und damit wesentlich mehr als Kontrolle; in sinngemäßer Übersetzung könnte man von Unternehmenssteuerung sprechen. Controlling bedeutet im amerikanischen Sprachgebrauch Wahrnehmung von »Control«. Bei der Umschreibung der Gesamtheit der Controllingaufgaben im deutschen Sinne ist im Amerikanischen von »Controllership« die Rede. In der deutschen Fachsprache hat sich für die institutionalisierte koordinierende Funktion der Informations- und Planungsunterstützung der missverständliche Ausdruck »Controlling« eingebürgert. Festzuhalten sei aber, dass damit immer »Controllership« gemeint ist.

Controlling ist heute ein funktionsübergreifendes Steuerungskonzept mit der Aufgabe der ergebnisorientierten Koordination von Planung, Kontrolle und Informationsversorgung. Die Koordinationsaufgabe des Controllers besteht also darin, sicherzustellen, dass durch das Management im Hinblick auf das Unternehmensergebnis geplant und kontrolliert wird und ihm die dafür notwendigen Informationen vorliegen. Der Controller selbst plant und kontrolliert in der Regel nicht, sondern das Management. Der Controller besitzt die Verantwortung für die von ihm zusammengestellten und aufbereiteten Informationen, das Management für die in Folge getroffenen Entscheidungen, die durch die verabschiedeten Pläne repräsentiert werden. Die folgende Abb. bringt prägnant das heutige Bild des Controllers und die von ihm wahrzunehmenden Aufgaben zum Ausdruck.

Controller-Leitbild der "Interessengemeinschaft Controlling" (IGC)

Controller gestalten und begleiten den Management-Prozess der Zielfindung, Planung und Steuerung und tragen damit Mitverantwortung für die Zielerreichung

Das heißt:

- Controller sorgen für Strategie-, Ergebnis-, Finanz-, Prozesstransparenz und tragen somit zu höherer Wirtschaftlichkeit bei.
- Controller koordinieren Teilziele und Teilpläne ganzheitlich und organisieren unternehmensübergreifend das zukunftsorientierte Berichtswesen.
- Controller moderieren und gestalten den Management-Prozess der Zielfindung, der Planung und der Steuerung so, dass jeder Entscheidungsträger zielorientiert handeln kann.
- Controller leisten den dazu erforderlichen Service der betriebswirtschaftlichen Daten- und Informationsversorgung.
- Controller gestalten und pflegen die Controllingsysteme.

IGC-Vollversammlung, 14. September 2002

Abb. 2.1: Das Controllerleitbild der International Group of Controlling (IGC)

Grundsätzlich ist jedoch strikt zwischen dem Controlling als Funktion und dem Controller als Funktionsträger zu unterscheiden. Controlling im Sinne von Steuerung ist eine zentrale Aufgabe des Managements. Jeder Manager übt im Rahmen seiner Aufgabe auch Controllingfunktionen aus. Der Controller ist »Sparringspartner« des Managers bei der Zielfindung und -erreichung. Der Controller sorgt auch dafür, dass sich jeder im Rahmen der erarbeiteten Ziele und Pläne selbst kontrollieren kann. Das Controlling als Prozess und Denkweise entsteht somit durch Manager und Controller im Team und bildet eine Art »Schnittmenge«. Den Zusammenhang zwischen der Führungsaufgabe des Managers, dem Controlling und den Aufgaben des Controllers verdeutlicht die Abb. 2.2.

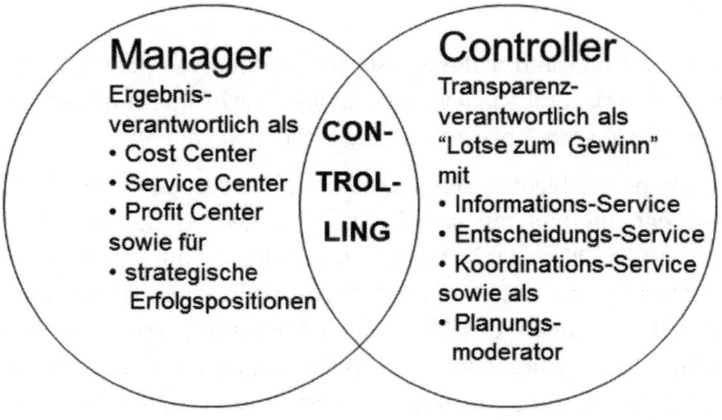

Abb. 2.2: Controlling als Schnittmenge zwischen Manager und Controller

2.2 Das Controllingsystem

Jedes Unternehmen verfolgt eine bestimmte Strategie, deren Erreichung durch die Schaffung einer geeigneten Organisationsstruktur gewährleistet wird. Als Subsystem des Führungssystems ist in diese Organisationsstruktur das Controllingsystem eingebettet, das dem Controller zur Wahrnehmung seiner Aufgaben dient. Die wichtigsten Bestandteile des Führungssystems, auf die sich die Tätigkeit des Controllers richtet, sind

- das Planungs- und Kontrollsystem und
- das Informationsversorgungssystem.

Elemente des Controllingsystems sind:

- Controllingaufgaben (funktionale Sicht),
- Organisation des Controllings (institutionale Sicht),
- Controllinginstrumente (instrumentale Sicht),

die zusammen ein Ganzes – eben ein System – ergeben müssen. Die Aufgabe des Controllers besteht also darin, die in Unternehmen in der Regel vorhandenen einzelnen Bausteine zu sortieren, auf Brauchbarkeit zu überprüfen, zu ergänzen und zu einem solchen System zusammenzuführen.

Die wichtigste Informationsquelle innerhalb des Informationsversorgungssystems ist das Rechnungswesen. Ein wichtiger Bestandteil des Planungs- und Kontrollsystems ist die Budgetierung. Neben der operativen und kurzfristigen Planung gewinnt inzwischen die Berücksichtigung strategischer Aspekte im Rahmen der strategischen Planung immer mehr an Bedeutung. Die Abb. 2.3 verdeutlicht das Zusammenspiel der einzelnen Komponenten noch einmal.

Grundsätzlich hat der Controller sowohl bezüglich des Planungssystems als auch des Informationsversorgungssystems immer zwei verschiedene Koordinationsaufgaben:

- Zum einen die **Gestaltung**, d. h. inhaltlich und formal abgestimmter Aufbau eines Informationsversorgungs- sowie Planungs- und Kontrollsystems und deren Weiterentwicklung,
- zum anderen **laufende Abstimmung** beider Systeme, die man als Koordination eines Regelkreises beschreiben kann.

Hinsichtlich der Gestaltung ist zu betonen, dass Informationsversorgungssystem und Planungs- und Kontrollsystem nicht unabhängig voneinander aufgebaut werden können. Sie hängen inhaltlich zusammen, da z. B. die Zahlen des Rechnungswesens bei der Planung verarbeitet werden.

Die laufende Abstimmung beider Systeme geschieht wie folgt: Die Planung versucht ausgehend von dem zum Planungszeitpunkt gegebenen Informationsstand, für das Unternehmen adäquate Leistungsmaßstäbe zu finden und festzusetzen. Durch das im Gegensatz zur Planung auf Verbesserung des Informationsstandes ausgerichtete Informationssystem werden regelmäßig Ist-Zahlen ermittelt, die über die tatsächliche Realisierung der Vorgaben Aufschluss geben. Die Tätigkeit des Controllers innerhalb dieses Regelkreises besteht in der anschließenden Gegenüberstellung der Planzahlen mit den Ist-Werten (Soll-/Ist-Vergleich), der Analyse der aufgetretenen Abweichungen auf ihre Ursachen hin und gegebenenfalls in der Verabschiedung von Korrekturmaßnahmen, die sich auf die weitere

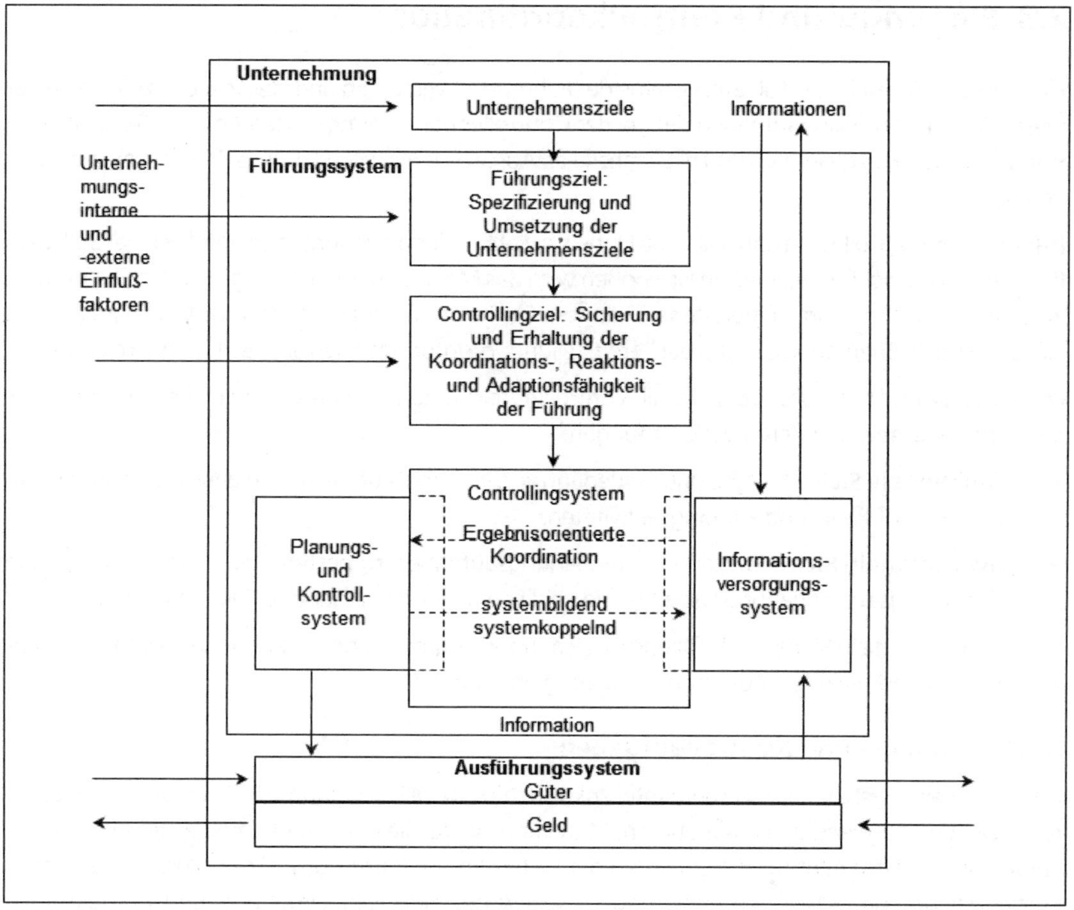

Abb. 2.3: Das Controllingsystem

Planung auswirken. Die laufende Abstimmung ist somit als Reaktion auf veränderte Informationen inner- und außerhalb des Unternehmens, als »Störungsbewältigung« zu verstehen. Dabei gilt: Abweichungen werden durch Veränderungen des Unternehmens und der Unternehmensumwelt zwangsläufig auftreten. Deswegen sind sie niemals Schuldbeweise für etwaige Versäumnisse einzelner Mitarbeiter, sondern einzig und allein Grundlage für das Treffen weiterer Maßnahmen.

Insgesamt dient das Controllingsystem mit seinen Bestandteilen der Führung, indem diese das Planungssystem durch die Erstellung konkreter Pläne nutzt und dazu die vom Controller bereitgestellten Informationen aus dem Informationsversorgungssystem verarbeitet. Die Realisierung der Entscheidungen der Führung, welche in den Plänen zum Ausdruck kommen, geschieht dann durch die konkrete Leistungserstellung.

2.3 Planungs- und Kontrollkoordination

Planung und Kontrolle sind als Subsysteme der Führung zu verstehen und stellen gleichzeitig eine der wesentlichen Controllingaufgaben dar, da der Controller das Planungsverfahren zu entwickeln, den Planungsprozess zu realisieren und die finanziellen Auswirkungen von Planungsalternativen aufzuzeigen hat.

Planung und Kontrolle sind dabei als eine Einheit zu sehen, denn nur durch den Vergleich der Soll-Größen mit den tatsächlich realisierten Ist-Größen wird das Management in die Lage versetzt, steuernd – im Sinne von Controlling – eingreifen zu können. Die Kontrollaufgabe besteht vorrangig im Aufbau eines Messinstrumentariums und in der Bereitstellung von Informationen über Soll-Ist-Abweichungen.

Ein Planungs- und Kontrollsystem, das alle controllingrelevanten Aspekte umfasst, besteht aus folgenden **Subsystemen** und deren Verknüpfungen:

- **funktionale Sicht:** Analyse und Festlegung von Planungsaufgaben und deren Beziehungen im Hinblick auf Pläne und Planungsaktivitäten,
- **institutionale Sicht:** Zuordnung der Planungsaufgaben zu bestimmten Aufgabenträgern in der Organisation (Planungsorgane) und zeitlicher Ablauf der Planung (Planungsprozess),
- **instrumentale Sicht:** zur Erfüllung von Planungsaufgaben eingesetzte ideelle (Methoden, Verfahren) und reale (Computerunterstützung) Instrumente.

2.3.1 Planungs- und Kontrollaufgaben

Planung ist eine systematisch vorbereitete, zukunftsbezogene Festlegung von Zielen sowie der zu ihrer Erreichung notwendigen Maßnahmen, Mittel und Wege. Sie ist als »Zukunftsgestaltung« ein unentbehrliches Instrument für die Erhaltung der Unternehmung und sorgt für Erfolgssicherung bzw. Effizienzsteigerung, Risikoerkenntnis und -reduzierung, Flexibilitätserhöhung und Komplexitätsreduktion und schafft Synergieeffekte.

Mit zunehmender Komplexität des Unternehmens wächst auch die Formalisierung des Planungssystems. Die Notwendigkeit der Formalisierung der Planung ist in Theorie und Praxis unumstritten, der notwendige Grad der Formalisierung hingegen schon eher. Die Formalisierung darf nicht zu einem Ausufern des Zeitaufwands und der Ausgaben führen und die Flexibilität einschränken.

Grundsätzlich lässt sich die Planung in folgende **Planungsphasen** aufteilen:

- Zielbildung,
- Problemstellung,
- Suche nach Handlungsalternativen,
- Beurteilung der Handlungsalternativen,
- Entscheidung.

Als weitere Führungstätigkeiten schließen sich die Realisation und die Kontrolle mit der Abweichungsanalyse an. Das Ergebnis der Planung ist schließlich der **Plan**, dessen Grundbestandteile am Beispiel der Abb. 2.4 wiedergegeben werden.

Problem:	Was müssen wir tun? Warum?
Ziele:	Wohin wollen wir?
Bedingungen:	Unter welchen Bedingungen?
Maßnahmen:	Was tun wir? Wie realisieren wir es?
Termine:	Bis wann?
Ressourcen:	Womit realisieren wir es?
Träger:	Wer realisiert was?
Ergebnis:	Was wird erreicht?

Abb. 2.4: Grundbestandteile eines Plans

Die Planungs- und Kontrollaufgaben lassen sich differenzieren zum einen nach den **Plänen** (inhaltlich) und zum anderen nach **Planungsaktivitäten**. Inhaltlich geht es darum, das komplexe Planungsproblem in einzelne, überschaubare Pläne zu spalten, diese dann untereinander abzustimmen und zu einem Gesamtplan zusammenzufassen. Aufgabenbezogen geht es um die Erstellung und Abstimmung verschiedener Arten von Plänen.

Beim **Gegenstand** der Planung geht es um Differenzierung und Abstimmung von Plänen nach betrieblichen Tätigkeitsbereichen, z. B. nach Funktionen, Divisionen, geographischen Einheiten, Projekten usw. Inputbezogen lassen sich Personal-, Anlagen-, Material- und Finanzplanung, outputbezogen Produkt-, Produktions- und Absatzplanung unterscheiden.

Beim **Zeithorizont** der Planung erfolgt die Einteilung nach Planungsfristigkeit: kurzfristige (bis zu einem Jahr), mittelfristige (zwei bis fünf Jahre) und langfristige (mehr als fünf Jahre) Pläne werden erstellt und aufeinander abgestimmt.

Bei Abstimmung nach **Planungsstufen** wird nach dem Ausmaß der geplanten Systemänderung in strategische, taktische und operative Planung differenziert. Diese drei Stufen lassen sich als eine Hierarchie in dem Sinne ansehen, dass die übergeordnete Ebene jeweils den Rahmen abdeckt, in dem auf der unteren Ebene geplant wird. Auf der strategischen Stufe wird die grundsätzliche Entwicklung der gesamten Unternehmung für einen längeren Zeitraum geplant und kontrolliert. Es handelt sich um Veränderungen, die das Gesamtsystem Unternehmung betreffen. Aufgaben der strategischen Planung liegen im rechtzeitigen Erkennen von Chancen und Gefahren für die Unternehmung und im Entwickeln von Strategien zur Wahrnehmung der Chancen und zur Abwehr der Risiken. Auf der taktischen Stufe geht es darum, konkrete operationale Ziele für die Gesamtunternehmung und für ihre Teilbereiche auszuarbeiten und Ressourcen und Maßnahmen zur Zielerreichung festzulegen. Auf der operativen Stufe handelt es sich um die in der Regel kurzfristige Planung der Leistungserstellungs- und Leistungsaustauschprozesse. Dabei wird von gegebenen Kapazitäten und feststehendem Produktangebot ausgegangen.

Nach dem **Zielbezug** unterscheidet man Formalzielplanung und Sachzielplanung. Sachziele beziehen sich auf reale Aktivitäten des Unternehmensprozesses (z. B. Herstellung einer bestimmten Anzahl eines neuen Produktes). Formalziele beziehen sich dagegen auf Erfolgs- und Liquiditätsaspekte konkreter Maßnahmen (z. B. Erreichung eines bestimmten Umsatzes und/oder einer bestimmten Rentabilität).

Die vielfältigen Planarten in einem Unternehmensplanungssystem erfordern eine wirksame Koordination, um das Gesamtunternehmen auf wirtschaftlichen Erfolg auszurichten. Der gegenseitige Abgleich der Pläne und die Lösung von Interessenkonflikten der Planverantwortlichen gehört zu den wichtigsten Aufgaben des Controllers.

Koordination der Teilpläne bedeutet im Einzelnen:

- Planerstellung nach einheitlichen (durch Planungsrichtlinien vorgegebenen) Kriterien,
- Verdichtung der Ergebnisse der Teilpläne zu einem Gesamtplan,
- sachliche und zeitliche Abstimmung der Teilpläne untereinander und mit dem Gesamtplan,
- Verknüpfung der Teilpläne untereinander, um Rückwirkungen und andere Einflüsse berücksichtigen zu können.

Eine andere Möglichkeit, die Planungs- und Kontrollaufgaben zu differenzieren, richtet sich nach den **Planungsaktivitäten** und deren Koordination.

Zur Abgrenzung der Controllingaufgaben im Rahmen der Planung können die Planungsaktivitäten auf zwei Weisen unterschieden werden:

- Im Hinblick auf den **Planungsprozess** als eine Reihenfolge von Planungsschritten lassen sich einzelne **Planungsphasen** unterscheiden.
- Im Hinblick auf das **Planungsobjekt** lassen sich die Planungsaufgaben in zwei Hauptaktivitäten einteilen: **Planeraufgaben** als inhaltliche Planung im Sinne der Willensbildung und **Planungsmanagementaufgaben** als Aufgaben der Planung, Organisation und Steuerung des Planungsprozesses selbst. Letztere sind Controllingaufgaben.

2.3.2 Organisatorische Regelungen

Bei den organisatorischen Regelungen stehen zwei wichtige Aspekte im Vordergrund:

- Es geht zunächst um die Frage, wer die bereits beschriebenen Planungs- und Kontrollaufgaben an welcher Stelle in der Organisation wahrnehmen soll (Planungsorgane bzw. Aufbauorganisation).
- Außerdem stellt sich die Frage nach dem zeitlichen Ablauf der Planung in der Unternehmensorganisation (Planungsprozess bzw. Ablauforganisation).

Der Controller muss darauf einwirken, dass beide organisatorischen Aspekte so gelöst werden, dass eine wirksame Koordination der Einzelaktivitäten bei der Planung und Kontrolle sichergestellt ist.

2.3.2.1 Aufbauorganisatorische Aspekte

Die Aufgaben bei der Gestaltung des Planungssystems sowie die unterstützenden und koordinierenden Teilaufgaben im Planungsprozess werden häufig speziellen Instanzen übertragen. Diese sind entweder Teil der Controllingabteilung oder wirken mit dieser zusammen. Es handelt sich dabei meist um die folgenden Aufgaben **(Planungsmanagementaufgaben):**

- Gestaltung und Pflege des Planungssystems,
- Mitwirkung bei der Erstellung von Planungsunterlagen (z. B. Formulare),

- Inganghalten der Planungstätigkeit der Linie,
- Hilfeleistung und Beratung bei der Planung,
- Abstimmung der Planungstätigkeit und der Pläne (inhaltlich),
- formelle Prüfung der Pläne,
- Mitwirkung bei der Ergebniskontrolle und Auswertung,
- Erarbeitung von Grundlageninformationen für die Planung (z. B. Preissteigerungsraten, Wechselkurse).

2.3.2.2 Ablauforganisatorische Aspekte

Als grundlegende gestaltende Aufgabe ist hier die Verbindung des Planungsprozesses mit den Hierarchieebenen der Organisation von besonderer Bedeutung. Dabei ist zu klären, welche Stellen der einzelnen Hierarchieebenen in welcher Reihenfolge an den verschiedenen Teilprozessen der Planung mitwirken sollen.

Dieser Sachverhalt ist unter dem Begriff der **»Hierarchiedynamik«** bekannt. Er kann folgende Ausprägungsformen annehmen (vgl. Abb. 2.5):

- **Retrograde Planung:** Die Planung erfolgt in der Organisationshierarchie von »oben« nach »unten« (Top-down-Ansatz); d. h. die Führungsspitze der Unternehmung legt die obersten Ziele als Rahmenplan fest, die weiteren Führungsebenen konkretisieren diese schrittweise in detailliertere Teilpläne.
- **Progressive Planung:** Die Planung beginnt bei den unteren Ebenen der Organisation und wird schrittweise in der Organisation nach »oben« geführt (Bottom-up-Ansatz). Die Gesamtziele und -pläne sind somit das Endergebnis der Planung.
- **Gegenstromverfahren:** Diese Vorgehensweise kombiniert die retrograde mit der progressiven Planung. Zunächst werden vorläufige Oberziele durch die oberste Führungsebene gesetzt und aus ihnen durch die untergeordneten Ebenen Unterziele und Teilpläne zwecks Prüfung der Realisationsmöglichkeiten abgeleitet. Dann setzt der Rücklauf von »unten« nach »oben« ein, der die Pläne der unteren Ebenen schrittweise koordiniert und zusammenfasst. Der Prozess schließt ab mit der endgültigen Festlegung der Ziele und Pläne durch die oberste Führungsebene. Der Anstoß kann im Prinzip auch von »unten« erfolgen.

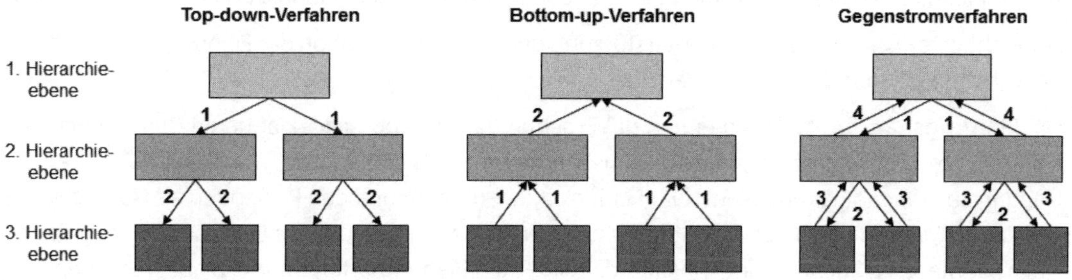

Abb. 2.5: Top-down-, Bottom-up- und Gegenstromverfahren der Planung

Die retrograde Planung ist stark zentralistisch organisiert. Bei der progressiven Planung besteht die Gefahr, dass die einzelnen Ziele und Pläne nicht auf ein gemeinsames Gesamtziel hinführen. Das Gegenstromverfahren kombiniert beide Verfahren. Letzteres wird in der Praxis am häufigsten eingesetzt, indem Renditeziele und Planungsprämissen von der Unternehmensleitung vorgegeben werden. Danach folgt der zweite Schritt, d. h. die dezentralen Bereiche (Funktionen oder Divisionen) planen bottom-up.

2.3.3 Instrumente

Der Controller der Praxis wird häufig mit einem Werkzeugmacher verglichen. Er hat die Aufgabe, für das Management der Unternehmung die geeigneten Werkzeuge in der Gestalt von betriebswirtschaftlichen Instrumenten zur Verfügung zu stellen und dafür zu sorgen, dass die richtigen Instrumente in fachgerechter Weise zur Lösung eines Problems eingesetzt werden.

Die Instrumente der Planung dienen der Gewinnung und Verarbeitung von Information in den verschiedenen Planungsphasen. Grundsätzlich lassen sich nach Art der Denk- und Informationsprozesse vier Arten von Instrumenten unterscheiden:

- analytische Instrumente,
- heuristische Instrumente,
- Prognoseinstrumente,
- Bewertungs- und Entscheidungsinstrumente.

Analytische Instrumente finden ihren Einsatz vor allem in der Problemstellungsphase sowie im Rahmen der Abweichungsanalyse. Beispielhaft seien der Einsatz von Kennzahlen, die Wertanalyse oder die Netzplantechnik genannt.

Heuristische Instrumente versuchen, die Kreativität der an der Planung beteiligten Personen zu nutzen. Sie werden im Rahmen der Alternativensuche angewandt. Als Beispiel gilt die Methode des Brainstorming.

Prognoseinstrumente dienen der Abschätzung der Wirkungen von Handlungsalternativen sowie der Voraussage von Umweltänderungen. Geläufig sind statistische Methoden wie Trend- oder Regressionsanalysen, aber auch die Delphi-Methode, die das Wissen von Experten nutzt.

Bewertungs- und Entscheidungsinstrumente werden bei der Alternativenauswahl eingesetzt. Als Beispiele können die Nutzwertanalyse, Risikoanalyse oder Entscheidungsbäume genannt werden.

Als wichtigste Instrumente für die Unterstützung der Ablauforganisation der Planung gelten das Planungshandbuch und der Planungskalender.

Das **Planungshandbuch** dokumentiert das Ergebnis der Gestaltung des Planungssystems durch den Controller bzw. die betroffenen Bereiche im Unternehmen. Es gibt an, wie, wann und durch wen die Planung zu erfolgen hat und dient dem Planungsmanagement und den Planenden als Nachschlagewerk zum Planungssystem. Er enthält unter anderem die Informationen zur Planungsphilosophie des Unternehmens, zu Funktion und Inhalten der einzelnen Planungsarten und Teilpläne, Angaben hinsichtlich der zur Erstellung der Planung erforderlichen Aufbau- und Ablauforganisation, den Zeitplan für die Planungsaktivitäten und einen systematischen Überblick über die bei der Planerstellung zu verwendenden Instrumente, Methoden und Planungsformulare.

Ein wesentlicher Bestandteil des Planungshandbuchs ist der **Planungskalender**. Er stellt die im Planungsprozess zu realisierenden Planungsschritte und die dazugehörigen Termine in übersichtlicher Form in ihrer Gesamtheit dar.

2.4 Informationsversorgung

Da Planung und Kontrolle informationsverarbeitende Vorgänge darstellen, ist ein Planungs- und Kontrollsystem ohne seine Ergänzung durch ein Informationsversorgungssystem nicht funktionsfähig. Alle für Planung und Kontrolle benötigten Informationen sind durch den Controller mit dem notwendigen Genauigkeits- und Verdichtungsgrad am richtigen Ort zum richtigen Zeitpunkt bereitzustellen.

Die Informationsversorgung der Führung ist von Anfang an die Kernaufgabe des Controllers gewesen.

Ein Informationsversorgungssystem besteht aus folgenden Subsystemen und deren Verknüpfungen:

- **funktionale Sicht:** Analyse der Informationsversorgungsaufgaben im Hinblick auf Informationen (inhaltlich) und Informationsaktivitäten,
- **institutionale Sicht:** mit den Informationsversorgungsaufgaben befasste Organisationsbereiche (Informationsversorgungsorgane) und zeitlicher Ablauf der Informationsversorgung in der Organisation (Informationsversorgungsprozess),
- **instrumentale Sicht:** zur Erfüllung von Informationsversorgungsaufgaben eingesetzte ideelle (Methoden, Verfahren) und reale (informationstechnische) Instrumente.

Inhaltlich können die Informationen zum Planungs- und Kontrollsystem auf folgende Weise adäquat differenziert werden:

- Nach dem **Gegenstandsbereich** der Informationsversorgung können Informationen über die Unternehmensumwelt (Chancen und Risiken), über die Strukturmerkmale des Unternehmens (Stärken und Schwächen), über den Unternehmensprozess (Rechnungswesen) und über die steuerliche Belastung unterschieden werden.
- Hinsichtlich des **Zeithorizonts** erfolgt die Einteilung in Vergangenheits- sowie kurz-, mittel- und langfristige Zukunftsinformationen.
- Der **Zielbezug** betrifft die Unterscheidung nach sachziel- und formalzielorientierten Informationen und damit Plänen.
- Die **Problemstufe** bezieht sich auf die Planungsstufen, d. h. auf die Verwendung von Informationen bei der strategischen, taktischen und operativen Planung.
- Nach der **Objektphase** wird in Planungs- und Kontrollinformationen unterschieden.

Die Differenzierung nach **Informationsversorgungsaktivitäten** führt zu folgender Gliederung nach **Phasen** des Informationsversorgungsprozesses:

- Ermittlung des Informationsbedarfs,
- Informationsbeschaffung und -aufbereitung,
- Informationsübermittlung.

Entsprechend den obigen Ausführungen zur Planung ist eine Differenzierung der Informationsversorgungsaktivitäten nach dem **Informationsversorgungsobjekt** zwar möglich, jedoch werden in der Regel sowohl die materiellen als auch prozessbezogenen Informationsversorgungsaufgaben dem Controller zugeordnet: er ist verantwortlich dafür, dass richtige Informationen zum richtigen Zeitpunkt zur Verfügung stehen, das Linienmanagement übt vielfach nur die Funktion des Informationslieferanten aus.

Die weitere Darstellung erfolgt phasenbezogen, da die zu lösenden Koordinationsprobleme stark phasenspezifisch sind.

2.4.1 Informationsbedarfsanalyse

Der Informationsbedarf stellt aus der Sicht des Bedarfsträgers, d. h. des Informationsempfängers, einen Mangel an Informationen dar, die er zur Erfüllung seiner Aufgaben benötigt. Für den Controller stellt sich somit die Frage, welche Instrumente ihm zur Ermittlung des Informationsbedarfs zur Verfügung stehen, damit die Aufgabenerfüllung der Unternehmensführung gesichert ist.

Als Merkmale des Informationsbedarfs können

- Art,
- Verdichtungsgrad,
- Aktualität,
- Darstellungsform,
- Bedeutung,
- Termindringlichkeit,
- Qualität,
- Verwendungszweck

der vom Informationsempfänger benötigten Informationen unterschieden werden.

Ausgehend von der Mitwirkungsbelastung des Informationsbedarfsträgers können folgende Techniken zur Analyse des Informationsbedarfs differenziert werden:

- Die **Aufgabenanalyse** ermittelt den objektiven Informationsbedarf durch Analyse der Informationsverarbeitungs- bzw. Entscheidungsprozesse.
- Die **Dokumentenanalyse** untersucht die Dokumente, die einem Aufgabenträger zur Verfügung stehen.
- Bei der **Spiegelbildmethode** wird vom Informationslieferanten bzw. den von ihm zur Verfügung gestellten Informationen (Informationsangebot) ausgegangen.

- Die **Analogieschlussmethode** folgert bei Vorliegen eines gleichartigen Aufgaben- und Entscheidungsbereichs aus dem Informationsbedarf eines Bedarfsträgers auf den eines anderen.
- Die **Beobachtung** stellt die tatsächliche Aufgabenerfüllung in den Mittelpunkt der Analyse.
- Das **Interview** ist eine mehr oder weniger strukturierte Befragung des Bedarfsträgers.
- Die **Fragebogenmethode** erfragt den Informationsbedarf der Bedarfsträger schriftlich.
- Bei der **Berichtsmethode** erstellt der Bedarfsträger einen Bericht über seine Aufgaben und zu treffende Entscheidungen sowie die hierfür erforderlichen Informationen.

Festzuhalten ist, dass alle genannten Verfahren Schwierigkeiten haben, Fragen des Informationsbedarfs für zukünftige, noch unbekannte Aufgabenstellungen zu lösen.

2.4.2 Informationsbeschaffung und -aufbereitung

Der Feststellung des Informationsbedarfs folgt als nächste Phase des Informationsversorgungsprozesses die Beschaffung und Aufbereitung von Informationen. In Wirklichkeit ist hier meist keine zeitliche Reihenfolge gegeben, die beiden Phasen laufen simultan ab.

2.4.2.1 Rechnungswesen

Das älteste, am stärksten ausgebaute und differenzierte Subsystem der Informationsversorgung ist das Rechnungswesen. Es übernimmt die Aufgabe der **Informationsbeschaffung** und bildet den Kernbereich der Controllertätigkeit. Das Rechnungswesen liefert die für die Entscheidungshandlungen im Rahmen von Planung, Steuerung und Kontrolle benötigten Informationen und kann in ein externes und internes Rechnungswesen unterteilt werden. Zum externen Rechnungswesen zählen hauptsächlich die Finanzbuchhaltung und damit verbundene Nebenbuchhaltungen. Die Ausgestaltung ist durch handels- und steuerrechtliche Vorschriften weitgehend festgelegt, die primäre Aufgabe ist vergangenheitsorientierte Dokumentation und Rechenschaftslegung.

Für den Controller steht das interne Rechnungswesen im Vordergrund. Hier geht es neben der Erfassung, Darstellung und Planung der betrieblichen Leistungserstellung schwerpunktmäßig um die Überwachung der Wirtschaftlichkeit; gesetzliche Vorschriften engen den Gestaltungsspielraum nur wenig ein.

Die Kosten- und Leistungsrechnung als wesentlicher Bestandteil des internen Rechnungswesens ist das wichtigste innerbetriebliche Informationssystem des Controllers. Sie kann nach dem **zeitlichen Bezug** unterteilt werden:

- **Istkostenrechnung** erfasst die tatsächlich angefallenen Kosten, ein Soll-/Ist-Vergleich ist nicht möglich,
- **Normalkostenrechnung** verwendet Durchschnittszahlen der Vergangenheit, ist damit auch Istkostenrechnung,
- **Plankostenrechnung** ermittelt die Kosten einer zukünftigen Abrechnungsperiode; ein Soll-/ Ist-Vergleich ist durch Gegenüberstellung der tatsächlich angefallenen mit den geplanten Kosten möglich.

Nach dem **Umfang** der Kostenrechnung unterscheiden wir **Vollkostenrechnung** (fixe und variable Kosten werden in die Rechnung einbezogen) und **Teilkostenrechnung** (nur die variablen Kosten werden berücksichtigt).

Weitere Bestandteile des Rechnungswesens, die der Informationsversorgung der operativen (und taktischen) Planung dienen, sind die **Erfolgsrechnung** (Gewinn- und Verlustrechnung) mit dem Ziel der Ermittlung des Periodenerfolgs und die **Finanzrechnung**, die das Ziel der Liquiditätssicherung verfolgt. Dazu werden den Einzahlungen einer Periode die Auszahlungen gegenübergestellt und ein periodisches Liquiditätssaldo ermittelt.

2.4.2.2 Strategieorientiertes Controlling

Die Strategieorientierung im Controlling gewinnt, wie oben bereits erwähnt, immer mehr an Bedeutung. Um die strategische Planung und Kontrolle mit den benötigten Informationen zu versorgen, haben sich u. a. folgende Instrumente bewährt:

- Wertsteigerungsmanagement,
- Investitionsrechnungen,
- Lebenszykluskostenrechnung,
- Zielkostenmanagement (Target Costing),
- Prozesskostenrechnung und Management.

Ein wesentliches Problem der **Informationsaufbereitung** besteht in der sinnvollen und aussagefähigen Verdichtung des vorhandenen Zahlenmaterials. Ziel der Verdichtung ist es, komplexe Sachverhalte in verkürzter Form abbilden zu können. Dazu dienen Kennzahlen.

Kennzahlen sind entweder ursprüngliche Zahlen (z. B. Preise oder Stückzahlen), abgeleitete Zahlen (z. B. Summen, Differenzen) oder Verhältniszahlen (z. B. Stück/Periode).

Die Einsatzmöglichkeiten und Anwendungsgebiete für Kennzahlen sind vielfältig. Die wichtigsten Funktionen von Kennzahlen und Kennzahlensystemen sind:

- Hilfsmittel bei der Planung, Steuerung und Kontrolle auf allen Hierarchieebenen,
- Instrument zur internen (Betriebsvergleiche oder Benchmarking) und externen (Steuerprüfung) Unternehmensanalyse und
- Bestandteil von Informationssystemen für alle Hierarchieebenen.

Zur Messung der Unternehmensleistung werden zunehmend auch nichtmonetäre Kennzahlen herangezogen, in erster Linie Qualitäts- und Zeitkennzahlen (Durchlaufzeiten und Rüstzeiten, z. B. als Leistungsindikator in der Produktion, oder Time to Market als Indikator für die Leistungsfähigkeit eines Produktentwicklungsteams).

Kennzahlen werden zwar auch zukünftig zur Leistungsmessung und -bewertung wichtig bleiben, weisen jedoch Mängel auf. Dazu zählen u. a. die Vergangenheitsorientierung und fehlende Verbindung zur Unternehmensstrategie. Ein Mangel der meisten Managementsysteme, das Fehlen systematischer Prozesse zur Durchführung und Rückkopplung der Unternehmensstrategie, kann durch den Ansatz der Balanced Scorecard ausgeschaltet werden.

Dieser Ansatz soll dem Unternehmen helfen festzustellen, was es in der letzten Berichtsperiode geleistet hat und wo es im Wettbewerb steht. Im Mittelpunkt steht die Strategieausrichtung sämtlicher unternehmerischer Ziele und Aktivitäten bis hinunter auf die Ebene der Mitarbeiter. Durch die Verknüpfung der Ziele mit der Unternehmensstrategie wird sichergestellt, dass jeder einzelne Mitarbeiter seinen Beitrag zur Zielerreichung leistet.

Der »ausgewogene Berichtsbogen« umfasst eine Reihe von Messgrößen, die es den Führungskräften erlaubt, schnell und umfassend den Leistungsstand ihres Unternehmens zu beurteilen. Dabei werden finanzielle Kennzahlen um nichtmonetäre Messgrößen zur Kundenzufriedenheit, zu betriebsinternen Abläufen und möglichen Aktionen zur Steigerung der zukünftigen Leistung und Förderung der Innovationsfähigkeit ergänzt. Das Konzept wird gerade deshalb als »ausgewogen« bezeichnet, weil das Unternehmen damit aus völlig unterschiedlichen Perspektiven betrachtet werden kann. Dabei werden alle Messgrößen miteinander verknüpft; auf diese Weise werden Ursache-Wirkungsbeziehungen zwischen den Kenngrößen und der obersten Zielsetzung des Unternehmens hergestellt.

2.4.2.3 Praxisbeispiel *Balanced Scorecard (BSC)*

Nachstehend wird ein Beispiel einer *Balanced Scorecard* in einem mittelständischen Bauunternehmen, der Firma Mörk GmbH & Co. KG aus Leonberg, erläutert.

Unternehmensprofil

Die Firma Mörk GmbH & Co. KG ist ein mittelständisches Bauunternehmen, das spezialisiert im schlüsselfertigen Hochbau tätig ist. Das in der vierten Generation geführte Familienunternehmen mit seiner über 100-jährigen Tradition beschäftigt 40 Mitarbeiter. Zu den Produktbereichen des Unternehmens gehören heute vorwiegend der Wohnungsbau, der Gewerbebau und der Stahlhallenbau.

Ziele der Balanced Scorecard

Vor etwa 10 Jahren begannen die ersten Überlegungen in Richtung einer *Balanced Scorecard,* welche seit dieser Zeit kontinuierlich ausgebaut und weiterentwickelt wurden. Es war also ein stetiger Prozess, die Wünsche und die Anforderungen an die *Balanced Scorecard* im Unternehmen und im täglichen Arbeitsprozess so zu etablieren, dass die Pflege dieses Systems einen möglichst geringen Aufwand bedeutet. Oftmals war nicht das Wissen die Hürde, sondern die Umsetzung im Arbeitsalltag.

Die Entwicklung und Unterstützung der EDV hat hier einen großen Beitrag geleistet, damit heute die unterschiedlichsten Informationen aus den verschieden Unternehmensbereichen wie Kalkulation, Projektleitung und Buchhaltung zusammengeführt und ausgewertet werden können – und das weitgehend ohne zusätzlichen Pflegeaufwand.

Ausschlaggebend für die Beschäftigung mit der Thematik waren:

- Erweiterung der vergangenheitsorientierten Ergebnisbetrachtung der Kosten- und Leistungsbewertung, hin zu einer zukunftsorientierten, vorausschauenden Betrachtungsweise.
- Zusammenführung der aktuellen Entwicklungen der Projekte mit den Zahlen aus der strategischen Zielsetzung, um die Erreichung der Ziele ständig im Blick zu behalten.

- Darstellung von Abweichungen der erwarteten Ergebnisse zu den strategischen Zielen, um bei Bedarf frühzeitig Maßnahmen der Steuerung ergreifen zu können.
- Auswertung der aktuellen Zahlen zu jedem Zeitpunkt auf Knopfdruck, tagesaktuell.
- Anschauliche Auswertung, wie sich bestimmte Entwicklungen des Unternehmens auf Messwerte wie Kundenzufriedenheit oder Mitarbeiterqualifikation auswirken.
- Erkennen von Chancen und Risiken, um Chancen zu nutzen und Risiken zu umgehen.
- Präsentation fundierter Zahlen und Schaubilder zur Umsatz- und Ergebniserwartung sowie zu Chancen- und Risikopotentialen. Daraus resultierend ergeben sich Vorteile bei der Einstufung der Banken und Kreditversicherer in Bezug auf Basel III.

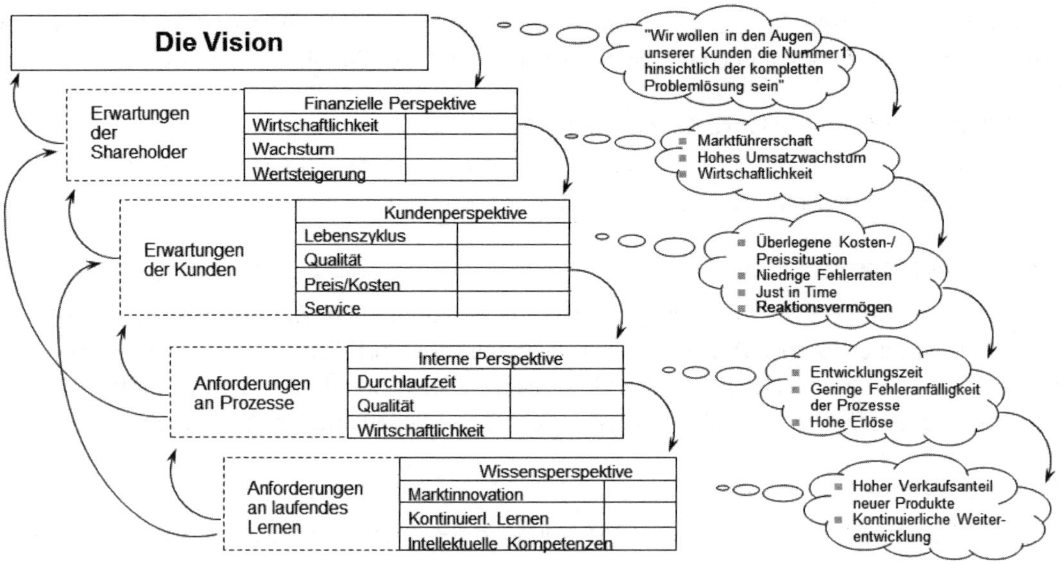

Abb. 2.6: Konzept der Balanced Scorecard (BSC)

Die meisten hierfür erforderlichen Informationen waren in irgendeiner Form in den verschiedenen Bereichen des Unternehmens bereits vorhanden. Es galt, diese Informationen mit kleinstmöglichem Aufwand zusammenzutragen und in geeigneter Form auszuwerten und darzustellen. Hierzu dient eine Datenbank mit verschiedenen Schnittstellen in die Buchhaltung, Kalkulation und den technischen Bereich.

Aufbau der BSC

Die Balanced Scorecard ist in vier Bereiche aufgeteilt

- **Finanzielle Perspektive:** Entwicklung der Jahresbauleistung, Ertragsentwicklung, Auftragseingangsentwicklung, Entwicklung der Bauleistung im Jahresverlauf, Chancen- und Risikobewertung,

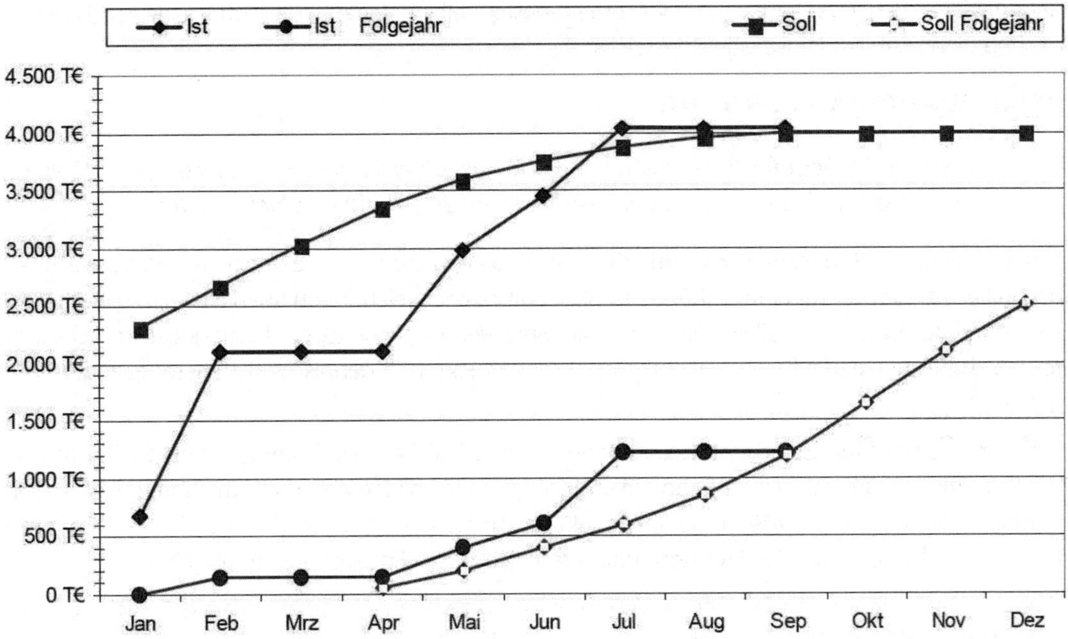

Abb. 2.7: Auftragseingangsentwicklung, Stand September des aktuellen Geschäftsjahres

- **Kundenperspektive:** Zufriedenheit der Bauherren, Erwerber und Architekten nach Fertigstellung der Baumaßnahme, anhand verschiedener Parameter,
- **Prozessperspektive:** Baustellenergebnis zielsicher Erreichen, Minimieren der Beseitigungsfristen für Mängel,
- **Lernperspektive:** Entwicklung und Förderung der Mitarbeiterqualifikation.

Anwendungsbeispiele

Die Anwendungsgebiete der BSC sollen anhand von drei Beispielen erläutert werden:

- Auftragseingangsentwicklung,
- zielsicheres Erreichen des Baustellenergebnisses,
- Kundenzufriedenheit nach Baufertigstellung.

Die **Auftragseingangsentwicklung** ist eine Darstellung des aktuellen Auftragsvolumens, welches für die Abwicklung in dem jeweiligen Darstellungsjahr bzw. dem Folgejahr vorgesehen ist.

Hierbei wird der tatsächliche Auftragsbestand, welcher für das Darstellungsjahr bereits beauftragt ist (Ist-Kurve), einer Soll-Kurve gegenübergestellt. Die Soll-Kurve wird auf Grundlage des Umsatzziels berechnet und berücksichtigt bauspezifische Faktoren, wie z. B. einen Projektvorlauf, sowie eine mittlere Ausführungszeit der Projekte. Da die mittleren Ausführungszeiten der Projekte in den verschiedenen Produktbereichen unterschiedlich sind, müssen auch die Sollkurven hierfür entsprechend angepasst werden. Das Diagramm zeigt somit tagesaktuell, ob der aktuelle Auftragsbestand zum Erreichen des gesetzten Umsatzziels ausreicht.

BEISPIEL AUFTRAGSEINGANG

Stand September liegt für das laufende Jahr und das Folgejahr der Ist-Umsatz genau im Soll. Ab Oktober müssen jedoch entsprechende Auftragseingänge für das Folgejahr erfolgen.

Um das kalkulierte **Baustellenergebnis zielsicher zu erreichen**, ist eine Darstellung des erwarteten Baustellenergebnisses für eine Früherkennung möglicher Abweichungen unerlässlich. Die Leistungsmessung und -bewertung alleine ist aufgrund seiner Vergangenheitsorientierung hierfür nicht ausreichend und kann daher für eine Hochrechnung des Projektendergebnisses nicht herangezogen werden.

Um eine Prognose für das erwartete Endergebnis eines Projekts zu bekommen, sind die Kenntnisse des Projektleiters unerlässlich. Er kann auf Grundlage einer soliden Arbeitskalkulation, der aktuellen Vergaben, dem aktuellen Ergebnis seines Projekts und in Kenntnis der noch bevorstehenden Chancen und Risiken die bestmögliche Prognose des voraussichtlichen Endergebnisses abgeben.

Die mehrjährige Erfahrung mit diesem Verfahren hat gezeigt, dass eine annähernd zielsichere Prognose schon in einem wesentlich früheren Stadium des Projekts getroffen wird, als sich dies in der Auswertung der Leistungsmessung und -bewertung ablesen lässt, was sich in der nachstehenden Abbildung gut nachvollziehen lässt. Zudem kann darüber hinaus die Bewertung noch offener Chancen und Risiken die Stabilität der Prognose untermauern und greifbar machen.

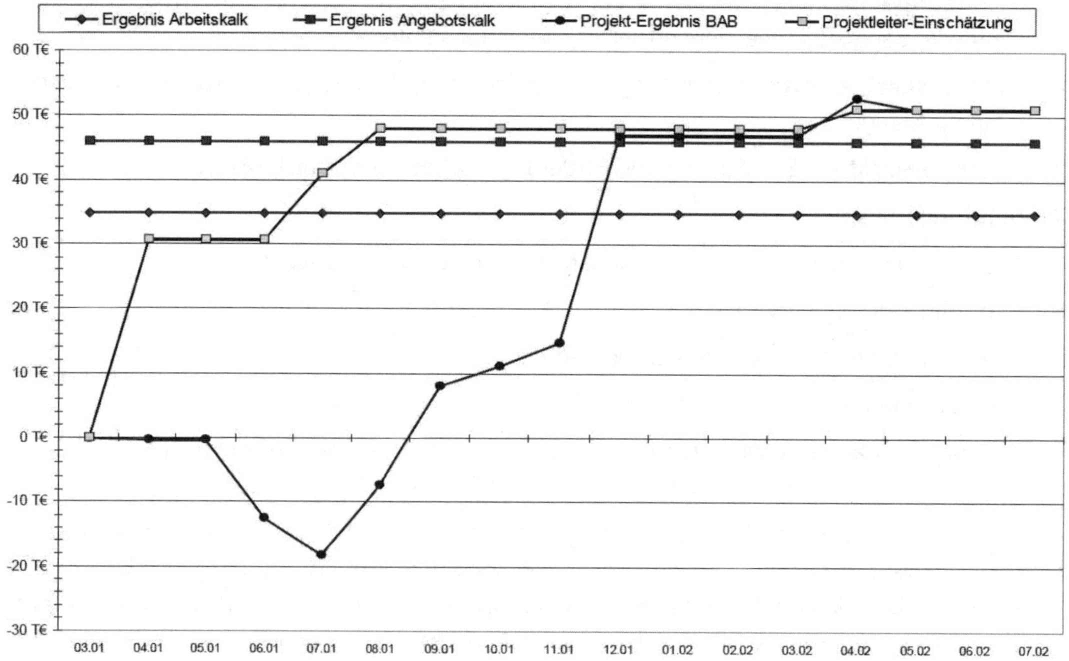

Abb. 2.8: Baustellenergebnis zielsicher erreichen

Die kumulierte Darstellung aller so bewerteten Projekte und einer buchhalterischen Bewertung führt dann zu einer sehr zuverlässigen Aussage über das zu erwartende Betriebsergebnis am Jahresende und der damit verbundenen Erreichung der Unternehmensziele.

Da die **Kundenzufriedenheit** in unserem Marktsegment ein großer Erfolgsfaktor ist, lag es nahe, diese anhand einiger Parameter, wie z. B. der Erreichbarkeit der Mitarbeiter, zu erfragen und auszuwerten. Zum einen lässt sich hieran die Wirkung interner Maßnahmen zur Verbesserung der Kundenzufriedenheit direkt ablesen, zum anderen können Verschlechterungen der Werte ursächlich und bereichsweise genau eingegrenzt werden, um hier gezielte Steuerungsmaßnahmen ergreifen zu können.

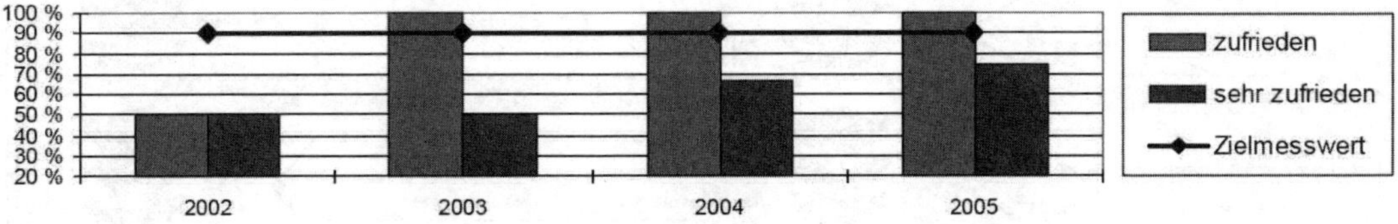

Abb. 2.9: Kundenzufriedenheit am Beispiel Erreichbarkeit der Mitarbeiter

BEISPIEL: KUNDENZUFRIEDENHEIT

Die Abb. 2.9 zeigt, dass von 2002 bis 2003 die Zufriedenheit der Kunden deutlich gesteigert werden konnte. Die Anzahl der sehr zufriedenen Kunden konnte bis 2005 wesentlich erhöht werden.

BEISPIEL TEAM-CHART BSC

Das Team-Chart BSC bildet eine Zusammenfassung der wesentlichen in der BSC gemessenen und erfassten Werte, welche pro Team/Profitcenter mit einer Ampeldarstellung ausgewertet werden. Es gliedert sich in die vier Bereiche: Umsatz, Ertrag, Chancen & Risiken und Kundenzufriedenheit. Hinter jeder Ampel kann über das »?« eine Liste der Einzelprojekte mit Einzelwerten aufgerufen werden, welche zu dem dargestellten kumulierten Ergebnis geführt haben.

Bereich Umsatz

Hier werden Auftragsbestände im laufenden und im Folgejahr ausgewertet sowie die tatsächlich im Jahr bis zum Auswertungsmonat erbrachte Umsatzleistung dargestellt. Für alle Messwerte gibt es Soll-Vorgaben, welche in den Strategien der einzelnen Teams festgesetzt werden. Hier sind das die Zielumsätze für das laufende und das Folgejahr, sowie der nach einer idealen Umsatzkurve pro Jahr errechnete Sollwert für den Auswertungsmonat.

Bereich Ertrag

Analog zum Umsatz werden hier die gesetzten Ertragsziele mit dem kumulierten erwarteten Ertrag der einzelnen Bauprojekte sowie mit dem im Auswertungsmonat tatsächlich erzielten Ergebnis verglichen. Das Ertragsziel stammt dabei ebenfalls aus der Teamstrategie. Die erwarteten Erträge stammen je nach Status und Fortschritt des einzelnen Bauprojekts aus dem Ergebnis der Angebots- bzw. Arbeitskalkulation (vor Baubeginn), der Einschätzung des Projektleiters (während der Bauphase) oder dem Endergebnis (nach Projektabschluss). Der tatsächliche Ertrag stammt aus den tatsächlich erzielten Ergebnissen der Betriebsbuchhaltung.

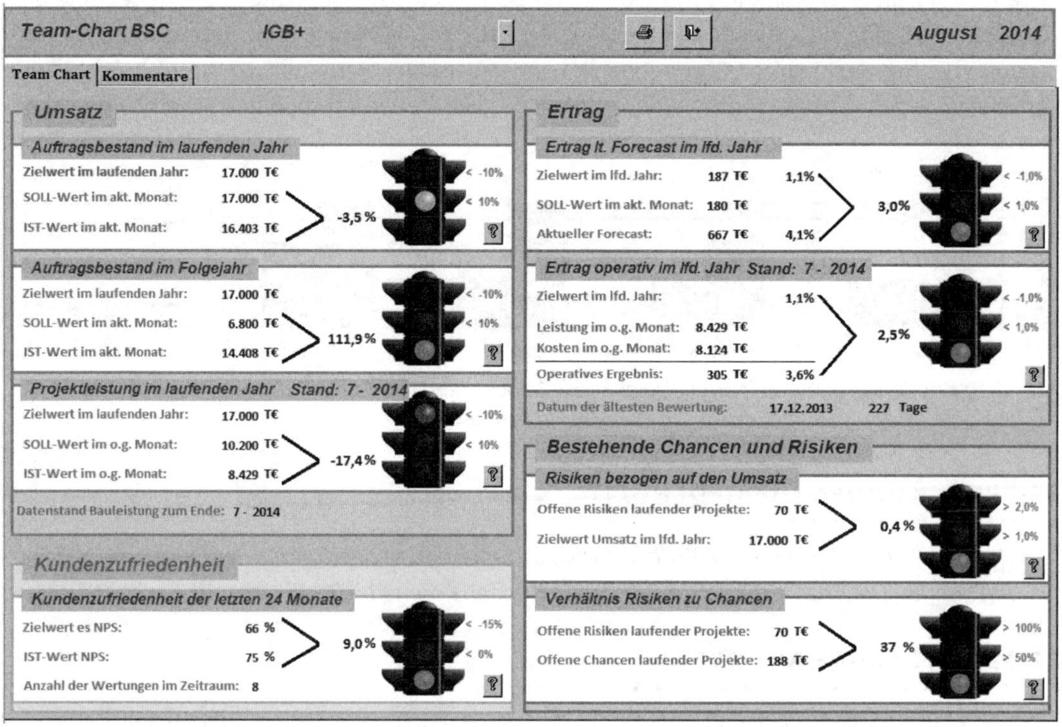

Abb. 2.10: Team-Chart mit Umsatz, Ertrag, Chancen & Risiken und Kundenzufriedenheit

Bereich Chancen & Risiken

Hier wird die Summe aller bezifferten Risiken der Bauprojekte ins Verhältnis zum Umsatz bzw. zu den bezifferten Chancen gesetzt, um so eine Aussage über die Zuverlässigkeit der vorangegangen Erwartungen von Erträgen zu geben.

Bereich Kundenzufriedenheit

Die Kundenzufriedenheit wird über einen kumulierten Wert aus allen Befragungen der vergangenen 24 Monaten über den Net Promoter Score (NPS) gemessen. Der NPS ermittelt sich dabei wie folgt: % Promoter – % Kritiker = Net Promoter Score.

Die Steuerung der Ampeln, d. h. die Vorgabewerte für die Ampelstellungen, kann die Geschäftsführung selbst festlegen. Hierbei definiert sie, welche Über- bzw. Unterschreitung der Messwerte gegenüber den Zielwerten zu einer grünen, gelben bzw. roten Ampelstellung führt.

Aus dem gezeigten Beispiel können nun folgende Rückschlüsse gezogen werden:

- Der Auftragsbestand im laufenden Jahr ist nur geringfügig unterschritten. Größer ist hingegen die Unterschreitung bei der tatsächlich erbrachten Umsatzleistung von Jahresbeginn bis zum Auswertungsmonat. Daraus ergibt sich, dass im zweiten Halbjahr eine deutlich höhere Umsatzleistung erbracht werden muss, was wiederum bei der Personalplanung Berücksichtigung finden muss.
- Der Auftragsbestand für das Folgejahr ist nach aktuellem Stand deutlich überschritten. Das lässt bei üblichen Projektlaufzeiten gerade zu Anfang des Jahres einen hohen Bedarf an Personalkapazität erwarten – für die Vertriebsplanung gute Voraussetzungen für kommende Verhandlungen.
- Der Ertrag lt. aktuellem Forecast überschreitet den Zielertrag bei weitem, ein positives Ergebnis für das Team. In diesem Fall ist das auch ein positives Ergebnis wenn man berücksichtigt, dass der Umsatz im laufenden Jahr vermutlich unterschritten wird und dadurch eine Unterdeckung des Gemeinkostenbeitrags zu erwarten ist. Die Höhe des erwarteten Ertrags und auch des bereits erzielten operativen Ergebnisses gleicht den fehlenden Gemeinkostenbeitrag in diesem Beispiel mühelos aus.
- Die Risiken aller Projekte betragen im Beispiel nur 0,4 Prozent des Umsatzes und können hier keinen wesentlichen Beitrag zur Verschlechterung des erwarteten Ergebnisses leisten. Insbesondere, wenn demgegenüber ein wesentlich höherer Anteil an noch möglichen Gewinnchancen steht, wie in dem aktuellen Beispiel zu sehen ist.
- Auch die Kundenzufriedenheit befindet sich oberhalb der gesetzten Ziele. Die Mehrzahl der befragten Kunden der letzten 24 Monaten treten als Promotoren, also »Empfehler« auf, wohingegen die Anzahl der Unzufriedenen sinkt.

Fazit: Bei diesem Team war im ersten Halbjahr ein zu geringer Umsatz zur Erreichung der Umsatzziele festzustellen. Jedoch können die noch anstehenden Aufträge bis zum Ende des Jahres den Fehlbestand des ersten Halbjahres annähernd ausgleichen. Die zu erwartende Unterdeckung ist nur gering und kann durch den hohen erwarteten Ertrag gut ausgeglichen werden. Alle anderen Bereiche entwickeln sich erfreulich.

Dies sind nur einige Beispiele aus dem Anwendungsbereich der *Balanced Scorecard*. Für die Firma Mörk GmbH & Co. KG hat sich dieses Werkzeug als ein wichtiges Instrument zur Steuerung des Unternehmens herausgestellt, auf das aus heutiger Sicht nicht mehr verzichtet werden kann. Nie zuvor waren wichtige und richtungweisende Zahlen so schnell verfügbar und anschaulich dargestellt, wie das heute möglich ist.

2.4.3 Informationsübermittlung

Informationsentstehung und Informationsverwendung fallen im Unternehmen sowohl zeitlich als auch sachlich sowie – je nach Grad der Dezentralisation – organisatorisch auseinander. Zwischen den Orten der Informationsentstehung und -verwendung müssen deshalb Informationsübermittlungsvorgänge stattfinden. Dazu dient das Berichtswesen.

Im Rahmen des Controllings unterscheidet man folgende **Berichtsarten:**

- **Standardberichte:** regelmäßige Jahres-, Quartals-, Monatsberichte etc.;
- **Abweichungs- oder Ausnahmeberichte:** durch besondere Sachverhalte oder Überschreitungen von Toleranzgrenzen ausgelöst;
- **Bedarfsberichte:** individuell und spontan verlangte Berichte.

Bei der Berichtsgestaltung ist insbesondere die Erfüllung folgender sechs Regeln erforderlich:

- Die Information soll auf die Informationsempfänger zugeschnitten sein.
- Das Berichtssystem soll einen formal einheitlichen Aufbau besitzen.
- Informationen sollen nicht isoliert dargestellt, sondern durch Vergleichsgrößen (z. B. Plan-, Vergangenheits-, Prognosedaten) relativiert werden.
- Überblick und Detail sind in der Informationsdarstellung deutlich voneinander zu trennen.
- Außergewöhnliche Sachverhalte sind in Berichten besonders hervorzuheben.
- Graphische Darstellungen übertreffen tabellarische Darstellungen an Aussagekraft.

Als **Berichtssystem** bezeichnet man die dem betrieblichen Informationsbedarf angepasste, geordnete Struktur aller Berichte. Bei seiner Gestaltung sind ausgehend von Analyse des Informationsbedarfs folgende Punkte festzulegen:

- Berichtszweck (Wozu soll berichtet werden?),
- Berichtsinhalt (Was soll berichtet werden?),
- Sender und Empfänger (Wer soll berichten? Wem soll berichtet werden?),
- Termine und Bearbeitungszeiten (Wann soll berichtet werden?).

Außerdem wird die **Qualität** eines Berichts durch Beachtung einiger Regeln entscheidend erhöht:

Ein wesentliches Qualitätsmerkmal eines Berichts ist seine **Aktualität**, da die Erfolgswahrscheinlichkeit von Steuerungsmaßnahmen in starkem Maße von dem Zeitpunkt abhängt, in dem Informationen zur Verfügung stehen. Der Schnelligkeit ist im Zweifelsfall vor einer übertriebenen Genauigkeit Vorzug zu geben.

Die **Struktur** der Berichte muss mit der der Planung identisch sein. Denn nur dann können aus der Gegenüberstellung von Plan- und Ist-Zahlen aussagefähige Informationen gewonnen werden. Außerdem ist es wichtig, aus der Vielzahl der vorhandenen Informationen nur die wirklich relevanten herauszufiltern, indem man z. B. mit sog. **»Abweichungstoleranzen«** arbeitet und erst bei Überschreitung dieser festgelegten Schwankungsbreiten der einzelnen Berichtspositionen einen Bericht erstellt.

Grundsätzlich sollten in Berichten neben Plan- und Ist-Werten auch **Forecast**-(Wird-)Werte vorgesehen sein. Denn ein Soll-/Ist-Vergleich kann zwar Abweichungen und deren Ursachen aufzeigen, ist aber vergangenheitsorientiert und daher für Steuerungseingriffe nur bedingt geeignet. Ein Forecast »prognostiziert« dagegen zum Berichtszeitpunkt das voraussichtliche Ist zum Periodenende entsprechend dem aktuellen Kenntnisstand. Es bleibt also mehr Zeit zum Ergreifen ggf. notwendiger Maßnahmen, ihre Erfolgswahrscheinlichkeit wird erhöht.

2.5 Ausblick

Die wachsende Dynamik und Komplexität führen dazu, dass die Unternehmen in einer zunehmend turbulenten Umwelt agieren. Folgen zunehmender Turbulenz im Unternehmensumfeld sind häufig hohe Ungewissheit, Innovationsschübe, steigender Wettbewerbsdruck, höhere und häufigere Risiken sowie steigende Turbulenz innerhalb des Unternehmens. Diese Entwicklung verlangt eine Neuorientierung in der Unternehmensführung und in der Organisation. Die Entwicklung der Controllingaufgaben erfährt eine Schwerpunktverlagerung:

- Der Controller ist im Laufe der Jahre zum betriebswirtschaftlichen Berater und Koordinator der Unternehmensführung geworden und übernimmt dadurch immer mehr eine Mitverantwortung bei der Zielerreichung.
- Er muss die Anpassungs- und damit Steuerungsfähigkeit der Unternehmung sichern. Der Controller hat damit Fähigkeiten und nicht (nur) Zahlen zu vermitteln.
- Aufgaben der Planung stehen immer mehr im Vordergrund. Dabei ist ein zunehmender Anstieg der Anforderungen hinsichtlich Schnelligkeit und Änderungsflexibilität der Planung zu verzeichnen. Komplexe und starre Planungssysteme verlieren zugunsten qualitativer Prognosesysteme mit starker Betonung einer dezentralisierten Entscheidungskompetenz und –befugnis an Bedeutung.
- Die Entwicklung des Controllings verläuft weg vom vergangenheitsorientierten Rechnungswesen und der operativen Steuerung hin zum strategieorientierten Controlling mit den Schwerpunkten der Strategieimplementierung und -umsetzung und dem Hauptziel der Unternehmenswertsteigerung.
- Die Bedeutung kooperativer Unternehmensbeziehungen (Netzwerke) nimmt immer mehr zu. Das Controlling muss hierfür entsprechende Planungs-, Steuerungs- und Kontrollinstrumente entwickeln. Eine besondere Herausforderung stellt die Informationsgewinnung und –versorgung der Netzwerkpartner mit meist divergierenden Interessen dar.

2.6 Werkzeuge: Checklisten und Software

Online stehen folgende Controlling-Werkzeuge zur Verfügung:

Formulare/Tabellen

1. Word: Checkliste Unternehmensplanung
2. Word: Checkliste Informationsbedarf/Kennzahlen
3. Word: Checkliste Rechnungswesen

Literatur

/1/ **Baier, P.** Praxishandbuch Controlling, 2. Auflage, mi-Fachverlag Landsberg 2008

/2/ **Controller Verein e. V.** Controller Leitbild, Gauting 2001

/3/ **Hahn, D., Hungenberg, H.** PuK, Planung und Kontrolle – Wertorientierte Controllingkonzepte, 6. Aufl., Springer Gabler, Heidelberg 2001

/4/ **Horváth & Partner (Hrsg.)** Das Controllingkonzept, 7. Aufl., Beck – Wirtschaftsberater, dtv, München 2009

/5/ **Horváth, P.** Controlling, 12. Aufl., Vahlen Verlag, München 2011

/6/ **Pfohl, H.-C., Stölzle, W.** Planung und Kontrolle, 2. Aufl., Vahlen Verlag, München 1997

/7/ **Schwarz, R.** Controllingsysteme, Gabler, Wiesbaden 2002

/8/ **Weber, J., Schäffer, U.** Einführung in das Controlling, 14. Aufl., Schäffer Pöschel, Stuttgart 2014

3. Unternehmenscontrolling

Bernd Breunig

Inhalt

3.1 Begriffe

Falls eine Marktpreisbildung nicht oder nur eingeschränkt möglich ist, muss die Preisbildung nach anderen Regeln erfolgen. Die Praxis hilft sich, indem sie aus den Zahlungsströmen der Unternehmung Aufwendungen und Erträge ableitet und hieraus durch eine sogenannte Abstimmungsrechnung Kosten und Leistungen gewinnt.

Kalkulation stellt dann nichts anderes dar als eine Aufsummierung von Einzel- und Gemeinkosten, die noch um einen – entsprechend den Marktgegebenheiten – zu wählenden Zuschlag für Allgemeines Unternehmerwagnis und Gewinn (W+G) vermehrt werden und so einen aus den Kosten abgeleiteten sog. Selbstkostenpreis ergeben. Dieser tritt dann als Hilfsgröße an die Stelle des nicht ermittelbaren »Als-Ob«-Marktpreises.

Bevor wir uns diesem Thema nähern, müssen einige grundlegende Begriffe geklärt werden, weil sie umgangssprachlich teilweise synonym verwendet werden.

Die Betriebswirtschaftslehre hat zur Bezeichnung der vom betrieblichen Rechnungswesen erfassten Zahlungs- und Leistungsvorgänge eine eigene Terminologie entwickelt. Sie benutzt die o. g. vier Begriffspaare in engem Sinne. Sprachschöpfungen wie »Kostenaufwand« sind keine Bestandteile des Betrieblichen Rechnungswesens.

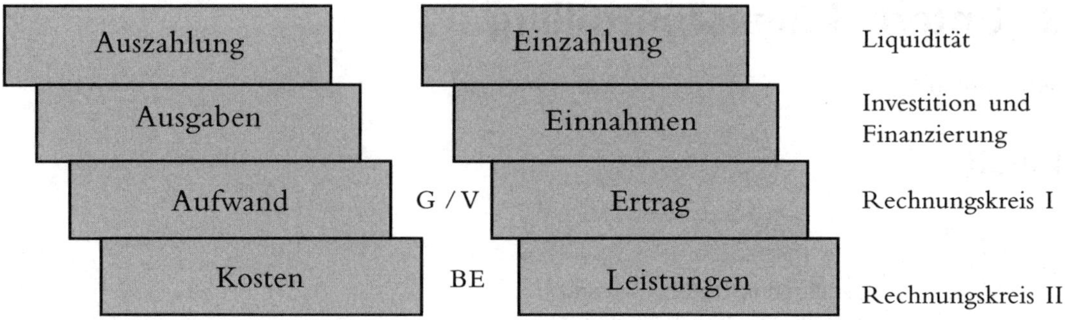

Abb. 3.1: Begriffe des Rechnungswesens

Auszahlung/Einzahlung

Mit den Begriffen Auszahlung/Einzahlung sind die direkten Zahlungsvorgänge, die die Unternehmung betreffen, umschrieben. Unter Auszahlung versteht man den Abgang von Kassenbeständen, beispielsweise die Begleichung einer Lieferantenverbindlichkeit in bar. Der gegensätzliche Begriff ist die Einzahlung, also der Geldeingang bei der Unternehmung.

Ausgaben/Einnahmen

Jeder Geschäftsvorfall, der zu einer Minderung des Geldvermögens führt, ist eine Ausgabe. Auszahlungen + Forderungsabgänge + Schuldenzugänge sind Ausgaben, so z. B. eine Barentnahme zum Kauf von Fachliteratur. Jeder Geschäftsvorfall, der zu einer Erhöhung des Geldvermögens führt, ist demnach eine Einnahme. Einzahlungen + Forderungszugänge + Schuldenabgänge sind Einnahmen.

Aufwand/Ertrag

Aufwand bezeichnet den gesamten Werteverzehr oder Verbrauch von in Geld bewerteten Gütern und Dienstleistungen innerhalb einer genau zu bezeichnenden Abrechnungsperiode, meist eines Geschäftsjahres (Zeitraumes), soweit er aufgrund gesetzlicher (handels- und steuerrechtlicher) Bestimmungen und bewertungsrechtlicher Konventionen in der Finanzbuchhaltung einer Unternehmung verrechnet wird. Als Ertrag werden die in dieser Periode dem Unternehmen zugewachsenen, in Geldeinheiten ausgedrückten Werte (Wertezufluss) bezeichnet. Beide Größen fließen ein in die Gewinn- und Verlustrechnung. Die Differenz beider Größen ergibt den Unternehmenserfolg, das Gesamtergebnis der Unternehmung (Gewinn oder Verlust).

Kosten/Leistungen

Kosten sind der Wert aller verbrauchten Güter und Dienstleistungen einer Periode für den eigentlichen Betriebszweck, also die Erstellung der typischen betrieblichen Leistungen. Leistungen sind dann die betrieblichen Erträge einer Periode, die im Rahmen der typischen betrieblichen Tätigkeit erwirtschaftet werden.

3.2 Buchhaltung

3.2.1 Die Philosophie der Buchhaltung

Die Hauptaufgabe der Buchhaltung (= Rechnungskreis/RK I) besteht darin, einerseits die Vermögens- und Schuldwerte einer Unternehmung zu einem bestimmten Augenblick (Zeitpunktrechnung zu Beginn und Ende eines Geschäftsjahres) und andererseits die Geschäftsvorfälle einer Periode (Geschäftsjahr = Zeitraumrechnung), jeweils in Geldeinheiten bewertet, abzubilden. Dabei beginnt sie mit der Gründung und endet spätestens mit der Liquidation einer Unternehmung.

Die mengenmäßige Dokumentation der Bestände erfolgt durch eine körperliche Erfassung (Messen, Zählen, Wiegen) und mündet in ein Bestandsverzeichnis ein, das Inventar genannt wird. Die Tätigkeit der Bestandsaufnahme nennt man Inventur.

Alle Vermögenswerte (Aktiva) und Schulden (Passiva) sind dabei art-, mengen- und wertmäßig aufzuführen. In der verdichteten Darstellung in Form einer Bilanz (aus dem Italienischen für »Waage«) folgt man einem nach zeitlichen Kriterien aufgebauten Gliederungsschema dergestalt, dass man die langfristig an das Unternehmen gebundenen Vermögenswerte zuerst, also »oben« in der Bilanz und später, nach »unten« fortschreitend die kürzerfristig gebundenen Vermögenswerte aufzählt.

Analog geht man bei der Gliederung der Schuldseite (Passiva) vor. Oben nennt man zuerst die langfristigen Schuldwerte, also das Eigenkapital. Erst dann folgen die lang-, mittel- und kurzfristigen Verbindlichkeiten als Fremdkapital.

Gleichzeitig gibt die Aktivseite Auskunft über die Verwendung der Mittel bzw. die Art der INVESTITION, wogegen die Passivseite Auskunft gibt über die Herkunft der Mittel, also die Art der FINANZIERUNG.

Um bei der Buchung eines bestandsverändernden Geschäftsvorfalls nicht das ganze Rechenwerk modifizieren zu müssen, »zerschlägt« man – bildlich gesprochen – die Bilanz in einzelne, die aktiven und passiven Bestände ausweisende Bestandskonten. Hierbei übernimmt man die Bestände jeweils als AB (= Anfangsbestände) auf jener Seite in das Konto, auf der der Ausweis in der Bilanz erfolgt war. Aus einer Aktivposition der Bilanz wird somit eine Buchung des Anfangsbestandes auf der SOLL-Seite des Bestandskontos und analog wird aus einer Passivposition der Bilanz eine Buchung des Anfangsbestandes auf der HABEN-Seite des Bestandskontos. Eine Mehrung wird stets auf der Seite des Anfangsbestandes gebucht, eine Minderung gegenüber.

Wünscht man die erfolgswirksamen Geschäftsvorfälle, die zwischen den beiden Zeitpunkten der Eröffnungsbilanz (zu Beginn des Wirtschaftsjahres) und Schlussbilanz (zum Ende des Wirtschaftsjahres) liegen, abzubilden, so ist zu beachten, dass solche Vorgänge die Größe des Eigenkapitals berühren. Zur Abbildung eines möglichen Erfolges bildet man deshalb Unterkonten des Eigenkapitals in Form der sog. Erfolgskonten und bucht alle erfolgsrelevanten Vorgänge auf die eigenkapitalmehrenden Ertragskonten bzw. die eigenkapitalmindernden Aufwandskonten.

Abgeschlossen werden alle Ertrags- und Aufwandskonten über ein Sammelkonto, die »Gewinn- und Verlustrechnung« (G+V), die ihrerseits (im hier ausschließlich betrachteten einfachsten Fall einer Personengesellschaft) in das Bestandskonto »Eigenkapital« (EK) abgeschlossen wird.

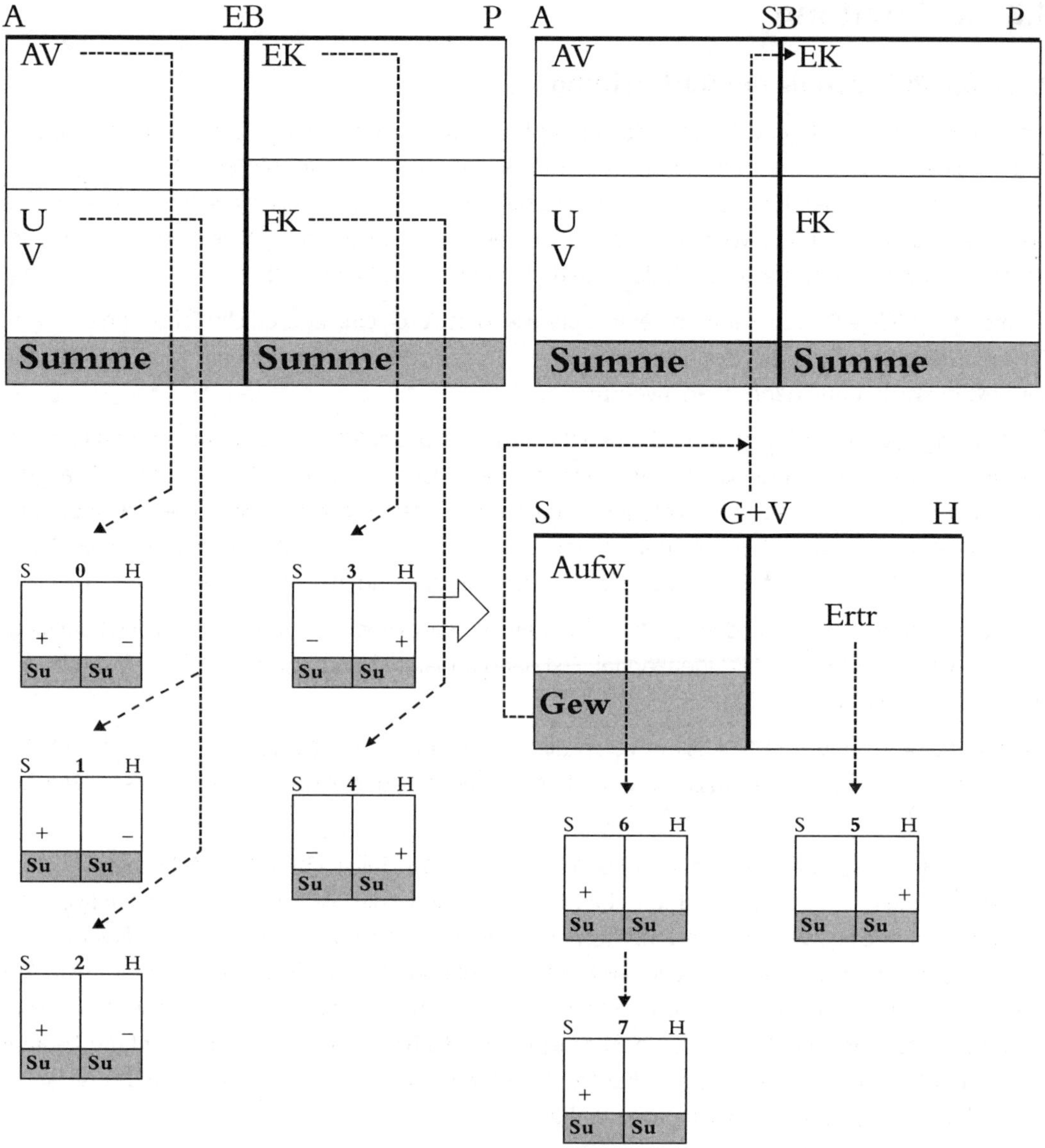

Abb. 3.2: Übersicht Buchhaltung und Bilanz (RK I)

Im Anschluss daran können alle Bestandskonten in die Schlussbilanz (SB) übernommen werden. So liefert die Buchhaltung alle Zahlenwerte, die zur Erstellung von Bilanzen – und zwar sowohl von Jahresbilanzen (Handels- und Steuerbilanz) als auch von Sonderbilanzen (z. B. Umwandlungs-, Fusions- und Liquidationsbilanzen) – benötigt werden. Außerdem stellt sie das Zahlenmaterial für die Liquiditäts- und Finanzierungsbetrachtungen und Zwecke der Kostenrechnung = RK II zur Verfügung.

Neben den betriebsinternen Aufgaben hat der RK I externe Aufgaben (externes Rechnungswesen). Auf Grund gesetzlicher Normen dient er der Rechenschaftslegung und informiert die Mitgesellschafter, die Gläubiger, die Finanzbehörden und je nach Rechtsform (auf die hier nicht näher eingegangen werden soll) die Belegschaft und die Öffentlichkeit sowie weitere staatliche Einrichtungen über die wirtschaftliche Situation der Unternehmung.

Die nachfolgende Übersicht zeigt schematisch den buchungstechnischen Verlauf der Abbildung der realen Geschäftsvorfälle einer Unternehmung im Zeitraum zwischen der »Eröffnungsbilanz« (EB) und der »Schlussbilanz« (SB). Eine ausführliche schrittweise Darlegung ist dem Text- und Arbeitsbuch »RW-Bau« /3/ zu entnehmen. Prinzipiell wird jeder reale Geschäftsvorfall zweifach im RK I abgebildet. Einmal im SOLL und einmal im HABEN, weshalb man auch von »doppelter« Buchführung spricht. Ein Zugang in einem aktiven Bestandskonto wird im SOLL, ein Zugang in einem passiven Bestandskonto im HABEN verbucht. Abgänge jeweils gegenüber.

Kontenklassen im Baukontenrahmen (BKR)

0 Sachanlagen und immaterielle Vermögensgegenstände
1 Finanzvermögen
2 Vorräte, Forderungen und aktive Rechnungsabgrenzungen
3 Eigenkapital, Wertberichtigungen (WB) und Rückstellungen
4 Verbindlichkeiten und passive Rechnungsabgrenzungen
5 Erträge
6 Betriebliche Aufwendungen, Kostenarten
7 Sonstige Aufwendungen

3.2.2 Übungsbeispiel zur Buchhaltung

Eröffnung der Konten

Die Eröffnungsbilanz wird zu Beginn des Geschäftsjahres (01.01.) auf Grund des Inventars aufgestellt. Danach werden die Aktivkonten und die Passivkonten eingerichtet und die Anfangsbestände (AB) entsprechend eingetragen.

Laufende Buchungen

Jeder Buchung muss ein entsprechender **Beleg** zugrunde liegen: Eingangsrechnungen, Ausgangsrechnungen, Bankauszüge. Das Belegprinzip ist ein wichtiger Grundsatz ordnungsgemäßer Buchführung **(GoB).**

Es gilt: Vor jeder Buchung sind folgende Überlegungen anzustellen:

1. Welche Konten werden durch den Geschäftsvorfall berührt?
2. Sind es Aktiv- oder Passivkonten?
3. Liegt ein Zugang (+) oder Abgang (-) auf dem Konto vor?
4. Auf welcher Kontenseite ist demnach zu buchen?
5. Jeder Geschäftsvorfall wird **doppelt gebucht**, zuerst im **Soll** und danach im **Haben**.

BEISPIELE 1 BIS 4:

1. Barkauf von Baustoffen für 2.400,– €

Der Baustoffbestand vermehrt sich:	*Aktivkonto:*	*Soll*
Der Kassenbestand vermindert sich:	*Aktivkonto:*	*Haben*

2. Wir begleichen eine Rechnung unseres Lieferanten durch Banküberweisung von 1.200,– €

Das Bankguthaben nimmt ab:	*Aktivkonto:*	*Haben*
Die Verbindlichkeiten nehmen auch ab:	*Passivkonto:*	*Soll*

3. Ein Kunde begleicht eine Rechnung durch Banküberweisung über 2.700,– €

Das Bankguthaben nimmt zu:	*Aktivkonto:*	*Soll*
Der Bestand an Forderungen nimmt ab:	*Aktivkonto:*	*Haben*

4. Zielkauf von Baustoffen von 3.800,– €

Der Baustoffbestand nimmt zu:	*Aktivkonto:*	*Soll*
Die Verbindlichkeiten nehmen auch zu:	*Passivkonto:*	*Haben*

Abschluss der Bestandskonten

Sind alle Geschäftsvorfälle gebucht, wird für jedes Aktiv- und Passivkonto der **Schlussbestand (SB)** als Saldo errechnet und auf der schwächeren Seite eingesetzt. Danach wird die **Schlussbilanz** erstellt, indem die Schlussbestände der aktiven + passiven Bestandskonten in die Schlussbilanz übertragen werden. Zuvor muss allerdings noch eine Abstimmung mit dem Inventar vorgenommen werden.

Aktiva		Eröffnungsbilanz	Passiva
Geräte	66.000,–	Eigenkapital	38.000,–
Baustoffe	29.000,–	Darlehensschulden	34.000,–
Forderungen	25.000,–	Verbindlichkeiten	96.000,–
Kasse	5.000,–		
Bank	43.000,–		
	168.000,–		168.000,–

S	Geräte		H
AB	66.000,–	SB	66.000,–

S	Baustoffe		H
AB	29.000,–	SB	35.200,–
(1)	2.400,–		
(4)	3.800,–		
	35.200,–		35.200,–

S	Forderungen		H
AB	25.000,–	(3)	2.700,–
		SB	22.300,–
	25.000,–		25.000,–

S	Kasse		H
AB	5.000,–	(1)	2.400,–
		SB	2.600,–
	5.000,–		5.000,–

S	Bank		H
AB	43.000,–	(2)	1.200,–
(3)	2.700,–	SB	44.500,–
	45.700,–		45.700,–

S	Eigenkapital		H
SB	38.000,–	AB	38.000,–

S	Darlehensschulden		H
SB	34.000,–	AB	34.000,–

S	Verbindlichkeiten		H
(2)	1.200,–	AB	96.000,–
SB	98.600,–	(4)	3.800,–
	99.800,–		99.800,–

Aktiva		Schlussbilanz	Passiva
Geräte	66.000,–	Eigenkapital	38.000,–
Baustoffe	35.200,–	Darlehensschulden	34.000,–
Forderungen	22.300,–	Verbindlichkeiten	98.600,–
Kasse	2.600,–		
Bank	44.500,–		
	170.600,–		170.600,–

1. Die Schlussbilanz muss wertmäßig mit dem Inventar zum Schluss des Geschäftsjahres übereinstimmen.

2. Die Schlussbilanz des Geschäftsjahres (31.12.) ist gleichzeitig die Eröffnungsbilanz des folgenden Geschäftsjahres.

3.3 Die Philosophie der Kosten- und Leistungsrechnung

Die zuvor genannte Verpflichtung zur Rechenschaftslegung beruht auf Handels- und/oder Steuerrecht. Dort sind bis ins Detail der Umfang, die Form und der Inhalt (Bilanzgliederung, Bilanzbewertung und Erläuterungsbericht) geregelt. Die Rechenschaftslegung wendet sich nach außen und betrifft immer die Unternehmung als rechtliche Einheit und zwar als Ganzes.

Völlig anders verhält es sich mit dem Rechnungskreis II. Aufbau und Organisation des RK II sind in das Ermessen der Unternehmung bzw. des Unternehmers gestellt. Sie sind prinzipiell keine Rechenschaft gegenüber bestimmten Personen schuldig. Der Gegenstand ist vom Unternehmen in eigener Zuständigkeit zu regeln und wird sich nach Zweckmäßigkeitserfordernissen richten, sich also orientieren an den gewünschten Einsichten, die durch die KLR (Kosten- und Leistungsrechnung = RK II) ermöglicht werden sollen.

Solche Ziele können beispielsweise sein: Bereitstellung von Daten für Zwecke einer Vor- bzw. einer Nachkalkulation; für Zwecke eines Kostenstellencontrolling, einer kurzfristigen Erfolgsrechnung (KER), Hilfen für die Entscheidung über Eigenleistung oder Vergabe von Teilleistungen an Subunternehmer, Entscheidungshilfe über die Annahme oder Ablehnung eines Auftrages; für Zwecke betrieblicher Statistik oder eines Betriebsvergleiches und schließlich als Maßstab zur Beurteilung von Bauleiterqualitäten und dergleichen mehr.

Die Länge des Abrechnungszeitraumes kann dabei vom Unternehmen ebenso eigenständig bestimmt werden wie das angewandte Verrechnungsverfahren (z. B. Ist-, Normal- oder Plankostenrechnung auf Voll- oder Teilkostenbasis).

Für unsere weitere Betrachtung stellen wir zunächst ausschließlich ab auf unseren Wunsch, vorkalkulatorisch anwendbare Zuschlagsätze aus dem RK I einer vergangenen Periode abzuleiten. Generell gilt: der RK II kennt prinzipiell keine strengen gesetzlichen Normen wie der RK I. Allerdings sei auf eine Ausnahme schon hier hingewiesen: Eine gesetzliche Norm existierte in Form der Baupreisverordnung VOPR Nr. 1/72, die immer dann gegriffen hat, wenn ein Bauunternehmer sog. »öffentliche Aufträge« anbot bzw. ausführte. Ging der Auftragsvergabe eine öffentliche Ausschreibung voraus, so findet gegenwärtig keine zusätzliche Überprüfung der Preise nach den Regeln der VOPR Nr. 1/72 mehr statt. Im Falle von erwiesenen Submissionsabsprachen kann jedoch hilfsweise § 7 der Verordnung greifen mit der Maßgabe, dass für Zwecke der Schadensfeststellung der preisrechtlich (höchst-) zulässige Preis des § 9 der VO zu bilden ist. Im Anhang zur VOPR Nr. 1/72, den LSP-Bau (Leitsätze für die Selbstkostenpreisermittlung), ist detailliert geregelt, wie ein Preis nach § 9 der VO zu bilden ist.

Klassischerweise wird die Kosten- und Leistungsrechnung in drei Teile gegliedert:

Im ersten Teil, der Kostenartenrechnung, geht man der Frage nach: »Welche Kosten sind entstanden?«. Zur Beantwortung bildet man aus den Aufwendungen der Buchhaltung durch Absetzung der *Neutralen Aufwendungen* und Hinzusetzung der *Kalkulatorischen Kosten* die Summe der Kostenarten und gliedert diese in einem zweiten Schritt nach dem Kriterium der Zuordenbarkeit in direkt zuordenbare Einzelkosten (EK) und nicht direkt zuordenbare Gemeinkosten (GK).

Im zweiten Teil, der Kostenstellenrechnung, steht die Frage im Mittelpunkt: »Wo sind die Kosten entstanden?«, wobei das Augenmerk nur den Gemeinkosten gilt. Man bedient sich zur Beantwortung dieser Frage einer Verrechnungsmatrix (Betriebsabrechnungsbogen = BAB), in die horizontal die GK-Arten eingebracht werden, die sodann auf die Kostenstellen (in vertikalen Spalten) entsprechend ihrer Entstehungsgeschichte »verursachungsgerecht« verteilt werden. Die Summe jeder einzelnen GK-Art bleibt dabei konstant. Die Kostenstellengliederung entspricht dem Organisationsschema der Unternehmung und weist in verdichteter Form mindestens GK-Stellen für die Bereiche Materialwirtschaft, Fertigung (Baustellen, Lagerplätze, Schalung und Rüstung, Geräte- und Fuhrpark), Verwaltung und Vertrieb (bautypisch: Allgemeine Geschäftskosten: AGK) auf. Hat man die einzelnen GK-Arten verursachungsgerecht auf die Kostenstellen verteilt, werden die Gemeinkostensummen in den einzelnen Kostenstellen gebildet, wobei die Summe der Gemeinkostenstellenkosten der Summe der Gemeinkosten entsprechen muss.

Im dritten Teil, der Kostenträgerrechnung, werden die Informationen der KA- und der KSt-Rechnung miteinander verknüpft, d. h. man ordnet den Einzelkosten der KA-Rechnung die zugehörigen Kostenstellengemeinkosten des BAB zu. Bei Verwendung der traditionellen Staffelrechnung erhält man auf diese Weise die Kostenträgerzeitrechnung (oder Zeitraumkalkulation) und kann die Gemeinkostenzuschlagsätze als Relation aus Gemeinkosten und zugehörigen Einzelkosten bzw. Zwischensummen ausweisen (s. Abb. 3.3). Die hierbei ausgewiesenen Selbstkosten entsprechen der Summe der Kostenarten aus der KA-Rechnung.

Wendet man die aus der Zeitraumrechnung (das Zahlenwerk ist aus der Zeitraumrechnung des RK I, also der G+V abgeleitet) resultierenden Gemeinkostenzuschlagsätze auf die Einzelkosten einer konkreten Leistungsverzeichnis- (LV-)Position an, so erstellt man eine Kostenträgerstückrechnung, vulgo: Kalkulation.

Im Rechnungskreis II (Kosten- und Leistungs-Rechnung = KLR) verwendet man den Begriff der »Kosten« (K) als *Werteverbrauch, der bei der Erstellung der Betriebsleistungen erfolgt.* »Leistung« (L) ist dann der *Wertzuwachs, der bei der Verwertung (Absatz) der Betriebsleistungen erfolgt.*

Kosten und Leistungen sind im Gegensatz zu Aufwand/Ertrag nicht unternehmens-, sondern betriebs(stätten)bezogen und führen zum Betriebsergebnis (= operatives Ergebnis = BE).

Nachfolgendes Zahlenbeispiel möge die Zusammenhänge erläutern.

In der **KA-Rechnung** gehen wir der Frage nach, **WELCHE** Kosten in einer zurückliegenden Periode, einem Geschäftsjahr bzw. Monat, entstanden sind. Gleichzeitig wird ein zweifaches Ziel verfolgt.

Zuerst werden aus den »Aufwendungen« der G+V des RK I die Kosten abgeleitet (siehe »Begriffe«). Zu diesem Zweck werden einerseits jene Aufwendungen, die nicht dem unmittelbaren Betriebszweck dienen (Neutrale Aufwendungen), ausgefiltert und sodann die »kalkulatorischen« Kosten, denen keine Aufwendungen gegenüberstehen, zugesetzt. Auf den Mechanismus dieser sog. Abstimmungsrechnung soll hier nicht weiter eingegangen werden. Im Ergebnis unseres nachfolgenden Beispieles sollen aus 900 T€ »Aufwendungen« insgesamt 950 T€ »Kosten« entstanden sein.

Zweitens wird die Summe der Kostenarten (= 950 T€) aufgeteilt in Einzelkosten (EK) und Gemeinkosten (GK) entsprechend der Definition:

> **Einzelkosten** sind jene Kosten, die einem Kostenträger (KT) (z. B. einer Baustelle oder einer einzelnen LV-Pos.) direkt, d. h. verursachungsgerecht, zugeordnet werden können.
>
> Die **Gemeinkosten**, die keinem Kostenträger direkt zuzurechnen sind, bilden dann die Differenz aus »Summe der Kostenarten« (KA), hier 950 T€, vermindert um hier angesetzte typische Einzelkosten: für Baustoffe (= 100 T€) + Baustellenlöhne (= 300 T€) + Fremdleistungen (Subunternehmer bzw. Nachunternehmer) (= 0 T€).

Unter den getroffenen Annahmen beträgt die Summe der EK also 400 T€ und die GK belaufen sich auf die Differenz aus 950 T€ Gesamtkosten, vermindert um die 400 T€ EK, also 550 T€.

In der **Kostenstellen-(KSt-)Rechnung** gehen wir der Frage nach, **WO**, also in welcher Kostenstelle diese GK entstanden sind. Zu diesem Zweck führen wir die einzelnen GK-Arten, die in der Summe den oben ausgewiesenen 550 T€ entsprechen müssen, in Zeilen in eine Matrix (den Betriebsabrechnungsbogen = BAB) horizontal ein und ordnen Teilbeträge entsprechend ihrer Entstehungsgeschichte jenen Kostenstellen zu, in denen sie bei verursachungsgerechter Betrachtung entstanden sind. Anschließend werden die Teilbeträge (deren Quersumme selbstverständlich den jeweiligen Summen entsprechen muss) vertikal, also in den einzelnen Kostenstellen, addiert. Somit erhält man die Summen der Gemeinkostenstellen, hier 65 T€ für die Stoff-Gemeinkostenstelle usw. bis 26 T€ für die Vertriebs-Gemeinkostenstelle. Die Quersumme der KSt-Summen muss wieder die Summe aller GK mit 550 T€ ergeben.

Hiermit haben wir Gemeinkosten in Kostenstellen (KSt) gesammelt, die den vorhandenen Einzelkosten verursachungsgerecht zugeordnet werden können. Rechnerisch erfolgt dies im nachfolgenden dritten Teil unserer Übersicht.

In der Kostenträgerrechnung (KTR) gehen wir der Frage nach, FÜR WELCHEN KOSTENTRÄGER die Kosten entstanden sind und unterscheiden zwei Teile. Zuerst werden die EK aus der KA-Rechnung und GK aus dem BAB verursachungsgerecht in einer Staffelrechnung kombiniert, d. h. wir verwenden noch immer das Zahlenwerk, das aus der G+V des RK I, also einem vergangenen Zeitraum (Geschäftsjahr bzw. Monat) abgeleitet ist. Wir sprechen deshalb im ersten Teil der KT-Rechnung auch von der Kostenträger-Zeitrechnung (KTZ) oder der Zeitraumkalkulation. Wir beginnen mit den EK für Baustoffe, hier 100 T€, und addieren die zugehörigen Stoff- oder Material-GK = 65 T€. Die Summe aus EK + GK nennen wir Stoff-Kosten, hier 165 T€. Anschließend übertragen wir die EK für Baustellenlöhne, hier 300 T€, addieren die Fertigungs- oder Baustellen-GK = 303 T€ und erhalten die Baustellenkosten (Fertigungskosten), hier 603 T€.

Die Zwischensumme aus Stoffkosten 165 T€ und Baustellenkosten 603 T€ nennen wir Herstellkosten (HK). Sie belaufen sich hier auf 768 T€ und bilden die Basis für die nachfolgenden Verwaltungs- und Vertriebs-GK. Addieren wir letztere hinzu, so erhalten wir die Selbstkosten (SK), die der Summe der Kostenarten = 950 T€ entsprechen müssen.

Als Ergebnis der KTZ-Rechnung verknüpfen wir GK und EK dieser Rechnung und gewinnen dadurch GK-Zuschlagsätze, die zum Zwecke der Kostenträger-Stückrechnung (= Kalkulation) unabdingbar sind. So errechnen wir beispielsweise den Zuschlagsatz für die Stoffgemeinkosten aus vorliegendem Zahlenwerk, indem wir die Stoff-GK, hier 65 T€, durch die EK-Basis für Baustoffe, hier 100 T€, dividieren. Wir erhalten den Faktor 0,65, der, multipliziert mit 100, dann 65 % entspricht. Analoge Rechnungen ergeben GK-Zuschlagsätze für die Baustellen-GK mit 1,01, sowie für Verwaltungs-GK 0,20 und Vertriebs-GK 0,03. Verwaltungs- und Vertriebs-GK werden beide auf die Basis HK bezogen und können deshalb zusammengefasst werden. In Bauunternehmen entspricht dies einer allgemeinen Übung und man bezeichnet die Summe aus Vw+Vt als »Allgemeine Geschäftskosten« (AGK), die hier dann bei 0,23 oder 23 % läge.

Der Übergang von der KTZ zur **KTStück-Rechnung** erfolgt einerseits kontinuierlich, andererseits bruchhaft! Kontinuierlich bleibt das Gliederungsschema der Staffelrechnung, allerdings zu ergänzen um die Zuschläge aus der KTZ-Rechnung und jene für »Allgemeines Unternehmerwagnis + Gewinn« W+G und die jeweils gültige Mehrwertsteuer, die ggf. noch aufgeschlagen werden muss. Handelt es sich um die Kalkulation eines »Einheitspreises« für eine LV-Position, so werden im Leistungsverzeichnis nur Selbstkostenpreise eingesetzt. Der Zuschlag für die Mehrwertsteuer (Umsatzsteuer) wird am Ende des Leistungsverzeichnisses als eine Summe angehängt. Der Zuschlag für W+G bildet sozusagen die »Brücke« zwischen SK und dem so entstehenden Selbstkostenpreis SKP ohne MwSt.

Einen »Bruch« gibt es dem hingegen zwischen KTZ und KTStück-Rechnung insofern, als in der KTZ noch Periodenwerte verwendet wurden, wogegen in der KTStück-Rechnung (der »Kalkulation« im engeren Sinne) die EK einer einzelnen LV-Position zum Ansatz gelangen.

I.	**WELCHE Kosten...**					
	Die KostenArtenRechnung (KA-Rechnung)					
	Ausgaben--------------	Aufwand------------	900		Kosten-----	950
	Aufteilung der Kosten in EK und GK	Baustoffe	100			
		Baustellenlöhne	300			
		Fremdleistungen	0			
		Summe EK		400		
		Summe GK		550		
		Summe KA		**950**		

II.	**... fallen WO an ....**					
	Die KostenStellenRechnung (KSt-Rechnung)					
	Entsprechend der organisatorischen (Kompetenz- und Verantwortungs-)Bereiche überzieht					
	ein System von Kostenstellen den gesamten Betrieb. Der Betriebsabrechnungsbogen (BAB)					
	spiegelt dieses System wieder:					
				Kostenstellen		
	GK-Arten	Summe	Stoffe	Baustellen	Verwaltung	Vertrieb
	Sozialkosten	250	5	230	10	5
	GK-Löhne	80	50	20	5	5
	GK-Gehälter	70	5	10	55	10
	Bürobedarf	5	0	0	4	1
	Abschreibungen	40	5	20	10	5
	Zinsen	35	0	15	20	0
	Betriebliche Steuern	20	0	0	20	0
	Versicherungen	30	0	5	25	0
	Sonstige GK	10	0	3	7	0
	Summe GK	550	65	303	156	26
	Im BAB erfolgt eine Sortierung der GK nach dem Kriterium der verursachungsgerechten Entstehung.					

III.	**...und gehören zu WELCHEM Kostenträger (= Auftrag bzw. Baustelle)?**					
	Die KTZ-Rechnung			**Die KTSt-Rechnung**		
				Zuschl.	EKdTL+GK	**in**
	BauStoffe	100			30,00	
	Stoff-GK	65		0,65	19,50	
	Stoffkosten (EK+GK)	165				49,50
	Baustellenlöhne	300			80,00	
	Baustellen-GK	303		1,01	80,80	
	BSt-Kosten (Fertigungskosten)	603				160,80
	Herstellkosten (HK)	768				210,30
	Verwaltungs-(Vw-)GK	156		0,20		42,72
	Vertriebs-(Vt-)GK	26		0,03		7,12
	Selbstkosten (SK) = Summe KA (!)	**950**				260,14
	W+G			0,06		15,61
	SK-Preis (ohne MWSt)					**275,74**
	MWSt (z.B. 16 %)			0,16		44,12
	SK-Preis (einschl. 16 % MWSt)					319,86

Abb. 3.3: Übersicht Kosten- und Leistungsrechnung

In unserem Zahlenbeispiel werden als Stoff-EK 30 € (nicht T€!) und für Baustellenlöhne 80 € angesetzt. Unter Anwendung der aus der KTZ- Rechnung resultierenden GK-Zuschlagsätze und eines angenommenen W+G-Zuschlages von 6 % auf SK würde hieraus ein LV-Preis (= SKP) in Höhe von 275,74 € ohne MwSt. resultieren.

3.4 Die Weiterentwicklung der Kosten- und Leistungsrechnung

Die vorstehend gezeigte Art der Preisermittlung (d. h. aus den Selbstkosten auf IST-Kosten-Basis abgeleitet) krankt an folgenden Mängeln:

1. Die IST-Kosten stammen aus vergangenen Perioden.
2. EINZEL- und GEMEINKOSTEN oder FIXE und VARIABLE KOSTEN werden im Sinne einer VOLLKOSTENRECHNUNG in Gänze verrechnet und
3. in konjunkturell schlechten Zeiten werden infolge der Fixkostendegression immer höhere Selbstkostenpreise ermittelt, die erfahrungsgemäß am Markt nicht durchzusetzen sind, d. h. die Unternehmen »kalkulieren sich aus dem Wettbewerb«!
   In Zeiten der Hochkonjunktur sind die Folgen gerade umgekehrt. . . . . .

Dieser unbefriedigende Zustand führte in der Vergangenheit zur Weiterentwicklung des Rechnungswesens hin zur Kalkulation mit PLAN- (≠ Ist-)Kosten auf TEIL- (≠Voll-)Kostenbasis, also der *Deckungsbeitragsrechnung* (DB-RECHNUNG).

Denkansätze

Die Einteilungen der Kosten entsprechend ihrer Zuordenbarkeit auf Kostenträger in Einzel- (den Kostenträgern direkt belastbar) und Gemeinkosten (den Kostenträgern nur mittelbar anrechenbar) nimmt bereits die klassische KLR-Bau vor. Die Trennung erfolgte dort in der KA-Rechnung, die Wiederzusammenführung in der KTZ-Rechnung, nachdem die GK in der KSt-Rechnung durch die Verrechnungsmatrix des Betriebsabrechnungsbogens (BAB) aufbereitet wurden.

Bei Beschäftigungsschwankungen verhalten sich einige KA jedoch abhängig von den Schwankungen, andere unabhängig. Den Ist-Kosten einer vergangenen Periode entspricht nicht nur ein konkreter Preisstand bezüglich aller Faktorkosten, z. B. bestimmte Löhne einer Abrechnungsperiode, sondern auch ein konkreter Beschäftigungsgrad.

Kalkulationszuschlagsätze markieren immer ein Verhältnis bestimmter Gemeinkosten und einer zugehörigen (EK-)Basis. Ändern sich im Zuge allfälliger Beschäftigungsschwankungen die Gemeinkosten anders als die zugehörigen Basen, ändern sich logischerweise die GK-Zuschlagsätze.

EIN EINFACHES BEISPIEL MÖGE DEN ZUSAMMENHANG VERDEUTLICHEN:

EK	=	*80*	*T€*
GK	=	*20*	*T€*
KA	=	*100*	*T€*

Der GK-Zuschlag beläuft sich auf 20 : 80 = 0,25 = 25 %

Da eine Gleichsetzung:

EK	=	variable Kosten (Kv) einerseits, und
GK	=	fixe Kosten (Kf) andererseits

wegen der unterschiedlichen Definition außer Betracht bleiben muss, sei aus Vereinfachungsgründen angenommen:

80 %	EK	=	Kv	
20 %	EK	=	Kf	und
30 %	GK	=	Kv	
70 %	GK	=	Kf	

Weiterhin gelte: Die Beschäftigung ändere sich von 100 % (Vollauslastung) auf 70 %, was sich bei den Leistungen L (hier 100 % = 105 T€) unmittelbar und bei den variablen Kosten mittelbar auf das Betriebsergebnis auswirken wird.

Dann folgt daraus:

		Beschäftigung					
		100 %			70 %		
		Kosten					
		fix	var.	ges.	fix	var.	ges.
EK	(T€)	16,0	64,0	80,0	16,0	44,8	60,8
GK	(T€)	14,0	6,0	20,0	14,0	4,2	18,2
Summe KA	(T€	30,0	70,0	100,0	30,0	49,0	79,0
GK-Zuschlag	in %			**25,0**			**29,9**
L	(T€)			105,0			73,5
BE = L – KA	(T€)			**+5,0**			**–5,5**

In Zeiten unzulänglicher Kapazitätsauslastung steigt, wie gezeigt, der Gemeinkosten-Zuschlagsatz von hier 25 % auf 30 % und, was viel bemerkenswerter ist:

Das BE sinkt von +5 T€ auf –5,5 T€!!!

Später werden diese Fragen aufgegriffen. Hier sei nur soviel angemerkt, dass ohne die Trennung der Kosten in fixe und variable Teile alle Mühen um kostenrechnerische »Wahrheiten« vergebens bleiben werden.

3.5 Die Kurzfristige Erfolgsrechnung (KER)

3.5.1 Die Ausgangslage, das Betriebsergebnis (BE) »Nicht-Bau«

Ergebnisse einer Rechnungsperiode (z. B. eines Geschäftsjahres) kennt der geneigte Leser schon aus der Lektüre des Kapitels »Rechnungswesen-Bau«, und zwar in zweifacher Form. Zum einen aus dem Abschluss der Buchhaltung in Gestalt des Erfolges einer Unternehmung, sprich eines Gewinnes bzw. Verlustes als Differenz aus Erträgen und Aufwendungen der Periode. Andererseits können wir aus dem Abschluss der Kosten- und Leistungs-Rechnung den »operativen« (= betrieblichen) Erfolg des Betriebes für dieselbe Periode errechnen.

Auf die Bedeutung dieser Aussagen, nämlich Antworten auf die Frage, woher die einzelnen Ergebnis-Teilbeträge der Vergangenheit gekommen waren, kann hier leider nicht näher eingegangen werden. Stark vereinfacht kann aber festgestellt werden, dass die Kenntnis einzelner Spartenergebnisse, falls kontinuierlich im »roten Bereich« liegend, selbstverständlich nach einer kritischen Analyse dieser Sparte rufen würde! Ebenso selbstverständlich könnte am Ende dieser Analyse nach Ausschöpfung vielfältiger Lösungsalternativen die ordnungsgemäße Liquidierung dieses Teilbetriebes, dieser Sparte o. Ä. stehen. Noch gravierender könnten die Folgen einer Analyse sein, falls sich herausstellen sollte, dass die positiven »neutralen« Ergebnisse (z. B. aus Miet- und Zinserträgen) Jahr für Jahr von »roten« operativen Betriebsergebnissen »aufgefressen« wurden und werden. Wer wollte es dann einem Unternehmer als »homo oeconomicus« verdenken, sich auszumalen, wie schön seine Jahresergebnisse (Gewinne) ohne die negativen operativen Beiträge wären?

Die hier angewandte Unterscheidung von »Unternehmung« und »Betrieb« entspricht keineswegs einer Vorliebe des Autors für »Haarspaltereien«, sondern ist durchaus von Relevanz! Unter »Unternehmung« versteht man die rechtliche und organisatorische Einheit, sozusagen die ganze »Firma«, zu der durchaus mehrere Betriebsteile, Sparten, Niederlassungen usw. neben reiner Vermögensverwaltung und der Vermietung von Baugeräten und/oder Wohnblocks gehören können. Zu einem »Betrieb« rechnet man dem hingegen nur jene Unternehmensteile, die zur Produktion der eigentlichen betrieblichen (Bau-)Leistungen und deren Vertrieb notwendig sind. Wir sprechen dann auch konsequenterweise vom »operativen« Geschäft.

Wir kennen, wie oben erwähnt, die Ergebnisse der Rechnungskreise I+II, also sowohl den Erfolg (= Gewinn/Verlust) aus dem RK I, als auch den Erfolg (= das »operative« »Betriebsergebnis« = BE) aus dem RK II. Allerdings aus einer vergangenen Periode, normalerweise einem Geschäftsjahr, also einer »langfristigen« Betrachtung. Die kurzfristige Erfolgsrechnung (KER) ergänzt diese langfristige Erfolgsrechnung insofern, als sie den Zeitraum der Betrachtung verkürzt bzw. die Aufmerksamkeit auf einzelne Kostenstellen, Kostenträger wie Bauaufträge (= Baustellen), Sparten, Niederlassungen oder gar Bauleiter lenkt. Wir nähern uns dem Komplex, indem wir uns wegen der dortigen Übersichtlichkeit zunächst der Ermittlung des Betriebsergebnisses in »Nicht-Bau-Unternehmen« zuwenden.

Um uns die Ausgangslage zu vergegenwärtigen, postulieren wir »T-Konten«, die wir wegen ihrer Anschaulichkeit schon einmal, und zwar bei der Darstellung des RK I benutzt haben. Allerdings überschreiben wir die Konten nun nicht mit »Aufwendungen, Erträge und G+V«, sondern mit den Analogbegriffen »Kosten, Leistungen und Betriebsergebnis«.

Im Konto »Kosten« nehmen wir eine Unterteilung in Einzel- und Gemeinkosten vor (siehe Kapitel »Rechnungswesen-Bau«), führen die GK zwecks Weiterverarbeitung in den BAB und die EK sofort in die Kostenträgerübersicht, wo die im BAB entsprechend ihrer Entstehungsgeschichte »umsortierten« GK nach Verdichtung zu Kostenstellensummen ebenfalls landen. Die Staffelrechnung der Kostenträgerübersicht folgt dem bereits bekannten logischen Schema der KTZ-Rechnung.

Die in der Schlusszeile der Kostenträgerübersicht auszuweisenden Selbstkosten (SK) der einzelnen Kostenträger A, B, C oder D werden in die Ergebnisrechnung als dortige SK bzw. Kges. übernommen und von den kostenträgerspezifischen Leistungen aus dem gleichnamigen Konto abgezogen. Die Differenz ergibt die kostenträgerspezifischen Betriebsergebnisse, also z. B. das Spartenergebnis »A«, wobei aus der Summe aller Spartenergebnisse das gesamte Betriebsergebnis BEges. resultiert.

Letzteres, also das gesamte BE, ist dem Ersteller der Ergebnisrechnung allerdings schon bekannt, und zwar aus dem Abschluss des BE-Kontos, in dem (wie einst in der G+V) die Summe der Leistungen der Summe der Kosten gegenübergestellt wurde. Der dortige Saldo bildet das BE gesamt.

Mit anderen Worten:

In dieser Kostenstellen-, Kostenträger- und Ergebnisrechnung sind:

a) im BAB (Betriebsabrechnungsbogen = Kostenstellenrechnung) nur die Gemeinkosten, also keinesfalls die gesamten Selbstkosten enthalten und

b) sind in der Kostenträgerrechnung sowohl die Einzelkosten, als auch die Gemeinkosten aus dem BAB, also die SK, enthalten.

c) In der Ergebnisrechnung werden von den Leistungen der Sparten (= Kostenträger A bis D) die Selbstkosten abgezogen und die Differenz als Betriebs- bzw. Sparten-Ergebnisse ausgewiesen.

3.5.2 Das Betriebsergebnis (BE) »Bau«

In der Bauwirtschaft haben sich aus den konkreten Gegebenheiten der Baustellenfertigung manche Besonderheiten für das baubetriebliche Rechnungswesen entwickelt.

Dies gilt nicht nur für rein sprachliche Besonderheiten, wie beispielsweise die »Baukosten« der DIN 260, die für den kaufmännisch vorgeprägten Zeitgenossen »Investitionen« darstellen, oder für die »Allgemeinen Geschäftskosten« (= AGK), die anderenorts als V+V (Verwaltungs- und Vertriebsgemeinkosten) bezeichnet werden.

Zu den materiellen Besonderheiten zählt am Bau die abrechnungstechnische Nähe von »Kostenstellen« (KT) und »Kostenträgern« (KSt). In der stationären Industrie, wie z. B. bei der Herstellung von Haushaltgeräten, sind KT und KSt sauber zu trennen. Nämlich die Kostenstellen (z. B. Blechzuschnitt, Blechformen, Beschichtung, Komponentenmontage, Endmontage, Endkontrolle. . .) von den Kostenträgern (wie Kühlschränke, Wasch- und Spülmaschinen), die allesamt dieselben Kostenstellen durchlaufen haben. Diese saubere Trennung geht bei der Baustellenfertigung verloren. Von Bauunternehmen wird vorwiegend auf den Baustellen produziert, d. h. die Bauleistung erbracht. So betrachtet,

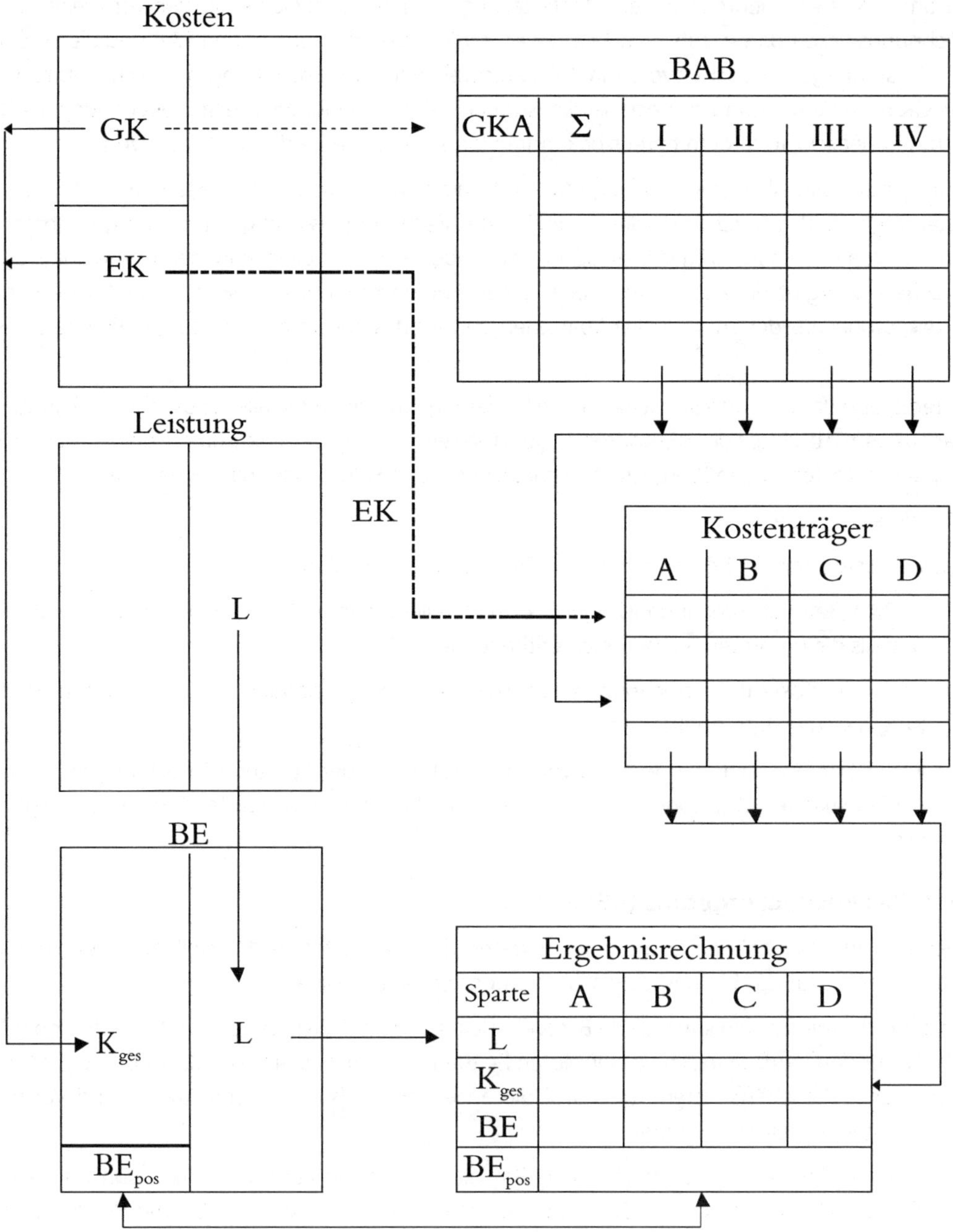

Abb. 3.4: Schematische Darstellung: Betriebsergebnis (BE) »Nicht-Bau«

stellen unsere Baustellen gleichzeitig »Kostenstellen« und »Kostenträger« dar. In dieser nunmehr **kombinierten Kostenstellen-Kostenträger- und Ergebnisdarstellung** sind:

a) im BAB (Kostenstellenrechnung) Einzel- und Gemeinkosten, also die gesamten Selbstkosten, enthalten und

b) in der Kostenträger- und Ergebnisrechnung sowohl das Gesamtergebnis als auch die einzelnen Sparten- oder Baustellenergebnisse ausgewiesen. Ermöglicht wird diese Rechnung durch Einbeziehung der betrieblichen Leistungen in das Berechnungsschema.

Die Ermittlung der Kalkulationseckdaten

Grundsätzlich müssen für die Kostenträgerstückrechnung folgende Werte zur Verfügung gestellt werden:

- Zuschlagsätze für Sozialkosten AP (gesetzliche, tarifliche und freiwillige Sozialkosten für Arbeiter und Poliere), ausgedrückt in Prozent der Bruttolohnsumme des Abrechnungszeitraumes,
- Zuschlagsätze für Sozialkosten TK (gesetzliche, tarifliche und freiwillige Sozialkosten für Techniker und Kaufleute), ausgedrückt in Prozent der Bruttogehaltssumme eines Abrechnungszeitraumes,
- Zuschlagsätze für Hilfsstoffe und/oder Kleingeräte und Werkzeuge, ausgedrückt in Prozent der Bruttolohnsumme des Abrechnungszeitraums,
- Zuschlagsätze für Kosten der Lohnbuchhaltung, ausgedrückt in Prozent der Bruttolohnsumme des Abrechnungszeitraumes,
- Zuschlagsatz für Gemeinkosten der Baustelle, ausgedrückt in Prozent der Bruttolohnsumme des Abrechnungszeitraumes und
- Zuschlagsatz für die AGK, ausgedrückt entweder in Prozent der Bauleistung oder in Prozent der Herstellkosten des Abrechnungszeitraumes.

Zeile	BAB mit BE-Rechnung		Werte in T€											
Zeile	Kosten- u. Leistungsarten		Gesamt	Umlage-kosten		AGK	Hilfsbetriebs- u. Verrechnungs-KSt.				Kostenträger = Baustelle			Ergeb.
				Soziales	Kleinger. Werkzg.		Werkst.	Geräte	Rüstg u. Schalg.	Fuhrpk.	A	B	C	
	Kostenstellen- bzw. Kostenträger- Nr.		93	941	942	95	961	962	963	964	971	972	973	99
	Kostenart bzw. Leistung	Faktor												
1	Löhne und Gehälter (AP)		1.940				35	15	18	24	1.018	318	512	
2	Sozialkosten (AP)		1.750	1.750										
3	Lohn- u. Gehalts- NK (AP)		110				3	1	1	2	58	18	27	
4	Baustoffe		1.380								720	223	437	
5	Rüst- u. Schalmaterialkosten		120								59	20	41	
6	Gerätekosten		155					155						
7	Hilfs- u. Betriebsstoffe		130			10	8	18	12	20	31	14	17	
8	Kleingeräte und Werkzeuge		95		95									
9	Gehälter (TK)		410			315					50	20	25	
10	Allgemeine Kosten		240			195					25	8	12	
11	Fremdleistungen, Nachunternehmer		1.020								695	180	145	
12	Selbstkosten (SK)		7.350	1.750	95	520	46	189	31	46	2.656	801	1216	4.673
13	Umlagen													
14	a) Sozialkosten (AP)/Löhne (AP)	0,902		1.750			32	14	16	22	918	287	462	1667
15	b) Kleingeräte u. Werkzg/Löhne (AP)	0,049			95		2	1	1	1	50	16	25	90
16	Zwischensumme nach Umlagen a) und b)		7.350	0	0	520	79	203	48	69	3.624	1103	1703	6.431
17	c) Werkstatt auf Geräte. . . bis Fuhrpark						79	50	12	17				
18	Kostensummen Verrechnungskostenstellen						0	253	60	86				
20	Weiterbelastung auf Kostenträger zu Sätzen							260	58	90	170	90	148	408
21	KSt- Abweichung d. VerrechnungsKSt.							7	–2	4				9
22	Herstellkosten (HK)										3.794	1193	1851	6.839
23	d) AGK auf HK	0,076				520					289	91	141	520
24	Selbstkosten (SK)			0	0	0	0	0	0	0	4.083	1284	1992	7.359
25	Leistungen (L)		7.859								4.530	1.331	1.998	7.859
26	Betriebsergebnis = L – SK vor KSt-Abw.										**447**	**47**	**6**	500
27	KSt-Abweichung d. VerrechnungsKSt.													9
28	Betriebsergebnis = L – SK nach KSt-Abw.		**509**											**509**

Abb. 3.5: BAB mit Betriebsergebnis (BE)

Vorgabe: Ist-Kosten der Vergangenheit als Sollkosten in T€ für die Zukunft.

Zuschlagssatz für Sozialkosten (AP)

Im BAB werden Sozialkosten i. H. v. 1.750 T€ ausgewiesen. Auf die (umfangreiche) Ermittlung der Einzelpositionen soll hier verzichtet werden. Die Summe der Sozialkosten ist hier vereinfachend auf die Basis Produktive Löhne und Gehälter i. H. von 1.940 T€ bezogen und mit 90,21 % im Mittel ausgewiesen. In Wirklichkeit ist der Zuschlag für Lohnempfänger wegen der kleineren Basis selbstverständlich größer als der für Gehaltsempfänger.

Zuschlagssatz für Sozialkosten (TK)

Im BAB werden die Gehaltskosten TK, d. h. die Gehälter einschließlich zugehöriger Sozialkosten, als Summe ausgewiesen, und damit die Kostenstelle 95 »AGK« i. H. v. 315 T€ und die Baustellen A (50 T€), B (20 T€) und C (25 T€) belastet.

Insoweit wird hier auf den Ausweis eines separaten Zuschlagssatzes für Sozialkosten (TK) verzichtet.

Zuschlagssatz für Kleingeräte und Werkzeuge

Im BAB werden Kleingeräte und Werkzeuge i. H. v. 95 T€ ausgewiesen. Bezogen auf die Basis Produktive Löhne + Gehälter (AP) i. H. v. 1.940 T€ ergibt dies einen Zuschlagssatz von 4,90 %.

Verrechnung der Gerätekosten

Im BAB werden zunächst die relevanten Kostenarten entsprechend der Verursachung ausgewiesen. Nach Umlage der anteiligen Sozialkosten und der Kosten für Kleingeräte/Werkzeuge auch auf alle Hilfs- und Verrechnungskostenstellen, wird die Kostenstelle Werkstatt (79 T€) anteilig, d. h. entsprechend der Inanspruchnahme auf die nachfolgenden Kostenstellen: »Gerätepark«, »Rüstung u. Schalung« sowie »Fuhrpark« umgelagert. Die letztgenannten Hilfskostenstellen Gerätepark, Rüst- und Schalteile sowie Fuhrpark werden lt. Baustellenberichterstattung auf die drei Baustellen A, B und C weiterbelastet.

Dabei kommt es regelmäßig zu Kostenstellenüber- und -unterdeckungen, denn vorkalkulatorisch bedient man sich anstelle der nachkalkulatorisch erfassten BAB-Daten auf Basis der Istkosten der Angaben aus der »Baugeräteliste«, die zwar ebenfalls die kalk. Kostenarten Abschreibungen und Zinsen sowie die aufwandsgleichen Kostenarten wie Löhne, Hilfs- und Betriebsstoffe usw. enthalten, als normierte Verrechnungssätze von den Istkosten der Kostenstellen dessen ungeachtet abweichen (müssen).

Die Summe der Kostenstellenüber- und -unterdeckungen (hier: + 9 T€) werden direkt in das BE eingerechnet (s. Zeile 27).

Zuschlagssatz für AGK

Hier sind nicht enthalten die Gehaltskosten (TK) der Baustellen, die jenen direkt zugeordnet wurden, sondern die Kosten für Verwaltung und Vertrieb einschließlich Kostensteuern (ohne MwSt.).

Der Zuschlagssatz (hier 7,60 % auf Basis HK) wird als Quotient aus 520 : 6.839 T€ ermittelt und in der Kostenträger-(Baustellen)-Rechnung als Betrag ausgewiesen.

Allgemeines Unternehmerwagnis und Gewinn

In unserem BAB liegt das Betriebsergebnis (nachkalkulatorisch)

i. M. bei	6,9 %	(509 : 7.359)
Max.	10,9 %	(447 : 4.083)
Min.	0,3 %	(6 : 1.992)

Die tatsächlichen Baustellenergebnisse variieren – wie in der Praxis – auch hier erheblich (+10,9 % bis 0,3 %). Außerdem sagen diese nachkalkulatorischen Ergebnisse noch nichts über die Güte der Bauleitung aus! Gerade unter den gegenwärtigen Gegebenheiten werden Submissionspreise schon überaus knapp vorkalkuliert, so dass es auch dem besten aller denkbaren Bauleiter gelegentlich nicht möglich sein dürfte, das Ergebnis nachkalkulatorisch nachhaltig zu verbessern. Darüber hinaus werden während der Bauausführung häufig auftraggeber- und auftragnehmerseitige Änderungen vorgenommen oder es kommt zu Behinderungen usw., die automatisch zu veränderten Leistungen und ebensolchen Kosten führen. Da all diese gegebenen und ändernden Einflüsse auf das Baustellenergebnis nur teilweise vom Bauleiter zu beeinflussen sind, kann er auch nicht alleine verantwortlich gemacht werden. Auch hier gilt das »eherne« Gesetz jeglicher Organisation: Verantwortungs- und Kompetenzbereiche müssen kongruent sein!

3.6 Die Deckungsbeitragsrechnung in der Kurzfristigen Erfolgsrechnung (KER-Bau) und die Postulierung eines Deckungsbeitragsfaktors (DBF)

Näher an die Verantwortung der Bau- bzw. Projektleitung kommen wir durch Betrachtung der Deckungsbeiträge bzw. ihrer Relationen zu den variablen Kosten – sowohl aus der Vor-, als auch der Nachkalkulation.

Was aber ist unter Deckungsbeiträgen, fixen und variablen Kosten zu verstehen?

An dieser Stelle müsste eine Hinführung zur Deckungsbeitragsrechnung folgen, was aus Zeit- und Platzgründen jedoch ausgespart werden muss. Deshalb in aller Kürze:

Der Leser erinnert sich an die Trennung der Gesamtkosten eines Betriebes und eines Zeitraumes in Einzelkosten (EK) und Gemeinkosten (GK), wie sie im Kapitel »Rechnungswesen-Bau« vorgeführt wurde. Per Definitionem sind EK jene, die einem Kostenträger direkt zuordenbar sind und GK jene anderen, die einem Kostenträger nicht direkt, sondern erst nach dem Umweg durch den BAB und nur indirekt zugeordnet werden können. Diese Trennung ist leicht durchführbar und deshalb als »in jedem Betrieb vorhanden« zu unterstellen.

Sehr viel schwieriger durchzuführen (und im Ergebnis immer umstritten bleibend) ist eine Aufteilung der Gesamtkosten eines Betriebes und eines Zeitraumes in variable (= beschäftigungsabhängige) Kosten und fixe (= beschäftigungsunabhängige) Kosten. Als »variabel« können Baustoffe gelten, da sie im Normalfall nur anfallen, soweit auch Aufträge (Kostenträger) vorhanden sind. Weitestgehend »fix« sind dem hingegen Grundsteuern und Brandversicherungsprämien für Verwaltungsgebäude, die unabhängig vom Vorhandensein eines Bauauftrages anfallen. Bei all diesen Betrachtungen spielt selbstverständlich der Zeitfaktor eine dominierende Rolle. Langfristig sind alle Kosten »variabel«, da abbaubar. Kurzfristig neigen jedoch alle Kosten zu einem fixen Verhalten, da aus vertraglichen Gründen nicht kurzfristig abbaubar.

Sinnvoll ist die letztere Unterscheidung bezüglich der Frage, ob ein Auftrag zu einem Preis »unter Selbstkosten« überhaupt angenommen werden sollte bzw. angenommen werden darf. Gegen eine Auftragsannahme spricht die Erwartung, dass der Auftrag wahrscheinlich nur mit einem negativen Baustellenergebnis abzuschließen sein wird, was langfristig das Eigenkapital verzehrt. Für die Auftragsannahme könnte die Erwartung sprechen, dass bei Auftragsverzicht die fixen Kosten, wie z. B. Verwaltung, Vertrieb, Versicherungen, Steuern, Zinsen und Abschreibungen für die Geräte unabhängig von der Annahme eines zusätzlichen Auftrages »weiterlaufen« und das Gesamtergebnis stärker belasten würden als im Falle einer Auftragsannahme – trotz absehbarer »roter« Zahlen (negatives BE).

Da die Trennung fixer und variabler Kosten – wie gesagt – überaus schwierig bleibt, hilft man sich in der baubetrieblichen Praxis durch eine weitgehende Gleichsetzung der fixen Kosten (KF) mit den Gemeinkosten (GK) einerseits und der variablen Kosten (KV) mit den Einzelkosten (EK) andererseits und nimmt den offensichtlichen Fehler als »kalkuliertes Übel« bewusst in Kauf.

Unter Deckungsbeitrag versteht man die Differenz aus Leistungen minus variable Kosten, also allgemein:

$$\text{Deckungsbeitrag DB} = L - KV \mathrel{\hat{=}} L - EK$$

bzw. in nachfolgender Übersicht die Werte der Zeile 12. Ein Vergleich der absoluten Zahlen (z. B. Differenz der Deckungsbeiträge zwischen Nachkalkulation und Vorkalkulation) bleibt ohne großen Aussagegewinn, da alleine die Auftragsgröße alle anderen Aspekte zu überdecken vermag.

Sinnhaft mag allerdings die Suche nach einem Faktor sein, der die Veränderung von Vor- zur Nachkalkulation in einer Größe abzubilden in der Lage ist und zwar unter Einbeziehung aller denkbaren Änderungen. Zu diesem Zweck postulieren wir den

$$\text{Deckungsbeitragsfaktor DBF} = L : KV \mathrel{\hat{=}} L : EK$$

in der Annahme, dass durch die Bau- bzw. Projektleitung zwar die Größe »GK«, nicht aber »L« und »EK« beeinflussbar sind. Selbstverständlich sind die in der Theorie der Deckungsbeitragsrechnung präzisen begrifflichen Grenzen in der Praxis fließend, unscharf und deshalb mit Fehlern behaftet. Der Autor plädiert dennoch für die Anwendung des nachfolgend vorgestellten Verfahrens, da trotz aller genannten Schwächen ein Erkenntnisgewinn verbleibt. Diese Vorgehensweise hat den Vorteil, dass allfällige Auftragsänderungen, Mehr- und Minderleistungen, Behinderungen usw. sowohl in die Größen »L«, als auch in die Größen »EK« und »GK« einfließen. Beurteilungsmaßstab für die Güte einer Bau- bzw. Projektleitung ist dann alleine die Veränderung des Deckungsbeitragsfaktors auf dem Wege von der Auftragseingangs-/(Vor-)Kalkulation hin zur Nachkalkulation.

Das nachfolgende Zahlenbeispiel folgt dem Beispiel »BAB mit BE-Rechnung« des vorangegangenen Abschnitts. Zum Denkansatz siehe auch die Darstellung des Sachverhalts durch Behrendt/Schmidt/1/, S. 136ff.

Unter dem Deckungsbeitragsfaktor sei, wie ausgeführt, nachfolgend der Quotient aus der Leistung »L«, dividiert durch die variablen Kosten »KV« bzw. »EK«, zu verstehen, wobei die KV nicht entsprechend der reinen Lehre zu sehen sind. Stattdessen wird hier jedes Unternehmen, entsprechend seiner Kalkulationsgepflogenheiten, als »KV« markante Einzelkosten ansetzen.

In nachfolgendem Beispiel »KER mit DBF« (Abb. 3.6) werden hierfür die Werte der Zeilen 1–9 angesetzt. Für die Spalte »Nachkalkulierte Werte« stammen sie aus dem vorausgegangenen BAB und ergeben für den Kostenträger »A« in Zeile 10 den Wert von 3.719 T€, woraus ein nachkalkulatorischer DBF von 1,218 resultiert (= L : KV = 4.530 : 3.719). Für die (hier angenommenen) vorkalkulierten Werte ergebe sich eine Summe »KV« i. H. von 3.825 bei einem »L« i. H. von 4.300, woraus ein vorkalkulierter DBF i. H. von 1,124 resultiert (= L : KV = 4.300 : 3.825).

Die analogen Werte für die Kostenträger »B« und »C« sind in der Übersicht ausgewiesen.

Zu einer Beurteilungsmöglichkeit der Bauleitungsgüten gelangt man durch einen Vergleich der Deckungsbeitragsfaktoren. Im Falle des Kostenträgers »A« konnte der nachkalkulatorische DBF größer als der vorkalkulatorische DBF gestaltet werden – trotz vielfältiger Änderungen in der Leistung und bei einzelnen Kostenarten aus den üblichen Gründen! Die diesen Aspekt beschreibende Rangrelation beläuft sich auf 1,084 (= DBF nachkalk. : DBF vorkalk. = 1,218 : 1,124) und besagt, da größer als 1,0, dass im Zuge der Auftragsabwicklung das Ergebnis verbessert werden konnte.

Für die Kostenträger »B« und »C« liegen die Ergebnisse unter 1,0, was besagt, dass im Zuge der Auftragsabwicklung die Ergebnisse verschlechtert wurden; bei »C« stärker verschlechtert als bei »B«!

Ein Praxisbeispiel möge den Sachverhalt verdeutlichen.

	KER mit DBF; Werte in T€						
		Vorkalk. Werte in T€			**Nachkalk. Werte in T€ (aus BAB)**		
		Kostenträger			Kostenträger		
Zeile	Kostenart bzw. Leistung	**A**	**B**	**C**	**A**	**B**	**C**
1	Löhne und Gehälter (AP)	1.120	300	540	1.018	318	512
2	Sozialkosten	1.000	270	490	918	287	462
3	Lohn- u. Gehalts-NK (AP)	50	20	20	58	18	27
4	Baustoffe	700	230	400	720	223	437
5	Rüst- u. Schalmaterialkosten	60	20	30	59	20	41
6	Gerätekosten und Werkstatt	160	85	150	170	90	148
7	Hilfs- u. Betriebsstoffe	25	15	15	31	14	17
8	Gehälter (TK)	30	10	30	50	20	25
9	Fremdleistungen, Nachunternehmer	680	160	140	695	180	145
10	Variable Kosten (KV)	3.825	1.110	1.815	3.719	1.170	1.814
11	Bauleistungen (L)	4.300	1.300	2.100	4.530	1.331	1.998
12	DB (Deckungsbeitrag = L – KV)	475	190	285	811	161	184
13	DBF (Deckungsbeitragsfaktor) = (L : KV)	1,124	1,171	1,157	1,218	1,138	1,101
14							
15	DBF (Nachkalk. : Vorkalk.) **A** = Rangrelation **A**						
16	1,218 : 1,124 =	**1,084**					
17							
18	DBF (Nachkalk. : Vorkalk.) **B** = Rangrelation **B**						
19	1,138 : 1,171 =		**0,971**				
20							
21	DBF (Nachkalk. : Vorkalk.) **C** = Rangrelation **C**						
22	1,101 : 1,157 =			**0,952**			
	KER = Kurzfristige Erfolgsrechnung						
	DBF = Deckungsbeitragsfaktor = (L : KV)						
	KV = Variable Kosten						

Abb. 3.6: Kurzfristige Erfolgsrechnung (KER) mit Deckungsbeitragsfaktor (DBF)

Somit liegt ein einfaches Instrument zur Beurteilung von Bauleitern vor, das mit nachvollziehbaren und transparenten Faktoren arbeitet und subjektive Präferenzen ausschließt. Genau dieses Ergebnis mit der Rangfolge »A«, »B«, »C« läge auch dann vor, wenn als variable Kosten nur die Werte der Zeilen 1 (Löhne und Gehälter AB), 4 (Baustoffe) und 9 (Fremdleistungen, Nachunternehmer) angesetzt worden wären. Siehe hierzu: »KER mit DBF (Alternative)« in Abb. 3.7.

	KER mit DBF (Alternative); Werte in T€						
		Vorkalk. Werte in T€			Nachkalk. Werte in T€ (aus BAB)		
			Kostenträger			Kostenträger	
Zeile	Kostenart bzw. Leistung	**A**	**B**	**C**	**A**	**B**	**C**
1	Löhne und Gehälter (AP)	1.120	300	540	1.018	318	512
2	Sozialkosten						
3	Lohn- u. Gehalts-NK (AP)						
4	Baustoffe	700	230	400	720	223	437
5	Rüst- u. Schalmaterialkosten						
6	Gerätekosten und Werkstatt						
7	Hilfs- u. Betriebsstoffe						
8	Gehälter (TK)						
9	Fremdleistungen, Nachunternehmer	680	160	140	695	180	145
10	Variable Kosten (KV)	2.500	690	1.080	2.433	721	1.094
11	Bauleistungen (L)	4.300	1.300	2.100	4.530	1.331	1.998
12	DB (Deckungsbeitrag = L – KV)	1.800	610	1.020	2.097	610	904
13	DBF (Deckungsbeitragsfaktor) = (L : KV)	1,720	1,884	1,944	1,862	1,846	1,826
14							
15	DBF (Nachkalk. : Vorkalk.) **A** = Rangrelation **A**						
16		**1,082**					
17							
18	DBF (Nachkalk. : Vorkalk.) **B** = Rangrelation **B**						
19			**0,980**				
20							
21	DBF (Nachkalk. : Vorkalk.) **C** = Rangrelation **C**						
22				**0,939**			
	KER = Kurzfristige Erfolgsrechnung						
	DBF = Deckungsbeitragsfaktor = (L : KV)						
	KV = Variable Kosten						

Abb. 3.7: Kurzfristige Erfolgsrechnung (KER) mit Deckungsbeitragsfaktor (DBF) – (Alternative)

3.7 Ein praktisches Beispiel

Für die Kosten- und Leistungsrechnung (KLR) sind die Betriebe längst nicht in einem gleich strengen Maße in ein Korsett handelsrechtlicher und steuerrechtlicher Vorschriften eingebunden wie in der Buchhaltung. Vielmehr werden die Betriebe die KLR entsprechend der betriebsspezifischen Erfordernisse ausgestalten. So ist es durchaus denkbar, dass ein Unternehmen lediglich an der Aufspaltung des Geschäftsergebnisses in ein Neutrales und ein Operatives Ergebnis (wie Betriebs- oder Sparten- bzw. Produktergebnisse) interessiert ist, die KLR aber für Zwecke der Vorkalkulation nicht benötigt.

Für Bauunternehmen dürften allerdings die Forderungen an die KLR immer unter den Aspekten zu sehen sein, mit den dort gewonnenen Erkenntnissen eine sinnvolle Vor- und Nachkalkulation erstellen bzw. ein zeitnah wirksames Controlling (Steuerung) durchführen zu können.

Die Anwendung des im vorigen Abschnitt postulierten Deckungsbeitragsfaktors (DBF) auf eine monatliche KER möge die nachfolgende Übersicht Abb. 3.8 zeigen. Das Beispiel zeigt die Möglichkeiten für die KER in einer Stahlbauunternehmung und ist sinngemäß auch für klassische Betonbauunternehmungen anwendbar.

In der Spalte »AEK« finden die vorkalkulatorischen Ansätze der Auftragseingangskalkulation (AEK) Eingang. Sie liegen vor und sind bei Änderungen des Leistungsumfanges zu aktualisieren. Allerdings darf hierbei die AEK selbst nicht angetastet werden, um ein tatsächliches Abbild der Ergebnisentwicklung zu erhalten. Erhebliche angeordnete Änderungen des Leistungsumfanges sind ggf. separat auszuweisen!

In der Spalte »gebucht per Datum« sind die tatsächlich aufgelaufenen, von der Finanzbuchhaltung gebuchten Kosten zum Zeitpunkt »X« aufgeführt.

In der Spalte »Obligo« werden die noch nicht aufgelaufenen Kosten, deren Begründetheit und Höhe aufgrund verbindlicher Bestellungen oder Lieferung von entsprechenden Teilmengen jedoch feststehen, verbucht.

In der Spalte »noch zu erwarten« sind jene Kosten, die zur Erreichung der vollständigen Leistung noch erwartet werden, auszuweisen.

Der Rest der Analyse folgt den Ausführungen des vorigen Abschnittes und der Firmenpraxis. Im Ergebnis bleibt festzuhalten, dass es der Projektleitung im vorliegenden Fall und im betrachteten Monat gelungen ist, den DBF und die Baustellen-Rentabilität leicht zu steigern, womit die Funktionstüchtigkeit eines zeitnahen Controllinginstrumentes gezeigt werden konnte.

Die KER wird periodisch, und zwar in Abhängigkeit von der Auftragsgröße sowie den Baustellenaktivitäten, also z. B. monatlich, erstellt. Dies erfolgt gemeinsam durch den Projektleiter und einen Vertreter der kaufmännischen Abteilung, um das »Vier-Augen-Prinzip« zu beachten. Nach Abschluss des Bauvorhabens wird die letzte KER erstellt. Sie dient der nachkalkulatorischen Analyse zur Ermittlung von Fehlkalkulationen, Unwirtschaftlichkeiten etc.

	Kurzfristige Erfolgs-Rechnung (KER); Werte in €						
Bauvorhaben xyz		Abrechnungsmonat:				KER Nr. z vom	»Datum«
Auftragsnummer:		Projekleiter:					
KER-Pos.	Bezeichnung	AEK	gebucht	Obligo	noch zu	Gesamt	Ergebnis-
Kostenarten			per »Datum«		erwarten		einfluss
lt. KA-Plan		1	2	3	4	5=2+3+4	6=1–5
1000	**Projektbearbeitung**						
	Technische Bearbeitung						
1010	TB Stahl	39.368	0	0	0	0	0
1020	TB Glas	39.368					0
1030	TB II	11.248					0
1040	TB Statik	30.680	0	0	0	0	0
1050	Statik Fremd	11.248	0	0	0	0	0
1060	TB Fremd	0		0	2.000	2.000	–2.000
	Summe Technische Bearbeitung	**131.912**	**89.441**	**0**	**50.559**	**140.000**	**–8.088**
1100	**Projektmanagement**						
1110	Technische Abwicklung	84.360	0	0	0	0	0
1120	Kaufm. Abwicklung	25.308		0	0	0	0
	Summe Auftragsabwicklung	**109.668**	**25.814**	**0**	**94.186**	**120.000**	**–10.332**
	Summe Projektbearbeitung	**241.580**	**115.255**	**0**	**144.745**	**260.000**	**–18.420**
2000	**Fremde Lief. und Leistungen**						
	Luftfracht	0	0	0	50.000	50.000	–50.000
2010	Edelstahlunterkonstruktion komplett	365.760	0	320.000	0	320.000	45.760
2020	Edelstahlhalter	510.540	0	450.000	0	450.000	60.540

2030	Glashalter	210.000	0	0	200.000	200.000	10.000
2110	Glas incl. Winkel aufkleben	585.000	0	0	0	0	585.000
2120	Glas II	37.500	0	0	0	0	37.500
2130	Glas ohne Winkel	0	0	0	500.000	500.000	–500.000
2040	Schneefanggitter	11.200	0	0	25.000	25.000	–13.800
2210	Fugenprofil aus Silikon	20.300	0	0	75.000	75.000	–54.700
2220	Silikon	69.600	0	0	0	0	69.600
2230	Fugen	45.000	0	0	50.000	50.000	–5.000
2900	Muster, Tests	10.000	8.151	0	21.849	30.000	–20.000
	Zwischensumme	**1.864.900**	**8.151**	**770.000**	**921.849**	**1.700.000**	**164.900**
	MGK 2 %	37.298	163	15.400	18.437	34.000	3.298
	Summe Fremde Lief./Leistungen	**1.902.198**	**8.314**	**785.400**	**940.286**	**1.734.000**	**168.198**
5000	**Montage**						
5010	Montagedisposition	11.248	0	0	12.000	12.000	–752
5020	Eigenmontage	378.000	0	0	400.000	400.000	–22.000
5030	Arbeitnehmerüberlassung	196.000	0	0	220.000	220.000	–24.000
	Bauleitung	79.500	0	0	79.500	79.500	0
5110	Reisekosten	35.000	0	0	35.000	35.000	0
5210	Kräne	130.000	0	0	130.000	130.000	0
5310	Reinigung und Schutz	56.250	0	0	56.250	56.250	0
5320	Baustelleneinrichtung	17.500	0	0	17.500	17.500	0
5330	Gerüste	108.000	0	125.000	15.150	140.150	–32.150
5340	Container	10.000	0	0	15.000	15.000	–5.000
5350	Baustellennebenkosten	10.000	0	0	10.000	10.000	0
5360	Wasser, Strom	10.000	0	0	10.000	10.000	0
5370	Werkzeuge	20.000	0	0	20.000	20.000	0
5380	Montageversicherung	3.800	0	0	3.800	3.800	0
5410	Vermessung	0	0	0	25.000	25.000	–25.000

	Summe Montage	**1.065.298**	**8.018**	**125.000**	**1.050.924**	**1.183.942**	**–118.644**
6000	**Sonstige Kosten**						
6010	Betriebsfrachten	10000	0	0	10.000	10.000	0
6110	Reisekosten	10.000	3.800	0	6.200	10.000	0
6210	NK Geldverkehr	35.000	14.400	0	20.600	35.000	0
6510	Bauwesenversicherung	9.500	0	0	9.500	9.500	0
	Sonstige Kosten	0			10.000	10.000	–10.000
	Summe – Sonstige Kosten	**64.500**	**18.200**	**0**	**56.300**	**74.500**	**–10.000**
	Herstellkosten (HK)	**3.273.576**	**149.787**	**910.400**	**2.192.255**	**3.252.442**	**21.134**
7000	**Verwaltung und Vertrieb (V+V)**						
	10% auf HK – Sa. 1 bis 4	327.358	14.979	91.040	219.225	325.244	2.113
8000	**Sondereinzelkosten des Vertriebs (SEK)**						
	Summe SEK	**0**	**0**	**0**	**0**	**0**	**0**
	Selbstkosten (SK)	**3.600.934**	**164.766**	**1.001.440**	**2.411.480**	**3.577.686**	**23.247**
9000	**Leistung**	**4.150.000**				**4.150.000**	0
9010	Bauumlage 1,3 % von Pos. 9 (Bruttoausweis)	62.582				62.582	
	NettoLeistung (NL)	**4.087.418**				**4.087.418**	0
	Deckungsbeitrag (Nettoleistung – HK – SEK)	**813.842**				**834.976**	21.134
	Deckungsbeitragsfaktor= DBF = NL : HK	***1,25***				***1,26***	
	Baustellenergebnis = BE = (Nettoleistung – SK)	**486.484**				**509.732**	23.247
	Baustellenrentabilität = BStR = (BE : NL)	***0,1190***				***0,1247***	

Abb. 3.8: Kurzfristige Erfolgsrechnung

3.8 Die Einbeziehung der Liquiditätsplanung

Im gegenwärtigen Baumarkt-Umfeld spielt die Liquidität eine besondere Rolle und ist gelegentlich von noch größerer Wichtigkeit als die nie zu vernachlässigende Rentabilität der Auftragsabwicklung.

Für das Gesamtunternehmen gibt eine globale Betrachtung der durchschnittlichen Außenstandsdauer erste Hinweise. Sie gibt an, wie lange im Durchschnitt die berechneten Leistungen unbezahlt bleiben und deshalb vom Unternehmen vorfinanziert werden müssen.

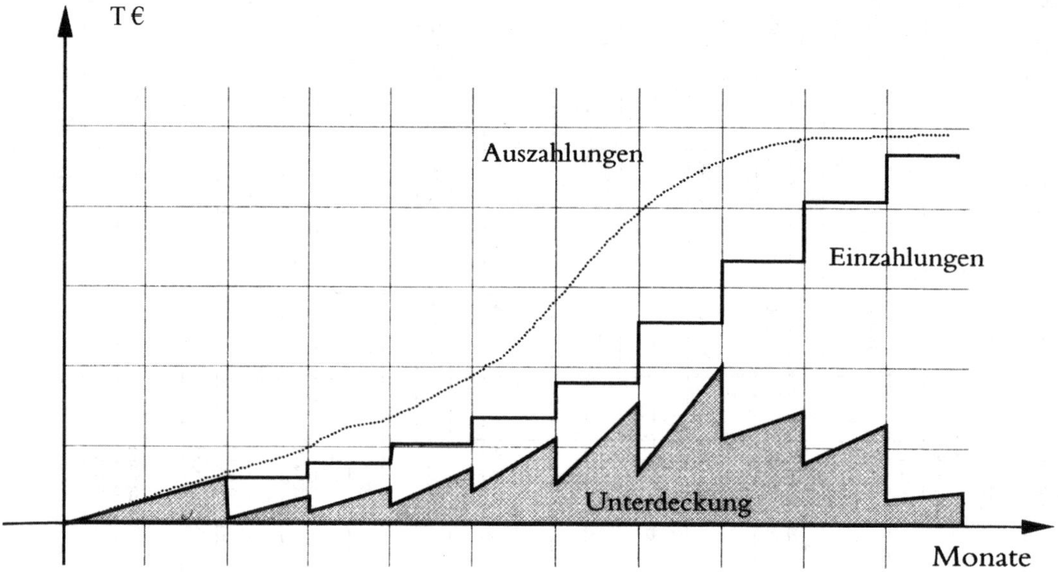

Abb. 3.9: Finanzbedarf

Eine erhöhte Außenstandsdauer erfordert einen erhöhten Finanzbedarf, da die Zahlungen der Kunden langsamer reguliert werden. Dies wirkt sich negativ auf die Liquidität, Rentabilität und Kreditwürdigkeit des Unternehmens aus. Die durchschnittliche Außenstandsdauer ist für den Betriebsvergleich und die Ermittlung des Finanzbedarfs gut geeignet. Häufige Abschlagszahlungen, zügig gestellte Schlussrechnungen und ein effektives Mahnwesen tragen zu einer höheren Umschlagshäufigkeit und damit zu einem geringeren Umlaufvermögen (Finanzbedarf) bei.

Bei der Ermittlung des Finanzbedarfs eines einzelnen Auftrages aus Bauleistungen und Geldfluss (cash in/cash out) werden die geplanten Einzahlungen den geplanten Auszahlungen des konkreten Auftrages gegenübergestellt. Dies geschieht am übersichtlichsten in einer graphischen Darstellung (s. obige Abb.), aus der die Differenz der Zahlungsströme als Finanzbedarf oder Finanzüberschuss gut abgelesen werden kann.

Der Zeitpunkt der erforderlichen Auszahlungen ergibt sich aus dem Termin- und Ablaufplan. Die terminliche Absicherung der eingehenden Zahlungen muss durch einen Zahlungsplan gewährleistet werden, bzw. es müssen dafür sinnvolle Annahmen getroffen werden.

Cash Flow-Planung vom   geplant durch: Projektleitung: **Abrechnungsmonat:**   **Beträge inkl. Mwst.**

Proj.-Nr. Proj.-bez.: BV xyz	IST-Zustand per 30.04.2002	Mai 2003	Juni 2003	Juli 2003	August 2003	September 2003	Oktober 2003	November 2003	Dezember 2003	Januar 2004	Februar 2004	März 2004	Rest 2004	Gesamt Plan	Gesamt Ist+Plan
eigene TB-Leistung															
fremde TB-Leistung															
Gesamt TB															
Eigenleistung															
Fremdbezüge															
Materialkosten															
Gesamt Fertigung															
eigene Montage															
Fremdmontage															
Gesamt Montage															
sonstige Projektkosten															
Herstellkosten gesamt															
verrechnete V+V-Kosten															
Einnahmen															
kumul. Finanzdelta															

Anmerkungen (z.B. Claims / Nachträge):

Abb. 3.10: Cash Flow-Planung

Unter »cash in« versteht man den aus den voraussichtlichen Abschlagsrechnungen resultierenden Zahlungseingang und unter »cash out« den aus dem voraussichtlichen Leistungsanfall abzuleitenden Geldabfluss infolge entstehender Kosten pro Monat.

3.9 Ausblick

Durch die Führung der **Buchhaltung**, die in jedem Unternehmen entsprechend gesetzlicher Normen vorgenommen werden muss, liegt sozusagen das Fundament für alle weiterführenden Analysen und Aktivitäten.

Ob ein Unternehmen Kalkulationszuschlagsätze für Zwecke der Vorkalkulation, Aussagen über die sogenannten »hard facts« für ein Rating-Verfahren im Zusammenhang mit »Basel II« oder Entscheidungshilfen vor der Stilllegung einzelner Sparten benötigt bzw. den voraussehbaren Finanzierungsbedarf für ein großes Bauvorhaben wissen muss – in all diesen und weiteren unterschiedlichen Fragestellungen sind die Antworten auf dem Schätzwege, sozusagen »aus dem Bauch heraus« oder aber – aus den trotz aller Unsicherheiten sehr viel verlässlicheren – Zahlenwerken der RK I und II abzuleiten.

Wenn eine Kurzfristige Erfolgsrechnung (KER) vorhanden ist, sind Projektleitung und Unternehmensführung in der Lage, ein zeitnahes Controlling durchzuführen. Die vorgestellten Instrumentarien sind geeignet, aus den ohnehin vorhandenen Daten Kennzahlen abzuleiten, die eine Auftragssteuerung während der Abwicklung ermöglichen und so Schutz vor unliebsamen Überraschungen am Ende einer Baumaßnahme bieten. Unnötig, zu sagen, dass die KER umso wichtiger ist, je schwieriger sich das Umfeld für bauunternehmerische Aktivitäten gestaltet. Einmal eingeführt, sollte die KER auch in wieder besseren Zeiten beibehalten bleiben.

3.10 Werkzeuge

Online stehen folgende Beispiel-Tabellen zur Verfügung:

1. EXCEL: BAB – Betriebsabrechnungsbogen
2. EXCEL: KER – Kurzfristige Erfolgsrechnung
3. EXCEL: KER für eine Baustelle

Literatur

/1/ **Behrendt, D.** Grunddaten und Methodik der Baubetrieblichen Kalkulation, Lernprogramm zur Einführung, Beiträge zum Baubetrieb, Bd. 21, Karlsruhe 1995

/2/ **Behrendt, D./ Schmidt. H. Th.** Baubetriebliche Begriffe, Beiträge zum Baubetrieb, Bd. 12, Karlsruhe 1993

/3/ **Breunig, B.** Text- und Arbeitsbuch zur Vorlesung Rechnungswesen Bau, Beiträge zum Baubetrieb, Bd. 25, Karlsruhe 2002, 2. Auflage

/4/ **Eisele, W.** Technik des betrieblichen Rechnungswesens, 8. Auflage, Verlag Vahlen, München 2011

/5/ **Haberstock, L.** Kostenrechnung I, Einführung mit Fragen, Aufgaben und Lösungen, 13. Auflage, Erich Schmidt Verlag, Berlin 2008

/6/ **Leimböck, E.** Bilanzen und Besteuerung der Bauunternehmen, Schriftenreihe des Hauptverbandes der Deutschen Bauindustrie, Bd. 24, Wiesbaden und Berlin 1997

/7/ **Olfert, K.** Kostenrechnung, Ludwigshafen/Rhein 2000

/8/ **Schmolke/Deitermann** Industrielles Rechnungswesen IKR, Darmstadt (9)

/9/ **Toffel, R. F.** Kosten- und Leistungsrechnung in Bauunternehmungen, Stuttgart 1989

/10/ **Wöhe, G.** Einführung in die Allgemeine Betriebswirtschaftslehre, München 1993

/11/ **Behrendt, D./ Schmidt, H. Th.** Deckungsbeitragsrechnung in der Praxis der Bauunternehmen, Beiträge zum Baubetrieb, Bd. 9, Karlsruhe 1992

/12/ **Diederichs, C. J. (Hg)** Handbuch der strategischen und taktischen Bauunternehmensführung, Wiesbaden und Berlin 1996

/13/ **Ebisch, H./Gottschalk, J.** Preise und Preisprüfungen bei öffentlichen Aufträgen, 6. Auflage, München 1994

/14/ **Dressel, G.** Controlling im mittelständischen Bauunternehmen, Leonberg, 1995

/15/ **Hauptverband der Deutschen Bauindustrie e. V. (Hg)** Die Baubilanz nach neuem Recht, Darmstadt 1987

/16/ **Hauptverband der Deutschen Bauindustrie e. V. (Hg)** KLR-Bau, Wiesbaden/Berlin 1990 (5)

/17/ **Leimböck, E.** Bilanzen und Besteuerung der Bauunternehmen, Schriftenreihe des Hauptverbandes der Deutschen Bauindustrie, Bd. 24, Wiesbaden und Berlin 1997

/18/ **Olfert, K.** Kompakt-Training Kostenrechnung, Ludwigshafen/Rhein 2000

4. Baustellencontrolling im Hochbau

Volker Wirth

Inhalt

4.1 Definition und Abgrenzung

Der Begriff des Baustellencontrollings ist nicht einheitlich definiert. Der Schwerpunkt liegt sicher in der Sphäre des Bauleiters (bzw. Projektleiters). Der Bauleiter steht als »Unternehmer im Unternehmen« in der Verantwortung für seine Baustelle. Demzufolge überwacht und steuert er mit den Werkzeugen des Baustellencontrollings das Ergebnis und die Liquidität seiner Baustelle.

Nachfolgend sind die wesentlichen und allgemeingültigen Controllingverfahren für die Baustellenabwicklung beschrieben. Spartenspezifische Besonderheiten werden in nachfolgenden Kapiteln bzgl. Straßen-/Tiefbau, Tunnelbau und Schlüsselfertigbau gesondert behandelt.

Das Nachtrags- bzw. Claimmanagement wird nicht eingehend behandelt. Hierzu wird auf die einschlägige Literatur (siehe Verzeichnis) verwiesen.

4.2 Gesamtkonzept

Angebotskalkulation

Ein umfassendes Baustellencontrollingsystem umfasst die durchgängige Informationsverarbeitung von der Angebotskalkulation bis zur Schlussrechnung. Dabei ist eine effektive EDV-Unterstützung nicht mehr wegzudenken. Nachfolgend ist die Funktionalität eines durchgängigen EDV-Systems dargestellt (siehe dazu /4/). Die Angebotskalkulation ist die Ausgangsbasis für das Gesamtkonzept einer betriebswirtschaftlichen Steuerung. In der Angebotsphase können bereits die per Anfragen eingeholten Subunternehmerpreise im Preisspiegel analysiert und in die Kalkulation als Subunternehmerleistungen übernommen werden.

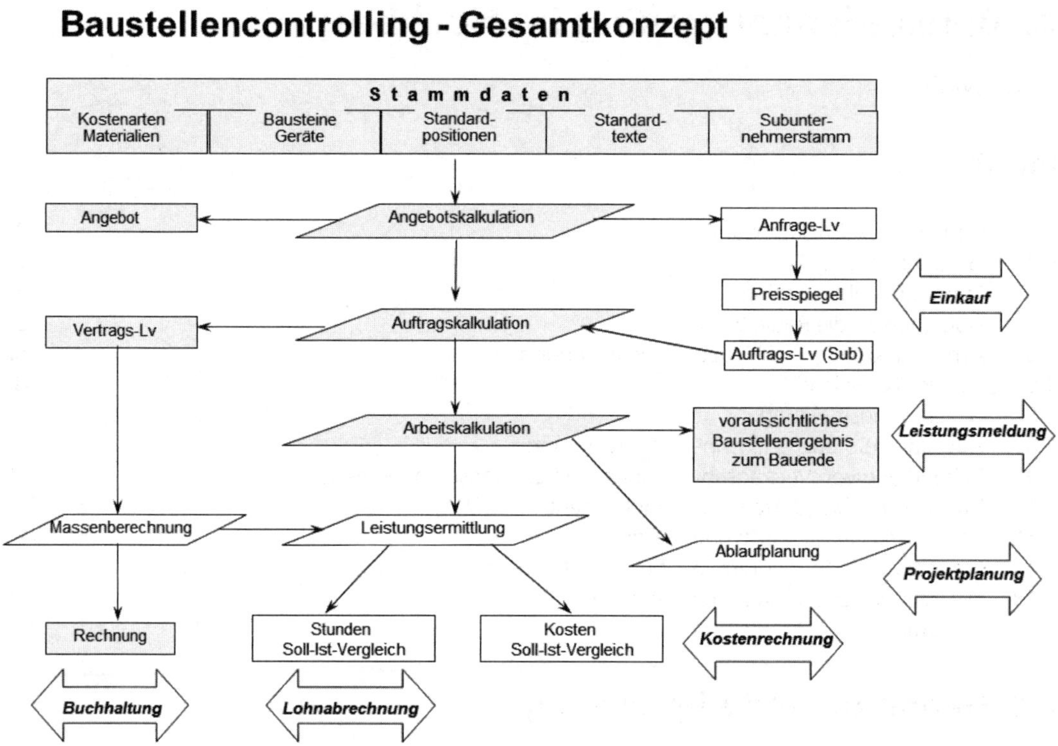

Abb. 4.1: Gesamtkonzept Baustellencontrolling

Arbeitskalkulation

Die Arbeitskalkulation aktualisiert die Auftragskalkulation. Analog zur Angebotsphase ist auch hier die Beschaffung von Subunternehmerleistungen integrierbar.

Mindestcontrolling

Das Mindestcontrolling umfasst die Funktionen bis zur 1. Arbeitskalkulation mit folgenden Auswertungen:

- Ergebnishochrechnung zum Bauende (Prognose),
- gesamter Ressourcenbedarf: Personal, Stoffe, Geräte, Nachunternehmer,
- ABC-Analyse nach Kostenarten und LV-Positionen,
- Arbeitsverzeichnis nach Tätigkeiten.

Weitergehende Controllingschritte sind je Auftrag festzulegen!

Stunden-Soll-/Ist-Vergleich

Diese Methode macht nur bei Ausführung von Eigenleistungen Sinn.

Kosten-Soll-/Ist-Vergleich

Damit können alle Baustellen überwacht werden. Der klassische Monatsrhythmus macht jedoch nur bei Baustellen mit deutlich mehr als 6 Monaten Bauzeit Sinn.

Schnittstellen

Im obigen Gesamtkonzept sind die jeweiligen Schnittstellen zu anderen Bereichen wie Lohnbuchhaltung, Buchhaltung, Kostenrechnung, Projektplanung, Einkauf und Leistungsmeldung dargestellt. Werden die Stunden für die Lohnabrechnung zusätzlich mit der Codierung nach Bauarbeitsschlüssel oder Vorgang (Ortsbezug) versehen, so können sie als Iststunden für entsprechende Stunden-Soll-/Ist-Vergleiche herangezogen werden. Die Abschlags- und Schlussrechnungen werden im Baustellencontrollingsystem erstellt und können in die Buchhaltung übergeben werden. Die Kostenrechnung liefert monatlich die Istkosten der Baustelle, die für einen monatlichen Kosten-Soll-/Ist-Vergleich verwendet werden können. Mit Bezug auf die Arbeitskalkulation können Vorgänge gebildet werden, z. B. Geschosse, Schachthaltungen, etc., die an die bekannten Projektplanungstools zur Weiterverarbeitung übergeben werden können. Die Materialauszüge der Angebots- wie auch Arbeitskalkulationsphase können direkt an den Einkauf zur Erstellung von Preisanfragen weitergegeben werden. Die Ergebnisse können wieder an die Kalkulation zurückgegeben werden. Auf Basis von Arbeitskalkulation und Leistungsmengenermittlung kann die erbrachte Bauleistung für die monatliche Leistungsmeldung berechnet werden.

4.3 Stammdatenkalkulation

Die Struktur und der Differenzierungsgrad der Angebotskalkulation muss bereits eine hohe Qualität aufweisen, um die Auftragsbeschaffung effektiv zu unterstützen. Des Weiteren wird damit die Grundlage für die Arbeitskalkulation geschaffen, die die Basis einer ergebnisorientierten Baustellensteuerung ist. Diese Anforderung lässt sich am besten mit einer abgestimmten Stammdatenkalkulation realisieren. Ziele sind dabei:

- Unterstützung der Auftragsbeschaffung,
- Gesicherte Grundlage für die unternehmerische Angebotsentscheidung,
- Basis für das erfolgreiche Durchsetzen von Nachträgen und Nachforderungen,
- Grundlage der Ergebnisüberwachung von Baustellen (Baustellencontrolling).

Stammdatenzugriff

Bei einer entsprechenden Stammdatenorganisation ergeben sich vielfältige Möglichkeiten des Rückgriffs. Neben dem Abruf einzelner Kostenarten wie Löhne oder Materialien können Geräte, Rezepturen, wie auch komplett kalkulierte Positionen bzw. ganze Titel abgerufen werden.

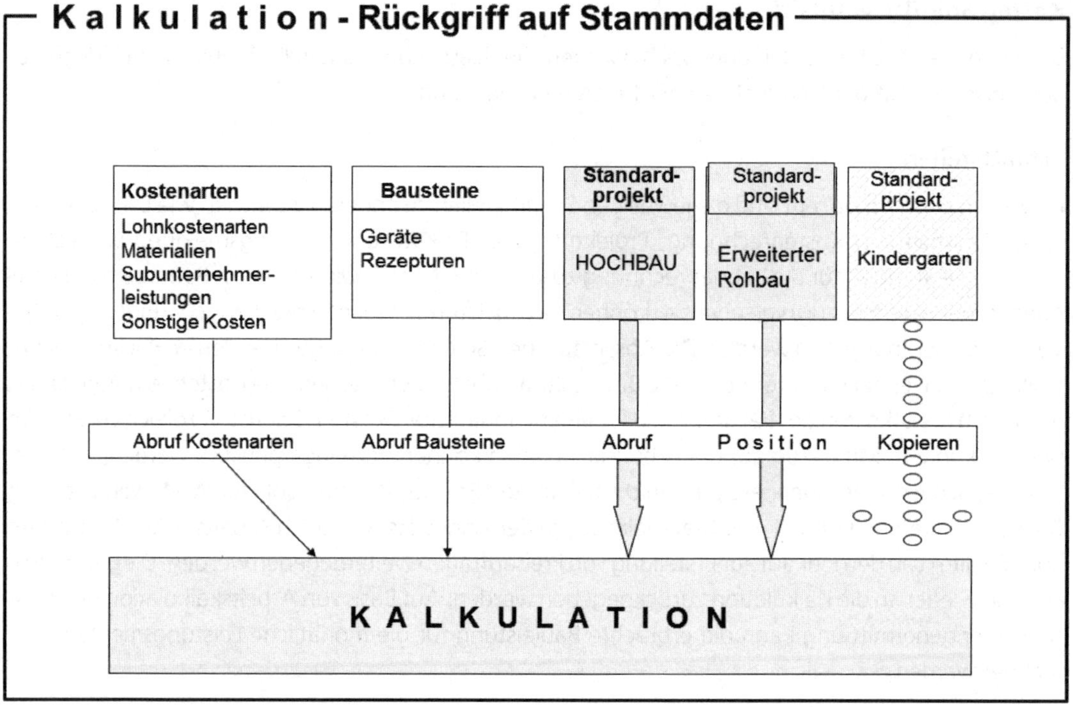

Abb. 4.2: Rückgriff auf Stammdaten

Als Erfolgsrezept der Stammdatenkalkulation hat sich erwiesen, Prototypen der einzelnen Teilleistungen vorzuhalten. Wichtig sind der schnelle Zugriff und eine flexible und schnelle Anpassung an den konkreten Einzelfall.

Philosophie der Stammdatenkalkulation

Um o. g. Zielerreichung sicherzustellen, ist die Kalkulation mit differenzierten Informationen durchzuführen. Diese Informationen müssen gebündelt zur Verfügung stehen. Eine rationelle und wirtschaftliche Arbeitsweise ist meist nur durch **Abruf von Standardpositionen** (Fertigungsprozesse, bzw. Kombinationen von Fertigungsprozessen) sicherzustellen. Ein wesentliches Merkmal der Bauproduktion ist es, dass Unikate ohne wesentliche Standardisierung produziert werden. Damit wird es eine automatische Kalkulation im Bau nicht geben. Dennoch lässt sich die Kalkulation mit Hilfe von Stammdaten erheblich unterstützen. Die Kunst liegt darin, in der Standardkalkulation alle repräsentativen Prototypen aus dem gesamten Spektrum der bearbeiteten Sparten vorzuhalten. Die Prototypen sind möglichst universell verwendbar aufzubauen. Projektspezifische Anpassungen müssen ohne großen Aufwand machbar sein. Insgesamt sollten die Standardpositionen folgende Eigenschaften aufweisen:

- Gliederung nach möglichst nur einem kostenrelevanten Kriterium,
- klare Kalkulationsannahmen,

- transparente Kalkulationsansätze,
- Zwischenrechnungen (z. B. Leistungsberechnungen),
- Umrechnungsfaktoren zur schnellen Anpassung,
- universell verwendbar.

Gliederung der Standardkalkulation

Wesentliche Bedeutung kommt einer praktikablen Gliederung der Standardkalkulation zu. Ausgangsbasis für die Strukturierung ist eine Gliederung nach Haupttätigkeiten. Dabei ist sicherzustellen, dass die Standardkalkulation alle typischen Arbeitsvorgänge enthält. Aufbauend können firmenspezifische Entwicklungen nach Ausschreibungsstandard bzw. Bauherren ergänzt werden.

Schnittstelle zum Baustellencontrolling

Ein optimal organisiertes EDV-System unterstützt nicht nur die Angebotsbearbeitung, sondern auch die Arbeitskalkulation. Bei Auftragserteilung kann eine erste Überarbeitung der Kalkulation mit einer Hochrechnung des zu erwartenden Baustellenergebnisses erfolgen. Diese **Null-Arbeitskalkulation** kann praktisch ohne zusätzlichen Aufwand im Zuge der Übergabe an die Bauleitung erstellt werden. Damit gehört sie zum **»Mindestcontrolling«** und sollte für jede Baustelle gemacht werden.

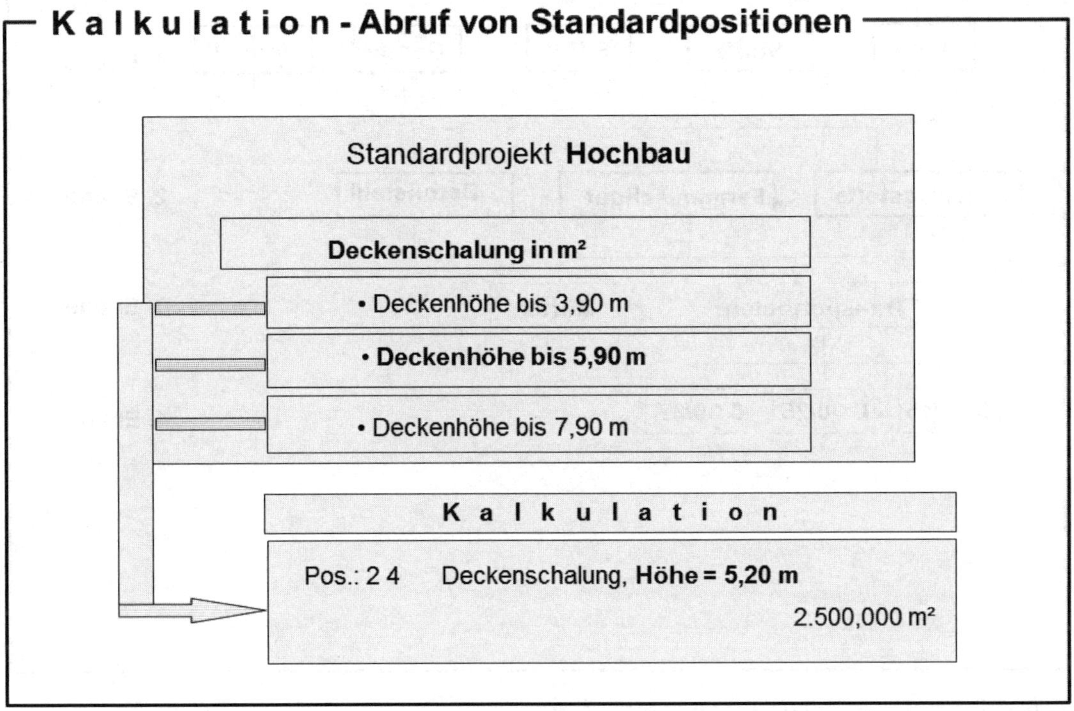

Abb. 4.3: Kalkulation einer Deckenschalung

Stammdatenorganisation

Die Anforderungen an die Stammdaten sind:

- Hoher Differenzierungsgrad,
- Gliederung nach Fertigungsprozessen,
- umfassende Speicherung von Prototypen der wesentlichen Teilleistungen.

Die Stammdaten sollten durchgängig für die Bereiche Angebotskalkulation, Arbeitsvorbereitung und Baustellensteuerung (Baustellencontrolling) abgestimmt werden. Ein praxisgerechter Stammdatenrückgriff erlaubt ein wirtschaftliches Kalkulieren.

Die Kostenarten der Kalkulation sind auf der höchsten Ebene nach übergeordneten Kriterien gegliedert, z. B. Lohn, Material, Subunternehmerleistungen, Sonstige Kosten. Die Lohnkostenarten werden nach den Haupttätigkeiten gegliedert. Die Materialkostenarten sind in Abstimmung mit dem Einkauf zu gliedern. Zur Realisierung eines Kostenarten-Soll-/Ist-Vergleichs ist eine Abstimmung der technischen und kaufmännischen Kostenarten mit der Betriebsabrechnung erforderlich.

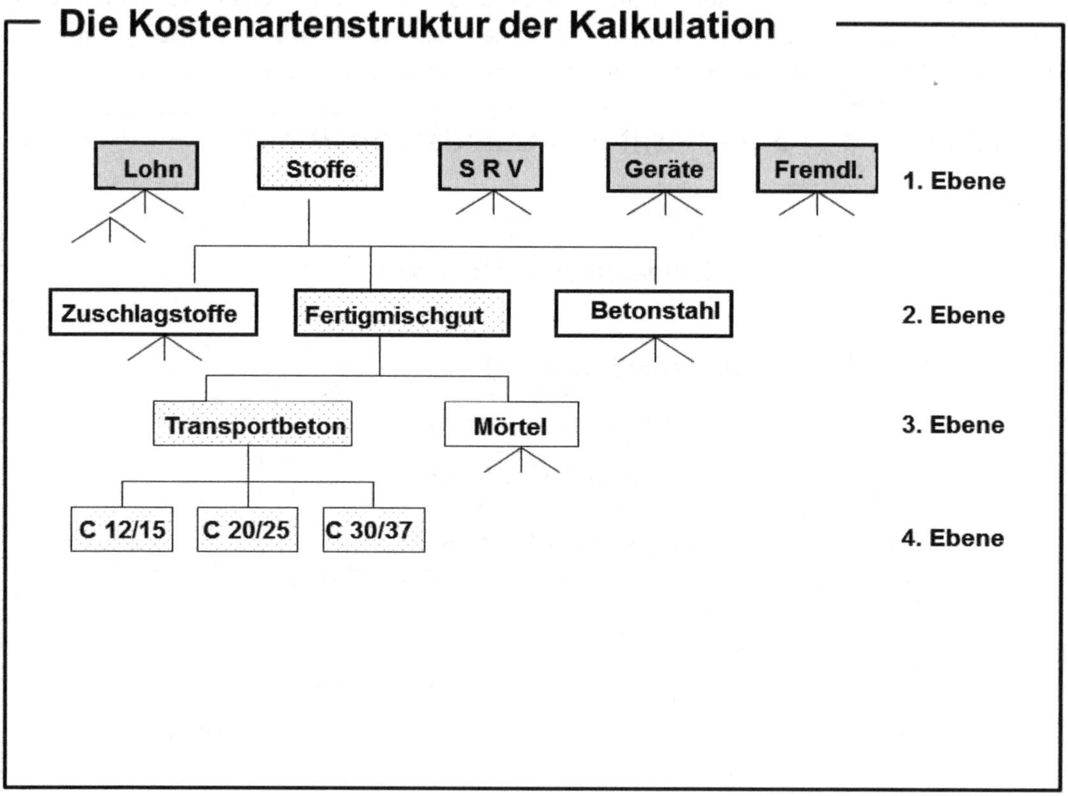

Abb. 4.4: Beispiel für Materialgruppe Transportbeton

Die Gerätebausteine sind gemäß Anforderungen der Kalkulation anzulegen. Die Verrechnungssätze müssen mit der Gerätewirtschaft abgestimmt werden.

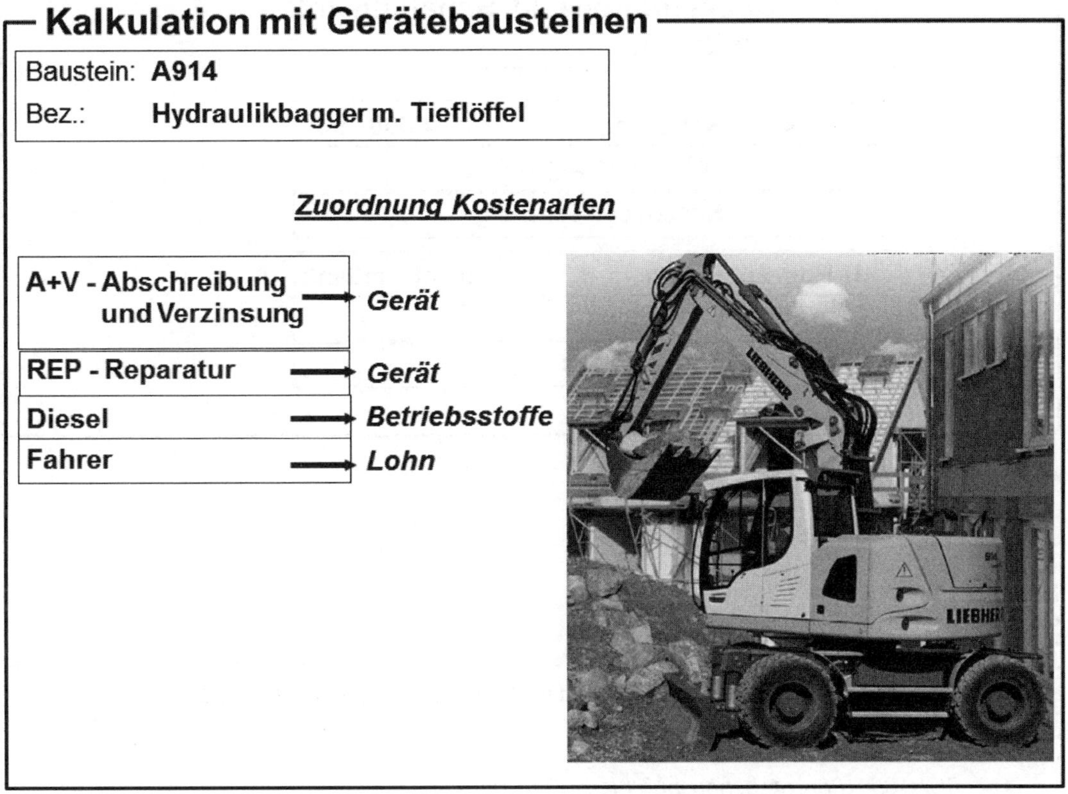

Abb. 4.5: Beispiel für einen Gerätebaustein

Als Erfolgsrezept der Stammdatenkalkulation hat sich erwiesen, die Stammdaten mit ihren Einzelinformationen weiter zu kompletten Teilleistungen/Standardpositionen zu verdichten. Wichtig ist dabei, möglichst wenige, jedoch universell verwendbare Standardpositionen anzulegen.

Der Aufbau eines Standardprojekts ist ein mehrjähriger Prozess, bei dem die Erfordernisse der Stammdatenkalkulation zu berücksichtigen sind:

- Ordnungszahl: sprechend alphanumerisch,
- Kurztext für Suchfunktionen optimieren,
- Klare Gliederung der Arbeitsvorgänge (BAS) mittels Unterpositionen,
- Umrechnungen von Einheiten mit Rechenzeilen (z. B. m^2 Schalungsanteil pro m^3 Beton),
- Leistungsermittlung durch z. B. Spielzeitberechnungen mit Rechenzeilen,
- Kalkulationsannahmen mittels Textzeilen.

Die Standardposition

2 70 Deckenbeton inkl. Schalung m2
d = 24 cm

U-Pos. 1:	**Schalung**	**1,000**	**m2**
	Lohn Schalung		
	Kosten der Schalung		
U-Pos. 2:	**Beton**	**0,240**	**m3/m2**
	Lohn Beton		
	Kosten Beton		

Abb. 4.6: Aufbau einer Deckenbetonposition

BEISPIEL:

Sprechende Schlüssel-OZ haben den Vorteil, dass man Suchprozesse vermeidet und die gewünschte OZ aus dem Gedächtnis in das EDV-Programm eingeben kann; z. B.:

- *DS400 – Deckenschalung bis 4,00 m Höhe*
- *RGA180 – Rohrgrabenaushub bis 1,80 m Tiefe*

Die Gliederung des Standardprojektes wird am besten nach gängigen Leistungsbereichen festgelegt. Hierbei kann man sich an der Gliederung des Standardleistungsbuches nach Leistungsbereichen orientieren. Im Tief- und Straßenbau kann der Standard-Leistungskatalog bzw. der regionale Standard, wie z. B. LB Bayern, herangezogen und entsprechend modifiziert werden.

In dieses Standardprojekt werden die repräsentativen Positionen der ersten Kalkulationen eingefügt. Dabei werden die Zugriffsschlüssel wie Ordnungszahl und Kurztext für einen schnellen Stammdatenzugriff optimiert. Evtl. sind Korrekturen der Einzelkostenentwicklung vorzunehmen, um die ausgewählten Standardpositionen möglichst universell verwenden zu können. So baut man aus den ersten Kalkulationen einen Rohling des Standardprojektes auf. Dieses Basis-Standardprojekt komplettiert man dann im Laufe der Zeit.

Ein entsprechend gut gesteuerter Einführungsprozess dauert ca. 2–3 Jahre. Danach sind die Stammdaten Kostenarten, Bausteine und die Standardpositionen in ausreichender Zahl und Qualität vorhanden, um eine wirtschaftliche Stammdatenkalkulation fahren zu können.

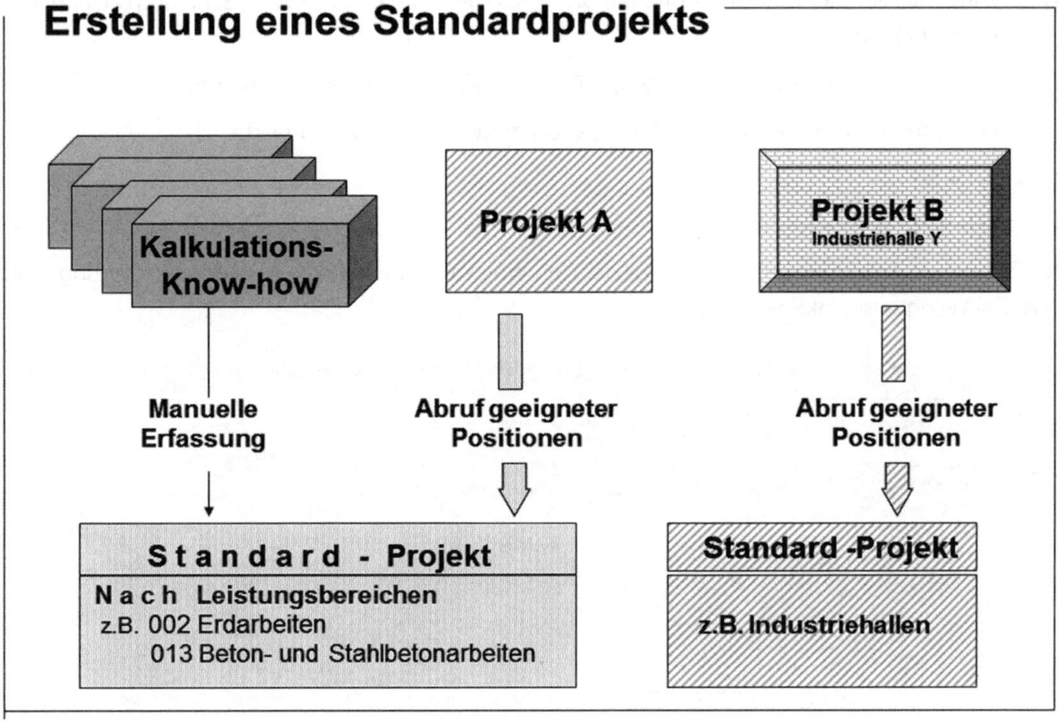

Abb. 4.7: Erstellung eines Standardprojekts

EDV-Angebotserstellung

Bei der EDV-gestützten Stammdatenkalkulation ergibt sich folgender Regelablauf:

- Kalkulation der einzelnen Gewerke mittels Abruf von Standardpositionen aus dem zugehörigen Standardprojekt.
- Kalkulation der Baustellengemeinkosten durch Abruf von »Standardchecklisten«.
- Analyse der Rohkalkulation mittels wichtiger Auswertungen: Mengen und Kosten der Kostenartenstruktur, ABC-Analyse nach Kostenarten und Schwerpunktpositionen, Einkaufsliste, Geräteliste, etc.
- Kostenartenspezifische Aktualisierung: z. B. projektspezifische Mittellöhne, Betonpreise, %-Sätze Geräte-Miete und -Reparatur, etc.
- Positionsspezifische Projektanpassung: Aufwandswerte (z. B. Deckenschalung), Leistungswerte (z. B. Aushubleistung), Subunternehmerpreise, etc.
- Erstellung der 1. Arbeitskalkulation, d. h. Ermittlung der auskömmlichen Angebotssumme.
- Herantasten an den Marktpreis.

- Pauschale Veränderung von Aufwandswerten bestimmter Prozesse, z. B. Schalung oder nur Deckenschalung.
- Pauschale Veränderung von Kosten; z. B. 10% Rabatt beim Transportbeton.
- Gemeinkostenverlagerung und Spekulation mittels z. B. Vorwegumlage.
- Angebots-LV.
- EFB-Blatt, falls gefordert.

Nachfolgende Abbildung zeigt die Maske der Angebotskalkulation am Beispiel der Bearbeitung einer Position Wandbeton inkl. Schalung:

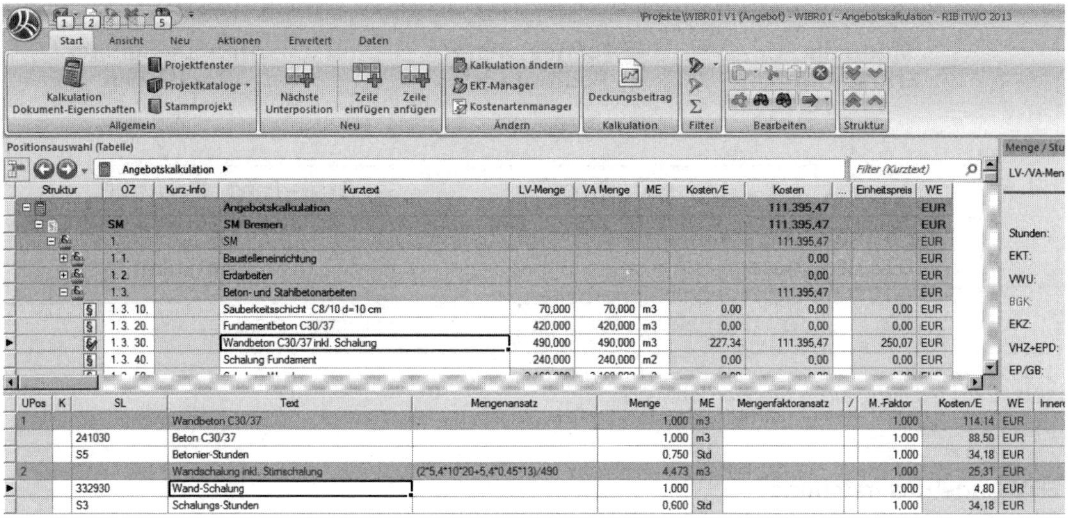

Abb. 4.8: Maske: Kalkulation einer Position Wandbeton inkl. Schalung in RIB iTWO ®/4/

Grundlage für die Arbeitskalkulation

Die zuvor beschriebene Angebotskalkulation weist bereits die Struktur und den Differenzierungsgrad einer Arbeitskalkulation auf. Damit erspart man sich den Aufwand, bei Auftragserteilung im Nachhinein eine ordnungsgemäße und ausführungsgerechte Arbeitskalkulation aufzustellen. Für diese Tätigkeit hätte ohnehin weder der Kalkulator noch der Bauleiter Zeit. Der Kalkulator ist bereits wieder dabei, neue Aufträge hereinzuholen. Der Bauleiter steckt mitten in den bekannten Anlaufproblemen seiner Baustelle.

4.4 Übergabe an die Bauleitung

Im Zuge der Angebotsbearbeitung muss der Kalkulator sich bestmöglich in die zu erstellende Baumaßnahme »hineindenken«. Nachdem die Vertragsleistung auch bei einer gewissenhaften und VOB-gerechten Ausschreibung nie zu 100% eindeutig beschrieben werden kann, muss der Kalkulator sogenannte **Kalkulationsannahmen** treffen bzgl.

- Zufahrten zur Baustelle,
- Baugrund,
- optimalem Bauablauf,
- vorhersehbarer Störungen.

Insbesondere der Baugrund bedarf der gesonderten Beurteilung. Auch bei Vorliegen eines Baugrundgutachtens muss eine Einschätzung, d. h. Kalkulationsannahmen, getroffen werden.

BEISPIEL:

*Das Baugrundgutachten führt aus: »**... und es ist mit Findlingen zurechnen.**« Der Kalkulator muss hier eine Anzahl festlegen, um die Einzelkosten kalkulieren zu können.*

*Nicht zuletzt deshalb hat der Kalkulator einen enormen Wissensvorsprung gegenüber dem Bauleiter. Wichtig ist, dass der Bauleiter vom Kalkulator möglichst alle Informationen erhält. Diese Wissensübergabe sollte vor Beginn der Baumaßnahme erfolgen in einem systematisch geführten **Übergabegespräch** bzw. einer **Anlaufberatung**. Dabei sind folgende Punkte zu beachten:*

- Allgemeiner Überblick über die Baumaßnahme,
- Technische Besonderheiten,
- Terminsituation,
- **Verkauf der Kalkulation,**
- Risiken und Chancen,
- Nullarbeitskalkulation mit Ergebnishochrechnung,
- Preisgüte der Einheitspreise,
- Zuständigkeiten beim Auftraggeber (Abrechnung, Nachträge, Regie, ...).

Verkaufsprozess der Angebotskalkulation

Die Arbeitskalkulation mit Ergebnishochrechnung gehört zum Herzstück des Baustellencontrollings. In der Praxis erlebt man immer wieder, dass der Bauleiter die Kalkulation ablehnt.

BEISPIEL:

Häufige »Anmerkungen« eines Bauleiters:

- *... die kalkulierten Preise sind eh' unauskömmlich!*
- *... was hat der Kalkulator da wieder kalkuliert?*
- *... völlig falsche Ansätze!*

Damit verzichtet der Bauleiter auf die Möglichkeiten, die ihm die Arbeitskalkulation zur betriebswirtschaftlichen Steuerung bietet. Er muss sich dann auf die monatliche Kostenstellenrechnung verlassen, die meist eine Vergangenheitsbetrachtung ohne den Blick auf das Bauende darstellt. Es muss alles getan werden, was den Bauleiter in die Lage versetzt, das Mindestcontrolling zu betreiben. Vor diesem Hintergrund ist einer der wichtigsten Punkte bei der Übergabe dieser **Verkaufsprozess:** Der Kalkulator verkauft seine Vertragskalkulation an den Bauleiter. Am Ende eines erfolgreichen Verkaufsprozesses hat sie einen neuen Namen, **Arbeitskalkulation**, und sie »gehört« dem Bauleiter.

4.5 Arbeitskalkulation mit Ergebnishochrechnung

Die Arbeitskalkulation enthält alle aktuellen Kosten und Leistungen der Baumaßnahme. Dazu muss die Vertragskalkulation in folgenden Punkten überarbeitet und aktualisiert werden:

- Mengenprüfung,
- Mehr-/Mindermengen,
- Bereinigung von Spekulationen,
- Austausch Eigen- und Fremdleistung,
- Anpassung Aufwands-/Leistungswerte.

Erste Ergebnishochrechnung

Bei dem Startgespräch sollten die wesentlichen und ergebnisrelevanten Positionen durchgesprochen werden. Dabei muss der »Verkaufsprozess« vom Kalkulator zum Bauleiter/Polier und weiter zum Baustellenteam erfolgen. Das so hochgerechnete voraussichtliche Ergebnis ist die Messlatte für die Baustellenabwicklung – das Planergebnis. Dieses sollte nur in begründeten Fällen modifiziert werden.

BEISPIEL: ERSTE ERGEBNISHOCHRECHNUNG

Das Bauunternehmen »Hochbau & Söhne« hat den Auftrag erhalten, die Rohbauarbeiten für eine Wohnanlage auszuführen. Die Vertragskalkulation liefert folgende Daten:

Vertragskalkulation

- *Auftragssumme:* *609.500,– € netto*
- *Gewinn: 3,0 % von Auftragssumme:* *18.285,– €*

Nullarbeitskalkulation (Erste Arbeitskalkulation)

Bei der Übergabebesprechung liegen bereits erste neue Erkenntnisse vor. Bei der Vertragsposition Baugrubenaushub ist aufgrund einer Fehleinschätzung des vom Auftraggeber vorliegenden Bodengutachtens mit einer geringeren Aushubleistung auszugehen. Der kalkulierte Betonpreis ist aufgrund der aktuellen Preissituation nicht mehr realisierbar. Im Gegenzug kann voraussichtlich die Nachunternehmerleistung für die Bewehrungsarbeiten preiswerter eingekauft werden. Im Einzelnen ergeben sich dadurch folgende Mehr- bzw. Minderkosten:

■ Mehrkosten Aushub:	4.500,– €
■ Mehrkosten Betonpreis:	12.190,– €
■ Minderkosten Bewehrung:	–5.200,– €
■ Saldo Mehrkosten:	11.490,– €

Insgesamt ist mit Mehrkosten zu rechnen, die den voraussichtlichen Baustellengewinn entsprechend schmälern:

■ Vorauss. Gewinn:	18.285,– – 11.490,–	= 6.795,– €
■ in % der Auftragssumme:	6.795,– / 609.500,– × 100	= 1,1 %

Damit wird der erwartete Gewinn auf fast ein Drittel sinken.

Vorteil der ersten Ergebnishochrechnung

Diese erste Ergebnishochrechnung vor Baubeginn liefert dem Bauleiter wichtige Erkenntnisse über betriebswirtschaftliche Chancen und Risiken seiner Baustelle. Bezogen auf das obige Beispiel kann daraus eine Checkliste für den Bauleiter abgeleitet werden:

CR-CONTROLLING-CHECKLISTE

- *Aushub: Es ist zu prüfen, ob bei dem Auftraggeber ein Nachtrag wegen Erschwernissen im Baugrund durchgesetzt werden kann.*
- *Betonpreis: Hier ist Unterstützung vom Einkäufer anzufordern.*
- *Bewehrungsarbeiten: Hier ist ebenfalls Unterstützung vom Einkäufer anzufordern.*

Preisgüte der Einheitspreise

Zusätzlich zur Gesamtbetrachtung des voraussichtlichen Baustellenergebnisses ist es hilfreich, bei einem Einheitspreisvertrag die Güte der Einheitspreise zu analysieren. Dabei ist die Frage zu stellen: Welche Einheitspreise stellen gute, welche stellen schlechte Preise dar? Die Ursachen unterschiedlicher Preisgüten sind vielfältig:

- Fehleinschätzungen der Kalkulation,
- Spekulationen,
- Preisverhandlungen mit dem Auftraggeber.

Die Preisgüte einzelner Positionen lässt sich mittels einer Deckungsbeitragsbetrachtung darstellen. Dabei geht man wie folgt vor:

1. Ermittlung des voraussichtlichen mittleren Deckungsbeitrags der Baumaßnahme: mittl. DB = Abrechnungssumme ./. Summe Einzelkosten
2. Positionsweise Ermittlung der Deckungsbeiträge: DB = Vertragspreis ./. Einzelkosten
3. Klassifizierung der Positionen:
   - Guter Preis: DB größer/gleich mittl. DB
   - Schlechter Preis: DB kleiner mittl. DB

Beispiel: Preisgüten beim Bauvorhaben »Studentenwohnheim Mietraching«

Der mittlere Deckungsbeitrag errechnet sich wie folgt:

Vorauss. Abrechnungssumme	5.280.000,– €
./. vorauss. Summe Einzelkosten der Teilleistungen EKT	4.230.000,– €
Mittl. Deckungsbeitrag	1.050.000,– €
in % der Abrechnungssumme	19,9 %

Preisgüten der Einheitspreise (Auszug) Mittl. DB = 19,9 %					
OZ	**LV-Menge**	**Kurztext**	**EP €/Einh.**	**DB % v. EP**	**+/–**
2.3	1.000,00 m^3	Boden für Streifenfundamente b = 3,50 m, d = 60 cm profilgerecht lösen, Boden wird Eigentum des AN und ist zu beseitigen, Aushub ab Geländeoberfläche, Bodenklasse 3–6	42,14	18,0	⇩
	Berechnung DB	DB = EP ./. EKT = 42,14 ./. 34,54 = 7,60 DB in % v. EP: 7,60/42,14 x100 = 18,0 %			
13.15	8.400,00 m^2	Schalung für Stahlbetonwände, Höhe bis 3,30 m, glatt, aus nichtsaugenden Schalungsplatten mit regelmäßigen Stößen und Nagelstellen, incl. Abfasen der Kanten mit Dreikantleisten	27,45	18,0	⇩
	Berechnung DB	DB = EP ./. EKT = 27,45 ./. 22,50 = 4,95 DB in % v. EP: 4,95/27,45 × 100 = 18,0 %			
13.81	320 t	Betonstabstahl IV S (500/550), Durchmesser über 10 bis 20 mm, Längen bis 14,00 m, liefern, schneiden, biegen und verlegen	902,80	24,7	⇧
	Berechnung DB	DB = EP ./. EKT = 902,80 ./. 680,00 = 222,80 DB in % v. EP: 222,80/902,80 × 100 = 24,7 %			

Abb. 4.9: Preisgüten der Einheitspreise (Auszug)

Die Kenntnis der Preisgüten auf der Baustelle hat entscheidende Vorteile:

- Bessere Abschätzung der Auswirkungen von Mehr- und Mindermengen auf das Baustellenergebnis,
- Grundlage für die Abrechnung nach Aufmaß.

4.6 Soll-/Ist-Vergleiche

Ausgehend von einer Ergebnishochrechnung stellt sich die Frage, mit welchen Methoden die Bauaufträge begleitend betriebswirtschaftlich überwacht werden können. Je nach Kostenschwerpunkt ergeben sich nachfolgende Steuerungsbereiche:

- Lohnstunden bzw. -kosten,
- Materialverbrauch,
- Gerätekosten,
- Subunternehmerleistungen,
- Vertragsleistung.

Auf der Erlösseite geht es um die Überwachung der Vertragsleistung. Dabei muss zum einen sichergestellt werden, dass zu den vereinbarten Preisen die vertragliche Leistung erbracht wird. Zum andern müssen **außervertragliche Leistungen** über Nachtragsangebote vergütet werden.

Ziele

Kontrollen und Abweichungsanalysen geben Hinweise, in welche Prozesse steuernd eingegriffen werden muss. Eine hohe Qualität dieser Analysen ermöglicht ein schnelles Eingreifen.

Begriffsdefinition

Zur Feststellung von Abweichungen sind mindestens zwei Werte erforderlich. Eine konsequente Begriffsdefinition erleichtert den praktischen Vergleich. Die Führungsgröße »Ergebnis einer Baustelle« hat eine herausragende Bedeutung. An diesem Beispiel sollen nachfolgende Definitionen erläutert werden:

Datentyp	**Steuergröße: Ergebnis**
Plandaten: Vor Beginn der Baustelle festgelegte Daten sollten nur bei erheblichen Änderungen angepasst werden.	Planergebnis zum Bauende
Prognosedaten (Wird-Daten): Voraussichtliche Entwicklung mittels Prognoseberechnungen (zukunftsorientiert).	Ergebnishochrechnung zum Bauende
Solldaten: Vergangenheitsorientierte Daten auf Basis von Arbeitskalkulation und Leistungsmeldung zum Stichtag.	per Stichtag zu realisierendes Ergebnis
Istdaten: Tatsächliche Daten auf Basis des Berichtswesens	per Stichtag bisher realisiertes Ergebnis

Abb. 4.10: Datentypen des Controllings

Steuerungsebenen

Die Baustellensteuerung unterliegt wirtschaftlichen Gesichtspunkten. Damit ist der Aufwand des Berichtswesens in erträglichen Grenzen zu halten. Vorteilhaft ist, mit einer **Grobsteuerung** zu beginnen. Sobald auf der Grobsteuerungsebene Abweichungen auftreten, werden Informationen benötigt, die ein aktives Eingreifen zur Beseitigung der Abweichungen unterstützen. Dazu werden Detailinformationen erforderlich, die eine Beurteilung der einzelnen Arbeitsprozesse ermöglichen, d. h. im Störungsfall ist auf die Feinsteuerung zu wechseln. Dabei ist im Einzelfall zu prüfen, ob die **Feinsteuerung**

- per Augenschein,
- mit REFA-Methoden,
- mittels EDV-Unterstützung

erfolgen soll. Die beiden Steuerungsebenen seien wie folgt erläutert:

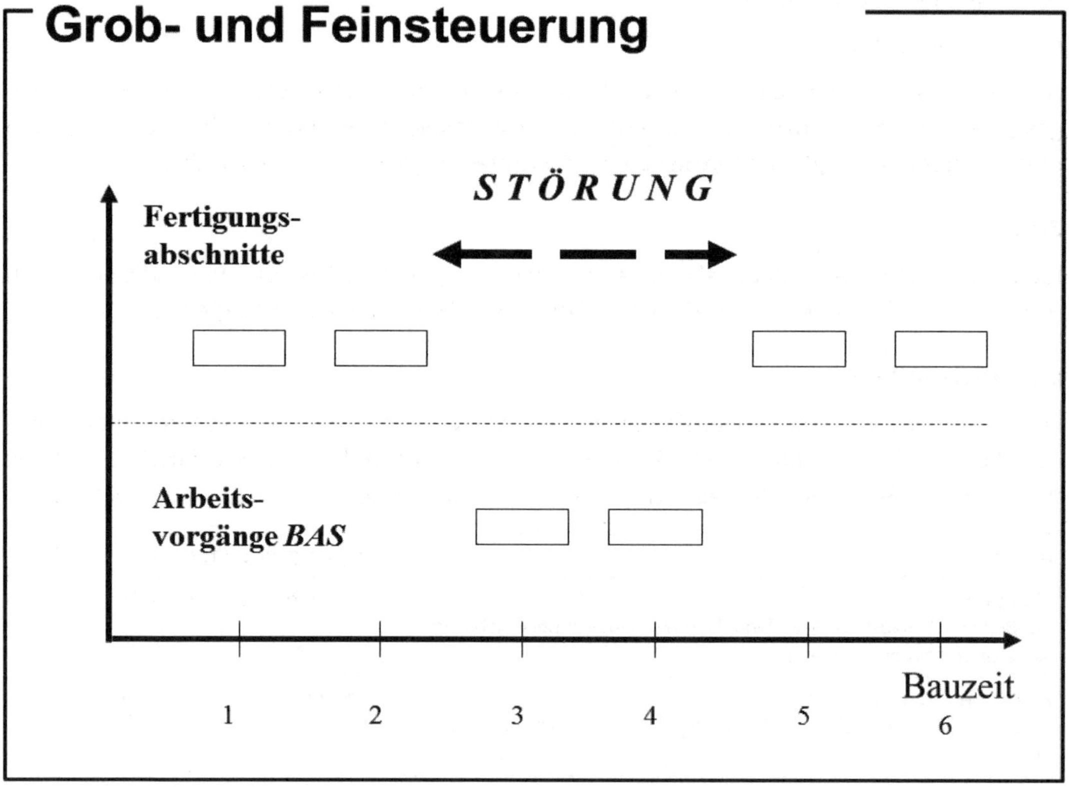

Abb. 4.11: Steuerungsebenen des Controllings

Grobsteuerung

- Gesamtauftrag,
- Fertigungsabschnitte, z. B. Geschosse, Bauteile.

Feinsteuerung

- BAS-Arbeitsschlüssel: einzelne Arbeitsprozesse, z. B. Schalen, Bewehren, Betonieren.

BEISPIEL: GROB- UND FEINSTEUERUNG

Das Bauunternehmen »Hochbau & Söhne« führt die Rohbauarbeiten für eine Wohnanlage aus. Für den nächsten Wochentakt wurde das Halbgeschoss im 1. OG geplant. Im Sinne einer Grobsteuerung wird die Gesamtstundenzahl vorgegeben. Die Arbeiten setzen sich zusammen aus Schalung, Bewehrung, Betonieren und Mauerwerk. Gegen Ende der Woche stellt der Polier fest, dass ca. 10% zu viel Stunden verbraucht wurden. In der Folgewoche nimmt der Polier zusammen mit dem Bauleiter die Arbeiten im nächsten Halbgeschoss des 2. OG in Augenschein, um die Verlustquelle zu analysieren. Im Rahmen dieser Feinsteuerung stellen beide fest, dass bei den Maurerarbeiten das Arbeitsgerüst fehlt. Diese Verlustursache wird unverzüglich beseitigt.

Lohnstunden

Bei lohnintensiven Leistungen gilt es, die verbrauchten Lohnstunden zu überwachen. Dies kann je Leistungseinheit (z. B. m^2 Schalung) oder Fertigungsabschnitt (z. B. 1. Geschoss) erfolgen.

Ziele der Soll-/Ist-Vergleiche

Soll-/Ist-Vergleiche ermöglichen durch den Vergleich zweier Werte eine Abweichungsanalyse. Damit stellen sie ein wesentliches Steuerungsverfahren dar. Der Soll-/Ist-Vergleich liefert den Impuls, aufgezeigte Schwachstellen durch aktives Eingreifen in die Baustellenprozesse zu beseitigen.

Datenbasis

Die benötigten Daten werden wie folgt erzeugt:

- Sollwerte: Arbeitskalkulation und Leistungsmeldung,
- Istwerte: Berichtswesen, Betriebsbuchhaltung.

Kosten-Soll-/Ist-Vergleich

Bei größeren Aufträgen mit mehreren Monaten Bauzeit ist der monatliche Kosten-Soll-/Ist-Vergleich eine effektive Steuerungsmethode. Der **Kostenarten-Soll-/Ist-Vergleich** ist ein alle Kostenbereiche umfassendes Controllingverfahren zur ergebnisorientierten Auftragssteuerung. Voraussetzung ist die Abstimmung der technischen Kostenarten der Kalkulation mit den Kostenarten der Kostenrechnung. Ziel dieser Abstimmung ist es, einen umfassenden Kosten-Soll-/Ist-Vergleich mit verwertbaren Abweichungsanalysen zu ermöglichen. So wird vermieden, dass Äpfel mit Birnen verglichen werden.

Voraussetzungen

Ein Kosten-Soll-/Ist-Vergleich ist nur so differenziert möglich, wie kaufmännische und technische Kostenarten gegliedert sind. Maßgebend ist der Bereich, der die geringste Tiefengliederung aufweist. Die differenzierte Hierarchie der technischen Kostenartenstruktur bietet die gewünschte Tiefengliederung. Die kaufmännischen Konten/Kostenarten sind entsprechend der Erfordernisse zu gliedern.

Abstimmung

Ziel ist es, die Zuordnung zwischen den technischen und kaufmännischen Kostenartenstrukturen herzustellen. Dabei ergeben sich folgende Fälle (siehe Abb. 4.12):

1) Direkte Zuordnung: der technischen kann direkt eine kaufmännische Kostenart zugeordnet werden, z. B. Nachunternehmerleistung Erdarbeiten.
2) Technische Summenbildung: auf technischer Seite wird mit größerer Tiefengliederung gearbeitet als dies auf kaufmännischer Seite praktikabel wäre, z. B. Betongüten B15, B25, B35, etc. müssen zu einer Summenkostenart Transportbeton zusammengefasst werden. Die Summenkostenart kann der entsprechenden kaufmännischen Kostenart zugeordnet werden.
3) Kaufmännische Summenbildung: auf kaufmännischer Seite wird mit größerer Tiefengliederung gearbeitet, z. B. müssen die einzelnen Lohnarten der Kostenrechnung zusammengefasst werden, um eine Zuordnung zu dem kalkulatorischen Mittellohn zu ermöglichen.

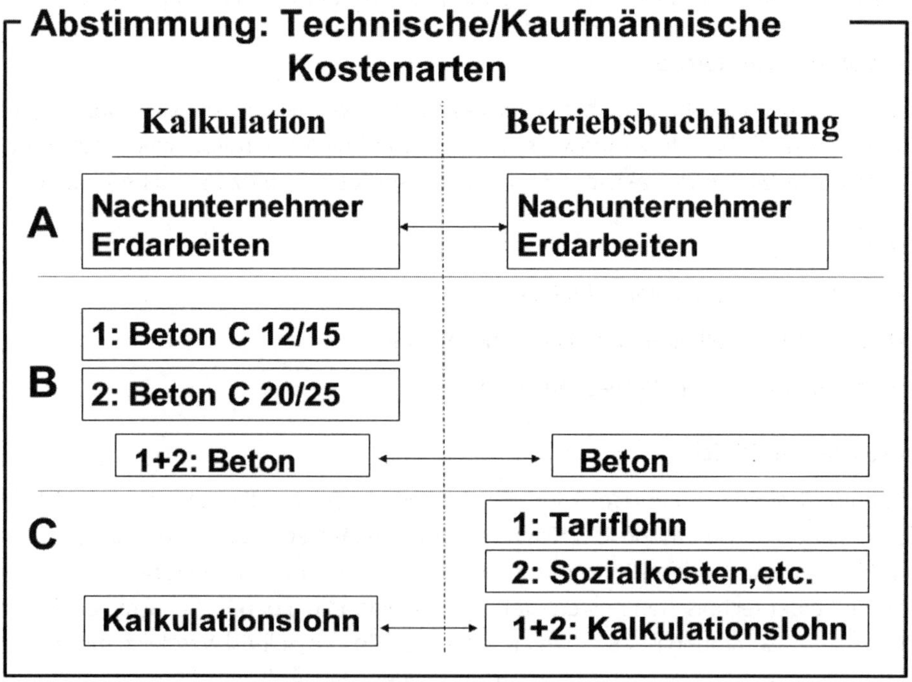

Abb. 4.12: Abstimmung der Betriebsbuchhaltung

Sollkosten

Eine Auswertung der Arbeitskalkulation auf der Basis der LE-Mengen zum Stichtag führt zu den Sollkosten zum Stichtag. Diese können ausgewertet werden in

- Kostenartenauswertung nach LV- oder VA-Mengen
  = Sollmengen und Sollkosten bezogen auf das Gesamtauftragsvolumen;
- Kostenartenauswertung nach LE-Mengen
  = Sollmengen und Sollkosten zum Stichtag.

Istkosten

Zum selben Stichtag sind die Istkosten zu erfassen. Der Kosten-Soll-/Ist-Vergleich kann in drei Varianten gefahren werden:

1) Erfassen der Ist-Kosten und Ausdruck des Soll-/Ist-Vergleichs gemäß definierter Listengestaltung;
2) Erfassen der Ist-Kosten und Ausdruck gemäß Kostenartenstruktur der Arbeitskalkulation;
3) Übergabe der Sollmengen und Sollkosten an die Betriebsbuchhaltung. Auswertung des Kosten-Soll-/Ist-Vergleichs in der Betriebsbuchhaltung.

Stunden-Soll-/Ist-Vergleich

Der Stunden-Soll-/Ist-Vergleich baut auf der Arbeitskalkulation auf. Dort werden den Unterpositionen Arbeitsschlüsselnummern (BAS-Bauarbeitsschlüssel) zugeordnet. Mit den Leistungsmengen aus der Leistungsmeldung werden daraus die Sollstunden je BAS errechnet. Sie können in Form des Arbeitsverzeichnisses und der BAS-Kennzahlen ausgewertet werden:

- Arbeitsverzeichnis für LV- oder VA-Mengen
  = Sollstunden bezogen auf das Gesamtauftragsvolumen,
- Arbeitsverzeichnis für LE-Mengen
  = Sollstunden zum Stichtag.

Im Stunden-Soll-/Ist-Vergleich werden die Soll- den Ist-Stunden nach BAS gegenübergestellt. Die Auswertung kann sowohl für den letzten Berichtszeitraum als auch für den Gesamtzeitraum seit Baubeginn erfolgen.

4.7 Die Leistungsmeldung

Die monatliche Leistungsmeldung des Bauleiters ist Voraussetzung für die monatliche Kostenstellenrechnung. Im Rahmen des Baustellencontrollings sollte sie sich nicht auf die Vergangenheitsbetrachtung beschränken, sondern auch die Zukunft einbeziehen. Damit ist vorrangig die Ergebnishochrechnung gemeint, wie auch die Bewertung der noch nicht beauftragten Nachträge.

Insgesamt sollte eine controllinggerechte Leistungsmeldung folgende Informationen beinhalten:

Bauleistung	abgerechnet
	noch nicht in Rechnung gestellt
Nachträge	erkannt
	eingereicht
	genehmigt
Risiken	erkannt
	bearbeitet
Chancen	erkannt
	bearbeitet
Restleistung	
Ergebnishochrechnung	
Verhältnis zum Auftraggeber	

Abb. 4.13: Monatliche Leistungsmeldung (auszugsweise)

Insbesondere der letzte Punkt auf der Leistungsmeldung ist ein wichtiges Indiz für eine erfolgreiche Baustellenabwicklung.

BEISPIEL:

Wenn das Verhältnis zum Auftraggeber nicht mehr stimmt, dann hat der Bauleiter bereits Probleme, die unstrittige Bauleistung zeitnah abzurechnen!

Das klassische Rechnungswesen ist an Randbedingungen wie Perioden, Fristen und Verfahrensabläufe gebunden. Damit kann das Rechnungswesen dem Informationsbedarf eines Baustellencontrollings nicht in allen Teilen gerecht werden. Daraus erwächst die Notwendigkeit eines spezifischen Baustellencontrollings, das unabhängig von o. g. Restriktionen die betriebswirtschaftliche Begleitung eines Bauprojekts ermöglicht.

Synchronisation

Das Baustellencontrolling ist kein Ersatz für das Rechnungswesen. Nachdem das Baustellencontrolling weder die Genauigkeit noch die Vollständigkeit des Rechnungswesens besitzt, müssen beide Systeme synchronisiert werden. Andernfalls driften beide Systeme auseinander und das Baustellencontrolling basiert auf unrealistischen Werten.

Das Baustellencontrolling erfordert variable Stichtage je nach Fertigungsprozess. Periodisch, meist monatlich, liefert das Rechnungswesen die exakten Daten. Zur Sicherstellung einer ausreichenden Genauigkeit der Daten aus dem Baustellencontrolling müssen periodische Abstimmungen zwischen beiden Systemen erfolgen. Nach der Synchronisation können für Gesamtbetrachtungen die zurückliegenden tatsächlichen Ist-Werte des Rechnungswesens um die Prognosewerte des Baustellencontrollings ergänzt werden. Mit dieser Methode wird eine bestmögliche Datengenauigkeit erreicht.

Definition Bauleistung

Mit den Leistungsmengen kann die Leistungsermittlung erfolgen. Eine Besonderheit im Bauwesen sind die unterschiedlichen Preisgüten in den einzelnen Positionen. Dies hat unterschiedliche Ursachen. Zum einen kann sich dieser Umstand in der Phase der Preiskalkulation durch taktische Überlegungen ergeben, zum andern entsteht dies durch Veränderungen während der Auftragsabwicklung. Beispiele dafür sind abweichende Produktivität, Vergabegewinne bzw. Vergabeverluste bei Subunternehmerleistungen, abweichende Materialpreise. Damit ergeben sich bei der Leistungskurve nach Vertragspreisen entsprechende »Fieberkurven«, die die Beurteilung der Leistungsentwicklung einer Baustelle erschweren. In dem gezeigten Beispiel wird in der Periode 3 ein zu geringer Leistungsstand ausgewiesen, da Positionen mit »schlechteren« Preisen ausgeführt wurden. Die Periode 4 gibt dagegen einen zu hohen Leistungsstand wieder, da Positionen mit »guten« Preisen im Zugriff waren. Daher sind 2 Arten von Leistungen zu unterscheiden:

Leistungsbegriff	**Definition**	**Ziel**
Technisch	Leistung nach Arbeitskalkulation: Soll-Herstellkosten + mittlerer Deckungsbeitrag	Kontrolle des Leistungsstandes auf der Baustelle
Kaufmännisch	Leistung bewertet zu Vertragspreisen oder gemäß Zahlungsplan	Datenbasis für Finanz- und Liquiditätsplanung

Die Leistung nach Vertragspreisen bzw. nach Zahlungsplan dient der Planung der Zahlungseingänge und unterstützt damit die Liquiditätssicherung. Die Leistung nach Arbeitskalkulation gibt den tatsächlichen Leistungsstand der Baustelle wieder.

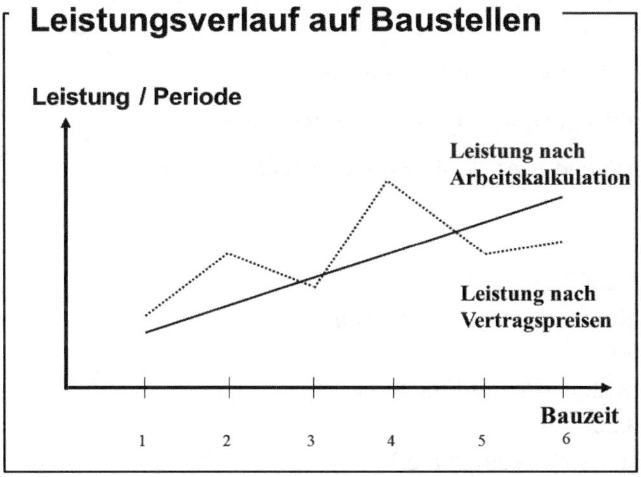

Abb. 4.14: Leistungsverlauf auf Baustellen

4.8 Fallstudie »So buche ich eine Betonrechnung«

Die monatliche Kostenstellenrechnung einer Baustelle gehört zum zentralen Bestandteil des Baustellencontrollings. In der Praxis ist immer wieder eine gewisse Scheu der Bauleiter vor kaufmännischen Dingen zu beobachten, insbesondere vor der monatlichen Kostenstellenrechnung. Im Einzelnen ergeben sich folgende »Ungereimtheiten«:

- »Was haben die Kaufmichel da wieder gebucht?!?«
- »Die Kostenrechnung stimmt doch eh nicht!«
- »Da sind wieder Buchungen, mit denen ich nichts anfange.«
- »Im Übrigen verstehe ich den Aufbau nicht, insbesondere die sogenannten %-Umlagen. Diese Kosten habe ich eh' nicht verursacht!«
- und so weiter!!!

All diese Ungereimtheiten helfen nichts. Nachdem das Baustellencontrolling häufig nicht systematisch betrieben wird, bleibt das kaufmännische Controlling oftmals das einzige, was funktioniert.

Mit nachfolgender EDV-Fallstudie soll den Bauleitern die Scheu vor dem »Kaufmännischen« genommen werden.

»Jeder (angehende) Bauleiter muss einmal eine Betonrechnung selbst buchen, dann wird er seine Kostenstellenrechnung auch verstehen!«

Im Rahmen der Hochschul- wie auch der Mitarbeiterausbildung wurde die Fallstudie entwickelt, die auf Basis des Programmpakets »ARRIBA finanzen« (siehe /4/) durchgeführt wird. Sie wird auszugsweise wie folgt wiedergegeben:

BEISPIEL: ERFASSEN TRANSPORTBETON-RECHNUNG

Für die Lieferung von Transportbeton liegt eine Rechnung vor, die wie folgt erfasst und anschließend verbucht wird:

15.03.2002: Rechnung wird im Transportbetonwerk erstellt

18.03.2002: Rechnung geht in der Buchhaltung des Bauunternehmens ein

22.03.2002: nach Rechnungsprüfung kann die Rechnung gebucht werden

1	Buchungsdatum:	22.03.2002
2	Belegart:	KSR (Kreditorenschlussrechnung)
3	Kreditor:	360 002
4	Externe Belegnr.:	2002032 (Re-Nr. des Kreditors)
5	Externes Belegdatum:	15.03.2002
6	Belegnr.:	1548 (interne Laufnummer)
7	Belegdatum:	18.03.02 (Eingangsdatum)

8	Betrag:	3.075,00 EUR (Brutto, inkl. MwSt.)
	Anzeige: →	**2.650,86** EUR **netto →Kostenrechnung**
9	Sachkonto:	42510 (Kostenart Transportbeton)
10	Kst.:	700 000 (Kostenstellennr.: »Verwaltungsbau Altmann«)
11	Menge:	38 m³
12	**→Speichern**	

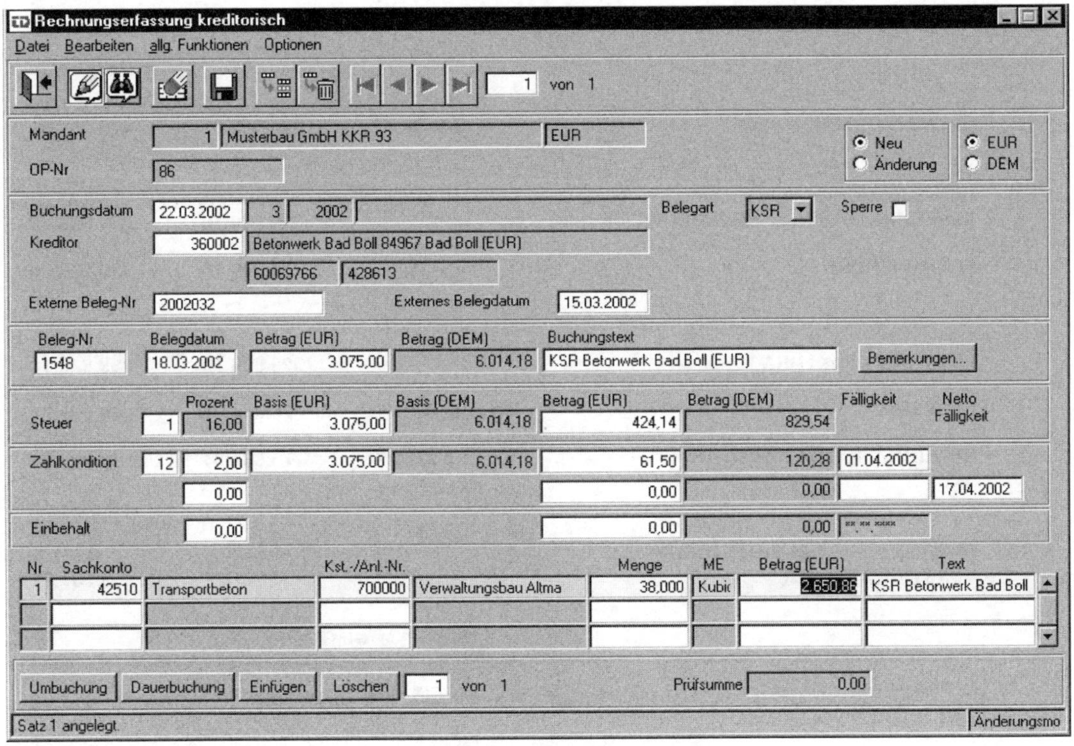

Abb. 4.15: Erfassungsmaske Kreditorenrechnung (ARRIBA® finanzen /5/)

BEISPIEL: AUSGABE KOSTENSTELLENAUSWERTUNG

Nach der Erfassung der Rechnung wird der Buchungslauf gestartet und die aktuelle Kostenstellenauswertung ausgegeben.

Listgenerator Rechnungswesen

1 Musterbau GmbH KKR 93 Währung: EUR Datum: 29.07.2002/13:09:28
Betriebsabrechnung-01 Gesamt-Summe Seite 5

KOA-Nummer	KOA-Bezeichnung	Ist+Abgr. lfd. Monat 01.07.2002-31.07.2002	Ist+Abgr. seit Jahr.beg. 01.01.2002-31.07.2002	Ist+Abgrenz. seit Beginn Beginn-31.07.2002
(1)	(2)	(3)	(4)	(5)
	GESAMTKOSTEN	**57.772,77**	**475.960,31**	**475.960,31**
80001	Erlöse-Schlussrechnungen Hochbau		399.926,10	399.926,10
	BERECHNETE SCHLUSSRECHNUNGEN		**399.926,10**	**399.926,10**
	FAKTURIERUNG		**399.926,10**	**399.926,10**
	LEISTUNG + FAKTURA		**399.926,10**	**399.926,10**
	ERGEBNIS	**-57.772,77**	**-76.034,21**	**-76.034,21**
	DECKUNGSBEITRAG ABSOLUT	**-57.772,77**	**-75.967,94**	**-75.967,94**
92101	Erträge aus Skonto Schlussrechnung 16%	-2,00	-4.531,27	-4.531,27
	SONSTIGE ERTRÄGE	**-2,00**	**-4.531,27**	**-4.531,27**

OK Abbruch

Abb. 4.16: Bildschirm-Ausgabe Kostenstellenauswertung (ARRIBA® finanzen /5/)

BEISPIEL: URSACHENFORSCHUNG MIT KOSTENACHWEIS

Zusätzlich zur Kostenstellenauswertung kann der Kostennachweis der einzelnen Buchungen ausgegeben werden. Damit können die Verlustursachen analysiert werden. Dazu zwei Beispiele mit den Reaktionen des Bauleiters:

1 – Fehlbuchung: Über die Kostenart 670202 »ILV-Aufwand Sand« wird eine Buchung ausgewiesen, die fälschlicherweise gebucht wurde. Auf dieser Baustelle wurde nie Sand vom Bauhof angefordert, bzw. geliefert.

***Reaktion des Bauleiters:** Information an die Kostenrechnung wegen Fehlbuchung.*

2 – Zusätzl. Kran: Über die Kostenart 63010 »ILV Aufwand Krane« wird der Baustelle ein zusätzlicher Kran belastet. Dieser ist für Beschleunigungsmaßnahmen erforderlich, die vom Auftraggeber zu vertreten sind. Es fehlt allerdings noch die

Durchsetzung des Nachtrags beim Auftraggeber. Daher fehlt die entsprechende Leistung.

***Reaktion: »Hilferuf«** an den Oberbauleiter, bei der Durchsetzung des Beschleunigungsnachtrags zu helfen!*

Vorliegende Fallstudie gibt die Möglichkeit, einmal selbständig eine Betonrechnung zu buchen. Dabei wird klar, dass es dabei mit »rechten Dingen« zugeht. Der angehende Bauleiter möge dadurch endgültig die Scheu vor dem Kaufmännischen verlieren und die monatliche Kostenstellenrechnung zur Ergebnissicherung seiner Baustelle nutzen!

4.9 Behandlung von Vertragsabweichungen (Nachtragsmanagement)

Nachdem die außervertraglichen Leistungen 10 % und mehr der Vertragssumme ausmachen, ist ein Schwerpunkt des Controllings die Überwachung von außervertraglichen Leistungen. Zur besseren Bearbeitbarkeit können die oft als Nachträge bezeichneten Forderungen wie folgt eingeteilt werden:

A: Änderungsanfragen, Wünsche und sonstige Anordnungen des Auftraggebers,

B: Geänderte oder zusätzliche Leistungen ohne Anordnung des AG,

C: Behinderungen und Störungen.

A-Nachträge

Die A-Nachträge sind relativ einfach zu bearbeiten. Zunächst sind sie dem Auftraggeber anzubieten. Nach Auftragserteilung sind sie in die Vertragsleistung aufzunehmen und in die Arbeitskalkulation einzupflegen.

B-Nachträge

Die B-Nachträge sind schon erheblich schwieriger zu managen. Denn hier ist zunächst der Auftraggeber davon zu überzeugen, dass die betreffenden Leistungen gesondert zu vergüten sind.

C-Nachträge

Besonders schwierig gestaltet sich die Durchsetzung von C-Nachträgen. Dies beginnt bereits bei der Durchsetzung der Anspruchsgrundlage. Kritisch ist die Vereinbarung des Nachtragspreises, da die Mehrkosten von Behinderungen und Störungen nur näherungsweise berechnet werden können. Hierbei ist der Konflikt zwischen Auftragnehmer und Auftraggeber vorprogrammiert. Hilfreich ist die Verwendung der Preisformulare der öffentlichen Hand: EFB-Blätter (siehe CD-Beilage zu Kapitel 4: EFB 1a, EFB 1b und EFB 1c). Mit diesen anerkannten Formularen lassen sich die Nachtragspreise gemäß VOB auf Grundlage der Preisermittlung nachvollziehbar errechnen. Zur Einbindung des Nachtragsmanagements in das Baustellencontrolling ist es erforderlich, dass die Nachträge entsprechend ihrem Status berücksichtigt werden.

Nachtrag	Kostenstatus	Bewertung	Leistungsstatus
ER – erkannt	vor Ausführung: keine Kosten		
EI – eingereicht		vorauss. Quote	bewertete Leistung
AN – anerkannt		anerk. Quote	entspr. Leistung
AB – abgelehnt	nach Ausführung: Kosten		

Abb. 4.17: Tabelle zur Nachtragsüberwachung

4.10 Das maßgeschneiderte Controllingkonzept

Baustellen sind so heterogen, dass es leider kein festes Kochrezept für das Baustellencontrolling gibt. Stunden-Soll-/Ist-Vergleiche laufen bei Fremdleistungen ins Leere. Dies gilt auch für Baumaßnahmen des Schlüsselfertigbaus. In der Praxis bewährt hat sich daher die Aufteilung des Baustellencontrolling in Prozesse des

- Mindestcontrolling und
- weitere Controllingfunktionen.

Mindestcontrolling

Wie bereits in Kapitel 4.5 beschrieben, gehört die Nullarbeitskalkulation mit der Ergebnishochrechnung zum Bauende zum Mindestcontrolling einer jeden Baustelle. Dies gilt sicher für alle Baustellen, ausgenommen Kleinstaufträge wie Reparaturaufträge oder Noteinsätze bei Rohrbrüchen.

Weitergehende Controllingfunktionen sind individuell auf die betreffende Baumaßnahme abzustimmen. Nachfolgend sind Kriterien für das maßgeschneiderte Controllingkonzept einer Baustelle beschrieben:

Einfluss der Bauzeit

Die Ausprägung des Baustellencontrollings ist in erheblichem Maße von der Bauzeit abhängig:

- Kurzläufer: Hier fehlt die Zeit für z. B. monatliche Auswertungen. Die monatliche Kostenstellenrechnung liegt erstmals ca. zwei Monate nach Baubeginn vor. Bei einer Bauzeit von zwei Monaten kommt diese Auswertung zu spät, um noch gegensteuern zu können. Bei Kurzläufern ist eine gute Arbeitsvorbereitung mehr als die halbe Miete! Ergänzend können begleitende tägliche Abweichungsanalysen vorgenommen werden.
- **Langläufer:** Baustellen mit deutlich mehr als sechs Monaten Bauzeit können mit monatlichen oder zwei-wöchentlichen Soll-/Ist-Vergleichen gesteuert werden.

4.11 Internet-/EDV-Unterstützung auf der Baustelle

Nachfolgend soll die Frage beantwortet werden, inwieweit das Internet und moderne EDV-Technologien das Baustellencontrolling unterstützen können. Bei der Pflege der Arbeitskalkulation besteht häufig das Problem der getrennten Datenbestände. Der Bauleiter pflegt auf seinem Baustellen-Notebook die Arbeitskalkulation. Er ergänzt die einfacheren Nachträge. Im Büro werden durch Mitarbeit des Kalkulators und Oberbauleiters die schwierigen Nachträge bearbeitet und in den Datenbestand eingepflegt. Bei dieser Verfahrensweise werden zwei getrennte Datenbestände unabhängig voneinander gepflegt. Die Datenbestände laufen auseinander!

Terminalserver-Technologie

Hier hilft die Terminalserver-Technologie aus der Klemme! Damit ist es möglich, dass der Bauleiter sich mit seinem Notebook, z. B. über einen Internet-Anschluss, auf den zentralen Rechner im Büro einwählt und mit dem Büro-Datenbestand arbeitet. Somit gibt es den Projektdatenbestand nur einmal, und zwar im Büro. Die Daten sind damit immer konsistent. Administrativ ist sicherzustellen, dass hierbei keine Konflikte auftreten.

4.12 Praxisbeispiel »Studentenwohnheim Mietraching«

Für das Bauvorhaben »Studentenwohnheim Mietraching« wurden zu Baubeginn mittels Arbeitskalkulation die voraussichtlichen Herstellkosten zum Bauende wie folgt berechnet:

Bauvorhaben: »Studentenwohnheim Mietraching«

Hochrechnung zum Bauende	Betrag in €
Abrechnungssumme	5.280.000,–
./. voraussichtl. Herstellkosten	4.552.000,–
./. Allgemeine Geschäftskosten	528.000,–
voraussichtl. Ergebnis	200.000,–
in % der Abrechnungssumme	3,8 %

S1. Nullarbeitskalkulation

OZ	LV-Menge	Kurztext/Arbeitskalkulation	EP in €/Einh.	GP in €
2.3	1.000,00 m^3	Boden für Streifenfundamente b = 3,50 m, d = 60 cm profilgerecht lösen, Boden wird Eigentum des AN und ist zu beseitigen, Aushub ab Geländeoberfläche, Bodenklasse 3–6	42,14	42.140,–
	Einzel-kosten	**Lohn:** – Baggerfahrer1,1 h – 1 Beihilfe 1,0 h => 2,1h/h/25 m^3/h = 0,084h/m^3 0,084 hm^3 x 26,– €/h = 2,18 €/m^3 **Gerätekosten:** Bagger 34,– €/h/25 m^3/h = 1,36 €/m^3 **Fremdleistung:** Abfuhr und Kippgebühr = 31,– €/m^3 **Summe EKT 34,54 €/m^3**		
13.15	8.400,00 m^2	Schalung für Stahlbetonwände, Höhe bis 3,30 m, glatt, aus nichtsaugenden Schalungsplatten mit regelmäßigen Stößen und Nagelstellen, incl. Abfasen der Kanten mit Dreikantleisten	27,45	230.580,–
	Einzel-kosten	**Fremdleistung:** = 22,50 €/m^2		
13.81	320 t	Betonstabstahl IV S (500/550), Durchmesser über 10 bis 20 mm, Längen bis 14,00 m, liefern, schneiden, biegen und verlegen	902,80	
	Einzel-kosten	**Fremdleistung:** = 740,– €/t		288.896,–

Abb. 4.18: 1. Arbeitskalkulation, Auszug

Bei der ersten turnusmäßigen Controllingsitzung im zweiten Baumonat ergeben sich folgende Erkenntnisse:

1) zur Vertragspos.: 2.3 Aushub Streifenfundamente

Aufgrund des vom Auftraggeber zur Verfügung gestellten Bodengutachtens wurde in der Vertragskalkulation angenommen, dass 80% des Aushubmaterials Bodenklasse 3 entspricht.

Diese Annahme erwies sich als nicht richtig. Die Bodenklasse 3 kam nur zu 50% vor.

Konsequenz: Die Aushubleistung verringerte sich von 25 m^3/h auf nur noch 15 m^3/h.

2) zur Vertragspos.: 13.15 Schalung für Stahlbetonwände

In der Vertragskalkulation wurde die Wandschalung als Subunternehmerleistung mit 22,50 €/m² angesetzt. Die Preisanfrage ergab, dass diese Subleistung mit 26,– €/m² wesentlich teurer eingekauft werden muss.

3) zur Vertragspos.: 13.81 Betonstabstahl IV S (500/550)

In der Vertragskalkulation wurde der Betonstabstahl IV S als Fremdleistung mit 740,– €/t angesetzt. Hartnäckige Verhandlungen mit dem ausgewählten Nachunternehmer ergaben, dass diese Fremdleistung mit 720,– €/t billiger eingekauft werden kann.

2. Arbeitskalkulation

Auf Basis der o. g. neuen Erkenntnisse wird die Arbeitskalkulation aktualisiert und eine neue Hochrechnung des Baustellenergebnisses zum Bauende ermittelt.

2. Arbeitskalkulation

Vorauss. Herstellkosten alt		5.080.000,–
Mehrkosten 2.3 Aushub Streifenfundamente 1.000 m³	**Lohn:** – Baggerfahrer1,1 h – 1 Beihilfe 1,0 h => 2,1 h/h/15 m³/h = 0,140 h/m³ 0,140 h/m³ x 26,– €/h = 3,64 €/m³ **Gerätekosten:** Bagger 34,– €/h/15 m³/h = 2,27 €/m³ **Fremdl.:** Abfuhr und Kippgebühr = 31,– €/m³ Summe EKT neu 36,91 €/m³ ./. EKT alt 34,54 €/m³ Differenz 2,37 €/m³ **Mehrkosten: 1.000 m³ x 2,37 €/m³**	2.370,–
Mehrkosten 13.15 Wandschalung 8.400 m²	Fremdl. alt: 26,00 €/m² Fremdl. alt: 22,50 €/m² Differenz 3,50 €/m³ **Mehrkosten: 8.400 m² x 3,50 €/m²**	29.400,–
Mehrkosten 13.81 Betonstabstahl 320 t	Fremdl. alt: 740,00 €/t Fremdl. alt: 720,00 €/t Differenz 20,00 €/t **Minderkosten: 320 t x 20,00 €/t**	– 6.400,–
Voraus. Herstellkosten neu		5.105.370,–
Vorauss. Ergebnis neu	5.280.000,– ./. 5.105.370,–	174.630,–
in % der Abrechnungssumme		3,3 %

Abb. 4.19: 2. Arbeitskalkulation (Auszug)

Auf Basis der o. g. neuen Erkenntnisse ergibt die zweite Arbeitskalkulation mit 3,3% einen geringeren Gewinn als bei der Nullarbeitskalkulation (3,8%). Für den Bauleiter ergibt sich daraus die **Controlling-Checkliste** mit folgenden Punkten:

- Prüfung, ob bzgl. der veränderten Bodenverhältnisse ein Nachtrag gestellt werden kann,
- Anforderung der Unterstützung beim Einkauf, die Schalungsarbeiten doch zum kalkulierten Preis einkaufen zu können.

Anschließend werden die Werte aktualisiert und eine neue Hochrechnung des Baustellenergebnisses zum Bauende ermittelt.

PRAXISHINWEIS:

Die Arbeitskalkulation ist ein hervorragendes Werkzeug, um die Baustelle betriebswirtschaftlich durchzuarbeiten. Aus den daraus gewonnen Erkenntnissen ergibt sich die ***Controlling-Checkliste mit den Chancen und Risiken****, ein praktikables Hilfsmittel für den Bauleiter zur Sicherung seines Baustellengewinnes!*

4.13 Werkzeuge: Checklisten und Software

Online stehen folgende Controlling-Werkzeuge zur Verfügung:

Formulare/Tabellen

1. Word: Checkliste »Übergabe Kalkulation an Bauleitung«
2. Word: Checkliste »Controllingkonzept«
3. Excel: Formular K4a Arbeitskalkulation (Vollkostenrechnung)
4. Excel: Formular K4b Arbeitskalkulation (Deckungsbeitragsrechnung)
5. Word: Formular »Spielregeln zu Vertragsabweichungen«
6. Excel: Tabelle Chancen und Risiken-Controlling

Literatur

/1/ **Drees, G./ Paul, W.** Kalkulation von Bauleistungen, 11. Auflage, Bauwerk, Berlin 2011

/2/ **Wirth, V., u. a.** »Baustellencontrolling«, expert verlag, Renningen-Malmsheim 2001

/3/ **Horvath, P.** Controlling, 12. Auflage, Vahlen Verlag, München 2011

/4/ **Benutzerhandbuch RIB iTWO®** RIB Software AG, Stuttgart 2015

/5/ **Benutzerhandbuch ARRIBA®** finanzen RIB Software AG, Stuttgart 2015

/6/ **Oberndorfer, W.** »Analyse von Verlustbaustellen«, Aufsatz in BAUWIRTSCHAFT 3/89

Literaturhinweise zum Nachtrags-/Claimmanagement

/7/ **Kapellmann/Schiffers** Vergütung, Nachträge und Behinderungsfolgen beim Bauvertrag, 6. Aufl., Band 1, Werner Verlag, Köln 2011

/8/ **Vygen/Joussen/Schubert/Lang** Bauverzögerung und Leistungsänderung, 7. Auflage, Werner Verlag, Köln 2015

/9/ **Englert/Katzenbach/Motzke** Beck'scher VOB-Kommentar, Teil C, Verlage Beck/Beuth, 3. Auflage, München/Berlin 2014

/10/ **Oberndorfer, W.** Claim-Management 1. Grundlagen und Methoden, Manzsche Verl.-Buchhandlung, Wien 2003

5. Controlling im Schlüsselfertigbau

Steffen Pekrul

Inhalt

5.1 Besonderheiten im Schlüsselfertigbau

Unter Schlüsselfertigbau ist eine komplette und gebrauchsfertige Erstellung eines Bauwerks zu einem festen und meist pauschalen Preis durch einen verantwortlichen Auftragnehmer zu verstehen.

Dabei übernimmt ein Unternehmer das gesamte wirtschaftliche und technische Risiko der Bauwerkserstellung zu einem pauschalen Festpreis, so dass der Bauherr vor Baubeginn die Bauwerkskosten genau kennt, sofern es nicht zu Abweichungen vom Bausoll kommt.

Mit dem Begriff »schlüsselfertig« wird die Erstellung eines kompletten und funktionsfähigen Objektes verstanden, das durch die »Verwendung des Schlüssels« in Benutzung genommen werden kann. Bei der Übergabe von Infrastrukturbauwerken ist das Bauwerk betriebsbereit an den Auftraggeber zu übergeben.

Folgende Aufgaben gehören generell zum Leistungsspektrum eines Schlüsselfertigbauers:

- die Ausführung durch eigene Mitarbeiter oder durch Dritte (Nachunternehmer),
- die technische und qualitative Überwachung der eigenen und fremden Bauarbeiten,
- die wirtschaftliche, terminliche und qualitative Koordination, mit dem Ziel der Erstellung eines kompletten und funktionsfähigen Bauwerks.

Die Besonderheiten des SF-Baus bestehen nicht nur darin, dass es einige Gewerke mehr zu koordinieren gilt, sondern in der Vielschichtigkeit und Heterogenität der Abwicklungsproblematik. Ein entscheidender Unterschied liegt in der organisatorischen Einbindung in den Bauablauf. Die Bandbreite reicht von der Integration in den Rohbau bis zu einem eigenen Profitcenter. Das Berufsbild der Mitarbeiter in den SF-Bauunternehmen ist daher entsprechend vielschichtig: Bauingenieur, Kaufmann, Architekt. Eine hohe Kunst liegt in einer optimalen Abstimmung und Synchronisation der teilweise divergierenden Zielsetzungen der Projektbeteiligten.

Der Trend, Bauleistungen als schlüsselfertige Gesamtleistung auszuschreiben und an ein Bauunternehmen zu vergeben, ist seit Jahren ungebrochen und wird besonders bei öffentlichen Bauvorhaben weiter zunehmen. Somit ergibt sich für die Bauunternehmen die Notwendigkeit, sämtliche Geschäftsprozesse diesen gravierenden Marktveränderungen anzupassen. Als rechtliche Grundlage für die schlüsselfertige Leistungserstellung existieren verschiedene Arten von Pauschalverträgen, die im Kern eine Verlagerung des Preis- und Mengenrisikos in den Wirkungskreis des ausführenden Bauunternehmens beinhalten. Anders als bei Einheitspreisverträgen auf Basis der Vergabe- und Vertragsordnung für Bauleistungen (VOB) wird durch einen Global- oder Detailpauschalvertrag die Bauleistung nur funktional beschrieben, mit dem Ziel, die Kosten- und Budgetsicherheit des Auftraggebers zu erhöhen. Durch diesen Umstand können unklare und unvollständig beschriebene Bauleistungen zu erheblichen Mehrkosten führen, die in den Verantwortungsbereich des Auftragsnehmers fallen. Die Verlagerung der verschiedenen Risikobereiche auf die ausführenden Bauunternehmen hat erhebliche Auswirkungen auf alle Bereiche der Wertschöpfung. Nachfolgend sind wesentliche Veränderungen tabellarisch dargestellt:

Geschäftsprozess	**Rohbau**	**Schlüsselfertigbau**
Ausschreibungen	Leistungsverzeichnis	Leistungsprogramm (Funktionale Anfrage)
Angebotskalkulation	ausführungsgerechte Einzelkostenermittlung	Kennzahlenkalkulation
Vertragsform	Einheitspreisvertrag	Pauschalvertrag
Arbeitsvorbereitung	Schalungsvorbereitung	Terminplanung
		Beschaffung von Nachunternehmern
Organisation der Ausführung	Bauleitung	Projektleitung
Risikomanagement	Mehrverbrauch der Lohnstunden	Massen-/Qualitätsrisiken
Leistungsmeldung	nach LV-Positionen	prozentual bzw. nach Zahlungsplan
Kostenschwerpunkte	Lohn- und Gerätekosten	Gewerkekosten
Liquiditätsrisiko	mittel	sehr hoch

Abb. 5.1: Veränderte Geschäftsprozesse im Schlüsselfertigbau

Eine weitere wesentliche Neuerung zeichnet sich in einer Veränderung der Kundenstruktur ab. Nicht nur der private Bauherr nutzt die Möglichkeit, schlüsselfertige Bauleistungen anzufragen. Diese Tendenz ist auch bei dem öffentlichen Auftraggeber zu verzeichnen. Bereits heute vergibt die öffentliche

Hand zahlreiche Bauleistungen zur Erfüllung ihrer Aufgaben schlüsselfertig an die bauausführenden Unternehmen.

Diese neuen Herausforderungen erfordern ein Baustellen-Controlling, das geeignet ist, die komplexen Anforderungen schlüsselfertiger Bauprojekte zu erfüllen. Als Folge der Risikoverlagerung sind die Controllingsysteme in der Angebots- und Auftragsphase den neuen Bedingungen anzupassen, um jederzeit eine optimale Steuerung des Bauvorhabens zu gewährleisten.

Die konsequente Umsetzung des folgenden Steuerungssystems wird insbesondere bei großen Bauvorhaben angewendet und ist für den Projekterfolg von entscheidender Bedeutung. Im Folgenden werden die Bestandteile und Grundlagen des Baustellen-Controllings im Schlüsselfertigbau beschrieben und anhand verschiedener Beispiele erläutert.

5.2 Struktur des Baustellen-Controllings im Schlüsselfertigbau

Das folgende prozessorientierte Ablaufschema beinhaltet die verschiedenen Bearbeitungsstufen des Baustellen-Controllings. Dargestellt sind der Zusammenhang zwischen den verschiedenen Kalkulationsarten sowie deren Aufgaben innerhalb des baubetrieblichen Steuerungssystems.

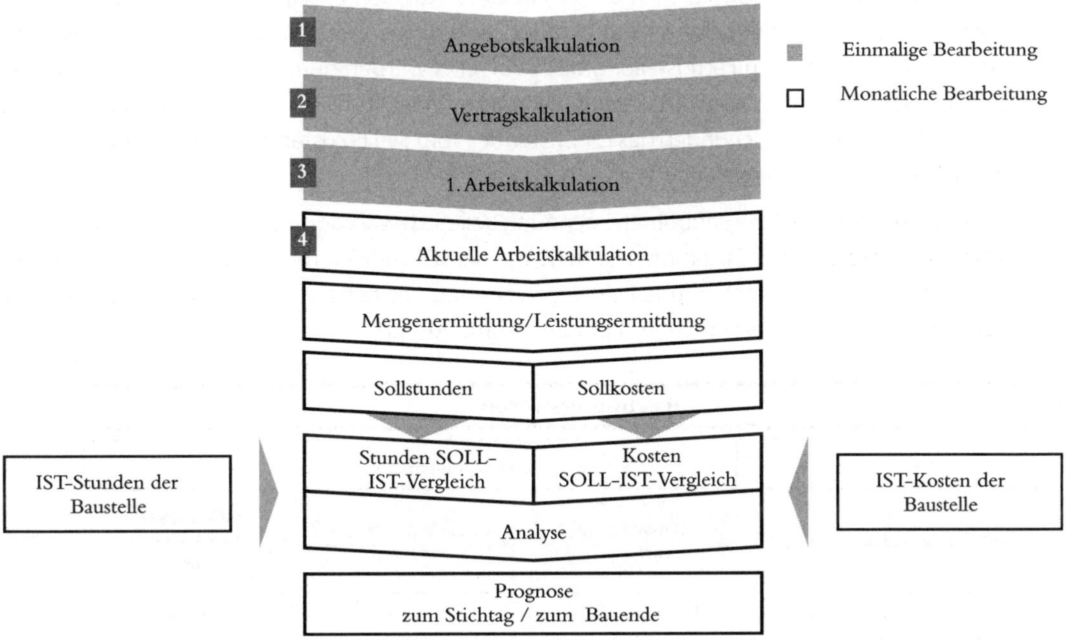

Abb. 5.2: Aufgaben/Struktur des Baustellen-Controllings schlüsselfertiger Bauvorhaben

Die Bauauftragsrechnung bildet dabei die Grundlage des Baustelleninformations- und -steuerungssystems für schlüsselfertige Bauaufträge und besteht aus vier Kalkulationsarten, die aufeinander aufbauen und unterschiedliche Informationen liefern.

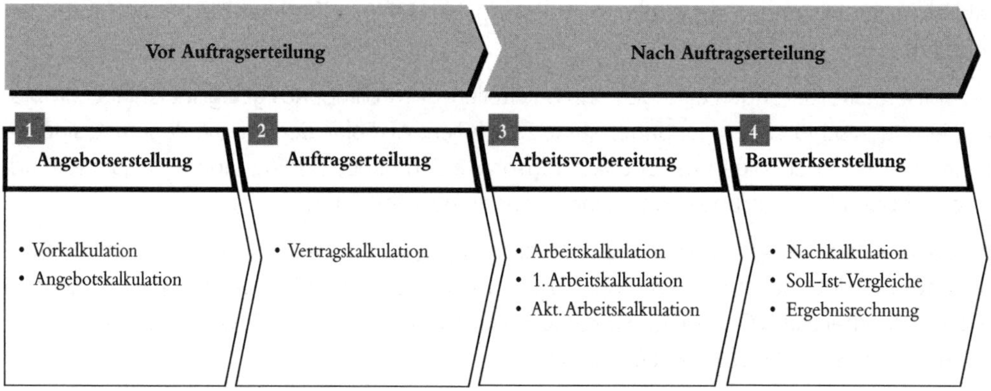

Abb. 5.3: Übersicht zur Bauauftragsrechnung

Grundsätzlich werden die Angebots- und Vertragskalkulation vor Auftragserteilung, die Arbeits- und Nachkalkulation nach Auftragserteilung erstellt. Dabei liefert die Angebotskalkulation die Daten für die Vertragskalkulation, die im Falle einer Beauftragung erstellt wird. Sobald der Auftrag erteilt ist, wird auf Grundlage der Vertragskalkulation die Arbeitskalkulation entwickelt, die der Baustelle zur regelmäßigen Darstellung der Kosten- und Leistungsermittlung dient. Nach Ende des monatlichen Berichtszeitraumes oder nach Fertigstellung des Bauwerks werden durch eine Nachkalkulation die tatsächlichen Werte mit den angenommenen Daten aus einer früheren Phase verglichen. Das Ziel ist die Feststellung von Abweichungen des IST-Zustandes vom SOLL-Zustand. Diese Zusammenhänge werden in Abbildung 5.3 dargestellt.

Die IST-Werte werden durch die Baubetriebsrechnung geliefert, während die SOLL-Werte aus der Bauauftragsrechnung resultieren. Zusammen fließen sie in die SOLL-/IST-Vergleichsrechnung ein. Alle drei Rechnungsarten bilden die Kosten- und Leistungsrechnung, die neben der Unternehmensrechnung Bestandteil des Rechnungswesens einer Bauunternehmung sind.

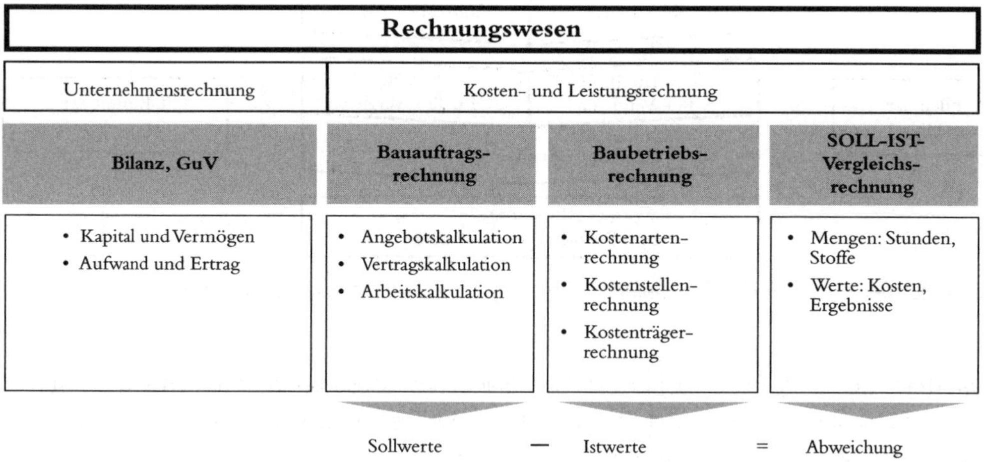

Abb. 5.4: Rechnungswesen – Datenlieferant des Controllings

5.3 Angebotskalkulation

Die Angebotskalkulation dient den Bauunternehmen zur Auftragsbeschaffung, die sich meist über einen langen Zeitraum hinziehen kann und mit zahlreichen Planungsänderungen verbunden ist. Für das anbietende Unternehmen ist es daher besonders wichtig, sämtliche kostenrelevanten Planungsänderungen ständig zu aktualisieren und den Überblick über das vertraglich geschuldete Bau-SOLL zu behalten.

Grundsätzlich erfolgt auch im Schlüsselfertigbau die Angebotskalkulation in 4 Schritten:

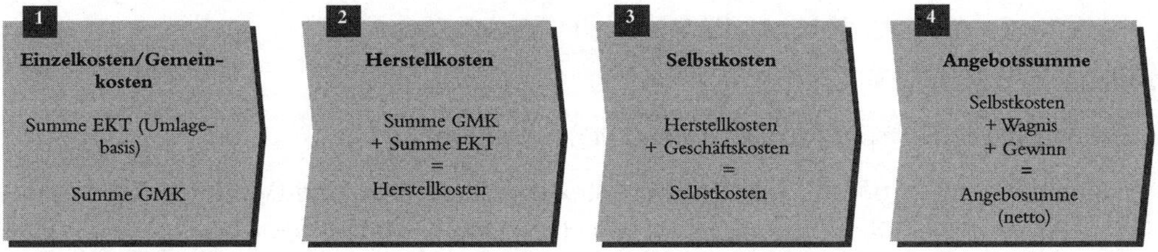

Abb. 5.5: Kalkulationsschritte

Während bei Einheitspreisverträgen die Leistungen für die einzelnen Gewerke durch Leistungsverzeichnisse inklusive Mengenvordersätzen detailliert dargestellt sind, basiert die Definition des Bau-SOLLs bei schlüsselfertigen Bauvorhaben auf der funktionalen Bauleistungsbeschreibung und (Vor-)Entwurfsplänen. Im Rahmen der Angebotsbearbeitung sind daher von den Bauunternehmen eigenverantwortlich Leistungsverzeichnisse zu erstellen und das Mengengerüst zu ermitteln, die möglichst umfassend dieses Bau-SOLL beschreiben. Auf dieser Grundlage werden die Angebote für die schlüsselfertige Gesamtleistung kalkuliert, die letztendlich zum Auftrag führen sollen. Bedingt durch einen intensiven Wettbewerb sind die Bauunternehmen bereit, zahlreiche Risiken der Ausführung zu übernehmen und die Vertragsleistung entsprechend niedrig zu bewerten.

Der Unterschied der Kostenermittlung im Schlüsselfertigbau im Vergleich zur Kalkulation von Einheitspreisverträgen besteht somit in der Art und Weise der Ermittlung der Einzelkosten der Teilleistungen. Aufgrund der funktionalen Baubeschreibung ist die zentrale Aufgabe des Auftragnehmers, die Vertragsleistung vollständig zu beschreiben und auf dieser Grundlage ein Angebot zu erstellen. Bei der Angebotsbearbeitung ergeben sich zwei unterschiedliche Verfahren:

1. exakte Bearbeitung,
2. überschlägiges Verfahren.

Die exakte Kostenermittlung entspricht der klassischen Arbeitsweise. Der entscheidende Unterschied besteht in der Aufgabe des Auftragnehmers, die Leistungsbeschreibung in Form eines differenzierten Leistungsverzeichnisses aufzustellen. Auf dieser Grundlage werden die Positionen des Leistungsverzeichnisses kalkuliert.

Zur überschlägigen Ermittlung der Angebotssumme gibt es verschiedene Methoden (*siehe dazu auch Voelckner /3/*):

- Kennzahlenkalkulation, z. B. umbauter Raum m³ – ca. 25–30% genau
- Kostenermittlung nach Vergleichsprojekten – ca. 10–15% genau
- Elementmethode, z. B. Element Dachgaube – ca. 5–10% genau

Für das Controlling von Schlüsselfertigbau-Projekten empfiehlt sich das exakte Verfahren über die Kalkulation nach Leistungsverzeichnispositionen. Damit werden verlässlichere Sollvorgaben ermittelt, die die Grundlage für eine Vergabekontrolle über definierte Vergabeziele bilden.

Stammdatengestützte Erstellung von Leistungsverzeichnissen

Im Zuge immer leistungsfähigerer EDV-Systeme hat sich die stammdatengestützte Erstellung von Leistungsverzeichnissen etabliert. Dabei sind 2 Stufen zu unterscheiden:

1. Aufbau eines Standard-LVs
2. Erstellung von projektspezifischen Leistungsverzeichnissen

In der ersten Stufe geht es darum, Ausschreibungstexte in einem Standard-LV (Mutter-LV) zu sammeln. Dazu können eigene Texte oder am Markt erhältliche Standardtextsysteme verwendet werden. Zur effektiven Bearbeitung von Leistungsverzeichnissen hat es sich bewährt, nicht direkt auf allgemeine Standardtexte zuzugreifen, sondern zunächst unternehmensspezifische **Standardprojekte** aufzubauen. Üblicherweise wird ein allgemeingültiges Standard-LV aufgestellt. Bei Marktschwerpunkten empfiehlt sich z. B. ein Standardprojekt »Industriehallen«. Somit können im Unternehmen unterschiedliche technische Beschreibungen, Fremdtexte und auch eigene bewährte Ausschreibungstexte zur Anwendung gelangen.

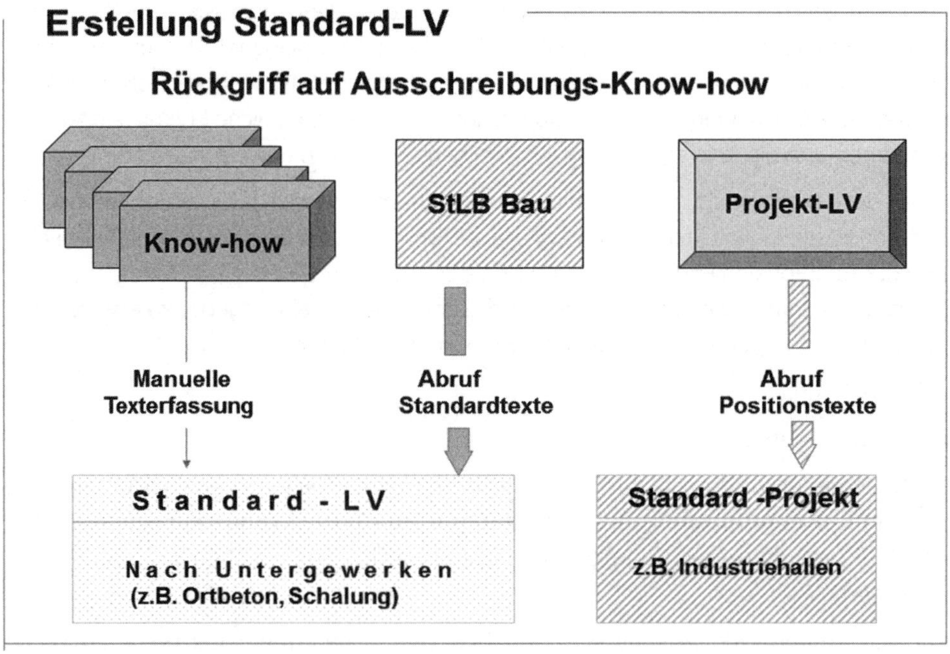

Abb. 5.6: Erstellung Standard-LV

Zur Erstellung von projektspezifischen Ausschreibungen können auch Texte des firmeneigenen Standardprojekts genutzt werden. Die Vorteile bestehen in einem schnellen Zugriff auf eigene Gliederungen und in einem geringeren Anpassungsaufwand, da die abgerufenen Texte aus dem eigenen Standardprojekt den firmenspezifischen Gepflogenheiten und Ausschreibungsstandards entsprechen.

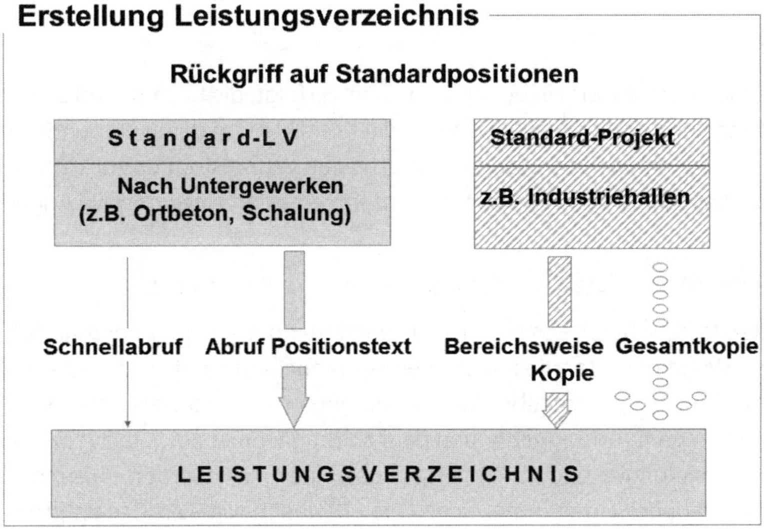

Abb. 5.7: Rückgriff auf Standard-LV

Nachfolgend ist die Maske der LV-Bearbeitung gezeigt.

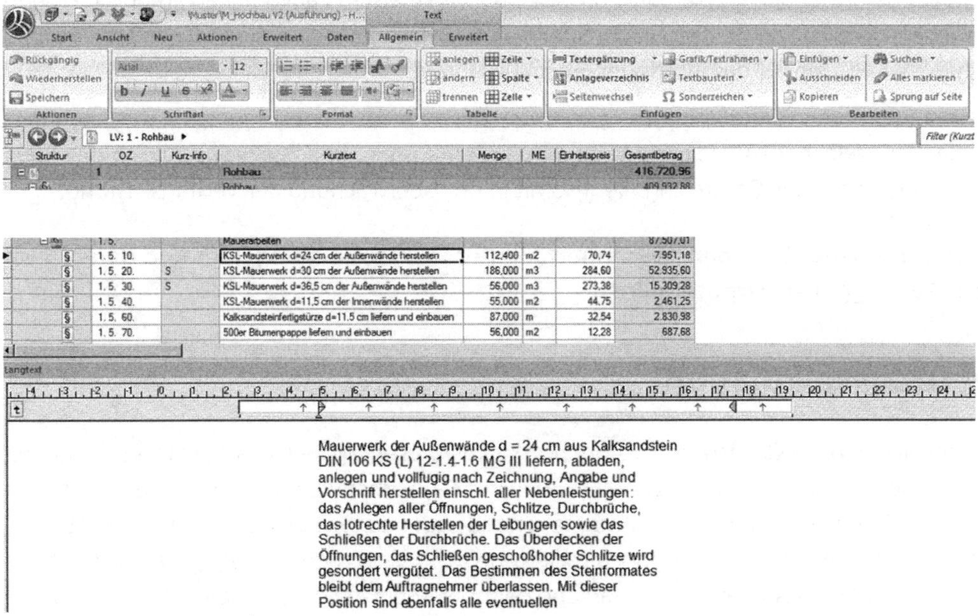

Abb. 5.8: Maske Positionstexterstellung, RIB iTWO ® /4/

5.4 Exkurs: Vertragsformen

Während im klassischen Bau der von der VOB empfohlene Einheitspreisvertrag vereinbart wird, überwiegen im Schlüsselfertig-Bau verschiedene Arten von Pauschalverträgen:

- Detail-Pauschalvertrag,
- Global-Pauschalvertrag.

Mit dem Abschluss eines Pauschalvertrages wird in der Regel das Ziel verfolgt, die Kosten- und damit Budgetsicherheit für den Auftraggeber zu erhöhen. Nachdem die Konflikte und damit verbundene Streitigkeiten in Deutschland zugenommen haben, etablierten sich neue Vertragsformen zur Verbesserung der Zusammenarbeit. Insbesondere die folgende Vertragsform erfordert eine intensive Angebotsbearbeitung:

- **GMP-Vertrag** (**G**arantierter **M**aximal**p**reis, englisch: guaranteed maximum price)

Wie der Name bereits vermuten lässt, schützt sich hier der Auftraggeber mittels eines garantierten Höchstpreises vor Mehrkosten. Weiterer Bestandteil dieses Vertragsmodells ist ein Anreizmechanismus für den GMP-Partner: Mit Hilfe einer Bonusregel werden Einsparungen bei den tatsächlichen Kosten gegenüber dem GMP zwischen dem Auftraggeber und dem Auftragnehmer aufgeteilt. Einsparungen können dabei durch Optimierungen und durch Vergabegewinne erzielt werden. Allerdings bezahlt der Auftraggeber bei Kostenüberschreitung nur den vereinbarten maximalen Gesamtpreis. In Anlehnung an /1/ Kapellmann/Schiffers gibt es zwei grundsätzlich unterschiedliche GMP-Modelle: Der komplexe GMP-Vertrag mit eingeschobener Optimierungsphase und der einfache GMP-Vertrag, der nur auf Vergabegewinne abzielt.

Angesichts der herrschenden Problematik, dass sich bei den meisten Bauvorhaben erhebliche Mehrkosten ergeben, deren Ursachen nicht in der Sphäre des Auftragnehmers liegen, ist ein GMP-Vertrag mit enorm hohen Risiken für den Auftragnehmer verbunden.

Pauschalverträge führen zu umfangreichen Konsequenzen für das Controlling des Auftragnehmers (AN), da der Auftraggeber (AG) die Vergütung von Mehrkosten zunächst grundsätzlich ablehnen wird. Der Schwerpunkt des Controllings liegt somit in der Überwachung der Vertragsleistung:

> **Es darf nur gebaut werden, was innerhalb der Vertragsleistung liegt und damit auch vom Auftraggeber vergütet wird.**

5.5 Vertragskalkulation

Die Vertragskalkulation (VK) wird aus der Angebotskalkulation entwickelt, dient der Dokumentation der Verhandlungsergebnisse und wird parallel zu den Vertragsverhandlungen erstellt. Sie ist somit das Ergebnis der Verhandlungen mit dem Auftraggeber und bildet die Grundlage für die Projektabwicklung. Die Besonderheiten des Baustellencontrollings bei schlüsselfertigen Bauvorhaben in der Phase der Vertragskalkulation bestehen in der Erfassung der notwendigen Bauleistungen, die die Vertragsleistung möglichst lückenlos und vollständig darstellen.

Im Schlüsselfertigbau ist gerade die detaillierte Dokumentation der Verhandlungen, die auf Basis einer funktionalen Ausschreibung geführt werden und entsprechend viele vage beschriebene Leistungen beinhalten, eine wichtige Grundlage für den Projekterfolg. Es gilt, das Risiko des Bauunternehmens zu quantifizieren und auf die kalkulierten Leistungen einzugrenzen, die im Angebotspreis enthalten sind.

Die Vertragskalkulation schließt mit der vertraglich vereinbarten Angebotssumme ab. Folgende Vereinbarungen der Vertragsverhandlungen werden bei schlüsselfertigen Bauaufträgen in das vorhandene Datenverarbeitungssystem eingepflegt und anschließend festgeschrieben:

- Nachlässe,
- Mengenänderungen,
- Voraussichtliche Ausführungsmengen,
- Grenzmengen bei Pauschalierungen,
- Leistungsänderungen (Qualität, Verfahren, Meilensteine),
- Kostenänderungen,
- Einheitspreisänderungen,
- bereits beauftragte Nachträge.

Die Festschreibung der Vertragskalkulation dient der internen Dokumentation des Vertrags-Solls und wird im Allgemeinen nicht Bestandteil der Beauftragung im Außenverhältnis mit dem AG.

Während die Angebotskalkulation ihren Schwerpunkt in der Kostenermittlung hatte, werden in der Vertragskalkulation sämtliche Kosten in Preise umgewandelt. Aus der Summe der Einzelkosten der Teilleistungen, der Gemeinkosten und der Zuschläge werden die jeweiligen Preise, die der AG für die bestimmten Positionen bzw. Leistungen bezahlt. Für die weitere Bearbeitung durch die Baustelle ist es nicht nur entscheidend, was die jeweilige Position kostet, sondern auch, was der Auftraggeber gemäß vertraglicher Vereinbarung dafür bezahlen muss.

Gewerk	**Angebotskalkulation**	**Vertragskalkulation**
Einzelkosten der Teilleistungen (EKT)		
Rohbau	840.000	961.465
Ausbau	1.086.000	1.243.037
Haustechnik	395.000	452.118
Gemeinkosten der Baustelle (GMK)		
Gehälter Bauleitung	120.000	137.352
Sonstige Gemeinkosten der Baustelle	180.000	206.028
Herstellkosten	**2.621.000**	
Allgemeine Geschäftskosten 6,0 % v. A.	174.000	auf EKT und GMK umgelegt
Selbstkosten	**2.795.000**	
Ergebnis: 3,6 %	105.000	auf EKT und GMK umgelegt
Angebotssumme	**2.900.000**	**2.900.000**

Abb. 5.9: Entwicklung von der Angebotskalkulation zur Vertragskalkulation

Für die externe Verwendung kann die Vertragskalkulation als Basis für spätere Nachtragsforderungen beim Auftraggeber hinterlegt werden. Für die internen Zwecke dienen ihre Daten späteren SOLL-/IST-Vergleichen. Durch Verwendung von Kosten- und Stundenartenschlüsseln werden den kalkulatorischen Ansätzen bestimmte Kosten- und Stundenarten zugeordnet. Diese Zusatzinformationen erhöhen den Aussagewert der Vertragskalkulation und sind im Vergleich zur Angebotskalkulation für die Kosten- und Stundenverfolgung im Rahmen des Baustellen-Controllings wesentlich detaillierter und präziser.

KAS - Hauptgruppen

60 — Lohnkosten
61 — Gehaltskosten
62 — RHB-Stoffe
63 — Schalung und Rüstung
64 — Gerätekosten
65 — Nachunternehmer
66 — Gemeinkosten
67 — Verrechnung stat. Betriebe
68 — Nichtherstellkosten

Bsp. KAS

65 – Nachunternehmer
2 – Ausbau
25 – Dachdeckerarbeiten
5 – Bitumendach

652251 – KAS für NU Bitumen-Dachdecker

Abb. 5.10: Übersicht Kostenartenschlüssel (KAS) und Beispiel-KAS

Alle kalkulierten Kostenansätze werden mit einem oder mehreren Kostenartenschlüsselnummern (KAS-Nr.) versehen, die vom Rechnungswesen im Hinblick auf die Auswertungen und Kosten-Soll-/Ist-Vergleiche vorgegeben werden.

In der Regel wird die VK durch die Kalkulationsabteilung bzw. den Kalkulationsleiter erstellt und durch die Niederlassungsleitung freigegeben. Somit liegt die Ergebnisverantwortung in dieser Phase bei diesen beiden Parteien. Die Weitergabe der VK an das Baustellenteam erfolgt im Start-/Übergabegespräch, was unmittelbar zum Erfolg eines Projektes beiträgt und Grundlage für ein erfolgreiches Baustellen-Controlling ist.

Im Zuge des Startgespräches eines Projektes wird die VK an das Baustellenteam übergeben und jenem erläutert. Das Baustellenteam erfährt die wichtigsten Details der Kalkulation und wird über alle zu diesem Zeitpunkt bekannten Kalkulationsannahmen informiert. Da die VK und die 1. Arbeitskalkulation die Vergleichsdaten für das weitere Controlling der Baustelle liefern, ist es für das Baustellenteam bedeutsam, über alle ergebnisrelevanten Informationen in Kenntnis gesetzt zu werden.

Im Startgespräch werden folgende wichtige Festlegungen für die Baustellenorganisation und das Baustellen-Controlling getroffen:

- Organisation und Zuständigkeiten auf der Baustelle und Verantwortlichkeiten der Beteiligten,
- Sichtung der übergebenen Vertragsunterlagen,
- Detailanalyse von Angebot, Auftrag, Vertrag und Vertragskalkulation,
- Arbeitsmittel für das Controlling der Baustelle,
- Informationen zu weiteren Projektbeteiligten,

- Aufstellen der Arbeitskalkulation als Grundlage des Baustellen-Controllings,
- Aktenordnung und Datenstruktur der EDV-Arbeitsplattformen,
- regelmäßige Arbeitssitzungen mit den wichtigsten Informationen zum Stand der Baustelle (Teambesprechungen, NU-Besprechungen, AG-Besprechungen, Projektleiterbesprechungen).

Besonders die regelmäßigen internen Arbeitssitzungen sind für ein effektives und erfolgreiches Baustellencontrolling von hoher Bedeutung. In diesen Besprechungen wird das Baustellenteam über den Stand der Baustelle informiert, die periodischen Auswertungen besprochen und die Projektergebnisse der Baustelle analysiert. Nur das zeitnahe Erkennen von Ergebnisveränderungen ermöglicht der Bauleitung, rechtzeitig Gegenmaßnahmen einzuleiten.

5.6 1. Arbeitskalkulation

Im Startgespräch für ein schlüsselfertiges Bauprojekt wird die Erstellung der 1. Arbeitskalkulation (1. AK) vorbereitet. Die 1. AK wird aus der VK hergeleitet und weiter detailliert, mit dem Ziel, die internen Kosten sowie die Budgetplanung abzubilden und die unternehmerischen Ziele festzulegen. Die aus der VK übernommenen Kostenansätze und inneren Mengen werden dabei grundsätzlich nicht verändert, außer bei folgenden Ausnahmen:

- Umstellung der Produktionsweise,
- Anpassung der Kosten und Positionsstrukturen an die Erfordernisse der Bauüberwachung bzw. des Baustellen-Controllers,
- separate Darstellung von BGK und EKT, wobei die Kosten je Einheit nicht verändert werden dürfen,
- Anpassung der kalkulierten LV-Mengen an die zu erwartenden Ausführungsmengen zur Überprüfung der kalkulierten Kosten.

Das Ergebnis der 1. AK wird im Rahmen des Unternehmenscontrollings an das Management-Informationssystem (MIS) gemeldet. Dadurch wird die wirtschaftliche Ausgangslage zu Baubeginn dokumentiert.

Die Erstellung der 1. AK wird durch den verantwortlichen Bauleiter und/oder technischen Controller vorgenommen und sollte spätestens zwei Wochen nach dem Übergabegespräch vorliegen. Nach der Erstellung durch den technischen Controller wird die 1. AK festgeschrieben und dient ebenso wie die VK als Vergleichsmaßstab für die periodischen Kosten-SOLL-/IST-Vergleiche. Sowohl die VK als auch die 1. AK ist nach der Festschreibung nicht mehr veränderbar. Die Ergebnisverantwortung liegt zu diesem Zeitpunkt bei der Projekt- und Bauleitung, die die 1. AK zur weiteren Bearbeitung freigibt.

Aufgrund der komplexen Bauleistungen und der fehlenden Einheitspreispositionen ist es im schlüsselfertigen Bauen eine der wichtigsten Aufgabe bei der Erstellung der 1. AK, den Grenzwert der Vergabe für die Leistungspakete festzulegen. Dies gilt insbesondere bei Bauvorhaben mit vielen Nachunternehmervergaben. Es hat sich in der Praxis als sinnvoll herausgestellt, sowohl die Fremdleistungen als auch die Eigenleistungen mit dem Grenzwert der Vergabe (GdV) zu versehen.

Der Grenzwert der Vergabe ist der Wert, zu dem eine Leistung höchstens vergeben (Fremdleistung) bzw. erbracht (Eigenleistung) werden darf, um das Ziel einer vorgegebenen Ergebniserwartung erreichen zu können.

Die Grenzwerte bilden die Gewerkebudgets ab und sind die Basis für die Vergabekontrolle. Sie sind daher die Vergabeziele für die einzelnen Gewerke. Bei Unterschreitung des GdV wird ein Vergabegewinn, bei Überschreitung ein Vergabeverlust ausgewiesen. Die Verrechnung von Vergabegewinnen und -verlusten aus unterschiedlichen Gewerken ist aus Gründen der Transparenz der Mittelverwendung nicht zulässig. Durch diese eindeutige Zuordnung von Vergabegewinnen und -verlusten werden Fehlkalkulationen oder Ausschreibungslücken deutlich. Diese Zusatzinformationen ermöglichen eine umfassende Fehleranalyse zur Vermeidung zukünftiger Fehlkalkulationen.

Bei der Vergabe können bzgl. der Gewerkezuordnung folgende Fälle auftreten:

1. Fall: Gewerk = Nachunternehmer
2. Fall: Gewerk = Nachunternehmer 1, Nachunternehmer 2
3. Fall: Nachunternehmer = Gewerk 1, Gewerk 2

Grundsätzlich werden alle drei Fälle im Controllingsystem abgebildet. Der Vorteil liegt in der Möglichkeit, projektübergreifende Auswertungen nach einem einheitlichen Gewerkeschlüssel vorzunehmen. Nachdem auch im Schlüsselfertigbau der Schwerpunkt auf dem Projektcontrolling und weniger auf dem Unternehmenscontrolling liegt, empfiehlt es sich, jede Vergabe auf den 1. Fall zurückzuführen.

BEISPIEL

- *Der Rohbau soll auf zwei Nachunternehmer aufgeteilt werden:*

Gewerk	Nachunternehmer	KAS-Nr.+NU-Nr.
Baugrube	Vertrag-Nr. 208 Fa. Grundbau GmbH	651.080.123
Fundamente, Bodenplatte, MW-Wände	Vertrag-Nr. 209 Fa. Erweiterter Rohbau GmbH	651.120.234

Abb. 5.11: Aufteilung des Rohbaus auf zwei Nachunternehmer

Es ist praktikabel, die Gewerke der jeweiligen Vergabe so anzupassen, dass eine 1:1-Beziehung von Leistung und Nachunternehmern abgebildet wird. Dabei sollten die Budgets entsprechend angepasst werden. Im Zuge der Bauausführung werden die Bauleistungen gewerkeorientiert vergeben. Hierbei kann eine Vergabekontrolle erstellt werden, die das erzielte Vergabeergebnis als Vergabegewinn oder Vergabeverlust ausweist. Bei dem Vertragsmanagement mit den Nachunternehmern spielen Nachträge eine wesentliche Rolle. Insbesondere sind die NU-Nachträge problematisch, die nicht an den Auftraggeber durchgestellt werden können. Diese Nachträge belasten das Projektergebnis. Drohende Zusatzkosten können bei der Vergabekontrolle in Form einer Vergaberückstellung berücksichtigt werden.

Im Vergleich zur VK hat die 1. AK ihren Schwerpunkt auf der Ausführungsseite, d. h. den Kosten. Zu Beginn der Baustelle hat jede Position/Leistung einen Preis, den der Auftraggeber für diese Leistung bezahlt. Die Summe aller Positionen bildet den Angebotspreis. Dieser Preis je Position wird im Rahmen der 1. AK um die Geschäftskosten und das unternehmerische Ziel auf den Grenzwert reduziert. Gelingt es dem Baustellenteam, die vereinbarte Leistung zum Grenzwert oder darunter auszuführen, hat sie sowohl ihre Gemeinkosten als auch das unternehmerische Ziel erreicht bzw. verdient. Der Grenzwert kann pauschal zu allen Positionen oder nur für einzelne Positionen bzw. Leistungspakete/Gewerke differenziert werden.

Die Vergabekontrolle wird im Folgenden exemplarisch dargestellt:

Gewerk	**Grenzwert**	**Nachunternehmer**	**Vertragssumme**		**Vergaberückstellung**	**Vergabeergebnis**
1	**2**	**3**	**4**		**5**	**6**
Rohbau	840.000	Fa. Betonbau	820.000		–	20.000
Fassade	550.000	Fa. Fassade	500.000		30.000	20.000
Herstellkosten (HK)	1.390.000		1.320.000			
vergeben als Abrechnungsauftrag sind (% und absolut)			5%	0		
vergeben als Pauschalauftrag sind (% und absolut)			45%	1.320.000		
vergeben als Teilpauschale sind (% und absolut)			0%	0		
Schlussgerechnet sind (% und absolut)			5%			
vergeben sind %			50%			
noch zu vergeben %			50%			
Vergabeergebnis %			3%			40.000

Abb. 5.12: Vergabekontrolle in € (exemplarisch)

Erläuterung

1. Gewerk mit Nr. und Bezeichnung,
2. Grenzwert der Vergabe,
3. NU – Nachunternehmer mit Nr. und Bezeichnung,
4. Vertragssumme,

5. Vergaberückstellung zur Berücksichtigung von Mehrkosten (z. B. NU-Nachträge),
6. Vergabeergebnis = Grenzwert – (Vertragssumme + Vergaberückstellung).

Getreu dem Grundsatz, dass der Gewinn im Einkauf liegt, ist die Vergabekontrolle ein unverzichtbares und effektives Controlling-Werkzeug für Schlüsselfertigbau-Projekte.

5.7 Aktuelle Arbeitskalkulation

Die aktuelle Arbeitskalkulation (akt. AK) stellt die dynamische Fortschreibung der 1. AK während der Bauausführung dar. Ihr Ausgangsstand ist identisch mit der 1. AK und bildet die aktualisierte interne Kosten- und Budgetplanung ab.

Durch die fortlaufende Aktualisierung ist die akt. AK die Grundlage der Leistungsmeldung und der Leistungsbewertung. Die Ermittlung von Auftragswert und Budgetwert wird regelmäßig zu einem definierten Termin während der Bearbeitung der akt. AK vorgenommen. Anhand der tatsächlichen Ausführung auf der Baustelle wird der Leistungsstand gemeldet, der zu einem bestimmten Zeitpunkt erfüllt ist. Die Differenz vom ermittelten Leistungsstand zum Gesamtauftragswert ergibt die verbliebenen Leistungs- und Auftragswerte und das dazugehörige Budget.

Mit der akt. AK erfolgt die Ermittlung und Fortschreibung der obersten Vergabegrenzen für die tatsächliche Ausführung durch die Herleitung folgender Werte:

- SOLL-Erlöse,
- SOLL-Selbstkosten,
- SOLL-Budgetwerte.

Das Arbeiten in der akt. AK ist grundsätzlich in zwei Bereichen möglich: Auf der Vertrags- (Erlös-)Seite und auf der Kosten-Seite. Konkret wird die akt. AK aus der 1. AK entwickelt. Im Projektverlauf werden in die akt. AK alle bekannten Kosten und Erlöse eingestellt und während der Projektphase in ihr fortgeschrieben.

Vertragsseite

Für die Bearbeitung der Vertragsseite der akt. AK werden drei unterschiedliche Fälle betrachtet:

1. Die aus der 1. AK übernommenen Kostenansätze, Leistungswerte und inneren Mengen werden nicht verändert. Dabei dürfen insbesondere folgende Änderungen nicht vorgenommen werden:
   - Veränderung der Grenzmengen bei Pauschalierungen,
   - Vergabemengen im Bereich der Baustellengemeinkosten,
   - Vorhaltezeiten von Geräten und Einsatzzeiten von Bauleitung,
   - sonstige Änderungen, die Einfluss auf die Erlöse haben, ohne die Voraussetzungen der Punkte 2 und 3.

2. Änderungen dürfen nur in besonderen Fällen kostenneutral vorgenommen werden:
   - Umwandlung von Eigenleistung in Fremdleistung,
   - Umstellung von sonstigen Produktionsweisen,
   - Anpassung der LV-Struktur an die Erfordernisse der Ausführungsüberwachung.
3. Kosten- und erlösrelevante Änderungen dürfen in folgenden Fällen vorgenommen werden:
   - Einarbeitung von schriftlich beauftragten Nachträgen,
   - Einarbeitung von Leistungen für Dritte,
   - Einarbeitung von Tagelohnarbeiten,
   - Anpassung der LV-Mengen an die erwarteten Mengen (nur bei Abrechnungsaufträgen),
   - Festlegen von Vergabegrenzwerten für Nachträge.

Kostenseite

Im zweiten Bereich ist die akt. AK die Basis für die Prognosekalkulation und dient bei der Leistungsmeldung zur Abgrenzung der Kosten. Daher werden auf der Kostenseite alle bekannten Kostenänderungen eingearbeitet:

- Vergabe von NU-Leistungen/Fremdleistungen,
- Vergabe von Materiallieferungen,
- Vergabe von Ingenieurleistungen,
- Einpflegen des aktuellen Mittellohns auf der Baustelle,
- Veränderung und Anpassung der BGK,
- Veränderung der Baustelleneinrichtungskosten aufgrund des tatsächlichen Geräteeinsatzes,
- Vorhaltezeiten von Geräten und Einsatzzeiten der Bauleitung,
- erwartete Auftragsentwicklung der NU-Verträge,
- Einarbeitung von voraussichtlichen kostenrelevanten Ausführungsmengen bei Pauschalverträgen,
- erwartete Leistung für Dritte,
- Sollkosten (noch) nicht beauftragter, aber auszuführender Nachträge,
- erwarteter Tagelohn,
- Änderungen bzw. realistische Entwicklungen der Allgemeinen Gemeinkosten.

Gemäß dem kaufmännischen Niederwertsprinzip werden die erwarteten Kosten unmittelbar in die aktuelle AK eingearbeitet, Erlöse erst nach Beauftragung durch den Auftraggeber. Das Ziel ist die Abbildung sämtlicher Risiken innerhalb der aktuellen AK. Die potenziellen Chancen werden erst in der Prognose eingetragen und fließen in die Hochrechnung ein.

Die Erstellung und Pflege der akt. AK wird durch das Baustellenteam verantwortet. Die akt. AK sollte alle notwendigen Angaben vollständig und so genau wie möglich wiedergeben. Für die konkrete Bearbeitung der aktuellen AK ist durch das Baustellenteam zu klären, wer die akt. AK erstellt und pflegt bzw. wann die relevanten Informationen eingearbeitet werden und mit welchem Aufwand. Hier bietet es sich an, dass die Bauleitung mit Unterstützung des technischen Controllers die akt. AK laufend aktualisiert. Somit liegt die Verantwortung für den Inhalt beim Baustellenteam. Die Ergebnisse aus der akt. AK sind in die Daten- und Informationsströme des Bauunternehmens eingebunden und dienen zusammen mit den SOLL-/IST-Vergleichen der monatlichen Berichterstattung für das MIS.

Neben der Dokumentation der Kostenänderungen während der Bauausführung wird in der akt. AK auch der Leistungsstand fixiert. Die Leistungsmeldung stellt den Stand des Baufortschritts zum jeweiligen Stichtag fest. Die Summe aller Leistungsmeldungen, die der Geschäftsführung von Bauunternehmen als Bericht über Auftrags- und Leistungsstand der Baustelle dienen, ist Grundlage für die handels- und bilanzrechtliche Bewertung des gesamten Unternehmens. Das zu einem bestimmten Stichtag ermittelte Baustellenergebnis hängt somit von der Qualität der Leistungsmeldung ab und beeinflusst die Geschäftstätigkeit des gesamten Bauunternehmens nachhaltig.

Bei der Leistung handelt es sich nur mittelbar um die Ausführung auf der Baustelle und sie ist auch nicht unbedingt identisch mit den Kosten für die Leistungserstellung. Durch die Fortschreibung der Angebotskalkulation zur Vertragskalkulation werden aus den kalkulierten Kosten der einzelnen Position die vertraglichen Preise.

Aufgrund fehlender Einheitspreispositionen muss für das Baustellen-Controlling schlüsselfertiger Bauvorhaben die Festlegung der leistungsrelevanten Positionen durch die Bauleitung sinnvoll und vollständig vorgenommen werden. Bei der Leistungsmeldung wird nun auf Basis der festgelegten Positionen der Stand der tatsächlichen Ausführung auf der Baustelle gemeldet. Daraus wird der Anteil des Preises ermittelt, den der Auftraggeber für die bereits erbrachte Ausführung leisten muss. Diese Ausführung wird nur dann als Leistung bezeichnet, wenn beim Auftraggeber gemäß vertraglicher Vereinbarung eine Zahlungsverpflichtung entsteht. Tatsächlich gibt es Ausführungen auf der Baustelle, die nicht erlöswirksam werden. Dazu gehören Fehlannahmen in der Kalkulation ebenso wie falsche Ausführungen auf der Baustelle. Die dadurch entstandenen, nicht vergütungspflichtigen Kosten werden folglich nicht als Leistung im Sinne der Leistungsmeldung bezeichnet, sondern nur auf der Kostenseite der akt. AK verbucht. Damit wirken sie erlösmindernd auf das Gesamtergebnis.

LV-Menge	Einh	Kurztext	Kosten/Einheit	LE-Menge	EP incl. AAF	LE-Menge alt
500	m^2	MW-Wände 1. OG	56,00 EUR	**500**	80,00 EUR	450
120	m^2	MW-Wände 2. OG	56,00 EUR	**80**	80,00 EUR	30
250	m^2	MW-Wände 3. OG	56,00 EUR	**200**	80,00 EUR	15
520	m^2	Flachdecken über EG	120,00 EUR	**250**	145,00 EUR	120
450	m^2	Flachdecken über 1.OG	120,00 EUR	**100**	145,00 EUR	50
300	m^2	Flachdecken über 2.OG	120,00 EUR	**0**	145,00 EUR	0

Abb. 5.13: Beispiel einer Leistungsmeldung

Mit der Einführung eines einheitlichen EDV-Systems auf der Baustelle kann die Ausführungs- und Leistungsermittlung bzw. -meldung vereinheitlich werden. Dazu wird die Leistungsmeldung direkt auf der Baustelle erstellt, um das nachträgliche Einpflegen der Daten an einem anderen Ort zu vermeiden.

Mit Unterstützung der EDV wird die Leistung zum Stichtag durch die Leistungsmengen der betrachteten Position ermittelt. Mit den gemeldeten Leistungsmengen und den SOLL-Kosten der akt. AK werden die SOLL-Herstellkosten errechnet. Diese SOLL-Herstellkosten zuzüglich des Geschäftskostenanteils und dem unternehmerischen Ziel ergibt die Leistung, die gleichzeitig den Fertigstellungsgrad der Baustelle anzeigt.

$$\text{Soll-Herstellkosten} = \text{Summe (gemeldete Mengen} \times \text{kalk. Kosten der akt. AK)}$$

$$\text{Fertigstellungsgrad} = \frac{\text{Soll-Herstellkosten (Stichtag)}}{\text{Soll-Herstellkosten (Gesamt)}} = \frac{\text{Leistung}}{\text{Auftrag}}$$

$$\text{Leistung} = \text{Fertigstellungsgrad} \times \text{Auftragswert}$$

$$\text{Leistung} = \text{Soll-Herstellkosten} + \text{Zuschläge (GMK u. Ergebnis)}$$

Abb. 5.14: Formeln der Leistungsermittlung

Durch die EDV-Systeme ist es nun möglich, für die SOLL-Kosten entweder die Grenzwerte der Vergaben oder die tatsächlichen Vergabewerte bei der Leistungsmeldung zu verwenden. Damit erhält man wahlweise das Ergebnis je Position oder die tatsächlichen Kosten je Position zum Stichtag. Darüber hinaus kann über die Restauftrags- bzw. Restbudgetwerte das Ergebnis zum Bauende dargestellt werden.

Ebenfalls werden in der akt. AK die zum Stichtag angefallenen, aber vom NU noch nicht in Rechnung gestellten Kosten abgegrenzt. Diese Kosten fließen in die Ergebnisermittlung zum Stichtag und in die Prognose zum Bauende ein. Anschließend werden die Daten in die Datenströme des Gesamtunternehmens übertragen und im MIS weiter verwendet. Konkret ergeben sich folgende Aufgaben für das Baustellenteam im Rahmen der Leistungsmeldung und Pflege der akt. AK:

1. Mengenermittlung zum Stichtag durch Eingabe der Ausführungsmengen je Position,
2. Berechnung der Leistung:
   - Bei nur teilweise erbrachter Leistung ist eine sinnvolle Abgrenzung notwendig,
   - die Leistung wird nur für im Auftragswert enthaltene Teile gemeldet,
   - auch lagernde Stoffe fließen in die Leistungsmeldung ein,
   - die Leistungsabgrenzung darf nicht höher als die Kostenabgrenzung dargestellt werden.

3. Erstellung des Leistungsberichtes,
4. Ermittlung der Sollkosten, insbesondere der NU-Sollkosten,
5. Übergabe des Leistungsberichtes und der Kostenabgrenzung an die Buchhaltung,
6. Übernahme der IST-Daten aus der Buchhaltung,
7. Erstellung des Kostenarten-SOLL-/IST-Vergleiches,
8. Erstellung der Prognose zum Bauende,
9. Weitergabe des verdichteten Kostenarten-SOLL-/IST-Vergleiches und der Prognosewerte an das MIS.

5.8 Liquiditätsplanung

Das Instrument der akt. AK erfüllt noch weitere wichtige Aufgaben im Rahmen des Baustellen-Controllings. Beispielsweise wird eine exakte Liquiditätsplanung durch vorweggenommene Leistungsmeldungen möglich. Da die Liquiditätsrisiken im Schlüsselfertigbau besonders groß sind, gilt es, den Zahlungsströmen während der Projektabwicklung besondere Aufmerksamkeit zu widmen. Grundsätzlich sind zu unterscheiden:

- Zahlungseingänge vom Auftraggeber,
- Zahlungsausgänge an Nachunternehmer.

Zahlungseingänge sind mit dem Auftraggeber im Zuge der Auftragsverhandlung zu vereinbaren. Dabei werden meist Zahlungspläne nach Baufortschritt festgelegt.

Zahlungsausgänge betreffen die Vertragsgestaltung mit den Nachunternehmern. Dabei können vereinbart werden:

- Zahlungspläne nach Baufortschritt,
- Zahlung nach Aufmaß,
- Zahlung nach Leistungspaketen.

Bei der Vereinbarung ist ein ausgewogenes Verhältnis zwischen fairen Zahlungsbedingungen und einem vertretbaren Aufwand der Rechnungsprüfung zu schaffen. Ein guter Kompromiss ist die Zahlung nach Leistungspaketen; z. B. Fälligkeit der 1. Rate nach Fertigstellung der Decke über dem 1. OG. Die Vorteile dienen beiden Seiten: Der Nachunternehmer erhält zeitnah seine Vergütung, die Bauleitung des GU kann den Leistungsstand ohne großen Aufwand kontrollieren.

Nachstehend ist schematisch die Leistungs-/Zahlungsstandskontrolle dargestellt:

Leistungs-/Zahlungsstand (in €) zum: __.__.____					
Gewerk	**Nachunternehmer**	**Vertragssumme**	**NU-Leistung**	**Zahlung**	**Leistung Zahlung %**
1	**2**	**3**	**4**	**5**	**6**
Baugrube	Fa. Grundbau	110.000,–	110.000,–	110.000	0 %
....					

Erläuterung

1. Gewerk
2. Nachunternehmer
3. Vertragssumme des NU-Vertrags
4. NU-Nachunternehmer-Leistung zum Stichtag
5. Zahlung an den Nachunternehmer zum Stichtag
6. Abweichung des Zahlungsstands von der Leistung bezogen auf die Leistung in %

Mit der Leistungs-/Zahlungsstandskontrolle sollen vor allem Überzahlungen von Nachunternehmern vermieden werden.

5.9 Nachkalkulationen

Das zentrale Element der unternehmerischen Steuerung von schlüsselfertigen Bauvorhaben sind die SOLL-/IST-Vergleiche während des Projektes. Durch die Gegenüberstellung von Planung und Realität lassen sich Abweichungen aufzeigen, die Aufschluss über Differenzen und potentielle Verlustquellen bieten. Beim Baustellencontrolling schlüsselfertiger Großprojekte werden zwei Arten von SOLL-/IST-Vergleichen unterschieden: Kosten-SOLL-/IST-Vergleich und Stunden-SOLL-/IST-Vergleich.

Kosten-SOLL-/IST-Vergleich (KSIV)

Bei Schlüsselfertigbauprojekten wird im Rahmen des KSIV zu einem bestimmten Stichtag, üblicherweise zum Monatsende, die Einhaltung der Kostenvorgaben anhand der Plandaten geprüft. Dazu werden die SOLL-Kosten der in der Leistungsmeldung angegebenen Position den entstandenen oder abgegrenzten IST-Kosten der Buchhaltung gegenübergestellt. Die Gesamt-SOLL-Kosten des jeweiligen Stichtags werden mit den festgeschriebenen Ständen der VK, der 1. AK und der akt. AK der Vorperiode verglichen. Ergänzt durch eine Abweichungsanalyse, werden im KSIV die Gründe für Differenzen zwischen SOLL- und IST-Daten ermittelt, z. B. Fehler bei der Leistungsermittlung, falsche Abgrenzungen, Buchungsfehler etc. Dabei wird zwischen bleibenden und nicht-bleibenden Kostenabweichungen unterschieden. Nicht-bleibende werden im Folgemonat aufgelöst und sind nur kurzfristig interessant. Bleibende Kostenabweichungen sind hingegen tatsächliche Mehr- oder Minderkosten und somit erlösrelevant. Diese Positionen sind genauer zu betrachten und erfordern (Gegen-)Steuerungsmaßnahmen durch die Bau- und Projektleitung.

Die IST-Kosten werden durch die Eingabe der vorhandenen Einzelbelege bzw. der sinnvollen Abgrenzung der zu erwartenden Kosten in das EDV-System eingepflegt und sind dann in verdichteter Form zur weiteren Bearbeitung verfügbar. Die Einzelbuchungen werden mit einer Belegnummer und einer Zuordnung zu den vorhandenen Kostenarten versehen. Durch diese Zuordnung von Buchungs- und Kalkulationskostenarten, die einmalig zu Projektbeginn vorgenommen wird, ist es möglich, die monatlichen IST-Kosten aus der Buchhaltung weitgehend automatisch zu übernehmen und den SOLL-Kosten gegenüber zu stellen. Konnte die Bauleitung früher nur mit sehr großem Aufwand und selten zeitnah die IST-Kosten mit den SOLL-Kosten vergleichen, so ermöglicht heute die moderne EDV eine schnelle Abstimmung. Die rasche Darstellung möglicher Abweichungen bietet der Baustelle die Chance, auf Fehlentwicklungen durch die Nutzung von Einsparpotentialen oder Nachträgen gegenüber dem Auftraggeber rechtzeitig zu reagieren, bevor ein drohender Verlust nicht mehr zu vermeiden oder zu kompensieren ist.

Die Erstellung und Pflege des KSIV wird durch das Baustellenteam vorgenommen. Dazu wird der KSIV im Zuge der monatlichen Arbeitssitzung zum Stand der Baustelle analysiert, bevor die aktuelle Bewertung des Projektes in das MIS des Gesamtunternehmens übertragen wird.

Konkret sind folgende Aufgaben durch das Baustellenteam bei der Erstellung und Pflege des KSIV wahrzunehmen:

1. Vorbereitung der SOLL-Daten (im Rahmen der Leistungsmeldung).
2. Datenimport oder manuelle Eingabe der IST-Kosten aus der Buchhaltung.
3. Herstellen des KSIV aus den IST-Kosten und den SOLL-Kosten der Leistungsmeldung.
4. Abweichungsanalyse der einzelnen Positionen bzw. Kostenarten.
5. Rückschlüsse auf die Baustellensteuerung ermitteln und möglicherweise Umsetzung einleiten inkl. der Verteilung von Verantwortlichkeiten.

		Vertragskalkulation		Arbeitskalkulation		aktuelle Arbeistkalkulation					En
KAS	Kostenart	%	Vertragskalk	%	AK	akt.AK	Soll	Ist	Restauftrag	Restbudget	Summe KI
60	Lohnkosten										
600000	Löhne gewerbliches Personal		156.633,19		156.633,19	194.391,78	194.391,78	385.178,01	0	-190.786,23	384.972,86
Summe	**Lohnkosten**		**156.633,19**		**156.633,19**	**194.391,78**	**194.391,78**	**385.178,01**	**0**	**-190.786,23**	**384.972,86**
61	Gehaltskosten										
619243	Leistungsverr. Gehaltskosten techn.		222.923,26		222.923,26	455.221,56	455.221,56	782.139,42	0	-326.917,86	719.273,42
624004	Betonfertig., -rohre, -schächte, Kanalguß etc.					2.433,75	2.433,75	2.632,13	0	-198,38	2.632,13
624111	KDB, Folien		343,46		343,46						0
624200	Dämmstoffe		47.235,61		44.802,98	41.656,94	41.656,94	2.287,01	0	39.369,93	2.287,01
624210	Fugenband		5.080,96		5.080,96						
625000	Sonstige Hilfs- und Betriebsstoffe		2.786,54		2.786,54	2.786,54	2.786,54	12.572,93	0	-9.786,39	12.572,93
625101	Strom		3.579,04		3.579,04	14.245,56	14.245,56	3.708,79	0	10.536,77	22.499,26
625102	Wasser		894,76		894,76	4.672,31	4.672,31	4.707,41	0	-35,1	4.707,41
625104	Diesel					1.022,58	1.022,58	11.659,45	0	-10.636,87	11.659,51
629000	Lieferskonti							-28.714,53		28.714,53	-28.513,12
Summe	**RHB-Stoffe**		**155.909,11**		**152.022,60**	**198.659,11**	**198.659,11**	**178.956,84**	**0**	**19.702,27**	**202.012,45**
63	Schalung und Rüstung										
630000	Käufe Holz/RSV-Mate		17.672,74		17.672,74	25.317,01	25.317,01	23.477,14	0	1.839,87	23.477,14
631000	RSV.: Mieten, Reparaturen		6.828,16		6.828,16	18.982,32	18.982,32	104.049,64	0	-85.067,32	104.049,64
Summe	**Schalung und Rüstung**		**24.500,90**		**24.500,90**	**44.299,33**	**44.299,33**	**127.526,78**	**0**	**-83.227,45**	**127.526,78**
...	...		...		...	...	...	...	...	...	...
	Vergabedifferenz										
	Herstellkosten (HK)		**10.888.111,86**		**10.653.098,68**	**15.329.707,24**	**15.329.707,24**	**15.009.592,45**	**0**	**320.114,79**	**15.959.709,31**
	Geschäftskosten (GK)	**4,5**	**403.792,76**	**4,5**	**403.792,76**	**952.219,44**	**952.219,44**	**952.214,13**			**952.219,44**
	Selbstkosten (SK)		**11.291.904,62**		**11.056.891,44**	**16.281.926,68**	**16.281.926,68**	**15.961.806,58**			**16.911.928,75**
	Ergebnis	**-1,0**	**-79.708,27**	**2,0**	**155.304,91**	**367.603,19**	**367.603,19**	**687.723,30**			**-262.398,87**
	Auftrag/Leistung		**11.212.196,35**		**11.212.196,35**	**16.649.529,87**	**16.649.529,87**				**16.649.529,88**
	darin enth. sonst. Rechng./Nachtrag eingereicht					**128.664,03**	**128.664,03**	**208.745,93**			
	Fertigstellungsgrad/Nachtrag noch einzureichen						**100**				

Abb. 5.15: Kosten-SOLL-/IST-Vergleich aus KUBUS

Stunden-SOLL-/IST-Vergleich (SSIV)

Der SSIV spielt im schlüsselfertigen Großprojektgeschäft eine geringere Rolle als der KSIV. Immer mehr Generalunternehmer vergeben ihre Rohbauarbeiten pauschal an Nachunternehmer und steuern deren Ausführungen über die Kosten bzw. den KSIV. Als wirksames Kontrollinstrument ist der SSIV nur anzuwenden, wenn ein großer Anteil an Eigenleistungen erbracht wird.

Beim SSIV werden die kalkulierten Stunden den tatsächlich angefallenen Stunden des gewerblichen Personals gegenübergestellt. Damit wird ein Vergleich der zu erwartenden SOLL-Stunden mit den tatsächlich angefallenen IST-Stunden gemäß Leistungsstand möglich. Durch den Vergleich werden auch im SSIV Informationen geliefert, um frühzeitig gegensteuern zu können, wenn es zu Abweichungen von den Plandaten kommt. Die Abweichung wird aus dem SIV des Mittelohns und über einen Stundenvergleich des Bauarbeitsschlüssels vorgenommen.

Die monatliche Ist-Stundenerfassung erfolgt durch die Baustelle nach einer in der 1. AK definierten Gliederung der SOLL-Stunden. Diese IST-Stunden werden mit den berichteten Stunden aus der Buchhaltung verglichen und im SSIV gegenübergestellt. Dabei kann zwischen den verschiedenen Arten der Arbeiten oder nach Bauteilen etc. unterschieden werden.

Die Erstellung und Pflege erfolgt durch das Baustellenteam, die in den monatlichen Arbeitssitzungen die Ergebnisse des SSIV analysiert.

Konkret sind für den SSIV folgende Arbeiten notwendig:

1. Vor Baubeginn ist einmalig eine aussagefähige Stunden-Struktur zu erstellen, der in der 1. AK die kalkulierten Stunden zugeordnet werden können.
2. Regelmäßige Erfassung der IST-Stunden durch den Bauleiter oder Polier.
3. Eingabe der IST-Stunden in die vorhandene DV.
4. Erstellung des SSIV durch die Gegenüberstellung der SOLL- und der IST-Stunden.
5. Abweichungsanalyse unter Beteiligung des Poliers.
6. Rückschlüsse auf die Baustellensteuerung ziehen und möglicherweise Umbesetzung einleiten inkl. der Anpassung von Verantwortlichkeiten.

5.10 Prognose

Die Prognose stellt das endgültige Ergebnis zum Bauende unter Berücksichtigung der noch zu erwartenden Kosten und Erlöse fest und basiert auf den KSIV und SSIV. Sie ist somit das wichtigste Steuerungselement schlüsselfertiger Bauvorhaben. In ihr werden folgende Werte ermittelt und festgeschrieben:

- Wird-Selbstkosten,
- Wird-Erlöse,
- Wird-Leistung.

Die Prognose ist somit ein Produkt aus dem KSIV, in dem neben allen gebuchten und in der akt. AK abgegrenzten Informationen auch die realistisch zu erwartende Kosten- und Erlösänderungen zum Bauende eingegeben und ausgewertet werden können.

Die monatlich zu erstellende Prognose gibt die zum Stichtag entstandenen IST-Kosten und das Restbudget je Kostenart wieder und beinhaltet die Nachträge an den Auftraggeber. Die Nachträge werden je nach Bewertung in folgende Bereiche gegliedert:

- eingereichte Nachträge, davon beauftragt,
- eingereichte Nachträge, davon aktiviert,
- noch einzureichende Aufträge.

Im Vergleich zur AK, in der das Planergebnis dargestellt wird, und dem KSIV, der das stichtagsbezogenen IST-Ergebnis wiedergibt, ist die Prognose ein Instrument zur wirtschaftlichen Einschätzung der Baustelle zum Bauende. Ergänzt wird die Prognose durch die Teile »Hochrechnung« und »Chancen und Risiken«, um weitere projektrelevante Informationen darstellen zu können.

Die Hochrechnung enthält getätigte Vergaben, kostenrelevante Mengenänderungen und Kosten offener, aber bereits ausgeführter Nachträge, soweit sie in der akt. AK noch nicht eingearbeitet sind. Somit beinhaltet die Hochrechnung die »kalkulatorischen IST-Kosten« aus der akt. AK und manuell einzugebende Kosten, die noch nicht gebucht oder abgegrenzt sind:

Kalkulatorisches IST	=	Voraussichtliche Ausführungsmengen + Vergabewerte + Kosten aus auszuführenden, aber noch nicht beauftragten Nachträgen + zusätzliche Kosten

Abb. 5.16: Formel zur Berechnung der kalkulatorischen IST-Kosten

Eine wesentliche Betrachtung liegt in der Ergebnisüberwachung mit einer Hochrechnung zum Bauende. Dabei werden als voraussichtliche Gewerkekosten je Vergabestatus herangezogen:

- Noch nicht vergebene Gewerke: Kostenbudget
- Vergebene Gewerke: Vertragssumme (inkl. Rückstellung und Nachträge)
- Schlussgerechnete Gewerke: Schlussrechnung bzw. Zahlung

Zur praktikablen Darstellung des voraussichtlichen Endergebnisses bietet sich die Deckungsbeitragsrechnung an. Die Berechnung gestaltet sich einfach:

Deckungsbeitrag	=	Auftragssumme (inkl. Erweiterungen) ./. Summe Gewerke-Kosten

Abb. 5.17: Formel zur Berechnung des Deckungsbeitrages

In der **Ergebnisvorausschau** werden von der voraussichtlichen Abrechnungssumme nach o. g. Methode die zu erwartenden Gewerkekosten abgezogen. Zur Abdeckung von Unwägbarkeiten und Risiken werden zusätzlich Rückstellungen in Abzug gebracht. Der so ermittelte voraussichtliche Deckungsbeitrag wird mit dem Soll-Deckungsbeitrag verglichen. Abweichungen ergeben Impulse für die Projektleitung, besonders auf Chancen und drohende Risiken zu achten.

Gewerk	Grenzwert	Nachunternehmer	Vertragssumme	Schlussrechnung	Vorauss. DB
1	**2**	**3**	**4**	**5**	**6**
Vorauss. Abrechnungssumme					
Gewerk 1					
....					
Rückstellungen					
Summe vorauss. Gewerkekosten					
Vorauss. DB					
Vorauss. Ergebnis in DB % v. A.					

Erläuterung

1. Gewerk mit Nr. und Bezeichnung
2. Kalkuliertes Budget
3. NU – Nachunternehmer mit Nr. und Bezeichnung
4. Vertragssumme
5. Schlussrechnung
6. Voraussichtlicher Deckungsbeitrag = Vorauss. Abrechnungssumme – Summe Gewerkekosten

   Fall 1: Gewerkekosten = Budget

   Fall 2: Gewerkekosten = Vertragssumme + Vergaberückstellung

   Fall 3: Gewerkekosten = Schlussrechnung

Neben den klassischen Steuerungsverfahren der Vergabekontrolle und der Ergebnisvorausschau ist ein systematisches Chancen- und Risikenmanagement im Controlling von besonderer Bedeutung. Es gilt auch hier das Prinzip, je früher Chancen und Risiken erkannt werden, desto größer ist die Möglichkeit, Chancen zu nutzen und drohende Risiken abzuwenden. Im Bereich der »Chancen und Risiken« werden erwartete Kosten- und Erlösänderungen mit Sicht auf das Bauende nach realistischer Einschätzung des Bauteams eingegeben, soweit sie nicht bereits in der aktuellen AK oder der Hochrechnung berücksichtigt wurden:

1. NA an AG zum Stichtag:
   - verhandelt, nicht beauftragt,
   - eingereicht, nicht verhandelt,
   - absehbar, (noch) nicht eingereicht.
2. Leistung für Dritte,
3. sonstige Erlöse,

4. erwartete Kostenänderungen, soweit nicht bereits in der akt. AK oder Hochrechnung berücksichtigt:
   - Mehr- und Minderkosten aus dem KSIV,
   - Zinsen und Skonti,
   - Vertragsstrafen,
   - Schadensersatz.

Zum Chancen- und Risiken-Controlling kann eine einfache Tabelle verwendet werden. Dort findet die Verwaltung statt. Nachfolgend ist auszugsweise ein Beispiel dargestellt:

- 1 – Standardfassade: Die Kosten für die Fassade können mittels Umplanung auf ein Standardfassadensystem reduziert werden. Einzelheiten müssen mit dem bauherrenseitigen Architekten besprochen werden.
- 2 – Haustechnik: Die ursprünglich veranschlagten Kosten für die Haustechnik können mittels Optimierung durch den Fachplaner reduziert werden.
- 3 – Verbau: In der Vertragskalkulation wurden die Kosten für den Verbau nicht angesetzt. Aufgrund des vorliegenden Baugrundgutachtens wurde die Annahme getroffen, dass ein zusätzlicher Verbau nicht erforderlich wird. Bei diesem Risiko kann der Projektleiter nur hoffen, dass sich der Baugrund »kostengünstig« verhält.

Chancen- und Risiken-Management

Chance/Risiko	Nutzen Mio €	Aktion	Status
1. Standard-Fassade	1,8	Gespräch mit Arch. Neumann	---
2. Optimierung Haustechnik	3,7	Meeting mit Fa. Optitechnik	---
3. Zusätzlicher Verbau	- 0,4	Prinzip Hoffnung	---

Abb. 5.18: Tabelle: »Chancen und Risiken«-Controlling

5.11 Baustellenübergreifende Auswertungen

Die in Kap. 5.3–5.10 dargestellten Aktivitäten erfolgen für jede Baustelle separat. Um fortlaufend periodisch alle relevanten Informationen für die Projekt- und Unternehmensplanung abbilden zu können, werden in Bauunternehmen, die komplexe, schlüsselfertige Bauvorhaben abwickeln, die Daten je Baustelle einheitlich in ein übergeordnetes System eingepflegt. Für dieses Management-Informations-System (MIS) werden alle kaufmännischen und baubetrieblichen Daten der Baustelle, Niederlassung, Hauptniederlassung oder Sparte verdichtet, aufbereitet und zusammengefasst. Das MIS ist ein übergeordnetes Steuerungs- und Kontrollinstrument, mit dem die Übereinstimmung der kaufmännischen und baubetrieblichen Daten geprüft werden kann.

Nutzer dieses MIS ist die Geschäftsführung von Bauunternehmen, der die verdichteten Daten stichtagsbezogen zur Verfügung gestellt werden. Dabei dient das System nur zur Informationslieferung, da ein aktiver Zugriff auf die jeweiligen Detaildaten der einzelnen Bereiche bzw. der Baustelle nicht möglich ist.

Konkret fließen folgende Informationen verdichtet in das MIS ein:

1. Auftragsmeldung sämtlicher Projekte,
2. regelmäßige, fortlaufende Auswertung der monatlichen Projekt- und Baustellenberichte,
3. Zusammenfassung und Abstimmung der wichtigsten Projektdaten und -kennzahlen aus den baubetrieblichen und kaufmännischen Bereichen,
4. Gegenüberstellung der SIV mit den Gesamt- und Stichtagsdaten und den Prognosewerten der aktuellen Arbeitskalkulationen,
5. Diverse Auswertungen für die verschiedenen Bereiche und Ebenen.

5.12 Praxisbeispiel: »Wohn- und Geschäftshaus Elbchaussee«

Nachfolgend werden die oben beschriebenen Controllingverfahren am Beispiel einer Schlüsselfertig-Baumaßnahme auszugsweise beschrieben:

Allgemeine Projektdaten

Bei der Baumaßnahme handelt es sich um das »Wohn- und Geschäftshaus Elbchaussee«. Es wird ein VOB-Pauschalvertrag mit einer Auftragssumme von 3.240.000,– € geschlossen. Der Auftraggeber hat ein Bodengutachten bereitgestellt, das evtl. Baugrundprobleme erkennen lässt.

Budgetierung

Zu Beginn der Baumaßnahme wird eine Ergebnishochrechnung zum Bauende erstellt. Dies erfolgt auf Basis der Budgetierung der einzelnen Gewerke.

BEISPIEL:

Nachfolgend ist die Budgetierung für das Bauvorhaben »Wohn- und Geschäftshaus Elbchaussee« dargestellt. Der Rohbau soll komplett vergeben werden. Das Kostenbudget von 840.000,– € stellt das Vergabeziel dar. Die weiteren Gewerke sind zu Gewerkegruppen zusammengefasst und sollen hier nicht im Detail differenziert werden. Die Hochrechnung ergibt einen Gewinn von 7,8 % bezogen auf die Auftragssumme.

Gewerk	Erlös €	Kosten €
Auftragssumme	3.240.000,–	
Nachunternehmer		
Rohbau		840.000,–
Ausbau		1.086.000,–
Haustechnik		395.000,–
Außenanlagen		52.300,–
Risiken aus Pauschalvertrag		95.000,–
Summe Nachunternehmer		2.468.300,–
Baunebenkosten		120.000,–
Projektgemeinkosten		180.000,–
Gewährleistungsrückstellung 0,8 % v. A.		25.920,–
Allgemeine Geschäftskosten 6,0 % v. A.		194.400,–
Selbstkosten		2.988.620,–
Ergebnis: 7,8 % v. A.	251.380,–	

Abb. 5.19: Beispiel einer Budgetierung (auszugsweise)

Vergabekontrolle

Anhand der Vergabekontrolle soll sichergestellt werden, dass das Sollergebnis von 7,8 % Gewinn erzielt wird. Der vorliegende Gewerkeschlüssel der Budgetierung wird so modifiziert, dass jeweils ein komplettes Gewerk vergeben wird.

BEISPIEL:

Die Baugrube und der Rohbau sollen getrennt vergeben werden. Auf Basis des Baugrundgutachtens kann die Baugrube mit Verbau an ein Spezialunternehmen vergeben werden.

Gewerk	Nachunternehmer	KAS-Nr.+NU-Nr.
Baugrube	Vertrag-Nr. 208 Fa. Grundbau GmbH	651.080.123
Rohbau	Vertrag-Nr. 209 Fa. Erweiterter Rohbau GmbH	651.120.234

Abb. 5.20: Aufteilung des Rohbaus auf zwei Nachunternehmer

Bei der nachfolgenden Vergabekontrolle wird bei der Vergabe der Baugrube berücksichtigt, dass der Nachunternehmer für die evtl. auftretenden Erschwernisse beim Verbau Mehrkosten in Höhe von 15.000,– € geltend machen wird. Dieser Nachtrag kann vermutlich nicht an den Auftraggeber durchgereicht werden, da das AG-seitige Baugrundgutachten auf diese Erschwernisse hinweist.

Vergabekontrolle (in €)					
Gewerk	**Budget**	**Nachunternehmer**	**Vertragssumme**	**Vergaberückstellung**	**Vergabeergebnis**
Baugrube	120.000,–	Fa. Tiefbau	110.000,–	15.000,–	– 5.000
Rohbau	720.000,–	Fa. Betonbau	705.000,–	—	+ 15.000
Zimmer- und Holzbauarbeiten	12.500,–	Fa. Holzwurm	14.000,–	—	– 1.500
Dachdeckungsarbeiten	41.200,–	Fa. Schmidt	40.000,–	—	+ 1.200
Sanitärarbeiten	28.200,–	Fa. Müller	29.000,–	—	– 800
....					
Summe Vergabeergebnisse					+ 8.900

Abb. 5.21: Beispiel einer Vergabekontrolle (auszugsweise)

Nach der Vergabe der Sanitärarbeiten ergibt sich insgesamt ein Vergabegewinn von 8.900,– €.

Ergebnisüberwachung

Die Vergabekontrolle gibt den Status zum Stichtag wieder. Bei der Wertung dieses positiven Ergebnisses ist zu berücksichtigen, dass sich bei den noch zu vergebenden Gewerken zum Teil erhebliche Vergabeverluste einstellen können. Damit liegt der Schwerpunkt im Schlüsselfertigbau-Controlling in der Ergebnishochrechnung zum Bauende.

BEISPIEL:

Zunächst wird für das Bauvorhaben »Wohn- und Geschäftshaus Elbchaussee« auf Basis der Budgetierung der Soll-Deckungsbeitrag von 23,8 % bezogen auf die Auftragssumme ermittelt:

Gewerk	Erlös €	Kosten €
Auftragssumme	3.240.000,–	

Summe Nachunternehmer		2.468.300,–
Soll-Deckungsbeitrag: 23,8 % v. A.	771.700,–	

BEISPIEL:

Im Anschluss wird der voraussichtliche Deckungsbeitrag am Bauende von 23,6 % errechnet. Damit wird das Soll-Ergebnis vermutlich annähernd erreicht. Dabei wird vorausgesetzt, dass die Rückstellungen von 95.000,– € etwaige zukünftige Vergabeverluste abdecken und sich das Kostengefüge bei den Baunebenkosten, Projektgemeinkosten, Gewährleistungsarbeiten und den Allgemeinen Geschäftskosten nicht ändert.

Ergebnisvorausschau (in €)					
Gewerk	**Budget**	**Nachunternehmer**	**Vertragssumme**	**Schlussrechnung**	**Vorauss. DB**
Vorauss. Abrechnungssumme					3.240.000
Baugrube	120.000,–	Fa. Tiefbau	125.000,–	**125.000,–**	
Rohbau	720.000,–	Fa. Betonbau	705.000,–	**722.000,–**	
Zimmer- und Holzbauarbeiten	12.500,–	Fa. Holzwurm	**14.000,–**		
Dachdeckungsarbeiten	41.200,–	Fa. Schmidt	**40.000,–**		
Klempnerarbeiten	28.200,–	Fa. Müller	**29.000,–**		
....					
Rest Ausbau	**1.004.100,–**				
Haustechnik	**395.000,–**				
Außenanlagen	**52.300,–**				
Rückstellungen	**95.000,–**				
Summe vorauss. Gewerkekosten					2.476.400
Vorauss. DB					**763.600**
Vorauss. Ergebnis in DB % v. A.					**23,6 %**

Abb. 5.22: Beispiel einer Ergebnisvorausschau (auszugsweise)

Chancen- und Risiken-Controlling

Zur gezielten Überwachung von Chancen und Risiken soll ein systematisches Chancen- und Risiken-Controlling betrieben werden.

BEISPIEL:

Bei der Baugrube droht ein Nachtrag des Nachunternehmers bzgl. Mehrkosten bei den Verbaumaßnahmen. Nachfolgende Tabelle zeigt, dass dieses Risiko in voller Höhe eingetreten ist. In der Haustechnik stecken Einsparpotenziale. Hier ist ein entsprechendes Beratungsgespräch mit dem Fachplaner erforderlich.

Chancen- und Risiken-Controlling BV: »Wohn-/Geschäftshaus Elbchaussee«			
Chance/Risiko	**Nutzen €**	**Aktion**	**Status**
1. Baugrube: zusätzlicher Verbau	– 15.000	Entsprechende Nachtragsverhandlungen mit AG und NU	gescheitert
2. Optimierung Haustechnik	+ 40.000	Beratung mit Ing.-Büro »Opti-HKS«	offen
3.			

Abb. 5.23: Tabelle »Chancen und Risiken« für Bauvorhaben »Wohn-/Geschäftshaus Elbchaussee«

Leistungsmeldung/Zahlungskontrolle

Die Leistungs-/Zahlungsstandskontrolle überwacht die Zahlungseingänge vom Auftraggeber und Zahlungsausgänge an die Nachunternehmer.

BEISPIEL:

Mit dem Auftraggeber wurde ein Zahlungsplan nach Baufortschritt vereinbart. Daher konzentriert sich das Controlling auf die Überwachung der Zahlungen an die Nachunternehmer. Bei der Baugrube wurde bisher nur die Vertragsleistung bezahlt. Der Nachtrag »Zusätzlicher Verbau« wurde noch nicht als NU-Leistung aktiviert. Beim Rohbau wurde ein Gewährleistungseinbehalt von 5% vereinbart. Bei den Zimmer- und Holzbauarbeiten wurde der Gewährleistungseinbehalt durch eine Bürgschaft abgelöst und der volle Betrag ausbezahlt. Bei den Dachdeckungsarbeiten wurden bisher 50% der Leistung erbracht und nach Aufmaß mit einem Gewährleistungseinbehalt von 5% abgerechnet. Zur leichteren Kontrolle wurde mit dem Nachunternehmer der Sanitärarbeiten die Zahlung nach Leistungspaketen vereinbart:

Leistungs-/Zahlungsstandskontrolle (in €) zum: __.__.____					
Gewerk	**Nachunternehmer**	**Vertragssumme**	**NU-Leistung**	**Zahlung**	**Leistung – Zahlung %**
1	**2**	**3**	**4**	**5**	**6**
Baugrube	Fa. Tiefbau	110.000,–	110.000,–	110.000	0%
Rohbau	Fa. Betonbau	705.000,–	540.000,–	513.000	5%
Zimmer- und Holzbauarbeiten	Fa. Holzwurm	14.000,–	14.000,–	14.000	0%

Leistungs-/Zahlungsstandskontrolle (in €) zum: __.__.____					
Gewerk	**Nachunternehmer**	**Vertragssumme**	**NU-Leistung**	**Zahlung**	**Leistung – Zahlung %**
Dachdeckungsarbeiten	Fa. Schmidt	40.000,–	20.000,–	19.000	5 %
Sanitärarbeiten	Fa. Müller	29.000,–			
– Leistungspaket 1: Kellergeschoss		12.000,–	12.000,–	12.000	0 %
– Leistungspaket 2: Erdgeschoss		8.500,–			
– Leistungspaket 3: Obergeschoss		8.500,–			

Abb. 5.24: Beispiel einer Leistungs-/Zahlungsstandskontrolle (auszugsweise)

Die Leistungs-/Zahlungsstandskontrolle ergibt derzeit keine Unregelmäßigkeiten.

5.13 Werkzeuge: Checklisten und Software

Online stehen folgende Controlling-Werkzeuge zur Verfügung:

Formulare/Tabellen

1. Excel: CR-Tabelle – Chancen und Risiken
2. Excel: Tabelle Vergabekontrolle
3. Excel: Tabelle Ergebnisvorausschau
4. Excel: Tabelle Leistungs-/Zahlungsstandskontrolle

Literatur

/1/ **Kapellmann, K. D./ Schiffers, K.-H.** Vergütung, Nachträge und Behinderungsfolgen beim Bauvertrag, Bd. 2, Pauschalvertrag einschließlich Schlüsselfertigbau, Werner Verlag, 5. Auflage, Köln 2011

/2/ **Wirth, V. u. a.** »Schlüsselfertigbau-Controlling«, expert verlag, 2. Auflage, Renningen-Malmsheim 2002

/3/ **Voelckner, T.** »Angebotsbearbeitung und Kostenplanung« in »Schlüsselfertigbau-Controlling«, Wirth u. a., 2. Auflage, Renningen-Malmsheim 2002

/4/ **Benutzerhandbuch RIB iTWO®** RIB Software AG, Stuttgart 2015

/5/ **Pekrul, S.** Fortbildungsskript »Schlüsselfertigbau-Controlling«, Hamburg 1999

6. Praktische Steuerung im Straßen- und Tiefbau

Dietmar Rudert

Inhalt

6.1 Besonderheiten im Straßen- und Tiefbau

Die folgenden Ausführungen sollen die praktische Steuerung unter besonderer Berücksichtigung der Baustelle und der dezentralen Zweigstellen-Struktur im Straßen- und Tiefbau aufzeigen. Diese Zweigstellen sind häufig nur mit dem Zweigstellenleiter, zwei Bauführern und einer Sachbearbeiterin besetzt. In dieser Unternehmenseinheit werden von der Kalkulation bis zum Soll-/Ist-Vergleich alle Arbeiten durchgeführt. Die Bauführer haben meist mehrere Baustellen gleichzeitig und müssen körperliche Aufmaße für die Bauabrechnung erstellen. Nur in den Niederlassungen sind Kalkulatoren und Einkäufer eingesetzt. Abteilungen für Arbeitsvorbereitung sind nicht vorhanden. Außerdem sind viele Baustellen Kurzläufer, bei denen das Ergebnis eines Soll-/Ist-Vergleiches über die Baubetriebsrechnung oft erst nach Beendigung der Baustelle vorliegt.

Die Frage ist nun: Ist bei dieser Arbeit ein Baustellen-Controlling[1] möglich und wie kann die EDV hierbei helfen?

In der Praxis ist der Einsatz der EDV zur Steuerung von Baustellen nur wirtschaftlich und lässt sich durchsetzen, wenn folgende Voraussetzungen getroffen werden:

- Kalkulation und Baubetriebsrechnung müssen aufeinander abgestimmt sein (Harmonisierung der Kostenarten).
- Baubetriebsrechnung, Rechnungsschreibung und Kalkulation müssen mit EDV durchgeführt werden.

1 Definition von Baustellen-Controlling: Betriebswirtschaftliche Begleitung der Baustellen

- Die Kalkulation muss bereits so detailliert aufgestellt sein, dass mit nur wenigen Änderungen eine Arbeitskalkulation und die Daten für die Bauablaufplanung zu erhalten sind (Abb. 6.1).
- Die Bauabrechnung muss so zeitnah (am besten mit EDV) durchgeführt werden, dass bereits zu den Abschlagsrechnungen mit Aufmaßen belegte Massen vorliegen, die zur Schlussrechnung nur noch ergänzt werden müssen.
- Es muss ein Datenverbund zwischen der Kalkulation und Abrechnung mit der Bauablaufplanung und dem Baustellen-Controlling möglich sein. Im Mittelpunkt steht der Meister, der die Planung verstehen und mittragen muss und aus dessen Berichten das Controlling resultiert (Abb. 6.2).

Mit diesem System ist es möglich, dass die EDV, ausgehend von Kalkulation, Rechnungsschreibung und Baubetriebsrechnung, die notwendigen Daten zur Steuerung der Baustellen (Arbeitsvorbereitung und Soll-/Ist-Vergleiche) mit wenig Mehraufwand praktisch als Abfallprodukt liefert.

Die eingesetzte EDV muss der dezentralen Struktur angepasst sein. Dies bedingt den durchgängigen Einsatz von PCs oder Notebooks von der Niederlassung bis zur Baustelle. In den größeren Unternehmenseinheiten sind diese mit Servern verbunden. Auf den Baustellen müssen im Normalfall Notebooks eingesetzt werden, auf denen die Bauführer die Aufmaße direkt eingeben und die Daten monatlich zur Rechnungsschreibung an die Niederlassung übergeben. Dies bedingt ein gleiches Programmsystem und gleiche Datenstruktur an allen Einsatzstellen, sodass kein Umlernen beim Einsatz verschiedener Systeme und kein Umsetzen von Daten notwendig wird.

Voraussetzung für Angebot, Baudurchführung und Controlling ist die Planung der Fertigung und des Bauablaufs. Hierbei sind folgende Arbeiten zusätzlich durchzuführen:

- Nachrechnung der Massen,
- Koordinierung der Nebenaufträge (Versorgungsträger),
- Aufteilung in Bauabschnitte.

Grundlage für das Controlling ist eine dem Auftrag angepasste Planung und die Erstellung einer Arbeitskalkulation. Gemäß dem Auftragsschreiben müssen folgende Anpassungen vorgenommen werden:

- Veränderte Positionen aufgrund von Nebenangeboten und Sondervorschlägen,
- Mengen aus genauerer Massenermittlung,
- geänderte Einheitspreise aufgrund der Auftragsverhandlungen,
- Nachlässe.

Daraus ergibt sich eine neue voraussichtliche Auftragssumme mit den gleichen Einheitspreisen wie im Leistungsverzeichnis und evtl. anderen Mengenansätzen (VA-Mengen) als Endsumme der Arbeitskalkulation.

Baustellencontrolling im Straßenbau					Proj-Nr: CONTA								
Ausbau der K-Strasse				** **Herstellkosten mit Einheitspreis (Arbeitskalkulation)**					**Werte in 7**	**			
Titel													
Position	**VA-Menge**	**AE**	**Anzahl**	**Einh.**	**Nr.**	**Bez.**	**F/L**	**Fakt/Lstg**	**Kosten/Einh.**	**Kosten/AE**	**H-KOA**	**Kumuliert (* Gesamt**	
3. 0. 003	12.000,000	m^3	Frostschutz herstellen										
	(BAS 300)												
			45	H	010	Lohn AS	L	600,00	25,00	1,88	10	1,875	*
			1	AT	G..3361	Grader 69	L	600,00	333,50	0,56	40	0,56	
			1	AT	G..3303	Raupe 77	L	600,00	364,00	0,61	40	1,16	
			1	AT	G..3612	Walze 52	L	600,00	423,00	0,71	40	1,87	
			1	AT	G..3524	Rüttl.	L	600,00	46,50	0,08	40	1,95	
			1	AT	G..5601	Wasser wagen	L	600,00	17,00	0,03	40	1,97	*
			20	10kw	31	Betr.stoff in 8H	L	600,00	8,80	0,29	30	0,29	*
			1	T	S..1311	FS-Kies	F	2,15	5,00	10,75	20	10,75	*
			0,075	H	(Summe H 900,000)			Einzelkosten		14,89		178.700,00	
			(BGK : 3,15 RUES: 0,47)					Gesamt-Umlage		3,62		43.440,00	
			(Ges-RUES : 5 640,00 = 2,5 %)					Einh.preis		18,51		222.120,00	
												=========	
			Berechnung für Terminplanung:										
			12 000 m3 / 600 m3/AT				= 20 AT						
			45 H / 9 H/AT und Mann				= 5 Mann						
			Kalkulation mit EDV (gleicher Aufbau wie Arbeitskalkulation)										

Abb. 6.1: Detaillierungsgrad der Kalkulation

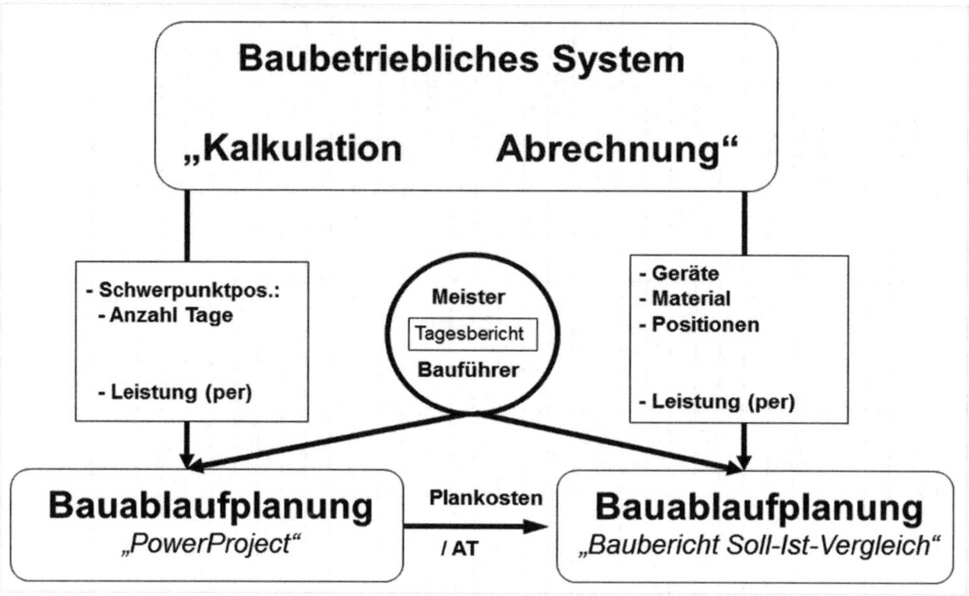

Abb. 6.2: Der Meister im Mittelpunkt

Da die Arbeitskalkulation alle bekannten Ergebnisse aus der Arbeitsvorbereitung, den Vorgaben und der Bauausführung beinhalten soll, müssen auch folgende Ansätze der Kalkulation in Einzel- und Gemeinkosten angepasst werden:

- Kosten und Leistung der zum Einsatz kommenden Fertigungsgruppen,
- Einkaufspreise der Materialien,
- Vergabepreise der Fremdleistungen,
- Mittellohn,
- geänderte Bauverfahren,
- Baustelleneinrichtung, -vorhaltung und -räumung,
- Gemeinkosten,
- Eigenleistung,
- Fremdleistung.

Werden diese Daten in die EDV eingegeben, kann eine Liste der Kostenarten über das gesamte Projekt oder nach den Gruppenstufen aufgeteilt ausgedruckt werden, die auch ohne Aufteilung nach BAS meist genügend Informationen für die Bauablaufplanung liefert (Abb. 6.3).

Eine Zusammenfassung gleichartiger Arbeitsvorgänge wird durch Kennzeichnung jeder Position mit dem sog. Bauarbeitsschlüssel (BAS) als Arbeitseinheit oder das Arbeiten mit Schwerpunktpositionen erreicht.

Baustellencontrolling im Straßenbau			Proj-Nr: CONTA						Seite: 1
Ausbau der K-Strasse			** **Kostenarten-Summen**		**(Arbeitskalkulation)**		**Werte in**	**	
					** Gesamt mit BGK **				
Kostenarten Nr.	**Bezeichnung**	**Verrechn.-Satz**	**(VA-)Mengen**	**ME**	**Kosten**	**in % KOA**	**in % HK**		
10	Lohn ASL	25,00	3250,43	H	81.260,75	100,00			
**	Lohn ASL				81.260,75	100,00	9,44		
31	Betr.stoffe in 8 H	8,80	715,35	10kw	6.295,08	97,16			
34	Propangas	0,62	297,0	kg	184,19	2,84			
**	Betriebsstoffe				6.479,27	100,00	0,75		
42	VW-Bus DOKA	0,40	2700	km	1.080,00	1,84			
G..2901	Tieflader 28 t	75,0	36	H	2.700,00	4,61			
G..2911	LKW 12	40,0	108	H	4.320,00	7,37			
G..3154	Bagger MH 4	253,00	3,66	A	925,9	1,58			
G..3303	Raupe PR721	364,00	20	AT	7.280,00	12,43			
G..3361	Grader G 8	333,50	20	AT	6.670,00	11,39			
G..3524	Ruettl. DVH 6010	46,50	23,03	AT	1.070,90	1,83			
G..3601	Dreiradwalze DH 10	127,00	17,48	AT	2.219,96	3,79			
G..3612	Walze Alex. 128	423,00	37,48	AT	15.854,04	27,06			
G..5203	Fertiger DF 100	709,00	17,48	AT	12.393,32	21,16			
G..5601	Wasserwagen	17,00	37,48	AT	637,16	1,09			
G..9401	Bauwagen 8 Mann	12,50	162	AT	2.025,00	3,46			
G..9421	Sanitärwagen 6	26,00	54	AT	1.404,00	2,40			
**	Geräte				58.580,3	100,00	6,81		
70	Fremdarbeit				1.000,00	2,30			
71	Nachunternehmer Erdarbeiten				42.500,00	97,70			
**	Fremdarbeiten				43.500,00	100,00	5,05		
									Abb. 6.3 a

Abb. 6.3: Die Liste der Kostenarten

Baustellencontrolling im Straßenbau — Proj-Nr: CONTA — Seite: 2

Ausbau der K-Strasse — ** Kostenarten-Summen (Arbeitskalkulation) Werte in **

** Gesamt mit BGK **

Kostenarten Nr.	Bezeichnung	Verrechn.-Satz	(VA-)Mengen	ME	Kosten	in % KOA	in % HK
20	Baustoffe				1.000,00	0,18	
S..1311	Frostschutzkies 0/32 ZTVE	5,00	25800	t	129.000,00	23,73	
S..2011	Kalk-Asphalt-Tragschicht 0/32	22,25	9660	t	214.935,00	39,53	
S..2151	Diabas-Asphalt-Binder 0/16	27,00	2880	t	77.760,00	14,30	
S..2241	Diabas-Asphalt-Beton 0/11	32,00	3000	t	96.000,00	17,66	
S..2801	Fertigbeton B 10 K1	50,00	180,8	m3	9.040,00	1,66	
S..2851	Zementmörtel	55,00	0,55	m3	30,25	0,01	
S..3404	Stzg-Rohr DN 200/2000 »K«	14,50	100	m	1.450,00	0,27	
S..3454	Stzg-Rohr-Bogen DN 200 »L«	25,50	10	St	255,00	0,05	
S..3464	Stzg-Rohr-Gelenkstück DN 200 »K«	67,50	10	St	675,00	0,12	
S..4502	Boden 1 A	7,50	10	St	75,00	0,01	
S..4512	Zwischenteil 6 A	5,50	10	St	55,00	0,01	
S..4516	Schaftkonus 11	7,50	10	St	75,00	0,01	
S..4519	Auflagering 10 B Längsrekord	5,00	10	St	50,00	0,01	
S..4526	Verzinkter Eimer A 2 »Lang« DIN	17,25	10	St	172,50	0,03	
S..4631	BEGU-Aufsatz 500/500 »C«	90,00	10	St	900,00	0,17	
S..5021	B.-Bordstein 12/15/25 BV	4,00	2800	m	11.200,00	2,06	
S..5091	B.-Bogenstein 12/15/25 BV	5,20	200	m	1.040,00	0,19	
R..8103	BN-teile F.Str.Ablauf-Längsrekord H=105	30,33	10 St				
**	Baustoff				543.712,75	100,00	63,18
60	Allg. Kosten				127.021,77	100,00	
**	Allg. Kosten				127.021,77	100,00	14,76
	Summe Herstellkosten				860.554,90		100,00

BEISPIEL »*AUSBAU DER K-STRAßE*«

Die Baublaufplanung kann EDV-gestützt durchgeführt werden, wobei die Daten aus der Arbeitskalkulation übergeben werden. Meist werden die Daten jedoch manuell eingegeben, da eine Aufteilung nach Bauabschnitten im LV zu aufwendig ist. Abb. 6.4 zeigt auszugsweise das Arbeitsverzeichnis nach BAS aufgeteilt. Daraus können die Vorgangsdauern abgelesen werden:

- *Vorgang BAS 200* Steinzeugrohre 200*: Dauer 3 AT (Arbeitstage)*
- *Vorgang BAS 300* Frostschutzschicht*: Dauer 20 AT (Arbeitstage)*

Abb. 6.4 zeigt den Soll-Bauablauf. Der Beginn der einzelnen Vorgänge wird nach der Reihenfolge der Arbeiten und der Verfügbarkeit der Kolonnen geplant. Die Zeitachse ist in Kalendertage gegliedert. Daraus ergibt sich z. B. für den Vorgang Frostschutzschicht eine Dauer von 26 Kalendertagen, gegenüber 20 Arbeitstagen. Im betreffenden Zeitraum liegen 3 Wochenenden, an denen nicht gearbeitet wird.

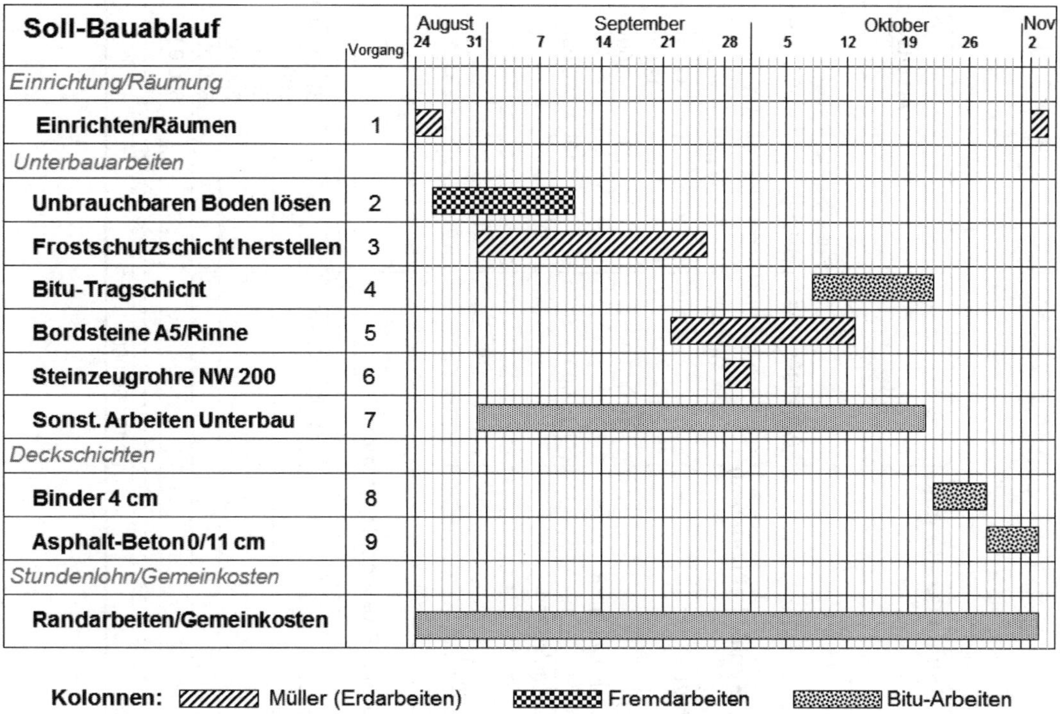

Abb. 6.4: Soll-Bauablauf

Baustellencontrolling im Straßenbau					Proj-Nr: CONTA				
Ausbau der K-Strasse				**** Arbeitsverzeichnis**		**Werte in €**	******		
B A S	**VA-Menge**	**AE**	**Std.-Ansatz/ Anzahl**	**Leist/ Faktor**	**Std/AE**	**Gesamt**	**Einh.**	**Kosten art Abruf**	**Bez.**
200 Entwässerung (Kanal-, Leitungsbau)									
B 3.0 008 000	100	m	27,00	33,00	0,818	81,80	H	010	Lohn ASL
Steinzeugrohre NW 200				33,00		3,03	AT	G..3154	Bagger 46
				33,00		3,03	AT	G..3524	Rüttl. 7
B 3.0 009 000	(10,000)	St	20	3,00	6,667	66,67	H	010	Lohn ASL
Straßenabläufe o. Aufsatz herstellen									
B 3.0 010 000	(10,000)	St	10	20,00	0,5	5	H	010	Lohn ASL
Aufsatz f. Straßenablauf aufsetzen									
- -									
Summe Lohn-Std.	100	H			1,534	153,40	H	010	Lohn ASL
Summe Rüttl. DVH 6010						3,03	AT	G..3524	Rüttl. 7
Summe Bagger MH 4						**3,03**	**AT**	G..3154	Bagger 46
300 Unterbau (Schotter, Frostschutz, vermört.									
- -									
3.0 003 000	12.000,000	m3	45	600,00	0,075	900,00	H	010	Lohn ASL
Frostschutz herstellen				600,00		20,00	AT	G..3361	Grader 69
				600,00		20,00	AT	G..3303	Raupe 77
				600,00		20,00	AT	G..3612	Walze 52
				600,00		20,00	AT	G..3524	Rüttl. 7
				600,00		**20,00**	**AT**	G..5601	Wasserwagen
- -									
Summe Lohn-Std.	12.000,000				0,075	900,00	H	010	Lohn ASL

Abb. 6.5: Arbeitsverzeichnis nach BAS

6.2 Zeitnahe Leistungserfassung mit Baustellencomputern

6.2.1 Einleitung

Eine bessere Finanzierung von Baumaßnahmen ist hauptsächlich durch eine schnelle Rechnungsstellung zu erreichen. Voraussetzung für die Bezahlung der Leistungen ist, dass prüfbare Abrechnungsunterlagen vorliegen. Dies gilt für Abschlags- und für Schlussrechnungen. Die EDV wird nicht konsequent genutzt, da nach wie vor Vorurteile bestehen und bei zentralen oder stationären Computern der Bauführer sich von seinem Arbeitsplatz entfernen oder mit Hilfe eines Formulares den Weg überbrücken muss. Diese Arbeitsweise bedeutet immer Zeitverluste und ist nur in wenigen Organisationsformen eine gute Lösung.

Daher wird meistens keine zeitnahe Bauabrechnung erreicht. Für überschlägige Massenermittlungen, Arbeitsvorbereitung, Disposition, Bauzeit- und Mengenkontrollen, Leistungsaufnahmen und Soll-/Ist-Vergleiche sowie für Abschlagsrechnungen werden mehrfach unterschiedliche Daten erarbeitet, die nicht miteinander korrespondieren. Der Zeitaufwand ist erheblich.

Durch die Miniaturisierung der Computer haben wir heute als Hilfsmittel den »tragbaren Baustellencomputer = Notebook«, einen Computer am Arbeitsplatz, um komplexe Programmsysteme, z. B. für die Leistungserfassung und Abrechnung, in einem Aktenkoffer netzunabhängig auf die Baustelle zu bringen.

Mit Hilfe dieses Computers werden die Daten nicht nur erfasst, sondern sofort auf der Baustelle ausgewertet.

6.2.2 Voraussetzungen zur wirtschaftlichen Leistungsermittlung

Eine Verbesserung der Leistungsermittlung lässt sich durch Änderung der grundsätzlichen Bewertung der Abrechnungsarbeit, der Organisation und der Hilfsmittel erreichen:

- Die Firmenleitung muss darauf hinwirken, dass die Abrechnung von qualifizierten Mitarbeitern schnellstmöglich ausgeführt wird.
- Der verantwortliche Bauleiter muss frühzeitig Abrechnungsvereinbarungen mit dem Auftraggeber treffen.
- Alle »Soll-Abrechnungen«, d. h. Abrechnungen nach Plan, sollten nach Möglichkeit vor Baubeginn erstellt werden.
- Alle fertigen Teilarbeiten müssen sofort nach Fertigstellung aufgemessen und abgerechnet werden.
- Alle Aufmaße müssen kurzfristig vom Auftraggeber abgezeichnet werden.
- Leistungen, bei denen unklar ist, ob sie vergütet oder vom Auftraggeber als Nebenleistung eingestuft werden, sind auf alle Fälle in der Leistungsermittlung zu erfassen, z. B. mittels einer Dummy-Positionsnr. Damit kann verhindert werden, dass vergütungspflichtige Leistungen in der Hektik des Alltags verloren gehen.

6.2.3 Vorteile der Arbeit mit einem Baustellencomputer

Es werden folgende Vorteile erreicht:

Im organisatorischen Bereich:

- Die notwendigen Absprachen mit dem Auftraggeber über die Abrechnungsorganisation werden vorher getroffen.
- Der Arbeitsplatz auf der Baustelle muss nicht verlassen werden.
- Der Bauführer ist unabhängig von einer stationären EDV.
- Die periodische Abrechnung zwingt zu regelmäßiger und vollständiger zeitnaher Bauabrechnung.
- Doppelarbeit wird weitgehend vermieden.
- Eine vertragsgerechte Anmeldung von Mehr- und Minderleistungen wird ermöglicht.
- Die Sicherheitseinbehalte können verringert werden.
- Nachtragsverhandlungen sind früher möglich.

Im Arbeitsablauf:

- Die Eingabe der Rechenansätze erfolgt direkt aus dem Aufmaß, ohne eine Eintragung in ein EDV-Formular vornehmen zu müssen.
- Bei periodischer Abrechnung ist der Anteil der geschätzten, noch nicht fertiggestellten Leistung gering.
- Durch Anzeige des Ergebnisses bei der Eingabe erfolgt eine automatische Plausibilitätskontrolle durch den Sachbearbeiter.
- Die Rechenansätze können unsortiert eingegeben werden. Der Computer nimmt die Sortierung nach Positionen selbst vor.
- Nachträgliche Änderungen der Positionszuordnung sind ohne großen Zeitaufwand möglich.
- Die Ergebnisse können bereits auf der Baustelle ermittelt werden und liegen somit für Disposition, Mengenkontrolle und Soll-/Ist-Vergleiche vor.
- Mit jeder Abschlagsrechnung stehen prüffähige Unterlagen für die Gesamtleistung und somit auch für die Schlussrechnung zur Verfügung.
- Die kontinuierliche Prüfung der Bauabrechnung durch den Auftraggeber bei den Abschlagsrechnungen verringert den Zeitaufwand für die Prüfung der Schlussrechnung.

6.2.4 Anforderungen an den Baustellencomputer

Der Baustellencomputer und die dazugehörigen Programme müssen folgende Anforderungen erfüllen:

- Der Baustellencomputer (Notebook) muss jederzeit (im Auto, im Baubüro oder zu Hause) verfügbar sein, d. h., jeder Bauführer muss ein eigenes Notebook haben.
- Zur besseren Portabilität sollten alle notwendigen Aggregate (Notebook und Drucker) in einem Koffer transportiert werden.
- Die Programme müssen einen hohen Bedienungskomfort haben. Durch Schnelligkeit und hohes Speichervermögen werden lange unproduktive Wartezeiten vermieden.
- Die angewandten Rechenverfahren müssen vom Auftraggeber akzeptiert (REB) und die Ausdrucke leicht verständlich sein.
- Für den Computer müssen alle Programme für Bauabrechnung, Aufwandserfassung, Soll-/Ist-Vergleiche, Absteckung und Vermessung vorhanden sein, damit der Bauführer alle seine Aufgaben mit einem Computer durchführen kann und somit ständig in Übung bleibt.
- Die Datenkompatibilität zwischen Baustellencomputer und Zentralrechner (Büro) muss gewährleistet sein; d. h. relevante Daten müssen ausgetauscht werden können.
- Schließlich muss ein günstiges Preis-Leistungs-Verhältnis gegeben sein.

6.2.5 Beispiel eines Baustellencomputers

Nach dem Einsatz eines Hand-Held-Computers EPSON PX 4 seit 1985 sind seit 1991 Notebooks im Einsatz. Diese Computer arbeiten wie ein ortsfester PC, auf dem alle Programme, die in Niederlassungen und Zweigstellen benutzt werden, in gleicher Weise installiert und nutzbar sind. So ist kein Umlernen notwendig und von der Baustelle bis hin zur Zentrale werden für gleiche Arbeiten die gleichen Programme und die gleichen Daten benutzt. Auf der Baustelle ist ein kleiner tragbarer DIN A4-Drucker installiert. In der Zentrale können die dort installierten Drucker mitbenutzt werden. Wird eine Übertragung der Daten auf einen stationären Computer vorgenommen und darauf die Auswertung durchgeführt, müssen die einmal von dem Bauführer erfassten Rechenansätze nicht mehr kontrolliert und können direkt in die Rechnungsschreibung übernommen werden. Gegebenenfalls können die Daten dem Auftraggeber für die elektronische Prüfberechnung übergeben werden.

Die Programme sind auf die Bedürfnisse der Bauführer im Straßenbau abgestimmt:

- Bauabrechnung,
- Lieferscheinerfassung,
- Baustellen-Controlling,
- Tagebuch für AG,
- Elling, Begrenzungslinien,
- Geländeaufnahmen,
- Absteckung,
- Nivellement,
- Gradientenberechnung,
- Deckenbuch.

Das gesamte System mit Kalkulation bis zur Rechnungsschreibung steht ebenfalls zur Verfügung und kann bei Bedarf genutzt werden.

6.3 Durchführung der Leistungsermittlung

Grundlage für die Leistungsermittlung ist eine Pendelliste (Positionsliste, Abb. 6.6), in der alle in der EDV gespeicherten Positionen und ihre Einheitspreise ausgedruckt werden. Zusätzlich werden die LV-Mengen sowie die Rechnungs- und Leistungsmengen des Vormonats ausgedruckt.

Baustellencontrolling im Straßenbau			Proj-Nr: CONTA					Seite: 1
Ausbau der K-Strasse			** Positionsliste für Rechnung und Leistung			**Werte in**	**	
Titel **Position**	BAS **Kurztext**	**LV-Menge**	**Einh.**	**Rechnungs-** **Vormonat**	**Menge** *ReNr.:* **2** **Per: ………**	**Leistungs-** **Vormonat**	**Menge** **Per: ……….**	**Einh.preis**
0. 0. 001	(930)	1,00	p	0,800	………………	0,666	……………	22.644,60
	Baustelleneinrichtung u. Räumung							
3. 0. 001	(100)	5.000,00	m^3	2.000,000	***5.000,00***	850,000	……………	8,25
	Unbrauchbaren Boden lösen u. abfahren							
3. 0. 002	(100)	2.000,00	m^2	2.070,000	………………	2.070,000	……………	2,75
	Asphaltdecke aufnehmen							
3. 0. 003	(300)	12.000,00	m^3	600,000	***11.575,00***	600,000	……………	18,51
	Frostschutz herstellen							
3. 0. 004		30.000,00	m^2	0,000	***1.000,00***	0,000	……………	9,45
	Bitu-Tragschicht 14 cm							
3. 0. 005	(500)	3.000,00	m	0,000	***1.650,00***	0,000	……………	19,15
	Bordsteine A5							
3. 0. 006	(500.X)	200,00	m	0,000	***99,00***	0,000	……………	6,58
	Zulage Bogensteine							
3. 0. 007	(500.X)	3.000,00	m	0,000	***1.650,00***	0,000	……………	21,76
	2-zeilige Rinne setzen							
3. 0. 008	(200)	100,00	m	0,000	***99,00***	0,000	……………	81,13
	Steinzeugrohre NW 200							
3. 0. 009	(200.X)	10,00	St	0,000	***9,00***	0,000	……………	*382,93*
	Strassenabläufe o. Aufsatz herstellen							
3. 0. 010	(200.X)	10,00	St	0,000	***9,00***	0,000	……………	148,76
	Aufsatz f. Strassenablauf aufsetzen							

Abb. 6.6: Die Pendelliste zur Leistungserfassung

Hat der Bauführer einen Baustellencomputer zur Verfügung, kann er die Daten der Aufmaße direkt eingeben und kopiert diese zum Monatsende direkt in den Computer der Niederlassung für die Rechnung und Leistungsaufnahme. Er hat selbstverständlich einen Kontrollausdruck der Mengenberechnung direkt auf der Baustelle erstellt, so dass seine Abrechnung bereits kontrolliert ist und er die geleisteten Mengen kennt.

Ohne EDV muss er die Mengen von Hand in die Liste eintragen.

Durch die Bauabrechnung sind alle Daten für Rechnung und Leistungsaufnahme erstellt. Es müssen lediglich bei den Positionen bzw. Titeln, bei denen Unterschiede zwischen Rechnung und Leistung bestehen, unterschiedliche Massen angegeben werden.

Für eine Baumaßnahme können Rechnungen für beliebig viele Auftraggeber mit der EDV geschrieben werden. Diese Rechnungen werden in einer Leistungsaufnahme ausgedruckt, die entweder positionsweise möglich ist (Abb.6.7), oder bei der die Rechnungssummen ausgedruckt werden sowie die Positionen, bei denen Unterschiede zwischen Rechnung und Leistung bestehen.

In der Leistungsaufnahme wird zusätzlich ausgedruckt, welche Beträge bereits in Rechnung gestellt sind und wie hoch der Fertigstellungsgrad (Leistungsmenge dividiert durch LV-Menge) ist.

Baustellencontrolling im Straßenbau				Proj-Nr: CONTA			Seite: 1
Ausbau der K-Strasse			** Leistungsaufnahme		per: .... **Werte in**	**	
Titel Position	**Kurztext**	**LV-Menge**	**LE-Menge**	**Einh.**	**Einheitspreis** ****Rechng.summe**	**Leistungs-summe**	**Fertigst.-grad (%) LE/LV**
0. 0. 001	Baustelleneinrichtung und Räumung	1,000	0,666	p	22.644,60	15.081,30	66,6
0.0	Baustelleneinichtung				** 18 115,68	15.081,30	66,6
3. 0. 001	Unbrauchbaren Boden lösen u. abfahren	5000,000	5.000,00	m^3	8,25	41.250,00	100,0
3. 0. 002	Asphaltdecke aufnehmen	2000,000	2.070,00	m^2	2,75	5.692,50	103,5
3. 0. 003	Frostschutz herstellen	12.000,00	11.575,00	m^3	18,51	214.253,25	96,5
3. 0. 005	Bordsteine A5	3.000,00	1.650,00	m	19,15	31.597,50	55,0
3. 0. 006	Zulage Bogensteine	200,00	99,00	m	6,58	651,42	49,5
A 3. 0. 007	2-zeilige Rinne setzen	3.000,00	1.650,00	m	21,76	35.904,00	55,0
B 3. 0. 008	Steinzeugrohre NW 200	100,00	99,00	m	81,13	8.031,87	99,0
B 3. 0. 009	Strassenabläufe o. Aufsatz herstellen	10,00	9,00	St	382,93	3.446,37	90,0
B 3. 0. 010	Aufsatz f. Strassenablauf aufsetzen	10,00	9,00	St	148,76	1.338,84	90,0
3.0	Unterbauarbeiten				** 351 541,33	342.165,75	54,8
	Gesamtsumme				** 369 657,01	357.247,05	55,1

Abb. 6.7: Positionsweise Leistung

6.4 Kurzfristige Bauablaufkontrolle auf der Baustelle

Der Aufwand und die Leistung wird im Unternehmen zu Stichtagen, im Normalfall zum Monatsende, festgestellt. Die Soll-Ergebnisse liegen unmittelbar nach der Leistungsaufnahme vor, meist nach einer Woche. Die Ist-Ergebnisse aus der Buchhaltung sind frühestens zur Monatsmitte zu erwarten. D. h. alle Soll-/Ist-Vergleiche, die sich auf Buchhaltungsdaten beziehen, sind frühestens sechs Wochen nach dem Beginn einer Periode zu erhalten.

Es ist daher notwendig, besonders bei den teilweise kleinen Baumaßnahmen im Straßenbau, Kontrollen vor den aus der Buchhaltung vorliegenden Ergebnissen durchzuführen. Im Straßenbau sind die wichtigsten Kontrollen:

Materialverbrauch

Bei Schüttgütern muss täglich, stündlich oder teilweise sogar pro Fahrzeug ein Material-Soll-/Ist-Vergleich auf der Baustelle durch den Meister durchgeführt werden. Jede spätere Kontrolle lässt keine Korrektur des Einbaus mehr zu.

Erbrachte Leistungen der Fertigungsgruppen (Kontrolle der Vorgabedaten)

Die vorgegebene Leistung einer Fertigungsgruppe aus Arbeitsverzeichnis oder Bauzeitenplan (z. B. m Kanal/Tag oder m^3 Frostschutz/Tag) kann leicht aus der verbrauchten Tagesleistung oder der eingebauten Materialmenge kontrolliert werden.

Kontrolle der Lohnstunden

Bei lohnintensiven Tätigkeiten müssen die im Arbeitsverzeichnis vorgegebenen Stunden mit den tatsächlich verbrauchten verglichen werden.

Kontrolle des Aufwandes

Auf Baustellen mit eindeutig feststellbaren täglichen Vorgaben (z. B. m Kanal, m^3 Frostschutz) oder stark lohnintensiven Baustellen genügt die relativ einfache Kontrolle nach den vorher gezeigten Verfahren. Auf Stadtbaustellen ist die Kontrolle von Leitleistungen, des Material- und Stundenverbrauchs nur in Teilbereichen möglich. Daher muss der gesamte Aufwand kurzfristig erfasst werden. Die Ergebnisse dieser Tagesberichte werden entweder täglich oder periodisch aufsummiert und der erbrachten Leistung gegenübergestellt. Die Unsicherheit bezieht sich jedoch nur auf den jeweils laufenden Monat, da für den vorherigen ja die Buchhaltung schon genaue Ergebnisse geliefert hat. So ist ein schnelles Reagieren auf Schwachstellen möglich (Abb. 6.8).

Der Meister trägt oft nur die Mengen in einen Tagesbericht ein. Die Bewertung dieser Mengen führt der Bauführer durch.

Soll-/Ist-Vergleich		Bau-Nr.:					Seite: 1
		Baustelle: ***Ausbau der K-Strasse***					
Bauführer/Meister: ***Schulze***		Datum:					
Nr.	**Bezeichnung Kosten K**	**Menge**	**Einh.**	**/Einh.**	**heute**	**bis gestern**	**Gesamt**
	Lohnstunden L	*183*	Std.	*25,00*	*4.575,00*	*1937 h*	*2120 h*
	Meisterstunden M	*9*	Std.	*22,50*	*202,50*		
	Gemeinkosten	*183*	Std.	*16,00*	*2.928,00*		
Summe Lohn- und Gemeinkosten:					*7.705,50*	*84.772,00*	*92.477,50*
	Bauwagen +Platte	*1,000*	*AT*	*95,50*	*95,50*		
	Lader L6	*1,000*	*AT*	*172,50*	*172,50*		
Summe Geräte:					*268,00*	*30.811,00*	*31.079,00*
Summe:	*Betriebsstoffe*				*0,00*	*4.250,00*	*4.250,00*
	Beton	*15,000*	m^3	*49,00*	*735,00*		
	Mörtel	*4,000*	m^3	*55,00*	*220,00*		
	Stz-Rohr 200	*33,000*	m^3	*14,50*	*478,50*		
	Stz-(Bogen+Ge) (25,50+67,50)	*4,000*	*St*	*93,00*	*372,00*		
	Ablauf (12,25+90+30,33)	*4,000*	*St*	*132,58*	*530,32*		
	Borde	*235,000*	*m*	*4,00*	*940,00*		
	Bogensteine	*15,000*	*m*	*5,20*	*78,00*		
	BN-Pflaster	*3000,000*	*St*	*0,25*	*750,00*		
Summe Material:					*4.103,82*	*143.472,00*	*147.575,82*
Summe Fremdleistungen:					*0,00*	*42.675,00*	*42.675,00*
Summe:					*12.077,32*	*305.980,00*	*318.057,32*
	+ 8,5 % Zuschläge TFK, STU,Verwk 1				*1.026,57*	*26.008,30*	*27.034,87*
Ist-Kosten:					*13.103,89*	*331.988,30*	*345.092,19*
Pos.	**Leistung**	**Menge**	**Einh.**	**8/Einh.**	**8 heute**	**bis gestern**	**Gesamt**
3.0	*005 Borde*	*250,000*	*m*	*19,15*	*4.787,50*		
	006 Zul. Bogen	*15,000*	*m*	*6,58*	*98,70*		
	007 Rinne	*250,000*	*m*	*21,76*	*5.440,00*		
	008 Stz-Rohre	*33,000*	*m*	*81,13*	*2.677,29*		
	009 Str.-Ablauf	*3,000*	*St*	*382,9*	*1.148,79*		
	010 Aufsatz f. Str.-Ablauf	*3,000*	*St*	*148,8*	*446,28*		
Summe Leistung:					*14.599*	*342.563*	*357.162*
	Ergebnis +/-				*1.495*	*10.575*	*12.069*

Abb. 6.8: Tagesberichte Soll-/Ist-Vergleich

Bei dieser Arbeit hilft uns wieder unser Baustellencomputer:

Nach Eingabe der Lieferscheine können Listen für Kontrolle, Buchhaltung, Bauabrechnung und Materialnachweise erstellt werden.

Nach Übernahme der Geräte- und Materialkosten, sowie der Einheitspreise aus der Arbeitskalkulation, werden die vom Meister ermittelten Mengen für den Aufwand täglich eingegeben und aufaddiert. Die geleisteten Mengen werden nur eingegeben, wenn ein tägliches Aufmaß möglich ist. Sonst werden periodisch Leistungsaufnahmen durchgeführt und das Ergebnis eingegeben. Der Vorteil der EDV ist, dass die Eingaben des Vortages einfach dupliziert werden können, die Werte der Arbeitskalkulation automatisch benutzt werden können und die Berechnung durchgeführt wird. Der Nachteil ist, dass diese Arbeit nicht zeitnah ist und der Meister sich damit nicht identifiziert, wenn der Bauführer diese Arbeit nicht täglich für seine Meister durchführen kann. Die Eingabe in der EDV ermöglicht nicht nur den Ausdruck des täglichen Soll-/Ist-Vergleiches (Abb. 6.9), sondern diverser tabellarischer und grafischer Auswertungen (Abb. 6.10).

Der Bauablauf kann ebenfalls mit EDV kontrolliert werden, indem der Ist-Bauablauf eingegeben wird (Abb. 6.11) und eine Neuplanung aufgrund der erbrachten Leistungen erstellt wird (Abb. 6.12).

BEISPIEL »*AUSBAU DER K-STRAßE*«

Beim IST-Bauablauf (Abb. 6.11) wurde mit dem oberen schwarzen Balken eingetragen, wie weit die Arbeiten bis zum 29. September fortgeschritten waren. Es zeigt sich, dass der Frostschutz *zu langsam (Probleme beim Materialantransport) war, es fehlen noch zwei Tagewerke. Die Bordsteine waren hingegen drei Tage früher fertig als geplant (Kolonne stärker besetzt als geplant).*

O. g. Abweichungen des Bauablaufes machen eine Neuplanung (Abb. 6.12) erforderlich:

- *Frostschutz*: Hierfür müssen noch zwei Tage eingeplant werden. Die Probleme beim Materialtransport wurden abgestellt.
- *Bordsteine:* Durch die Verzögerungen beim *Frostschutz* ergibt sich eine Wartezeit. Am 5. Oktober können die Arbeiten wieder aufgenommen werden.

Ziel der Baustellenkontrolle ist die Aktualität. Diese hängt davon ab, inwieweit die Meister auf der Baustelle mit EDV ausgerüstet sind.

Soll-/Ist-Vergleich EDV			Bau-Nr.:					Seite: 1
			Baustelle: **Ausbau der K-Strasse alle Kolonnen**					
Bauführer/Meister: **Schulze**			Datum:					
Nr.	**Bezeichnung Kosten**	**K**	**Menge**	**Einh.**	**8/Einh.**	**8 heute**	**bis gestern**	**Gesamt**
1	Lohnstunden	L	183	Std.	25,00	4.575,00		
900	Gemeinkosten		183	Std.	16,00	2.928,00		
901	Meisterstunden	M	9	Std.	22,50	202,50		
Summe Lohn- und Gemeinkosten:			183				1937 h	2120 h
						7.705,50	84.772	92.478
3333	Lader L6+Hecklöffel	E	1,000	AT	172,50	172,50		
3524	Rüttl. DVU 6010	E	1,000	AT	46,50	46,50		
9401	Bauwagen 8 M	E	1,000	AT	12,50	12,50		
9402	Bauwagen 6 M	E	1,000	AT	10,50	10,50		
9403	Sanitärwagen	E	1,000	AT	26,00	26,00		
Summe Geräte:						268,00	30.811	31.079
Summe:	**Betriebsstoffe**					0,00	4.250	4.250
2801	Beton		15,000	m^3	49,00	735		
2851	Mörtel		4,000	m^3	55,00	220		
3401	Stz-Rohr DN 200/2000 »K«		33,000	m^3	14,50	479		
3454	Stz-Rohr-Bogen DN 200 »L«		4,000	St	25,50	102		
3464	Stz-Rohr-Gelenkstück DN 200		4,000	St	67,50	270		
4526	Verzinkter Eimer A 2 »Lang« DI		4,000	St	17,25	69		
4631	BEGU-Aufsatz 500/500 »C«		4,000	St	90,00	360		
5021	B. Bordstein 12/15/25 BV		235,000	m	4,00	940		
5091	B. Bogenstein 12/15/25 BV		15,000	m	5,20	78		
5021	B.-Pflaster 16/16/14		3000,000	St	0,25	750		
8103	BN-Teile f. S tr.Ablauf-Längsrekord		4,000	St	30,33	121		
Summe Material:						**4.124**	**143.472**	**147.596**
Summe Fremdleistungen:						**0,00**	**42.675**	**42.675**
Summe:						**12.097,32**	**305.980**	**318.077**
	+ *8,5 %* Zuschläge TFK, STU, Verwk 1					**1.028,27**	**26.008**	**27.037**
Ist-Kosten:						**13.125,59**	**331.988**	**345.114**
Pos.	**Leistung**		**Menge**	**Einh.**	**8/Einh.**	**8 heute**	**bis gestern**	**Gesamt**
3.0005	Bordsteine A5		250,000	m	19,15	4.787,50		
3.0006	Zulage Bogensteine		15,000	m	6,58	98,70		
3.0007	2-zeilige Rinne setzen		250,000	m	21,76	5.440,00		
3.0008	Stz-Rohre NW 200		33,000	m	81,13	2.677,29		
3.0009	Strassenabläufe o. Aufsatz herstellen		3,000	St	382,93	1.148,79		
3.0010	Aufsatz f. Str.-Ablauf aufsetzen		3,000	St	148,76	446,28		
Summe Leistung:						***14.599***	***342.563***	***357.162***
	Ergebnis +/-					***1.473***	***10.575***	***12.048***

Abb. 6.9: Soll-/Ist-Vergleich

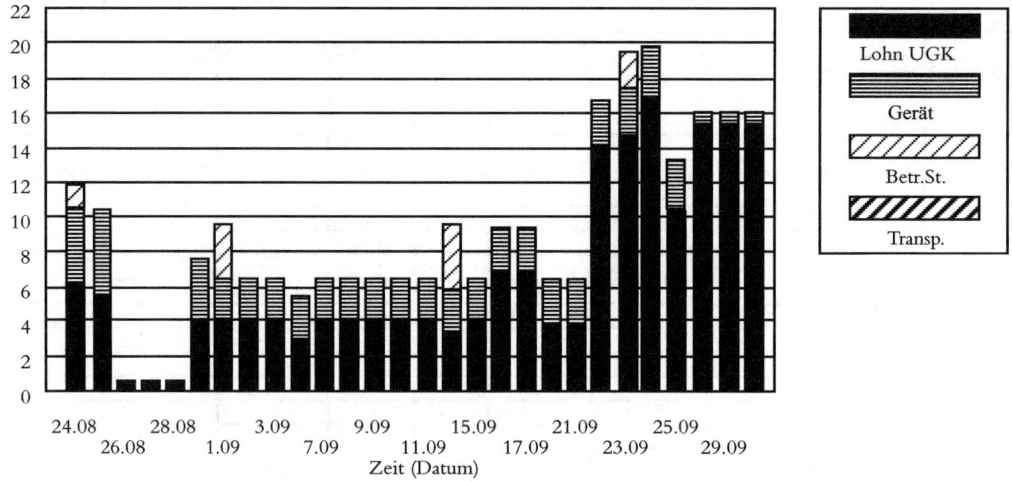

Abb. 6.10: Grafische Auswertung der Arbeitskosten

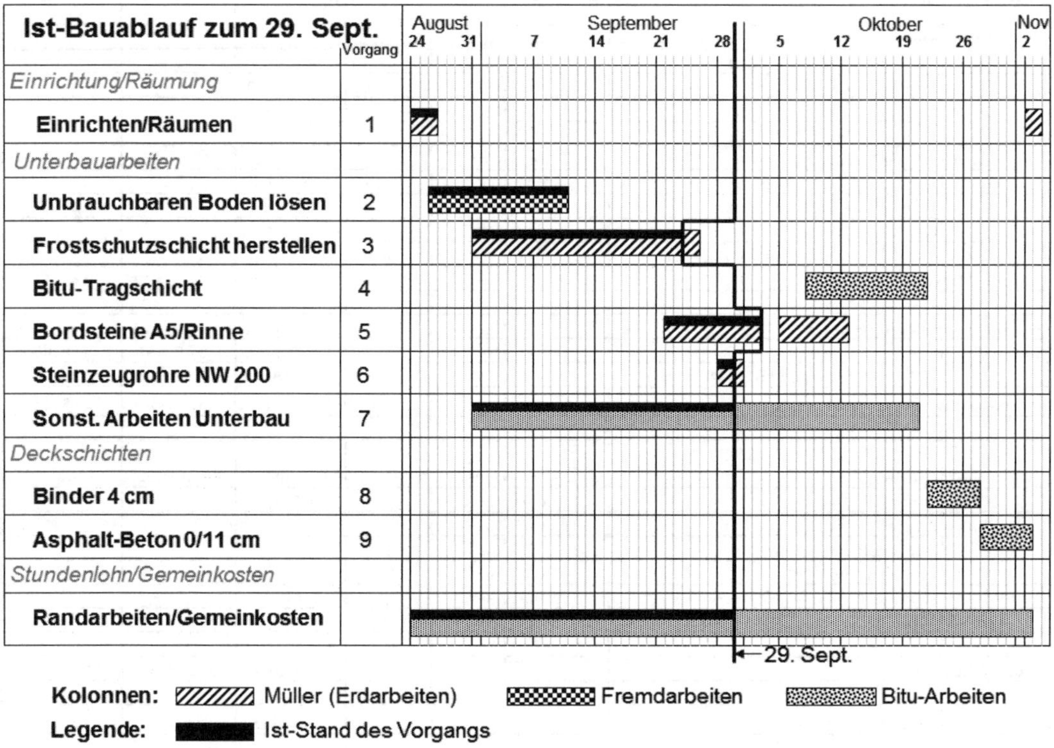

Abb. 6.11: Der Ist-Bauablauf

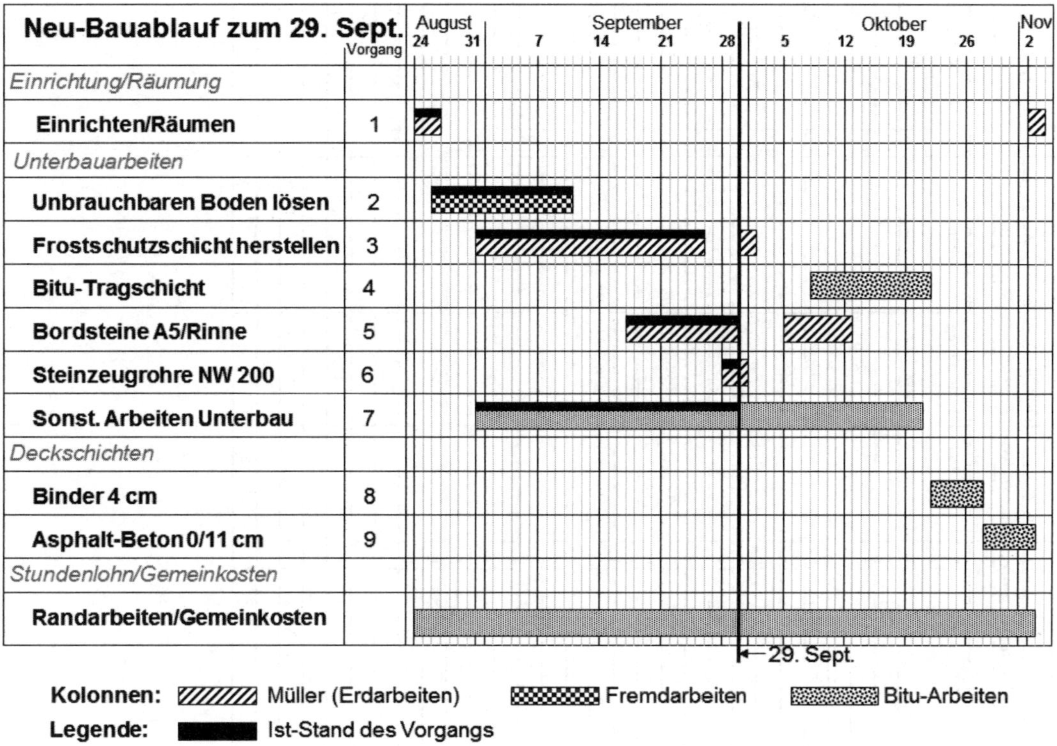

Abb. 6.12: Neuplanung des Bauablaufs

6.5 Soll-/Ist-Vergleiche mit EDV und Betriebsabrechnung

6.5.1 Soll-/Ist-Vergleich der Hauptkostenarten

Aus Arbeitskalkulation und monatlicher Leistungsaufnahme fällt als »Abfallprodukt« eine nach Kostenarten unterteilte Soll-Auswertung ab. Wird diesen Soll-Werten der ebenso aufgeteilte Aufwand der Baustelle aus der Baubetriebsrechnung (Ist) gegenübergestellt, werden Abweichungen in den Kostenarten sofort deutlich. Diese einfache Kontrolle gibt Hinweise auf evtl. Fehler bei der Leistungsaufnahme oder bei der Verbuchung bzw. auf Verlustquellen bei der Bauausführung (Abb. 6.13).

Dieser Soll-/Ist-Vergleich ist jedoch nur aussagefähig, wenn alle Positionen der Leistungsaufnahme in die einzelnen Kostenarten aufgeteilt sind. Es genügt daher nicht, nur Rückstellungen vorzunehmen, sondern jede in der Arbeitskalkulation nach ihren Kostenarten aufgeteilte Position muss mit der entsprechenden Leistungsmenge bewertet werden. Die Leistungsberichtigungen müssen den entsprechenden Positionen zugeordnet und auch die Leistungen für Dritte müssen nach Kostenarten aufgeteilt werden.

Der Ausdruck des »Ist« kann für jede Baustelle jeden Monat automatisch erstellt werden. Das »Soll« kann nur für die Baustellen erstellt werden, bei denen oben beschriebene Voraussetzungen vorliegen.

Dieser Soll-/Ist-Vergleich ist der einfachste und daher für einen Überblick über die Baustelle am besten geeignet.

	Baustellencontrolling im Straßenbau					Proj-Nr: CONTA			Seite: 1
	Ausbau der K-Strasse		**** Soll-Ist-Vergleich Haupt-Kostenarten**				**Werte in**		******
	Bauführer: Schulze Summe Arb.k.: 881 385,50 RUES Arb.k.: 2,4 %	**Gemein-kosten (8)**	**SOLL-Kalk per (8)**	!	**IST-**	**Buchhaltung per (8)**	**monatlich**	!	**Differenz per (8)**
	Arbeitsstunden	133,000	1.084	!	968	1.060		!	24
	Mittellohn ASL	25,00	25,00	!	25,00	25,00		!	0
KOA 10	Lohn	3.313	54.182	!	-47.926	-53.006	15,2	!	1.176
	Geräte eigene			!	-24.921	-31.079		!	
	Geräte fremde			!	0	0		!	
KOA 40	Geräte	2.390	30.824	!	-24.921	-31.079	8,9	!	-255
KOA 30	Betriebsstoffe		3.547	!	-3.977	-3.977	1,1	!	-430
KOA 70	Fremdarbeiten		43.341	!	-31.125	-42.675	12,3	!	666
	Arbeitskosten	5.703	131.894	!	-107.949	-130.737	37,5	!	1.157
KOA 20	Baustoffe		149.290	!	-139.360	-147.595	42,4	!	1.695
KOA 80	Nachunternehmer			!				!	
	Einzelkosten	5.703	281.184	!	-247.309	-278.332	79,9	!	2.852
	(Aufsichtskosten)			!				!	
	(Bauführungskosten)			!				!	
	(Lohnnebenkosten)			!				!	
	(KGW)			!				!	
	(Sonstiges)			!				!	
KOA 60	Allgemeine Kosten	67.333	67.333	!	-62.977	-69.605	20,0	!	-2.272
KOA 50	Baustellen-Ausstattung			!				!	
	(Nicht zuzuordn. Konto)			!				!	
	(Schadensfälle)			!		-500	0,1	!	-500
	Herstellkosten (Aufwand)	73.036	348.517	!	-310.286	-348.187	100,0	!	330
				!				!	
	Leistung (Ertrag)		357.172	!	318.270	357.172	100,0	!	
	RUES (Soll : 2,4 %)		8.655		7.984	8.985	2,5		0,1 %

Abb. 6.13: Soll-/Ist-Vergleich nach Kostenarten

6.5.2 Soll-/Ist-Vergleich der Einzelkostenarten und -mengen

Auch diese Soll-Aufstellung (Abb. 6.14) ist als »Abfallprodukt« zu erhalten. Es werden alle Einzelkostenarten mit ihren Mengen zum Stichtag ausgedruckt. Die Arbeitskalkulation aller Positionen muss jedoch in der beschriebenen Weise erfolgt sein.

Von der Baubetriebsrechnung erhalten wir das »Ist« für alle Baustellen zum gleichen Stichtag. Da die Buchhaltung jedoch nicht alle Einzelkostenarten extra verbucht, sondern in Konten sammelt, müssen für einen Soll-/Ist-Vergleich die Einzelkostenarten im Soll nach diesen Konten zusammengefasst werden. Da der Ausdruck dieser Zwischensummen viel Papier verbraucht und für die Kontrolle das Einzelmaterial betrachtet werden muss, erfolgt z.Zt. im vorliegenden Fall noch keine Zusammenführung zu einem Soll-/Ist-Vergleich. EDV-mäßig ist dies kein Problem. In der Praxis ist jedoch die übereinstimmende Zuordnung zu Kostenartengruppen fehleranfällig:

- Im Soll (technische Seite) müssen die Kosten in der Art ihres tatsächlichen Auftretens zugeordnet sein. Z.B. müssen Leistungen, die als Fremdleistungen ausgeführt werden, auch im Soll als Fremdleistung dargestellt sein. Da sich Verschiebungen von einer Kostenart zur anderen auch erst während der Ausführung ergeben können, ist es äußerst wichtig, die Arbeitskalkulation entsprechend aktuell zu halten.
- Im Ist (kaufm. Seite) können abweichende Zuordnungen aus mehreren Gründen vorkommen:
  - Sehr verschiedene Artikel verschiedener Kostenarten auf einer Rechnung,
  - ungenügende oder missverständliche Definition auf der Rechnung,
  - falsche Interpretation der Rechnung aufgrund fehlender Erfahrung oder Information,
  - grundsätzlich andere Auffassung von Kostenartendefinition,
  - versehentlich falsche Kontierung.

Diese Fehlerquellen lassen sich verbessern durch:

- Aktualisierung des Soll,
- Rückfragen bei der Bauleitung in schwerwiegenden Zweifelsfällen,
- ausreichende Beschreibung der kaufm. Kostenart, um den Artikelbereich deutlich zu machen,
- Abstimmung zwischen kaufm. und techn. Seite in grundsätzlichen Fragen,
- Vorkontierung von Lieferscheinen durch die Baustelle.

Es bleiben jedoch Differenzen bestehen, deshalb benötigt diese Art des Controllings ständige Betreuung.

	Baustellencontrolling im Straßenbau				Proj-Nr: CONTA		Seite: 1
	Ausbau der K-Strasse	**** Kostenarten-Summen (Arbeitskalk.)** per: .... **Werte in** 8 **					
Kostenarten Nr.	**Bezeichnung**	**Verrechn.-satz**	**LE-Mengen**	**ME**	**Kosten**	**in % KOA**	**in % HK**
10	Lohn ASL		2.159,77	H	53.994,18	100,00	
**	Lohn ASL				53.994,18	100,00	15,51
31	Betriebsstoffe in 8H	8,80	401	10kw	3.527,39	100,00	
**	Betriebsstoffe				3.527,39	100,00	1,01
42	VW-Bus DOKA	0,40	1.350	km	540,00	1,76	
G..2901	Tieflader 28 t	75,00	23,98	H	1.798,50	5,86	
G..2911	Lkw 12 t	40,00	71,93	H	2.877,20	9,38	
G..3154	Bagger MH 4	253,00	3,00	AT	759,00	2,47	
G..3303	Raupe PR721	364,00	19,29	AT	7.021,56	22,90	
G..3361	Grader G 8	333,50	19,29	AT	6.433,22	20,98	
G..3524	Rüttl. DVH 6010	46,50	22,29	AT	1.036,49	3,38	
G..3612	Walze Alex. 128	423,00	19,29	AT	8.159,67	26,61	
G..5601	Wasserwagen	17,00	19,29	AT	327,93	1,07	
G..9401	Bauwagen 8 M	12,50	81,00	AT	1.012,50	3,30	
G..9421	Sanitärwagen 6M	26,00	27,00	AT	702,00	2,29	
**	Geräte				30.668,06	100,00	8,81
70	Fremdarbeit				666,00	1,54	
71	Fremde Erdarbeiten				42.675,00	98,64	
**	Fremdarbeit				43.341,00	100,00	12,45

Abb. 6.14a

	Baustellencontrolling im Straßenbau				Proj-Nr: CONTA		
	Ausbau der K-Strasse	** **Kostenarten-Summen (Arbeitskalk.)** per: .... **Werte in** 8 **					
Kostenarten Nr.	**Bezeichnung**	**Verrechn.-satz**	**LE-Mengen**	**ME**	**Kosten**	**in % KOA**	**in % HK**
20	Baustoffe				666,00	0,45	
S..1311	Frostschutzkies 0/32 ZTVE	5,00	24.886,25	t	124.431,25	83,35	
S..2801	Fertigbeton B 10 K1	50,00	178,92	m3	8.946,00	5,99	
S..2851	Zementmörtel	55,00	0,50	m3	27,50	0,02	
S..3404	Stzg-Rohr DN 200/2000 »K«	14,50	99,00	m	1.435,50	0,96	
S..3454	Stzg-Rohr-Bogen DN 200 »L«	25,50	9,90	St	252,45	0,17	
S..3464	Stzg-Rohr-Gelenkstück DN 200 »L«	67,50	9,90	St	668,25	0,45	
S..4502	Boden 1 A	7,50	9,00	St	67,50	0,05	
S..4512	Zwischenteil 6 A	5,50	9,00	St	49,50	0,03	
S..4516	Schaftkonus 11	7,50	9,00	St	67,50	0,05	
S..4519	Auflagering 10 B Längsrekord	5,00	9,00	St	45,00	0,03	
S..4526	Verzinkter Eimer A 2 »Lang« DIN	17,25	9,00	St	155,25	0,10	
S..4631	BEGU-Aufsatz 500/500 »C«	90.00	9,00	St	810,00	0,54	
S..5021	B.-Bordstein 12/15/25 BV	4,00	1.551,00	m	6.204,00	4,16	
S..5091	B.-Bogenstein 12/15/25 BV	5,20	99	m	514,80	0,34	
S..5201	B.-Pflaster 16/16/14	0,25	19800	St	4.950,00	3,32	
R..8103	BN-teile F.Str.Ablauf-Längsrekord H = 10	30,33	9	St			
**	Baustoff				149.290,50	100,00	42,88
60	Allgem. Kosten				67.333,00	100,00	
**	Allgem. Kosten				67.333,00	100,00	19,34

Abb. 6.14: Sollaufstellung der Kostenarten

6.5.3 Stunden-Soll-/Ist-Vergleich

Für den Stunden-Soll-/Ist-Vergleich müssen die Positionen nach einem Bauarbeitsschlüssel (BAS) unterteilt werden.

Um die Ist-Stunden-Werte zu erhalten, müssen von den Meistern auf der Baustelle Tagesberichte geführt werden.

Es ist auch eine unterschiedliche Aufteilung der Positionen nach BAS im LV und in der Berichterstattung des Meisters möglich, wenn diese zu den BAS-Summen zusammengeführt werden.

Die Problematik des Stunden-Soll-/Ist-Vergleichs im Straßenbau liegt darin, dass bei Geräten und Steinsetzarbeiten in den gleichen Positionen während des Bauablaufs je nach den Bedürfnissen der Baustelle zwischen Eigen- und Fremdarbeit gewechselt werden kann. Um einen brauchbaren Vergleich zu erhalten, muss deshalb in der Leistungsaufnahme für die betreffenden Positionen berichtet werden, welche Massen jeweils in Eigen- oder Fremdarbeit ausgeführt wurden. Dieser große Arbeitsaufwand macht den Stunden-Soll-/Ist-Vergleich bis auf wenige Einzelfälle im Straßenbau unwirtschaftlich. Er wird daher kaum angewandt.

6.6 Schlussbetrachtung

Die EDV hat sich auch für Straßenbaustellen als ein wichtiges Hilfsmittel für Planung, Abrechnung und Kontrolle erwiesen. Da jedoch die Massen nicht so eindeutig vorzuplanen sind, wie für die aufgehenden Bauteile des Ingenieurbaus, muss die Planung flexibler bleiben. Eine gute Arbeitskalkulation ist die Basis für die Planung. Die Detailplanung und kurzfristige Bauablaufkontrolle erfolgt heute noch weitgehend manuell. Erst die Abrechnung und die Soll-/Ist-Vergleiche werden wieder mit der EDV durchgeführt. Der Einsatz von Notebooks, Tablets sowie Smartphones als Baustellencomputer ermöglicht die EDV-Anwendung am Arbeitsplatz – auf der Baustelle.

6.7 Werkzeuge

Online stehen folgende MS Excel-Tabellen zur Verfügung. Sie können als Muster für eigene firmenspezifische Tabellen wie auch zum Nachvollziehen der Beispiele herangezogen werden:

1. Excel: Arbeitskalkulation für Position: Frostschutz herstellen
2. Excel: Auswertung der Kostenartensummen einer Musterbaustelle Teil 1
3. Excel: Auswertung der Kostenartensummen einer Musterbaustelle Teil 2
4. Excel: Arbeitsverzeichnis nach BAS einer Musterbaustelle
5. Excel: Positionsliste (Pendelliste) für RE- und LE-Mengen
6. Excel: Auswertung Leistungsstand
7. Excel: Täglicher Soll-/Ist-Vergleich auf der Baustelle
8. Excel: EDV-Auswertung: Täglicher Soll-/Ist-Vergleich auf der Baustelle

9. Excel: Soll-/Ist-Vergleich der Hauptkostenarten
10. Excel: Soll-Mengen und Kosten gemäß Leistungsmeldung Teil 1
11. Excel: Soll-Mengen und Kosten gemäß Leistungsmeldung Teil 2

7. Controlling im Tunnelbau

Axel Blindow, Wolfgang Tockner

Inhalt

7.1 Einleitung

Die Entscheidungsträger auf der Baustelle müssen mit den wesentlichen Informationen über das Baugeschehen versorgt werden. Die Analyseinformationen aus dem baubetrieblichen Controlling sollen dem Verantwortlichen dabei helfen, die Situation und die Entwicklung in seinem Entscheidungsbereich auf der Baustelle jederzeit technisch und wirtschaftlich so umfassend beurteilen zu können, dass das Risiko von Fehleinschätzungen und damit verbundenen Fehlentscheidungen minimiert wird.

Um dieser Aufgabe gerecht zu werden, wird ein Informationssystem benötigt, welches aufgrund des Umfanges der Datenbasis und der erforderlichen Schnelligkeit computergestützt sein muss. Das Controlling sollte nicht nur in der Lage sein, Abweichungen von Planwerten aufzuzeigen, sondern sollte darüber hinaus auch eine entsprechend detaillierte Ursachenanalyse zulassen.

Im ersten Abschnitt werden die Anforderungen an ein baubetriebliches Controlling dargestellt. Anschließend werden zwei Praxisbeispiele vorgestellt. Die vorgestellten Lösungen ermöglichen es, mit relativ geringem Aufwand ein äußerst flexibles Informationssystem für den Einsatz auf der Baustelle einzurichten, das die oben gestellten Anforderungen erfüllt.

Grundanforderung an ein Baustellencontrolling

Wichtige Leitsätze sind:

... die richtige Information:

Die richtige Information bedeutet dabei, sich möglichst auf Informationen über diejenigen Größen zu beschränken, die beeinflussbar und steuerbar sind. Die Auswertungen sollten auf den Informationsempfänger zugeschnitten sein. Sie sollte nur soviel Information wie nötig und so wenig wie möglich enthalten.

... mit vertretbarem Aufwand erfasst und bearbeitet:

Der Aufwand, der zur Erfassung und Aufbereitung der Controlling-Daten betrieben wird, sollte stets nach Kosten/Nutzenüberlegung erfolgen. Je größer für die Bauunternehmung das technische und/oder wirtschaftliche Risiko einer Fehlentscheidung aufgrund einer Fehlbeurteilung eines Bauablaufes ist, desto genauer sollte der Prozess über das Controlling-System überwacht werden.

... zur richtigen Zeit:

Zwischen dem Beginn einer Fehlentwicklung bis zu ihrem Erkennen vergeht Zeit. Weitere Zeit verstreicht bis die Fehlerursachen eingegrenzt, die Korrekturmöglichkeiten analysiert und wirksame Korrekturmaßnahmen eingeleitet sind – und greifen. Jeder zusätzliche Tag, an dem eine Fehlentwicklung unerkannt weiterläuft, verschlechtert das Baustellenergebnis und vergrößert den Aufwand für Korrekturmaßnahmen. Ziel des Baustellen-Controllings muss es daher sein, wesentliche Trends so früh wie möglich zu erkennen und zu analysieren.

... der richtige Entscheidungsträger:

Der Inhalt sowie der notwendige Detaillierungsgrad der Controlling-Auswertungen hängen vom Empfänger der Informationen ab. Ein Polier benötigt zur Beurteilung seines Verantwortungsbereiches andere Informationen über das Baugeschehen als ein Bauleiter oder der Projektleiter.

Warum nicht die Abrechnung oder Kostenrechnung als Basis für ein operatives baubetriebliches Controlling verwenden?

Die aus den monatlichen Abrechnungen gegenüber dem Auftraggeber und der Kostenrechnung abgeleiteten Informationen eignen sich in der Regel nicht für die Zwecke eines baubetrieblichen Controllings. Dafür sind vor allem zwei Faktoren verantwortlich: Die Auswertungen stehen einerseits **zu spät** zur Verfügung und sind andererseits für viele Fragestellungen des Controllings sowohl inhaltlich als auch zeitlich **zu global**.

- Zu spät sind die Auswertungen, da die Daten der Kostenrechnung in der Regel erst zur Mitte des Folgemonats zur Verfügung stehen.
- Zu global sind die Informationen, da sie in Summe über den ganzen Abrechnungszeitraum vorliegen und darüber hinaus auch nicht weit genug nach einzelnen Tätigkeiten und Bauabläufen aufgegliedert werden können.

Positive und negative Einflüsse gleichen sich so in Summe oft aus. Genaue Ursachenanalysen mit Hilfe der vorliegenden Informationen sind nur sehr beschränkt möglich.

Die zentrale Information, nämlich wo und wodurch Verluste entstehen, ist nicht verfügbar, wenn in einem Abrechnungszeitraum einer Tunnelbaustelle mehrere Vortriebe mit mehreren Teilausbrüchen in mehreren Ausbruchklassen laufen und die zur Verfügung stehenden Analysedaten wie Stunden- und Materialaufwand nur als Summenwerte vorliegen.

7.2 Mehrdimensionale Controlling-Daten

Ziel von baubetrieblicher Controllingsoftware muss sein, aussagekräftige Auswertungen zu erhalten, um daraus

- Abweichungen der Ist-Daten von den Vorgabewerten (Sollwerten), sowie deren zeitliche Entwicklung aufzuzeigen,
- eine gezielte Ursachenanalyse der Abweichungen zu ermöglichen,

- die weitere Entwicklung (Trend) vorherzusehen und
- zeitgerecht Maßnahmen zu ergreifen.

Dazu ist eine laufende zeitliche Beobachtung des Arbeitsablaufes sowie der Randbedingungen, die die Leistung und den Aufwand beeinflussen, notwendig. Diese Zusatzinformationen sollen Aufschluss über die möglichen Fragestellungen geben können, die im Zuge der Datenanalyse auftreten, zum Beispiel:

- bei welcher Tätigkeit der Aufwand entstanden ist,
- wo er entstanden ist,
- wann er angefallen ist,
- wer die Ausführenden waren,
- nach welchen Verfahren die Tätigkeit ausgeführt worden ist.

Es muss außerdem überprüft werden, ob die Annahmen, die im Zuge der Kalkulation bei der Herleitung der Vorgabewerte getroffen worden sind, bei der Ausführung überhaupt zutreffen.

Dies trifft auf Annahmen über

- das Bauverfahren oder die Ausführungsmethode genauso zu wie z. B. über
- das Gerätekonzept/die Gerätebestückung,
- die Wahl des Materials und der Hilfsmittel,
- die Qualifikation und die Erfahrung der Ausführenden oder
- äußere Einflüsse wie das Wetter, die Temperatur, etc.

Falls es während der Ausführung zu Abweichungen von den in der Kalkulation getroffenen Annahmen kommt, sind deren Auswirkungen zu untersuchen und gegebenenfalls die Werte der Arbeitskalkulation anzupassen.

In der Folge wird anhand von zwei konkreten Software-Programmen erläutert, wie Baustellen-Controlling bei Tunnelvortrieben und Linienbaustellen umgesetzt werden kann.

7.3 Praxisbeispiel 1: Tunnelvortrieb

Beispiel 1 schildert die Vorgehensweise der detaillierten Datenerfassung und Auswertung von Leistungs- und Aufwandsdaten unter Miteinbeziehung der eben beschriebenen Zusatzinformationen bei einem Tunnelvortrieb mit der Software TUNNEL-EDOC.

Im Mittelpunkt der Betrachtung stehen die Aufwandsdaten, deren Entwicklung mit dem Controlling überwacht werden sollen. Theoretisch könnten mit dem vorliegenden Controlling-Konzept alle Kostenarten und Tätigkeiten, die auf der Baustelle anfallen, beliebig detailliert erfasst und überwacht werden. Sinnvollerweise wird man sich bei einem baubetrieblichen Controlling jedoch auf diejenigen Aufwandswerte beschränken, deren Verbrauch während der Bauausführung noch steuerbar und beeinflussbar sind.

Es kann nicht Ziel eines baubetrieblichen Controllings sein, die Buchhaltung tagesaktuell nachzubilden.

Folgende Einsatzziele können mit TUNNEL-EDOC (**Tunnel**daten **E**rfassen – **D**okumentieren – **O**ptimieren – **C**laimmanagement) erreicht werden:

Erfassen der Vortriebsleistung

- in den gebräuchlichen **Internetexplorern**,
- einfach zu bedienende Eingabemasken,
- frei definierbare Teiltätigkeiten und deren Abfolge aufgrund der Arbeitsvorbereitung,
- frei definierbarer Materialeinsatz aufgrund der Arbeitsvorbereitung,
- Eingabekontrollen zur Verringerung der möglichen Fehlerquellen.

Dokumentieren der Vortriebsleistung

- Ablagemöglichkeit der einzelnen Vortriebsdiagramme in Datenform (XML-Datei),
- Ablagemöglichkeit der einzelnen Vortriebsdiagramme als PDF-Datenausdruck (Diagrammform),
- Ablagemöglichkeit der einzelnen Vortriebsdiagramme als Papierausdruck (Diagrammform),
- Befüllen beliebig wählbarer Datenbanken.

Optimierung der Vortriebsleistung und Ausführungsqualität

- durch Analyse der Einzelaktivitäten der Abschlagszyklen,
- durch Analyse der Nebenarbeiten,
- durch Analyse der Ausfallzeiten interner Ursachen,
- durch Analyse der Ausfallszeiten externer Ursachen,
- durch flexible, frei definierbare Analysemöglichkeit von Zusatzaktivitäten, Materialien, etc.,
- durch Leistungsvergleiche zwischen den Vortriebsdritteln,
- durch Kontrolle wesentlicher Verbrauchsmengen (Spritzbeton, BE-Mittel, Anker, etc.).

Claimmanagement (Grundlage für Nachtragsforderungen bei Abweichungen)

- zeitgerechte Nachtragserstellung auf Grund der Verfügbarkeit der relevanten Daten,
- zeitgerechte Nachtragserstellung auf Grund der Nachvollziehbarkeit der relevanten Daten.

Das **Informationssystem** erfüllt folgende Voraussetzungen:

- Zuordnung und Abgrenzung der Ist-Daten zu den einzelnen Vortriebsdritteln, Teilausbrüchen, Teiltätigkeiten und/oder Ausbruchsklassen,
- Vergleich der Ist-Daten mit Vorgabewerten aus der Arbeitskalkulation auf Basis der Abschlagszyklen,
- Einbeziehung von Qualitätskriterien wie z. B. Materialverbräuche.

Grundsätzliches zur Datenerfassung und Dokumentation

Ziel muss es sein, die Dokumentation, die der Auftraggeber verlangt und die auch für innerbetriebliche Nachkalkulationen und eventuelle Nachtragsforderungen benötigt wird, gleich als Controllinginstrument einsetzen zu können. Der sich daraus ergebende Vorteil besteht zum einen darin, dass Daten nicht doppelt erfasst werden (Reduktion der Datenmenge), und zum anderen, dass zusätzliche Fehlerquellen ausgeschaltet werden.

Bisher war es oft so, dass die Vortriebsdokumentation händisch in Vortriebsdiagrammen aufgezeichnet und dann wieder manuell in eine Datenbank zur Auswertung übertragen wurde. Die relevanten Vortriebsdaten werden nun eingegeben und können auf Knopfdruck als Vortriebsdiagramm ausgedruckt werden. Ein weiterer Vorteil besteht darin, dass die Daten gleich für die Datenbankauswertung zur Verfügung stehen. Damit ist die Dokumentation gegenüber dem Auftraggeber erfüllt, und gleichzeitig besteht die Möglichkeit, die Daten auszuwerten, um möglichen Abweichungen gegenüber dem Soll-Zustand gegenzusteuern.

Abb. 7.1 zeigt die Eingabemaske, die anstelle des Vortriebsdiagramms ausgefüllt wird, und Abb. 7.2 den daraus generierten Ausdruck:

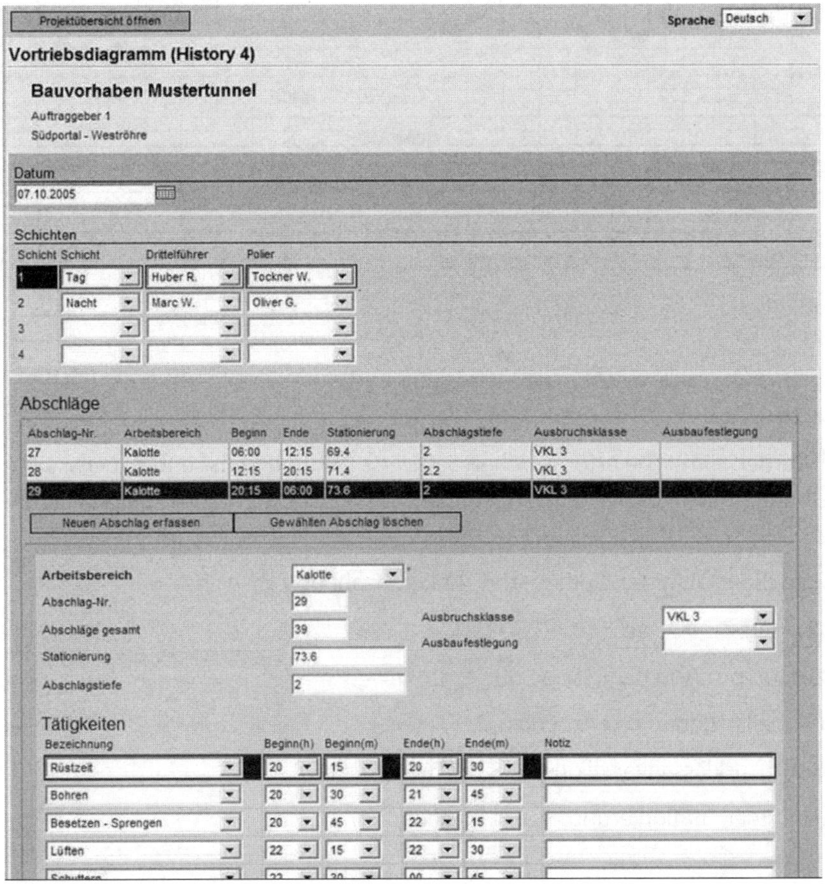

Abb. 7.1: Eingabemaske für den Vortrieb

Das Ausfüllen des elektronischen Formulars erfolgt größtenteils mittels Drop-Down-Listen, die im zugrunde liegenden Projektdatenblatt vordefiniert werden. Das Projektdatenblatt wird zu Beginn eines neuen Projektes angelegt (Projektbezeichnung, mechanischer Ausbruch, Sprengvortrieb, Ausbruchsklassen, Schichtzeiten,...), und kann bei Änderungen während der Bauzeit modifiziert werden.

Für Soll-/Ist-Vergleiche müssen die Soll-Daten in der Datenbank gesondert hinterlegt werden.

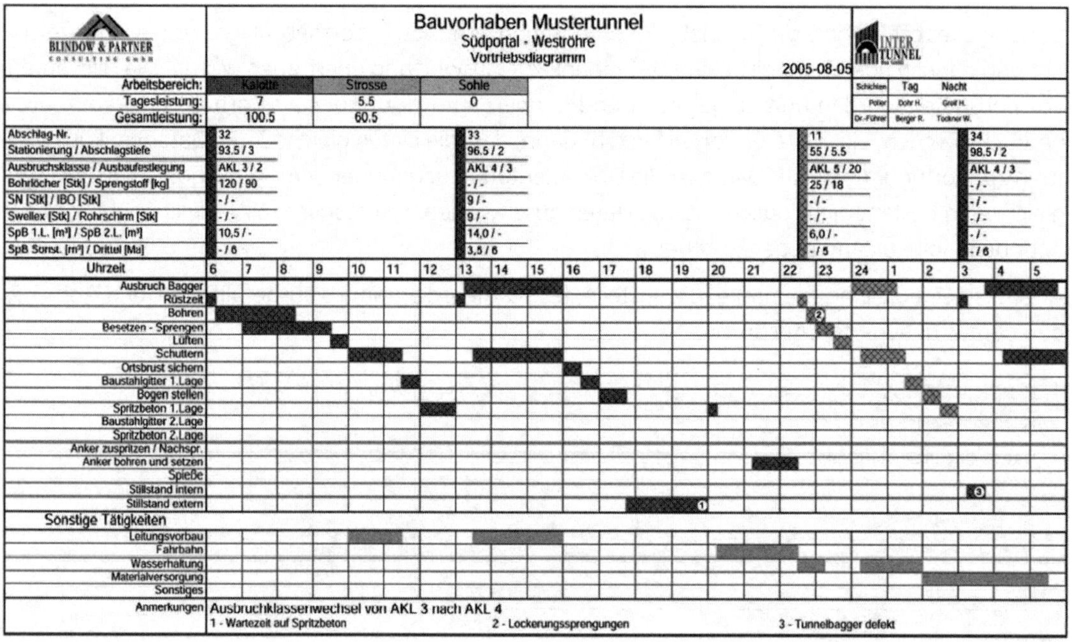

Abb. 7.2: Vortriebsdiagramm

Definition der Sollwerte

Im Auswertungsmodul werden sämtliche erforderlichen Sollwerte der Angebots- und Arbeitskalkulation und der Ausschreibung für die Auswertung eingegeben. Diese Soll-Datentabelle beinhaltet unter anderem:

- Ausbaufestlegungen (Baustahlgitter, Spritzbeton, Ankeranzahl usw.),
- Soll-Dauer pro Abschlag,
- Soll-Menge Spritzbeton pro Abschlag,
- Kalkulierte Mann-Arbeitsstunden pro Abschlag,
- Prognostizierte Ausbruchsklassenverteilung (z. B. für Trendstudien),
- Abschlagsdaten (Nummer, Stationierung, Ausbaufestlegung).

In jedem Projekt können mehrere voneinander verschiedene Sollwert-Typen angelegt werden, wie z. B. ein

- vertragliches Soll und ein
- Arbeitskalkulations-Soll,

die den Auswertungen je nach Fragestellung alternativ zur Darstellung der gewünschten Soll/Ist-Vergleiche zugrunde gelegt werden können.

Datenverdichtung und Datenanalyse

Eine wesentliche Forderung an eine Controlling-Software ist die Unterstützung von effizienten Analysefunktionen für die Datenverdichtung und Datenaufsplittung (Datenkonsolidierung und Daten-Drilldown) über mehrere Summenebenen hinweg. Hierin liegt eine besondere Stärke der mehrdimensionalen Datenbank.

Innerhalb einer Kategorie von Zusatzinformationen (= Dimension) können für beliebige Elemente Gruppensummen definiert und so über mehrere Ebenen hinweg hierarchisch Verdichtungsstrukturen aufgebaut werden.

Besteht die Zeitdimension zum Beispiel auf ihrer untersten Ebene aus Tagen (z. B. »15.1.2004« oder »20.9.2005«), so können diese Tageselemente zu Wochen oder Monaten, Monate wiederum zu Quartalen, diese wiederum zu Jahren, etc. oder zu beliebigen Projektzeitabschnitten konsolidiert werden. Da die Aufwandswerte (z. B. Kostenarten, BAS-Stunden) selbst ebenfalls in einer Dimension abgelegt sind, können auch sie über mehrere Stufen zu beliebigen Kostenarten- und BAS-Gruppen, Hauptkostenarten, etc. konsolidiert werden.

Die Definition der projektspezifischen Konsolidierungspfade erfolgt ohne jegliche Programmierung und kann während der Projektdefinition oder auch noch nachträglich erfolgen.

Die Auswertung der Daten erfolgt über beliebige Kombinationen von Dimensionselementen in beliebigen Konsolidierungsstufen.

So kann zum Beispiel eine Auswertung der Vortriebsstunden für einen bestimmten Teilausbruch und eine bestimmte Ausbruchklasse

- über alle Vortriebe in Summe oder nur einzelne Vortriebe,
- für alle Mannschaften in Summe oder nur einzelne Mannschaften,
- über einzelne Tage, Wochen, Monate oder die gesamte Projektdauer,
- für Spritzbeton-Auftrag mit händischer Düsenführung oder Einsatz eines Robojets,
- oder für beliebige Kombinationen der oben angeführten oder weiterer Selektionskriterien erfolgen.

Sind die Controllingdaten mehrdimensional verfügbar, eröffnen sich so äußerst leistungsfähige und vielseitige Möglichkeiten für die Datenanalyse.

Verfügbarkeit der Daten

Da heute jede größere Baustelle über einen Internetanschluss verfügt, kann man die erfassten Daten nicht nur direkt auf der Baustelle auswerten, sondern auch gleich in die Zentrale weiterleiten. Damit hat die Geschäftsführung zeitaktuell einen Überblick über die Vorgänge auf der Baustelle. Die Datenmenge der einzelnen Tagesaufzeichnungen ist so gering, dass das Versenden ganzer Pakete kein Problem darstellt.

Auswertungsbeispiele

Die Auswertungen können modifiziert werden:

- Auswahl von Tunnelbereichen (Stationierung) oder Datumsbereichen,
- Werte pro Abschlag, pro Laufmeter, pro Tag, pro Woche, pro Monat, pro Quartal,
- Leistungswerte je Schicht, Drittelführer oder Polier,
- Zeit-/Stundenaufwand je lfm, m^3, Bohrmeter, Stk. Anker, etc.,
- Werte pro Ausbruchsklasse bzw. Ausbaufestlegung, pro Teilausbruch,
- Auswahl von Ist- oder Sollwerten, Differenz von Soll zu Ist; Daten in Prozent, Anzahl der Abschläge pro Zeitwert anführen,
- Auswahl einer Tätigkeit, eines Abschlags, einer Woche.

Controlling der Vortriebsleistungen und Arbeitsabläufe

Die folgenden Abbildungen von Controlling-Auswertungen sollen beispielhaft die Flexibilität und die Möglichkeiten des multidimensionalen Controllingansatzes für eine Tunnelbaustelle verdeutlichen.

Auswertung der Vortriebsleistungen (Soll-Ist)

Abb. 7.3 und Abb. 7.4 zeigen einen ersten Überblick über die Vortriebsleistungen:

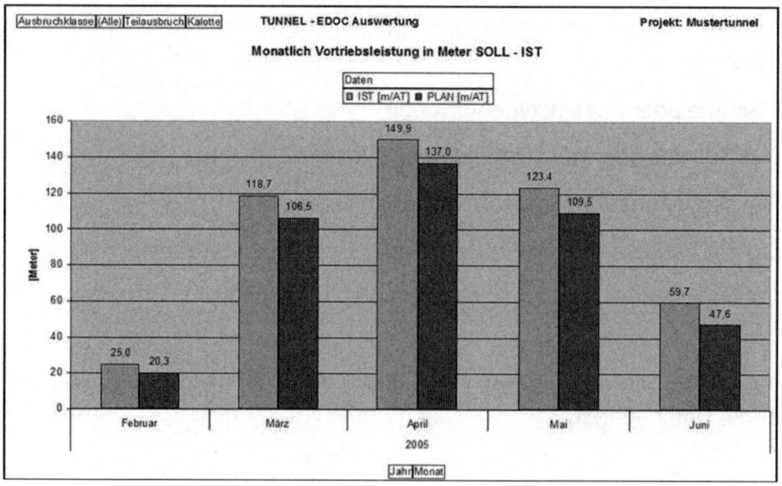

Abb. 7.3: Auswertung zur Vortriebsleistung in Meter (Soll-/Ist-Vergleich)

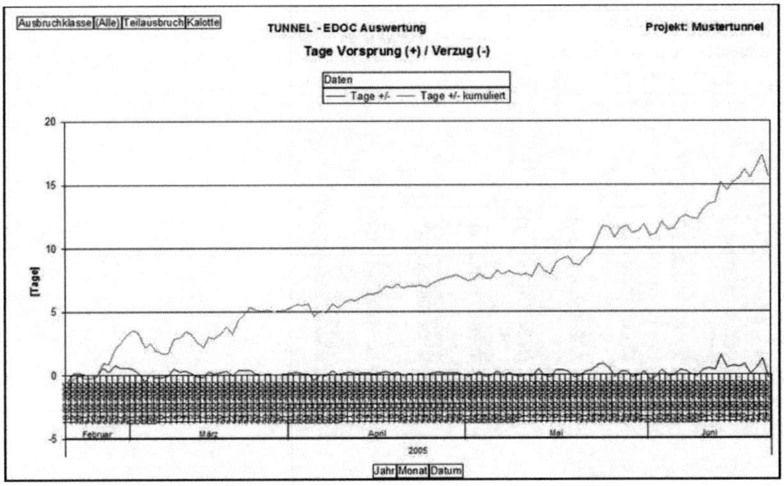

Abb. 7.4: Entwicklung der Vortriebsleistung in Tagen – Vorsprung (+) / Verzug (–)

Analysen der Abschlagsdauer

Soll-/Ist-Abweichungen der Abschlagsdauer, Teiltätigkeiten oder Trends können analysiert werden. Dazu kann der Anwender adhoc einen beliebigen Einflussparameter als Spaltenkopf und einen anderen Parameter als Zeilenkopf einer Auswertungstabelle anordnen und angeben, welche Daten in der resultierenden Tabelle dargestellt werden sollen.

Die folgende Abb. 7.5 und Abb. 7.6 zeigen hierzu eine Analyse der Abschlagsdauer in Stunden für die einzelnen Ausbruchsklassen. Zusätzlich können auch die einzelnen Schichten (z. B. Tag oder Nacht) oder auch Drittelführer oder Poliere miteinander verglichen werden.

SUMME MITTELWERT MENÜ

Vortrieb	(Alle)
Arbeitsbereich	(Alle)
Vortriebsklasse	(Alle)
Abschlagstiefe	(Alle)

				Daten		
Jahr	Monat	TagesberichtD	Abschlag Nr.	Soll-Dauer [h]	Ist-Dauer [h]	Delta Soll-Ist [h]
2005	10	07.10.2005	28	12,1	8	4,1
			29	11	9,75	1,25
			27	11	6,25	4,75
		07.10.2005 Summe		34,1	24	10,1
		08.10.2005	30	11	12,25	-1,25
			31	12,1	12	0,1
		08.10.2005 Summe		23,1	24,25	-1,15
		09.10.2005	32	11	12,25	-1,25
			33	12,1	12	0,1
		09.10.2005 Summe		23,1	24,25	-1,15
		10.10.2005	34	11	10,25	0,75
			35	12,1	9,25	2,85
			36	9,9	19,25	-9,35
		10.10.2005 Summe		33	38,75	-5,75
		11.10.2005	37	11	9,25	1,75
		11.10.2005 Summe		11	9,25	1,75
		12.10.2005	38	12,1	20,5	-8,4
			39			
		12.10.2005 Summe		12,1	20,5	-8,4
	10 Summe			136,4	141	-4,6
2005 Summe				136,4	141	-4,6
Gesamtergebnis				136,4	141	-4,6

Abb. 7.5: Abschlagsdauer (Soll-Ist)

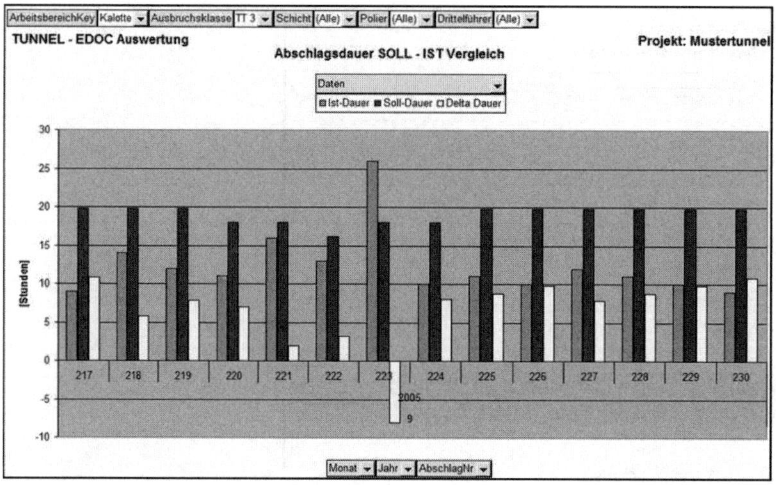

Abb. 7.6: Abschlagsdauer (Soll-Ist)

Die Auswertung der Abschlagsdauer kann bei Bedarf bis auf die einzelnen Teiltätigkeiten wie Bohren, Laden, Sprengen, Einbringen der Sicherungsmittel, Schuttern etc. heruntergebrochen werden, um Anhaltspunkte für eine Optimierung des Bauablaufes zu erhalten. Der Bauablauf selbst wird wie zuvor beschrieben in Diagrammform automatisch aus der Eingabemaske generiert. Die Untersuchung der Einzelaktivitäten gibt Aufschluss darüber, ob alle in der Arbeitsvorbereitung getroffenen Soll-Werte erreicht werden oder nicht. Wenn die Tagesleistung nicht erreicht wird, sieht man hier auf einen Blick, welcher Vorgang die Ursache dafür ist. Die dokumentierten und analysierten Werte sind auch für die Nachkalkulation und die Kalkulation neuer Projekte ein großer Gewinn.

Abb. 7.7 zeigt die Auswertung für einen Abschlag unter Berücksichtigung aller Teiltätigkeiten. Abb. 7.8 gibt einen Überblick einer bestimmten Tätigkeit über ein frei definierbares Intervall (Zeit, Tunnelmeter, Abschläge, usw.).

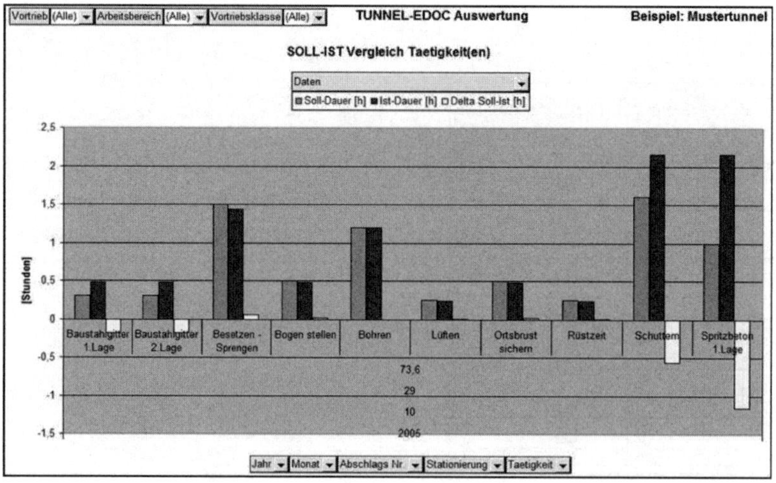

Abb. 7.7: Auswertung der Teiltätigkeiten eines Abschlags (Soll-Ist)

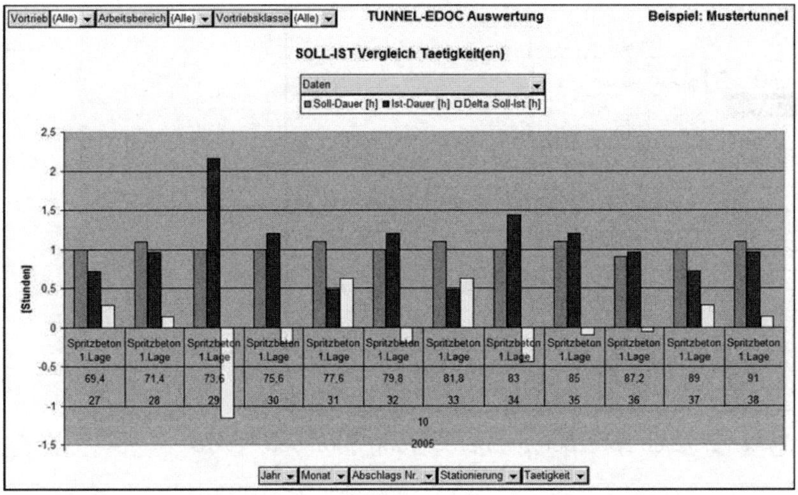

Abb. 7.8: Auswertung einer Teiltätigkeit, Vergleich ausgewählter Abschläge

Abweichungen vom Soll können zeitaktuell erkannt, die Ursachen für die Abweichung analysiert und zeitgerecht Verbesserungsmaßnahmen eingeleitet werden.

Controlling des Materialverbrauchs

Die relevanten Sollwerte des Materialverbrauchs werden in Basistabellen erfasst und den anfallenden Istwerten zugeordnet. Bei Veränderungen der Ausbaufestlegungen müssen die Sollwerte laufend angepasst werden.

Für ausgewählte Materialien können Soll-/Ist-Vergleiche erstellt werden. Im Folgenden werden Auswertungsbeispiele für Spritzbetonverbrauch im Vortrieb vorgestellt.

Sollwertdefinition Spritzbeton-/BE-Mittelverbrauch

Die Sollwerte der einzelnen Vortriebsklassen bzw. der Ausbaufestlegungen [m^3/Abschlag] werden in die Datenbank eingetragen. Bei Veränderung der Abschlagslänge wird der Sollverbrauch automatisch angepasst.

Der tatsächliche Spritzbetonverbrauch wird entsprechend seiner zeitlichen und örtlichen Verwendung in die Eingabemaske des Vortriebsdiagramms eingetragen. Die eingebauten Spritzbetonmengen werden aufsummiert und den entsprechenden Sollmengen auf Abschlagsebene gegenübergestellt.

Der Spritzbetonfaktor kann je Abschlag oder für beliebige Streckenlängen angegeben werden.

Wurde mit der Mannschaft eine Bonus-/Malusregelung für den Spritzbetonverbrauch vereinbart, kann ein entsprechender Bonus-/Maluswert angegeben werden (siehe Abb. 7.9).

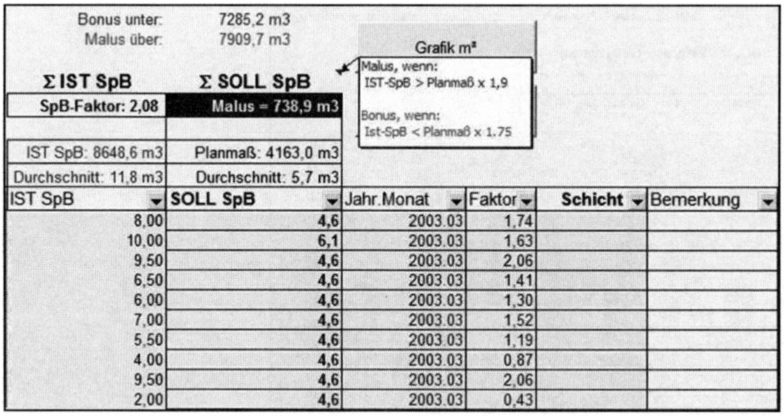
Bonus unter: 7285,2 m3
Malus über: 7909,7 m3

Grafik m³

Malus, wenn:
IST-SpB > Planmaß x 1,9

Bonus, wenn:
Ist-SpB < Planmaß x 1.75

Σ IST SpB	Σ SOLL SpB				
SpB-Faktor: 2,08	Malus = 738,9 m3				
IST SpB: 8648,6 m3	Planmaß: 4163,0 m3				
Durchschnitt: 11,8 m3	Durchschnitt: 5,7 m3				
IST SpB	SOLL SpB	Jahr.Monat	Faktor	Schicht	Bemerkung
8,00	4,6	2003.03	1,74		
10,00	6,1	2003.03	1,63		
9,50	4,6	2003.03	2,06		
6,50	4,6	2003.03	1,41		
6,00	4,6	2003.03	1,30		
7,00	4,6	2003.03	1,52		
5,50	4,6	2003.03	1,19		
4,00	4,6	2003.03	0,87		
9,50	4,6	2003.03	2,06		
2,00	4,6	2003.03	0,43		

Abb. 7.9: Tabellarischer Soll-/Ist-Vergleich Spritzbeton – Berechnung Spritzbetonfaktor

Die Möglichkeit einer grafischen Darstellung des Soll-/Ist-Vergleichs des Spritzbetonverbrauchs über die Zeit bzw. des Verlaufs des Spritzbetonfaktors inklusive Trendlinienfunktion siehe Abb. 7.10 und 7.11.

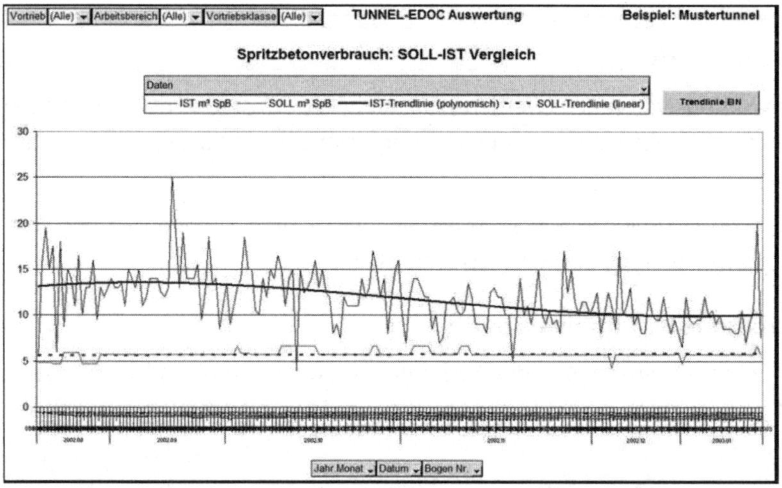

Abb. 7.10: Grafische Darstellung des Spritzbetonverbrauchs (Soll-/Ist-Vergleich)

Durch entsprechend kombinierte Filterung lässt sich schnell jeder erdenkliche Soll-/Ist-Vergleich eines Spritzbetonverbrauchs darstellen. Die geschwungene, obere Linie in Abb. 7.10 ist zum Beispiel das Ergebnis aus folgender Filterkombination:

> ***Ist-Spritzbetonverbrauch der Tagschicht im Teilausbruch »Kalotte« des Teilvortriebs WEST in der Südröhre.***

Im Beispiel von Abb. 7.11 ist ein deutlicher Abfall des Verbrauchs über die Zeit erkennbar. Die untere, gestrichelte Linie stellt im Vergleich den Durchschnittswert des entsprechenden Sollverbrauchs dar. Zusätzlich kann der Verlauf des Spritzbetonfaktors, der sich aus der Division von Ist- durch Sollverbrauch ergibt, grafisch dargestellt werden.

In Abb. 7.11 ist ein Abfallen des Spritzbetonfaktors von anfänglich knapp 2,75 auf 2,0 erkennbar.

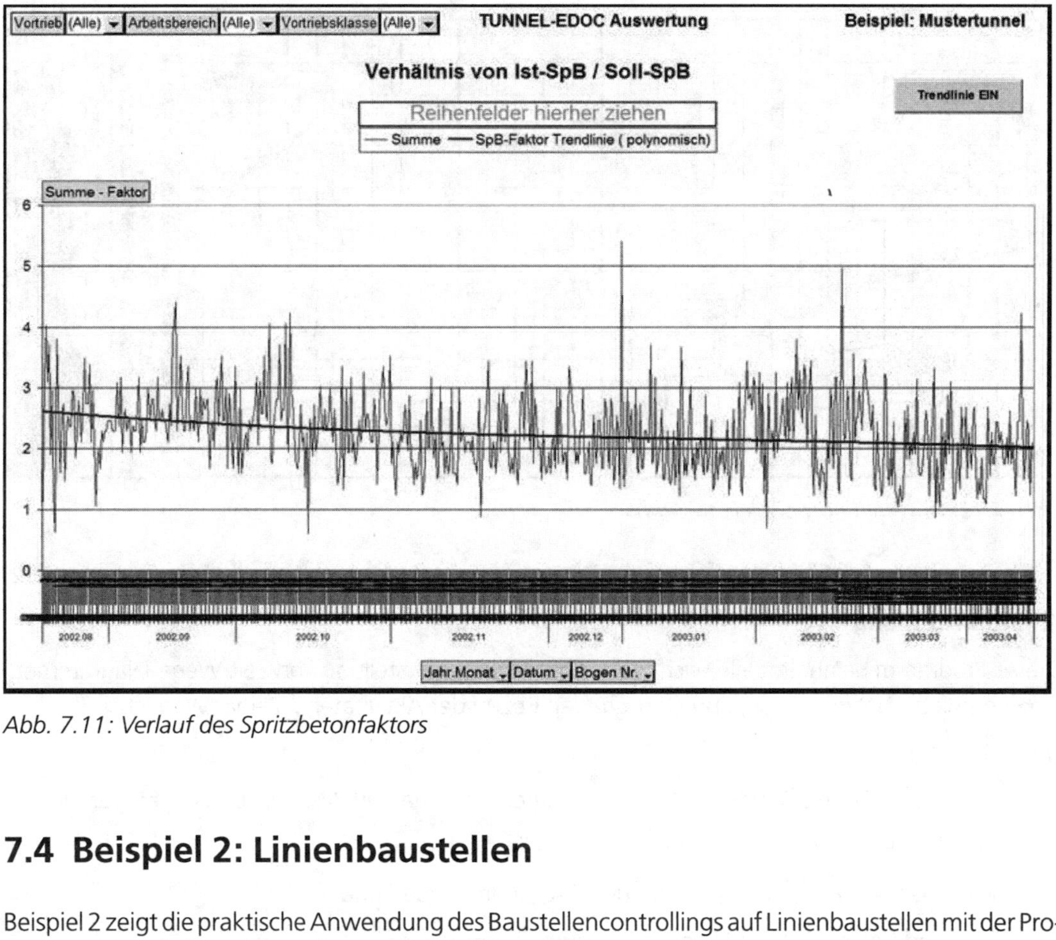

Abb. 7.11: Verlauf des Spritzbetonfaktors

7.4 Beispiel 2: Linienbaustellen

Beispiel 2 zeigt die praktische Anwendung des Baustellencontrollings auf Linienbaustellen mit der Projektmanagement-Software TILOS 4.0.

Graphische Zeit-Wege-Planung

Zeit-Weg-Diagramme sind für Linienbaustellen übersichtlicher und informativer als Netzpläne oder Balkendiagramme. Durch den Bezug zur Wegachse sieht man, was wann wo auf der Baustelle geschieht. Sich überschneidende Vorgänge oder sonstige Kollisionen sind sofort ersichtlich und können beseitigt werden.

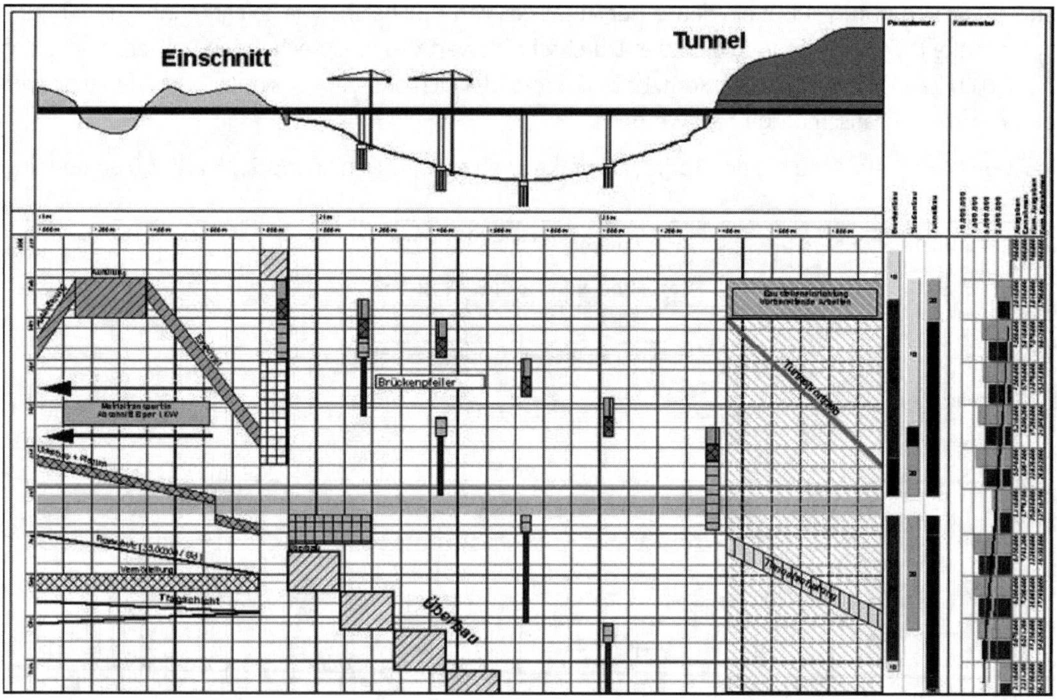

Abb. 7.12: Anwendungsbeispiel Straßenbau

Funktionsumfang

Dieses Programm beinhaltet alle wichtigen Funktionen zur Erstellung von Zeit-Wege-Diagrammen, eine komplette Netzplanlogik, erweitert um den Bezug der Aktivitäten zu einer Wegachse.

Damit können

- Arbeitseinsatz und Dauer von Linientätigkeiten über mehrere Modelle berechnet werden,
- Abhängigkeiten zwischen Tätigkeiten modelliert werden,
- Versionen von Zeitplänen miteinander verglichen werden und
- Zeit- und Kosten-Soll-/Ist-Vergleich gefahren werden.

Schnelle Planerstellung

Ausgehend von Projektvorlagen, die auch firmenspezifisch angepasst werden können, können Zeit-Wegeplanungen sehr einfach und schnell aufgebaut werden. CAD-Know-how ist hierfür nicht erforderlich.

Anwendungsmöglichkeiten

TILOS eignet sich für Planung bzw. Controlling von Linienbaustellen wie

- Straßenbau,
- Gleisbau,
- Tunnelbau,
- Kanal- und Rohrleitungsbau,
- Brückenbau,
- Hochbau (Geschossbau).

Nachfolgende Abbildungen zeigen Anwendungsbeispiele aus einzelnen Bausparten.

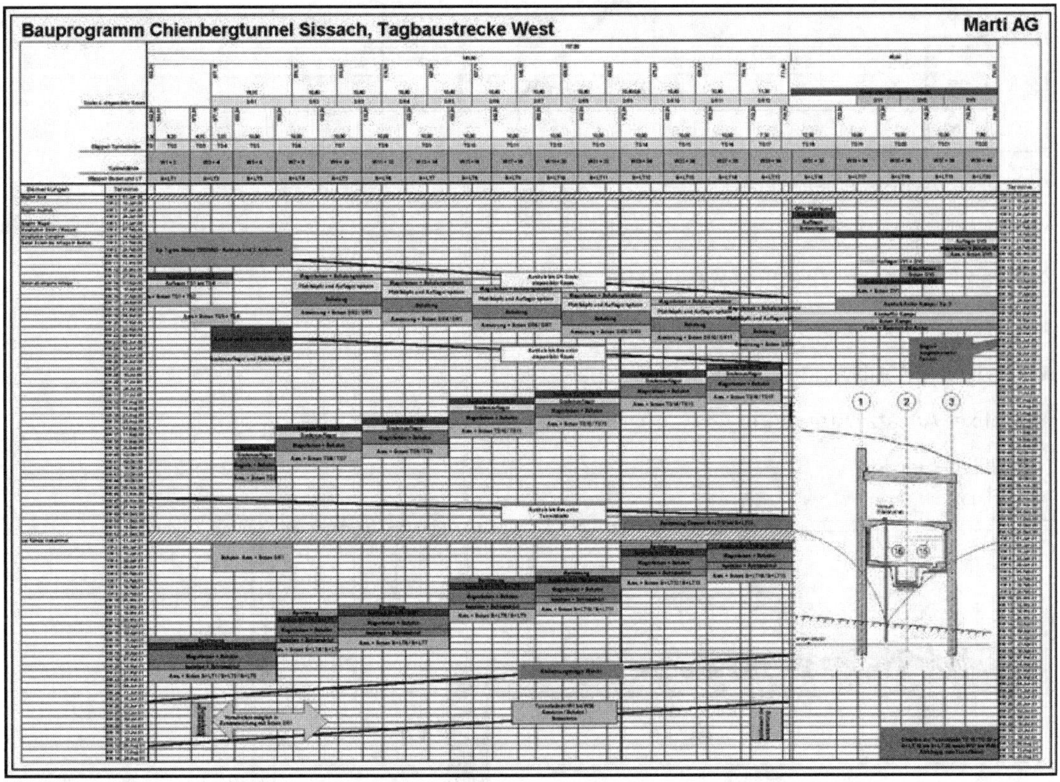

Abb. 7.13: Anwendungsbeispiel Tunnelbau

Ressourcenplanung

Die Ressourceneinsatzplanung für ein Projekt erfolgt über hierarchische Kostenarten- und Ressourcenstrukturen. Dabei werden alle zeit- und mengenbezogenen sowie fixen Aufwendungen abgebildet. Die Dauer eines Vorganges wird dabei über eine Leitmenge ermittelt. Änderungen der Vorgangsdauer sind entweder kostenneutral oder kostenwirksam modellierbar.

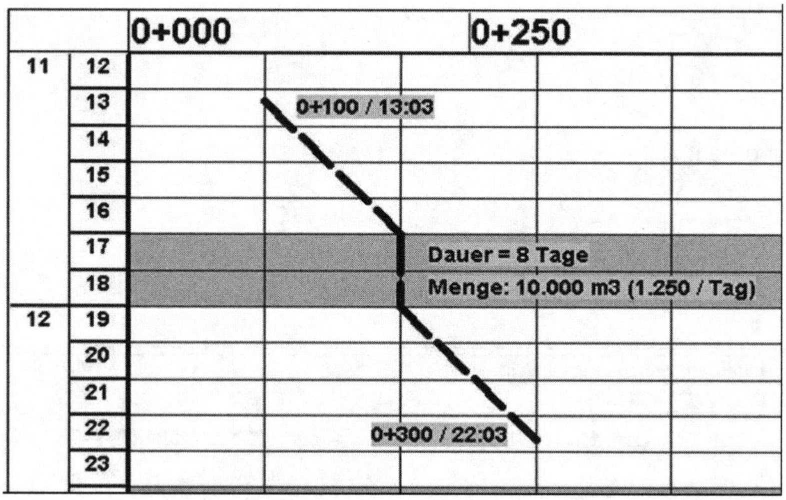

Abb. 7.14: Beispiel einer Vorgangslinie

Aufwand und Kosten bei Ressourcen können über

- die Leitmenge (Aufwand je Mengeneinheit),
- die Zeit (Aufwand je Zeiteinheit) oder als
- fixer Ansatz (Aufwand)

modelliert werden.

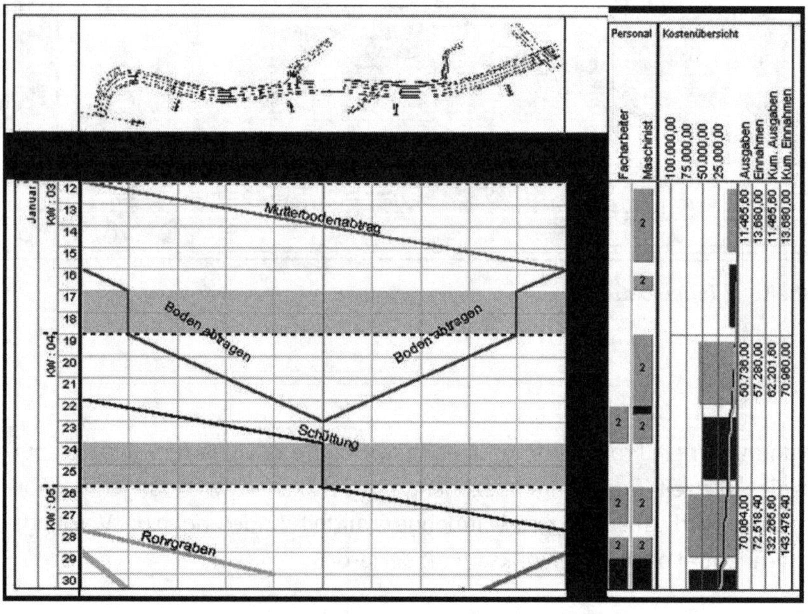

Abb. 7.15: Anwendungsbeispiel Erdbau mit Einsatzplan und Kostendiagramm

Einsatzpläne und Diagramme

Abb. 7.15 zeigt neben der Weg/Zeitdarstellung der Aktivitäten einen Einsatzplan der Arbeitsressourcen, sowie ein Diagramm des Kostenverlaufs über die Projektdauer.

Projektsteuerung mit integriertem, zeitnahem Projektcontrolling

Für die Soll-/Ist-Vergleiche können die Ist-Stationierungen und bei Bedarf auch der Ressourceneinsatz eingegeben und ausgewertet werden.

Leistungsermittlung

Zum Stichtag wird die erzielte Leistung bezogen auf die Leitmenge ermittelt, die zurückgelegte Strecke oder den prozentualen Fertigungsgrad.

Projektaktualisierung

Das Projekt wird parallel zur Ausführung aktualisiert. Die erbrachte Leistung wird über einen Prozentwert der Vorgangsdauer, der zurückgelegten Strecke oder der geleisteten Mengen eingegeben. Hierzu wird der Vorgang, wenn notwendig, segmentiert. Ist-Datenaufwendungen erfasst man ebenso mit Bezug auf Vorgang und Datum.

Ausgehend von der Stichtagslinie des Berichtes und der noch zu erbringenden Restleistung wird der Terminplan neu errechnet und abgestimmt. Nach der Fortschrittsanalyse werden unfertige Vorgänge, die oberhalb der Berichtslinie (also in der Vergangenheit) liegen, entsprechend in die Zukunft verschoben.

Ist-Werte

Begleitend zur Durchführung werden die Ist-Daten sowie der Stunden-, Material- und Geld-Verbrauch berichtet.

Soll-/Ist-Vergleich

Im Soll-/Ist-Vergleich wird der Soll-Verbrauch (geplanter Ressourceneinsatz mit Berücksichtigung des Fortschritts) dem Ist-Verbrauch gegenübergestellt für sowohl Termine als auch Kosten.

Historie

Zur Verwaltung der Historie können verschiedene Projektstände archiviert werden, so dass diese für spätere Vergleiche zur Verfügung stehen. Um Abweichungen darzustellen, können alte Projektstände bei der Ansicht des aktuellen Projektstandes in einem eigenen Layer eingeblendet werden.

Datenaustausch

Die Daten können mit MS-Project, Powerproject, Excel und ASCII-Format ausgetauscht werden.

7.5 Zusammenfassung

Praxisgerechtes Controlling im Tunnelbau kann mit einem geeigneten Controlling-Programm umgesetzt werden. Dies wird anhand des EDV-Programmes **Tunnel-EDOC** erläutert, das speziell auf die Anforderungen des konventionellen Tunnelvortriebs zugeschnitten ist. Besondere Vorteil sind dabei:

- flexibel und schnell anpassbar,
- tagesaktuelle Datenverwaltung,
- Unterstützung der Ursachenanalyse,
- aussagekräftige Auswertungen in Listen- und Grafikform,
- automatische Übertragung in x-beliebige Datenbanken und die damit verbundene flexible Auswertemöglichkeit und
- Datenübertragung per Internet.

Projektmanagementtools für Linienbaustellen lassen sich für Controllingzwecke einsetzen. Am Beispiel von **TILOS** wird die Funktionalität von Termin- und Kosten-Controlling aufgezeigt. Das Programm bietet

- einfache, schnelle und kostengünstige Erstellung von Zeit/Wege-Plänen,
- flexible Darstellung und Organisation der Zeichnung und
- volle Netzplan-/Projektmanagementfunktionalität.

8. Organisation des Controllings

Volker Wirth

Inhalt

8.1 Organisation im Bauunternehmen

Die Organisationsstrukturen von Bauunternehmen sind sehr uneinheitlich, da die einzelnen Bausparten sehr unterschiedliche Anforderungen und Rahmenbedingungen aufweisen.

BEISPIEL:

*Die Aktivitäten im **Straßenbau** sind sehr regional geprägt. Dies liegt zum einen an der Kundenstruktur: öffentliche Auftraggeber wie Kommunen, Städte, Gemeinden, zum anderen sind für eine erfolgreiche Akquise spezifische Kenntnisse der örtlichen Baugrundverhältnisse erforderlich. Der **Schlüsselfertigbau**, insbesondere für institutionelle Bauherren wie Banken und Versicherungen, ist eher zentral organisiert, da man für den betreffenden Bauherren mit dem Baubetrieb an die geplanten Standorte des Bauwerks zieht.*

Diese bauspezifischen Randbedingungen führen dazu, dass es für die Organisation des Controllings keine einheitliche Organisationsform gibt. Jedoch gilt auch für Bauunternehmen der Grundsatz: Ein gut organisiertes Bauunternehmen wird erfolgreicher sein als ein Unternehmen, das sich mehr der Improvisation verschrieben hat.

Nachstehend einige Grundsätze der Organisation (siehe dazu Berg /1/): Organisation ist die auf Dauer angelegte Ordnung und Strukturierung eines Unternehmens. Dadurch soll eine optimale Zielerreichung des Unternehmens gewährleistet werden. Dabei gliedert sich die Organisation in die zwei Kriterien »Aufgabenbereiche« und »zeitliche Abfolge«:

- Die **Aufbauorganisation** weist die erforderlichen Aufgaben und Funktionen bestimmten Stellen im Unternehmen zu und regelt die Zusammenarbeit der Stellen.
- Die **Ablauforganisation** ordnet und gestaltet die Arbeitsabläufe in räumlicher und zeitlicher Sicht.

Ausgangspunkt der weiteren Betrachtung ist die Aufbauorganisation. Dabei gibt es verschiedene Formen:

- **Liniensystem:** ist ein klarer und straff gegliederter Aufbau von Abteilungen mit Ergebnisverantwortung auf der jeweiligen Managementebene.

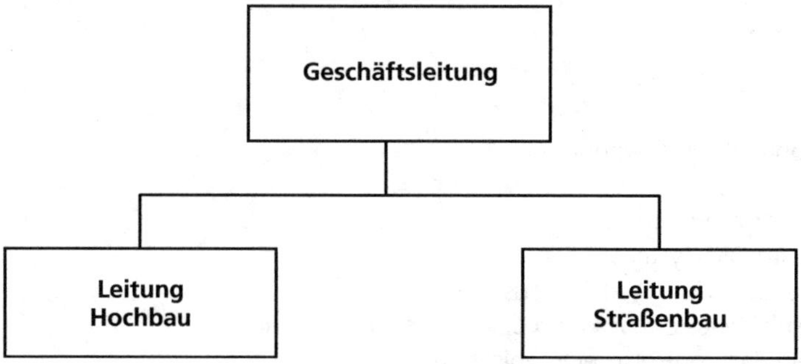

- **Stabliniensystem:** den einzelnen Abteilungen (Instanzen) werden Stäbe (Stabsabteilungen) zur Unterstützung zugeordnet. Die unternehmerische Verantwortung verbleibt bei den Abteilungen.

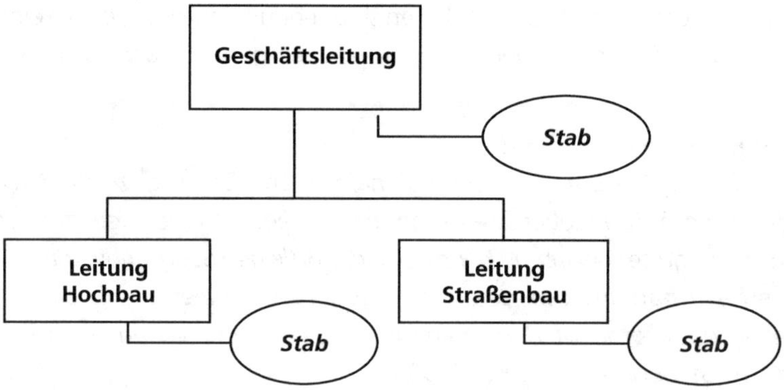

- **Projekt-/Teamorganisation:** dabei werden Mitarbeiter aus verschiedenen Abteilungen zu einem Projektteam auf Zeit zusammengestellt. Diese Organisationsform hat sich bei größeren Baustellen bewährt. Die Personalverantwortung verbleibt bei den jeweiligen Abteilungsleitern. Die Fachverantwortung sowie die Ergebnisverantwortung des Projektes wird dem Projektleiter zugeordnet. Bei der Teamorganisation wird Wert auf die gleichrangige Zusammenarbeit der einzelnen Teammitglieder gelegt.

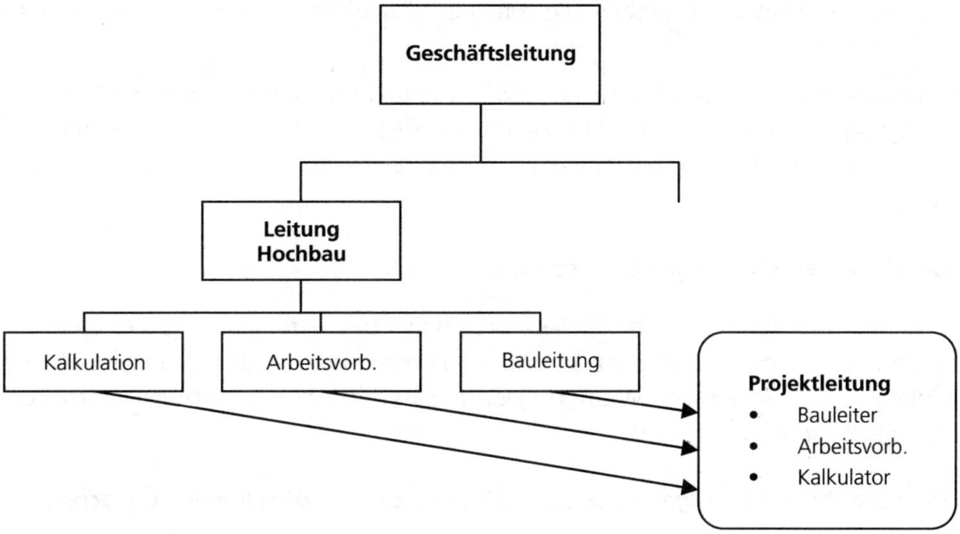

Klassische Organigramme von mittelständischen Bauunternehmen weisen Abteilungen auf, die die traditionellen Aufgabenbereiche abbilden:

- Geschäftsleitung,
  - Technische Leitung,
  - Kaufmännische Leitung,
- Bauhof,
- Bauabwicklung (Kalkulation, Arbeitsvorbereitung, Abrechnung, Bauleitung),
- Allgemeine Verwaltung (Einkauf, Personalwesen, Sekretariat),
- Rechnungswesen.

Es stellt sich die Frage, wie das Controlling in die bestehende Organisation eingebunden werden soll? Dabei ist zu berücksichtigen, dass – je nach Größe des Unternehmens – weitere Organisationsebenen in der Praxis zu berücksichtigen sind:

- Aufteilung nach Sparten: Hochbau, Tiefbau, Straßenbau und Tunnelbau etc.,
- örtliche Aufteilung: nach Regionen, z. B. Niederlassungen,
- Projektorganisation, Abstellung von Mitarbeitern an eine ARGE.

8.2 Linien- oder Stabsfunktion

Wie oben beschrieben, existieren verschiedene Organisationssysteme. Damit stellt sich die Frage: Ist das Controlling im Bauunternehmen eine Linien- oder Stabsfunktion? Zur Beantwortung dieser Frage soll ein kleiner Ausflug in die stationäre Industrie gemacht werden. Praktizierte Controllingansätze aus der stationären Industrie weisen häufig Schwerpunkte in dem Controllingelement Fremdkontrolle auf. Die Wirksamkeit dieser Controllingphilosophie ist in der Bauwirtschaft in Frage zu stellen. Bauprozesse lassen sich kaum stichprobenartig von einem Außenstehenden kontrollieren (siehe Kapitel 1).

Des Weiteren erfordert eine qualifizierte Kontrolle vertiefte Fachkenntnisse. Wer könnte dann besser kontrollieren als die jeweilige Führungskraft selbst? Damit ist das Controlling Sache der Führungskräfte. Der Geschäftsführer bzw. Niederlassungsleiter ist für das Controlling der Auftragsbeschaffung zuständig.

Der Bauleiter ist der Controller seiner Baustelle.

Der ganzheitliche Controllingansatz stellt jedoch so hohe Anforderungen, dass die Führungskräfte sicher unterstützt werden müssen. Dies kann je nach Unternehmensgröße über einen Controller in Stabsfunktion organisiert werden. Wichtig ist jedoch, dass der Controller nie zum Selbstzweck wird. Horvath geht sogar noch weiter /2/:

Die vornehmliche Aufgabe des Controllers ist es, sich überflüssig zu machen!

Der ganzheitlich praktizierte Controllingansatz ermöglicht einen systematischen und damit erfolgreichen Prozess zur Überwachung und Steuerung von Ergebnissen und Liquidität. Vor diesem Hintergrund lässt sich die eingangs gestellte Frage nicht allgemeingültig beantworten. Unstrittig ist sicher, daß der Bauleiter das Controlling seiner Baustelle in weiten Teilen selbst in die Hand nehmen muss, wenn er seiner Ergebnisverantwortung gerecht werden will. Nur er hat die Detailkenntnisse seiner Baustelle, um gezielt auf ein vernünftiges Baustellenergebnis hinarbeiten zu können. So gesehen, ist das Controlling eine Linienfunktion. Erfolgreiches praktikables Controlling setzt allerdings ein funktionierendes Controllingsystem voraus. Dazu gehören:

- Handbuch des Controllings, Verfahrensbeschreibungen,
- EDV-Systeme,
- Weiterentwicklung/Anpassung des Controllingsystems,
- interne Controlling-Schulungen,
- geschulte Mitarbeiter.

Der Bauleiter wäre sicher zumindest zeitlich überfordert, wenn er sich um den Aufbau und die Anpassung des Controllingsystems kümmern müsste. Damit zeigt sich:

Controlling ist nicht nur eine Linien-, sondern auch eine Stabsfunktion!

8.3 Modell »Controlling-Partner«

Das Controlling in der Baupraxis ist anspruchsvoll und sehr heterogen. Im Bauunternehmen muss der Kleinauftrag (Reparatur) wie auch eine große Baumaßnahme mit einigen Jahren Laufzeit »controlled« werden. Das Controllingsystem muss sehr flexibel aufgebaut sein. Im operativen Kerngeschäft ist der Bauleiter bzw. Projektleiter sein eigener Controller. Unstrittig ist, dass der ganzheitliche Controllingansatz so hohe Anforderungen stellt, dass die Führungskräfte unterstützt werden müssen. Zu diskutieren ist, wer im Unternehmen diese unterstützende Stabsfunktion des Controllings übernimmt. Aufgabenbereiche dieser Controlling-Stabsfunktion sind:

- Aufbau und Weiterentwicklung des Controllingsystems,
- Schaffung der Controllingkultur (siehe Kapitel 10),
- Ausbildung der Mitarbeiter,
- Einbindung des Controllings in das Qualitätsmanagementsystem (DIN ISO 9001: 2000).

Dies kann je nach Unternehmensgröße über eine Stabsabteilung Controlling organisiert werden. In Praxis wird diese Frage sehr unterschiedlich diskutiert. Es gibt mittelständische Bauunternehmen, die einen Controller einstellen. Andere Bauunternehmen verfügen in der Verwaltung über eine dünne Personaldecke, so dass dieser Schritt unterbleibt. In den letzten Jahren wurden zum Teil klassische Abteilungen wie die Arbeitsvorbereitung verkleinert bzw. aufgelöst. In diesen Unternehmen ist es sicher unwahrscheinlich, dass anstatt dessen eine Controllingabteilung aufgebaut wird. Kleinere Bauunternehmen werden aus Kostengründen eher keinen Controller einstellen.

Wenn die Stabsfunktion des Controllings nicht im Unternehmen verankert ist, unterbleiben häufig die Controllingprozesse der Führungskräfte. Damit ist alles daran zu setzen, dass die Linien- wie auch die Stabsfunktion des Controllings im Unternehmen nachhaltig installiert wird.

Nachfolgende Tabelle zeigt mögliche organisatorische Lösungen:

Controlling	Aufgaben	Optionen	Verantwortlich
Linienfunktion	■ Selbststeuerung		Bauleiter/ Projektleiter
	■ Planung und Kontrolle		Geschäftsleitung / Oberbauleitung
Stabsfunktion	■ Aufbau/Weiterentwicklung des Controllingsystems	**A**	Eigene Stabsabteilung »Controlling«
		B	Externer »Controlling-Partner«

Abb. 8.1: Tabelle: Optionen zur Controlling-Organisation

Die Unternehmensgröße ist sicher eines der Hauptentscheidungskriterien für die Wahl der richtigen Organisationsform. Die Option A mit einer eigenen Controllingabteilung wird eher für die mittleren und großen Unternehmen die geeignete Lösung sein. Nachdem sich die Bauwirtschaft zu einem hohen Prozentsatz aus kleinen Betrieben zusammensetzt, wird im folgenden die Option B erläutert.

Das Controlling-Partnermodell

Hierbei wird keine eigene Abteilung aufgebaut. Die erforderliche Stabsfunktion mit den entsprechenden Aufgaben wird über einen externen Partner dauerhaft eingerichtet. Dafür gibt es folgende Optionen:

- Betreuungsvertrag,
- Dienstleistungsvertrag,
- Beratervertrag.

Vorteile dieses Partnermodells sind:

- Einbindung externer Experten aus verschiedenen Fachrichtungen (Baubetrieb, Recht, Bautechnik, Verhaltenstechnik),
- hohe Verfügbarkeit durch vertragliche Bindung,
- hohe Flexibilität durch entsprechende Vertragsgestaltung (Kündigung ohne Sozialplan),
- kostengünstig.

Die Funktionen und Aufgabenbereiche eines externen Controlling-Partners können je nach firmenspezifischen Gegebenheiten sein:

- Aufbau bzw. Weiterentwicklung des Controllingsystems,
- Unterstützung im Nachtragsmanagement (Rechtsberatung, Gutachten),
- Optimierung der EDV-Unterstützung,
- laufende Optimierung von Schwachstellen (Analysen, Meetings, etc.),
- Öffentlichkeitsarbeit, Fachseminare,
- Personalentwicklung, Ausbildungsplanung,
- Führungszahlen, Managementinformationssysteme,
- Verhandlungstechnik/Konfliktmanagement,
- Teamentwicklung,
- Einbindung des Controllings in das Qualitätsmanagementsystem.

Vorteile des ganzheitlichen Controllings

Ein besonderer Vorteil der Einbindung eines externen Controlling-Partners liegt in dem ganzheitlichen Ansatz. Eine entsprechend aufgestellte externe Partnerorganisation kann alles notwendige Know-how zu den Themen

- Controlling,
- EDV,
- Psychologie,

- Rechtsberatung,
- Gutachten

aus einer Hand anbieten und ist damit in der Lage, ganzheitlich und damit sehr effektiv vorzugehen.

BEISPIEL:

*Die Bauunternehmung **»Tiefbau«** beabsichtigt, das vorhandene Controllingsystem zu verbessern. Bei Verlustbaustellen hat sich ergeben, dass eine wesentliche Ursache in einem nicht funktionierenden Nachtragsmanagement lag. Viele Nachträge wurden erst gegen Ende der Baumaßnahme bearbeitet und mit schlechten Quoten durchgesetzt. Eine weitere Verlustquelle war die schlechte Zusammenarbeit der Bauleiter mit den Vertretern des Auftraggebers. Der Bauunternehmer entschloss sich daher, von der »Controllerakademie Mietraching« ein entsprechendes Angebot einzuholen. Der externe Controlling-Partner konnte zur Beseitigung der Schwachstellen aus einer Hand folgende Dienstleistungen anbieten:*

- *Optimierung des Controllingsystems (inkl. EDV-Optimierung),*
- *baustellenbegleitendes Nachtragsmanagement,*
- *Rechtsberatung, Baubetriebliche Gutachten,*
- *Trainingsworkshops für Bauleiter »Der richtige Umgang mit dem Auftraggeber«,*
- *praktische Umsetzung auf einer »Pilotbaustelle«.*

Der Bauunternehmer ließ sich von diesem ganzheitlichen Angebot überzeugen und schloss einen Betreuungsvertrag ab.

Obiges Beispiel zeigt die Vorteile des ganzheitlichen Controllingansatzes. Ein verbessertes Controllingsystem bringt alleine noch keine Vorteile. Dies kann nur mit der erfolgreichen praktischen Umsetzung, am besten auf einer Baustelle (Pilotbaustelle), erreicht werden. Dabei ist der richtige Umgang mit dem Auftraggeber von substanzieller Bedeutung.

BEGRÜNDUNG:

Wenn das »Verhältnis« zum Auftraggeber nicht stimmt, wird der Bauleiter bereits bei der Abrechnung der Vertragsleistung Probleme haben, von der Vergütung von außervertraglichen Leistungen (Nachträgen) ganz zu schweigen!

Nachfolgendes Bild zeigt das Organigramm eines mittelständischen Bauunternehmens, das sich für das Modell »Controlling-Partner« entschieden hat.

Modell: »Controlling-Partner«

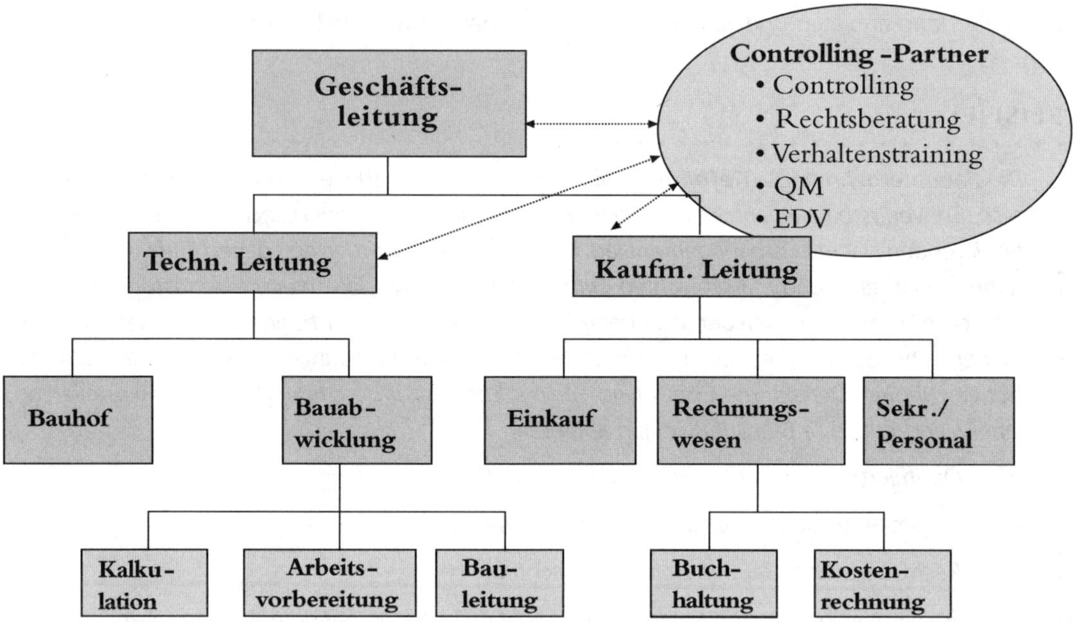

Abb. 8.2: Organigramm eines mittelständischen Bauunternehmens mit Organisationsform »Controlling-Partner«

8.4 Controlling im QM-System

Ein Qualitätsmanagement-System nach DIN ISO 9001 : 2000 ist ein gutes »organisatorisches Korsett« für ein Unternehmen. Insbesondere auch deshalb, weil die Neufassung der Norm eine Prozessorientierung enthält. Dies erleichtert für alle Beteiligte das Verständnis und verhilft zu einer praxisgerechten Umsetzung. Nachdem die betreffende DIN keine Aussagen über betriebswirtschaftliche Elemente macht, ist es ratsam, das Controlling in die QM-Systeme zu integrieren. Andernfalls entwickeln sich die Systeme QM und Controlling zu konkurrierenden Systemen.

BEISPIEL:

Dazu ein Ausspruch eines geplagten Bauleiters: »Was soll ich denn noch alles machen! Ich soll bauen, dabei soll ich mich nach dem QM-System richten und jetzt soll ich das Controlling auch noch machen! Das ist kaum zu schaffen! Der Tag hat ja nur 24 Stunden!«

Die Arbeitsanweisungen im QM-System haben sich im Bau besonders bewährt, da sie den Charakter einer Checkliste haben. Die Arbeitsanweisungen sind arbeitsplatzbezogene Vorgaben (Was ist in welcher Reihenfolge zu tun?). Sie eignen sich auch als gute Grundlage für die Einarbeitung neuer Mitarbeiter.

Die Arbeitsanweisungen sollten nicht nur die Forderungen der QM-Normen, sondern auch den betriebswirtschaftlichen Aspekt, das Controlling, berücksichtigen. Dies sei am Beispiel der Arbeitsanweisung »Erstellung eines QM-Planes« für den Bauleiter erläutert:

BEISPIEL: ARBEITSANWEISUNG »ERSTELLEN DES QM-PLANES«:

Der Qualitätsmanagementplan – QM-Plan – enthält baubegleitende Regelungen für jede Baustelle. Er soll die erfolgreiche Abwicklung von Baustellen unterstützen. Nachfolgend ist ein Muster einer Gliederung eines QM-Plans als Übersicht dargestellt. Die enthaltenen Controllingelemente sind dabei fett gedruckt:

Arbeitsanweisung: **Erstellen eines QM-Planes**

1.	Regelung der Zuständigkeiten und Verantwortlichkeit
2.	**Pflichten des Auftraggebers**
3.	Bauzeiten und Fristen
4.	Pläne und Listen
5.	Baustellenbesonderheiten
6.	Technische Prüfungen
7.	Prüfplanung
8.	Jour fixe-Termine bzw. Projektgespräche
9.	Planung der Ressourcen (Personal, Material, Geräte, Nachunternehmer)
10.	Bauaktenführung
11.	Arbeitssicherheit und Umweltschutz
12.	**Controllingkonzept**
13.	**Nachträge (Verfahrensregelung mit dem AG)**
14.	**Erlössicherung**
15.	**Chancen und Risiken**

Abb. 8.3: Gliederung eines QM-Planes mit Controllingelementen

Der Punkt 2 im QM-Plan, die Pflichten des Auftraggebers, gehört zu den Controllingelementen.

BEGRÜNDUNG:

Zu den Pflichten des Auftraggebers gehören z. B. die Absteckung von Hauptachsen, die Schaffung von Höhenfestpunkten, die fristgerechte Lieferung von Plänen und die erforderlichen Baugrunduntersuchungen. Wenn der Auftraggeber seinen Pflichten nicht nachkommt, hat dies häufig enorme Mehrkosten zur Folge, die nicht immer zu 100% über Nachträge (Gestörter Bauablauf) vom Auftraggeber eingefordert werden können. Daher gilt es, mit Hilfe des QM-Planes die projektspezifischen AG-Pflichten zu identifizieren und vor allem mit dem AG entsprechende Vereinbarungen zu treffen.

8.5 Einführungsstrategie – Die Pilotbaustelle

Die praktische Einführung und Umsetzung eines ganzheitlichen Unternehmenscontrollings ist ein Prozess, der sich über Jahre erstreckt. Entscheidend für den Erfolg ist eine auf die Belange des Unternehmens abgestimmte Vorgehensweise. Vorteilhaft ist es, wenn man mit dem

Einstieg über das Baustellencontrolling

beginnt. Damit ist sichergestellt, dass der administrative und kaufmännische Bereich optimal auf das operative Kerngeschäft eines Baubetriebs abgestimmt wird. So wird z. B. die Ausprägung der Kostenrechnung in hohem Maße von den Anforderungen des Kosten-Soll-/Ist-Vergleichs einer Baustelle beeinflusst. Die Einführung bzw. Weiterentwicklung des Baustellencontrollings sollte man nicht am grünen Tisch, sondern pragmatisch auf einer

Pilotbaustelle

durchführen. Dies hat erhebliche Vorteile:

- konsequente Ausrichtung auf die Praxis (kein akademischer Blödsinn!),
- kurzfristige Erfolgserlebnisse,
- schneller return on investment.

Mit der Optimierungsmethode **»Pilotbaustelle«** können unterschiedliche Schwachstellen behandelt werden:

- Arbeitsvorbereitung,
- Arbeitskalkulation mit Ergebnishochrechnung,
- Ablaufplanung,
- Soll-/Ist-Vergleiche,
- Ableitung von Steuerungsmaßnahmen,
- Abrechnung,
- Leistungsermittlung,
- Vertrags-/Nachtragsmanagement,
- Verhandlungstechnik/Konfliktmanagement,
- Führungs-/Motivationstechniken,
- Leistungslohn/Ergebnisbeteiligung,
- Teamentwicklung.

Zu Beginn einer Pilotbaustelle müssen mittels einer zielgerichteten Projektidee alle Beteiligten motiviert werden. Hierbei ist wichtig, dass die Idee aus dem Unternehmen für das Unternehmen entwickelt wird. Dies sollte sich auch in einer geeigneten Projektbezeichnung widerspiegeln, z. B. **»Erfolgreiche Baustelle«.** Von entscheidender Bedeutung ist der geeignete Zeitpunkt für den Projektstart. Die Bauwirtschaft ist von ausgeprägten konjunkturellen Höhen und Tiefen gekennzeichnet. Es ist in guten Zeiten sicher einfacher, derartige Prozessoptimierungen durchzuführen, auch wenn der Handlungsbedarf in schlechten Zeiten größer ist.

Alle Mitarbeiter sind durch das Tagesgeschäft bereits gut ausgelastet. Dies gilt vor dem Hintergrund der gravierenden Veränderungen im Baumarkt besonders für die Führungsebene. Damit erscheint eine qualifizierte externe Unterstützungals sinnvoll. Der externe **»Controlling-Partner«** hat als Libero den Kopf frei, das Projekt zielgerichtet voranzutreiben. Bei der Duchführung von **Pilotbaustellen** ist auf folgende Punkte zu achten:

- zur Vermeidung einer Überlastung des Baustellenteams sollte man sich auf wenige Optimierungs-Schwerpunkte konzentrieren,
- erweiterte Ausbildungseffekte durch Einbindung von Mitarbeitern und Führungskräften außerhalb des Teams,
- durch die Abwicklung mehrerer Pilotbaustellen mit unterschiedlichen Schwerpunkten erzielt man eine umfassende Optimierung im Unternehmen.

8.6 Praxisbeispiel: Weiterentwicklung des Baustellencontrollings

Nachfolgend wird ein Praxisbeispiel zur Weiterentwicklung des Baustellencontrollings dargestellt.

Ausgangsdaten

Unternehmensdaten des mittelständischen Bauunternehmens »Hochbau Mietraching«:

- Zahl der Mitarbeiter: 330
- Sparten: Hochbau und Industriebau

Die **Bauleiter** sind verantwortlich für ihr Baustellencontrolling und müssen monatlich Folgendes erstellen: Leistungsmeldung, Daten für den Kostenstellenbericht.

Der **kaufmännische Leiter** verteilt die monatlichen Kostenstellenauswertungen an die Bauleiter.

Pilotbaustelle »Die erfolgreiche Baustelle«

Die Unternehmensleitung stellt immer wieder bei Verlustbaustellen fest, dass die drohenden Verluste zu spät sichtbar werden. Meist erst, wenn der kaufmännische Leiter nach Abschluss der Baumaßnahme das »amtliche Endergebnis« aus der Kostenrechnung vorlegt. Der Bauunternehmer entschließt sich daher, das Baustellencontrolling in seinem Betrieb zu verbessern. Dazu wird der externe »Controlling-Partner« beauftragt, eine entsprechende Pilotbaustelle durchzuziehen.

Ziele

Die **Bauleiter** sollen in Zukunft ein verbessertes Baustellencontrolling betreiben und monatlich Folgendes zusätzlich liefern:

- monatliche Ergebnishochrechnung zum Bauende,
- Chancen- und Risikenstatus, inkl. Nachträgen.

Der **kaufmännische Leiter** soll in Zukunft monatliche Controlling-Besprechungen mit den Bauleitern durchführen und dabei die Bauleiter in folgenden Fragestellungen unterstützen:

- Vertragsfragen,
- Bürgschaften,
- Sicherheiten und Forderungsmanagement,
- Moderation bei Nachtragsverhandlungen,
- Verfahren des Controllings.

Der **EDV-Leiter** stellt die Verfügbarkeit des EDV-Baustellencontrollingsystems sicher und unterstützt die Bauleiter bei:

- Aktualisierung der Arbeitskalkulation,
- Hotline-Unterstützung des EDV-Systemhauses,
- Programmschulungen,
- firmenspezifische Anpassungen an Handbüchern.

Projektstart

Zu Beginn des Projekts »Die erfolgreiche Baustelle« werden die organisatorischen Voraussetzungen geschaffen. Als Überwachungsorgan wird ein Projektausschuss gebildet, der das »Pilotteam« steuert:

Projektorganisation der Pilotbaustelle

Schaffung der organisatorischen Voraussetzungen, Festlegung des Projektausschusses, Bildung des Baustellenteams:

**** Projektausschuss**

Projektleiter:	Oberbauleiter
Mitglieder:	– Technischer Geschäftsführer
	– Kaufmännischer Geschäftsführer

*** Team Pilotbaustelle**

Projektleiter:	Oberbauleiter
Mitglieder:	– Bauleiter
	– Kalkulator
	– Arbeitsvorbereiter
	– Aufmaß/Abrechner

– Gerätedisponent
– Einkäufer
– Baukaufmann
– EDV-Betreuung

Kick-off

Wichtig für den Erfolg ist ein definierter und gelungener Projektstart. Dabei werden die Ziele und die Vorgehensweise gemeinsam abgestimmt:

- Information über die Projektziele,
- Vorstellung des Projektgrobplans,
- Motivation aller Beteiligten (Vereinbarung einer Projektprämie).

Projektfeinplan

Nachfolgender Aktivitätenplan beschreibt die jeweiligen Meetings ohne die zugehörigen Aktivitäten und »Hausaufgaben«:

Lfd. Nr.	Aktivität
1 Tag	**Projektstart, »kick-off« (Startgespräch)**
	– Ziele/Nutzen des Projekts
	– Übersicht: Verfahren des Baustellencontrollings
	– Analyse der derzeitigen Auftragsabwicklung
	– Vorstellung der Pilotbaustelle
	– Erarbeitung/Verabschiedung Projektfeinplan
2 Tage	**Teamentwicklung**
	– Abbau von Ressortegoismen: Kalkulation/Bauleitung, Techniker/Kaufmann
	– Einzelgespräche
	– Rollenspiele
	– Spielregeln der Teamarbeit
2 Tage	**Null-Arbeitskalkulation**
	– Übergabe von Angebotskalkulation
	– EDV-gestützte Arbeitskalkulation
	– Erkenntnisse der Vertragsverhandlung
	– Erkenntnisse der anlaufenden Arbeitsvorbereitung
	– Massenprüfung, voraussichtliche Mengen
	– Bereinigung von taktischen Kostenverschiebungen, Spekulationen

- Ermittlung des gesamten Ressourcenbedarfs
- Hochrechnung des voraussichtlichen Baustellenergebnisses, Festschreiben als Planergebnis

1 Tag **Pflege der Arbeitskalkulation**

alle 2 Wo
- Austausch Eigen-/Fremdleistung
- fertigungstechnische Änderungen (z. B. Filigrandecken anstatt Ortbetondecken)
- Maßnahmen zur Verkürzung der Bauzeit (z. B. Doppel-Filigranwände)
- Einpflegen von Nachunternehmerverträgen
- Kalkulation von Nachträgen/Nachforderungen
- Ergebnishochrechnung mit Plan-Prognose-Vergleich

1 Tag **Zielerreichung**

alle 2 Wo
- Überprüfung von Zwischenzielen
- weitere Optimierungspotenziale

Ergebnis

Bereits nach einigen Wochen stellen sich die ersten Erfolge der »Pilotbaustelle« ein. Die einzelnen Teammitglieder arbeiten verstärkt zusammen und können am Bauende ein gegenüber der Planung verbessertes Baustellenergebnis vorlegen.

8.7 Grundregeln der Controlling-Organisation

Die Besonderheiten bei der Abwicklung von Baustellen haben Einfluss auf die Organisation des Controllings. Die Fremdkontrolle von Bauleistungen ist nur eingeschränkt möglich, daher ist der organisatorische Schwerpunkt auf die Selbststeuerung zu legen. Damit ist Controlling zunächst eine Linienfunktion, die von den verantwortlichen Managern selbst vorzunehmen ist. Unstrittig ist jedoch auch, dass die Manager Unterstützung benötigen, die sie durch die Einrichtung einer Stabsfunktion erhalten. Diese Stabsfunktion kann bei größeren Bauunternehmen intern mittels einer Controllingabteilung eingerichtet werden. Für kleine und mittlere Baubetriebe ergibt sich die Option, diese Stabsfunktion über einen externen »Controlling-Partner« zu realisieren. Nachfolgend sind wichtige Grundregeln bei der Organisation des Controllings dargestellt:

1. **Controlling ist nicht gleich Kontrolle**;
2. **Controlling ist im Wesentlichen Selbststeuerung**;
3. **der ganzheitliche Ansatz bringt Vorteile**;
4. **Controlling muss flexibel sein**;
5. **der Bauleiter ist sein eigener Controller**;
6. **Unterstützung ist notwendig – Controlling als Stabsfunktion**;

7. **Vorteile des externen »Controlling-Partners«**;
8. **Controlling muss in das QM-System eingebunden werden**;
9. **praktische Umsetzung auf der »Pilotbaustelle«**;
10. **Controlling ist dezentral zu organisieren.**

Literatur

/1/	**Berg, G.**	»REFA in der Baupraxis Teil 1 – Grundlagen«, ztv-Verlag, Frankfurt/Main 1984
/2/	**Horvath, P.**	Aufsatz in »Wirtschaftswoche«, 1993
/3/	**Künstner, G.**	»Die Ablauforganisation von Baustellen«, ztv-Verlag, Frankfurt/Main 1989
/4/	**Weidner, W. u. a.**	»Organisation in der Unternehmung«, Carl Hanser Verlag, 2. Auflage, München/Wien 1987
/5/	**Wirth, V. u. a.**	»Unternehmenscontrolling«, expert verlag, Renningen-Malmsheim 1996

9. Die Psychologie des Controllings

Volker Wirth

Inhalt

9.1 Die Controllingkultur

Zur Einstimmung:

Kaufmann: »Die Baustelle steckt schon wieder tief in den roten Zahlen!«

Bauleiter: *»Das kann nicht sein! Und im Übrigen, kümmere dich um deinen eigenen .....! Du hast ja eh' keine Ahnung vom Bauen!«*

So oder so ähnlich laufen manchmal »Dialoge« in Baubetrieben ab. Wie bereits in den vorigen Kapiteln beschrieben, ist die Teamarbeit zwischen Technikern und Kaufleuten mehr denn je gefragt. Erfolge lassen sich selten im Alleingang erzielen. Damit kommen dem Teamwork und der Kommunikation eine besondere Bedeutung zu. In diesem Abschnitt geht es um die Psychologie des Controllings, bei dem wesentliche verhaltenstechnische Elemente der Veröffentlichung von Jürgen Schulze-Seeger /1/ entnommen sind.

Welche Verhaltensweisen gewährleisten ein funktionierendes Controlling? Was müssen alle Beteiligten beachten? Wie stark ist der emotionale Anteil? Im Mittelpunkt steht die Erfahrung, dass das Controlling von Baustellen nur im Team funktioniert. d. h. alle Beteiligten müssen »miteinander funktionieren«:

- Bauleiter als Controller,
- Kalkulator,
- Kaufmännischer Leiter,
- Oberbauleiter bzw. Niederlassungsleiter.

Beim Baustellencontrolling geht es vorrangig darum, möglichst gute Ergebnisse zu erzielen und einen guten Beitrag zur Liquidität des Unternehmens zu leisten. Dies können Sie nur erreichen, wenn Sie drohende Risiken und damit verbundene Probleme im o. g. Team kurzfristig lösen. Damit hat das Baustellencontrolling sehr viel mit Problemlösung und Krisenmanagement zu tun. In der Praxis zeigt sich dabei, dass man in einem guten Verhältnis zum Kollegen im »Controllingteam« die schwierigsten und unangenehmsten Problemstellungen und unterschiedliche Interessen gemeinsam lösen kann, während in anderen Fällen der geringste Anlass zu unerbittlichen Kämpfen führen kann. Dies gilt in besonderem Maße für die Beziehung zum Auftraggeber. Die Baustellenpraxis zeigt immer wieder, dass sich ein gutes Verhältnis zum Auftraggeber meist mit einem guten Baustellenergebnis auszahlt.

Gute Beziehungen sind oft über Jahre gewachsen. Man kennt sich. Man schätzt sich. Manchmal jedoch sieht man sich zum ersten Mal und ist sich auf Anhieb sympathisch. Die »Chemie« stimmt. Die Verhandlungen solcher Partner sind zielorientiert, effizient und am Ende gewinnbringend für beide Seiten. Kein Wunder: Über 90% der Verhaltensweisen eines Menschen sind in Übereinstimmung mit seinen Gefühlen. Wir sind gewissermaßen bauchgesteuerte Urviecher. Jedenfalls entscheiden wir uns in den seltensten Fällen für etwas, ohne ein mit dieser Handlung übereinstimmendes Gefühl zu haben.

Emotionen entstehen im Gehirn und mit jedem Wort, das Sie denken, mit allem, was Sie sinnesspezifisch wahrnehmen ist eine bestimmte Emotion verbunden. Sagen Sie laut die Worte »Verlust«, »Kosten« oder »Problem« und unmittelbar haben Sie die dazu passenden negativen Gefühle parat (dies ist ein Grund dafür, in Gesprächen einen möglichst positiven Wortschatz zu gebrauchen, z. B. Aufgabenstellung statt Problem). Wenn wir stark vereinfachend davon ausgehen, dass gute Gefühle gute Verhaltensweisen und Reaktionen hervorrufen, so bedeutet das, dass ich, sofern ich mir diese von meinem Gesprächspartner wünsche, ihm diese verschaffe. Sympathisch sein und zu überzeugen heißt positive Gefühle zu verschaffen. Ein freundliches Gesicht ist sogar weniger anstrengend, als ein verschlossenes, ernstes – und obendrein gratis! Die große Bedeutung des Verhaltensbereiches für das Controlling kann man so zusammenfassen:

Die Controllingkultur ist die Erfolgsbasis des Controllings!

Nachdem die Controllingkultur nicht vom Himmel fällt, muss sie in den Unternehmen erst geschaffen werden. In welche »Kulturellen Werkzeuge« Sie dabei investieren müssen, erfahren Sie nachfolgend: Sympathie, Wertschätzung, Ehrlichkeit, Fragetechnik, Einwandsbehandlung, Optionen, Nutzenargumentation, Stufen eines Gesprächs.

9.2 Sympathie und Wertschätzung

Kann ich lernen, sympathisch zu sein?

Man ist so wie man ist! Die Frage ist, wie ist man so geworden? Sie sind in Ihren Gesprächen und Verhandlungen erfolgreich. Was Sie dazu macht, ist Ihre persönliche Handlungskompetenz, Ihr Fachwissen, Ihre methodische Erfahrung, Ihr gewinnender Umgang mit Ihren Verhandlungspartnern, Ihre Motivation, geistige Beweglichkeit und körperliche Fitness. Dieses und vieles mehr führt dazu, dass Sie bestehen, dass Sie Ihren Job gut machen. Sollte es jetzt noch etwas zu verbessern geben? Wenn ja, stellt sich die Frage: »Wie?« Fachliches und zum Teil auch methodisches Wissen lässt sich relativ einfach aneignen, z. B. durch Lesen von Fachliteratur, Anweisungen, Handbüchern. Den Rest lernt man »on-the-job«.

Sehr viel schwieriger erscheint es, unsere persönliche Soziale Kompetenz zu erweitern. Wo haben wir gelernt, unseren Gesprächspartnern richtig zuzuhören, Blickkontakt zu halten, die richtigen Fragen zu stellen, eine ansprechende Körperhaltung einzunehmen, rhetorisch ausgefeilte Argumentationsketten zu bilden, sympathisch zu sein? Zum großen Teil im Verlauf unserer Sozialisation, im Elternhaus, durch Freunde und Kollegen haben sich diese Verhaltensweisen geprägt. Wenn diese Entwicklung nun abgeschlossen wäre, so bestünde tatsächlich keine Möglichkeit, unsere Soziale Kompetenz weiter auszubauen. Wir sind so, wie wir sind. Wie sind wir so geworden? Nehmen wir einmal Ihren Chef, der oft ziemlich grimmig dreinschaut. Ich bediene mich sehr gern solcher Klischees, nicht um zu sagen, dass alle Chefs grimmig sind, sie haben nur oft gelernt, konzentrierte und ernsthafte Gesichter aufzulegen, da diese angeblich ihre Autorität betonen. Je wichtiger ich bin, desto ernster ist mein Gesicht! Grüße von Clint Eastwood, Schwarzenegger und Co. Dass mir dieses Gesicht in vielen Situationen, zumindest denen, die nichts mit Beerdigungen zu tun haben, schadet, bedeutet, dass ich lernen will, mein Gesicht freundlicher, offener zu zeigen. Wenn man so ist wie man ist, bleibt alles beim Alten. Dagegen spricht jedoch, dass jeder (auch Arnold Schwarzenegger) dieses andere Gesicht hat. Wir müssen es nur zeigen, um zu gewinnen.

Ihre Soziale Kompetenz ist einer Ihrer wesentlichen Erfolgsfaktoren. Wo immer Sie mit Menschen zusammenkommen, gewinnen oder verlieren Sie. Wieviel Zeit verbringen Sie täglich in Gesprächen im Kontakt mit anderen? Soziale Kompetenz ist nichts weiter als Kommunikation, und Kommunikation besteht aus verbalen und nonverbalen, d. h. sprachlichen und körpersprachlichen, Verhaltensweisen. Wenn ich Verhaltensweisen verändern kann, so kann ich auch meine Soziale Kompetenz verändern, verbessern oder verschlechtern. Also, an alle Chefs: Es gibt Hoffnung!

Wie wirklich ist die Wirklichkeit?

Jeder Mensch ist einzigartig! Das mag Ihnen als banale Feststellung erscheinen. Oftmals – genauer gesagt fast immer – gehen wir davon aus, dass unsere Gesprächspartner ebenso wahrnehmen, denken, fühlen und reagieren müssen wie wir selbst. »Wieso hat er keine Einsicht in diesem Punkt?« Wir sprechen von objektiven Tatsachen und verkünden lauthals Wahrheiten über uns, über den andern, über die Welt. Hierzu eine kurze Geschichte, die in diesem Zusammenhang relativ bekannt ist:

Im alten Indien rief man sechs blinde Weise zusammen, um zu erfahren, was ein Elefant sei. Man führte die weisen Männer zu einem Elefanten und ließ sie mit diesem allein. Da die weisen Männer alle blind waren, berührte jeder von ihnen einen Teil des Elefanten mit den Händen, um herauszufinden, womit er zu vergleichen sei. Der erste stolperte gegen die breite Seite des Elefanten und befand, dass ein Elefant wie eine Wand sei. Der zweite berührte einen der mächtigen Stoßzähne und sagte hernach: Ein Elefant ist wie eine Lanze. Der dritte Weise wendete sich dem Rüssel des Elefanten zu und kam zu dem Schluss, das Tier sei mit der Schlange vergleichbar. Der vierte umfing eines der riesigen Beine und sprach: Ein Elefant ist eine Säule! Der fünfte befühlte das Ohr des Elefanten und sprach »Ein Elefant ist ein großer Fächer!« Der sechste weise Mann schließlich ergriff den Schwanz und meinte fortan, alle Elefanten seien wie Seile.

Als es darum ging, den wartenden Menschen nun mitzuteilen, was denn ein Elefant aus Sicht der Weisen sei, konnten diese sich nicht einigen. Sie fingen an, sich heftig zu streiten. Jeder beharrte auf seiner Sicht der Dinge und zweifelte an der Urteilsfähigkeit der anderen, hatten sie doch den Beweis ihres eigenen Urteils selbst erfahren.

Diese kleine Geschichte kann zugleich zwei Dinge verdeutlichen. Wir alle haben von der Wirklichkeit der Welt aus verschiedenen Gründen immer nur einen Teil wahrgenommen. Wir sprechen aus unserer Perspektive heraus und meinen – wie die sechs Weisen –, dass der andere irren muss. Dazu ein Beispiel: Der Kaufmann lebt in der Finanzwelt, in der Buchhaltung. Damit versteht er unter der erbrachten Bauleistung den Betrag, der dem Auftraggeber in Rechnung gestellt werden kann. Der Bauleiter lebt als Techniker in der Welt seiner Baustelle. Dort hat er das Baufeld geräumt, die Baustraße hergerichtet, Container und Kräne aufgestellt. Er versteht damit unter Leistung, was seine Mannschaft auf der Baustelle geleistet hat, unabhängig von der Abrechnung mit dem Auftraggeber. Vor diesem Hintergrund definieren der Kaufmann und der Bauleiter die Bauleistung sehr unterschiedlich (siehe auch Kapitel 4 Abschnitt 7).

Genauso relativ ist demnach die Richtigkeit meiner in dem Controllinggespräch angenommenen Standpunkte, meiner Argumente. Aus meiner Sicht mögen sie überzeugend sein. Es ist jedoch einzig und allein entscheidend, ob sie dies auch aus Sicht des Gesprächspartners sind. »Aber es gibt doch objektive Tatbestände« werden Sie jetzt sagen. Ja, es gibt Tatbestände, zu denen eine große Übereinstimmung zwischen den Menschen besteht. In der Wirklichkeit desjenigen, der sagt: »stimmt nicht«, existiert dieser sogenannte objektive Tatbestand nicht. Wessen Wirklichkeit nun die richtige ist, kann nicht beantwortet werden.

Wir können dem anderen erklären, wie wir zu unserer Ansicht gelangt sind, so wie der blinde Weise sagen kann, weshalb er glaubt, der Elefant sei eine Säule. Er kann einen anderen Weisen zu dieser Säule führen und diese umfassen lassen. Aber er kann nicht behaupten, der Teil der Wirklichkeit des anderen stimme nicht. Wir können in der Argumentation des anderen nach Anhaltspunkten für die Unterschiede in unseren Wahrnehmungen suchen, indem wir Fragen stellen und genau zuhören. Anschließend können wir fehlende Informationen geben und die Informationen des anderen aus dessen Sicht neu verknüpfen. Aber zu keinem Zeitpunkt unseres Gespräches können wir die Wirklichkeit des Anderen anzweifeln. Sie ist, wie sie augenblicklich ist.

Wir müssen die Wirklichkeit des Anderen verstehen, um sie zu verändern.

Sach- und Beziehungsebene

Die Worte, das was wir sagen oder schreiben, werden der Sachebene zugeordnet. Die Art und Weise, wie wir dies körpersprachlich, rhetorisch etc. tun, wird der Beziehungsebene zugeordnet. Wenn es darum geht, zwischen zwei Menschen Konsens zu erzielen, so muss dies immer auf beiden Ebenen geschehen. Sie können jedoch häufig beobachten, dass in Konflikten beide Parteien versuchen, den Konflikt auf der Sachebene zu lösen. Dieses Verhalten bezeichnen wir gerne als die Flucht in die Sache. Ein Beispiel: Während der Verhandlung eines Nachtrages reagiert der Bauherr enorm aufgebracht:

»Das ist eine Unverschämtheit, was Sie hier mit mir machen! So läuft das nicht!«.

Der Verhandlungspartner daraufhin: »Wir müssen das doch einmal nüchtern betrachten, diese Kosten waren zum damaligen Zeitpunkt rein faktisch nicht vorauszusehen, sondern sind durch die zusätzlichen Aussparungen an den Deckenflächen entstanden. Wir haben hier entsprechend der aktuellen Ausführungsplanung gearbeitet.« Fest steht, dass der emotionale Teil des hier gezeigten Konfliktes auch nur auf der emotionalen, nämlich der Beziehungsebene gelöst werden kann. Durch die Klärung der Tatbestände versucht unser Verhandlungspartner dem Konflikt auf der sachlichen Ebene zu entkommen. Wie das auf Sie wirkt, können Sie überprüfen, indem Sie jetzt bei Ihrem Finanzamt anrufen, lang und breit ein bestimmtes Problem schildern, um dann gefragt zu werden: »Um welche Steuernummer handelt es sich?« Mit dem »Es« sind übrigens Sie gemeint. Bedenken Sie immer: Sie sind nicht ein Mensch, nein, manchmal sind Sie eine Nummer. Wie aber begegnen wir nun diesen Angriffen auf der Beziehungsebene?

An späterer Stelle werden Sie sehen, wie viele Werkzeuge der Kommunikation Sie hierzu auf Ihrem Speicher haben! Sie warten darauf, zum Einsatz zu kommen.

Ein Grundprinzip ist jedoch allen Werkzeugen für den Umgang mit Konflikten gemein:

> ***Störungen auf der Beziehungsebene müssen auch auf der Beziehungsebene behandelt werden!***

Wertschätzung und Ehrlichkeit

Die Wertschätzung des Gesprächspartners gehört zu den Grundregeln der Kommunikation. Die meisten Menschen fühlen sich wohl, wenn sie ernst genommen werden. Wie können Sie die Wertschätzung am besten ausdrücken? Nachfolgend sind dazu Beispiele aufgeführt:

- Loben: Sie waren aber fleißig!
- Recht geben: Sie haben vollkommen Recht!
- Zustimmen: Ich stimme Ihnen zu!
- Gleiche Meinung: Ich bin Ihrer Meinung!

Nachdem die Fremdkontrolle nur eingeschränkt möglich ist, kommt dem Vertrauen und der Ehrlichkeit eine große Bedeutung zu. Welcher Bauleiter wird seinem Chef den drohenden Baustellenverlust melden, wenn er weiß, dass ihm danach der »Kopf abgerissen wird«?

9.3 Fragetechnik und Einwandsbehandlung

Die Fragetechnik ist eine entscheidende Kommunikationstechnik zur zielorientierten Gesprächsführung. In der Praxis zeigt sie sich jedoch als eine der größten Schwachstellen! Es ist offenbar anstrengender zu fragen als einen einstudierten Monolog herunterzubeten. Vielleicht haben wir auch Angst vor einem möglichen Nein! Somit müssen wir uns auch mit der Einwandsbehandlung beschäftigen. Nachfolgend sind wichtige Fragetechniken dargestellt:

Geschlossene Frage

Die geschlossene Frage ist eine Frage, auf die der Gesprächspartner mit Ja oder Nein antworten kann. Sie sollte in Gesprächen vor allem dann eingesetzt werden, wenn es um die Bestätigung besprochener Sachverhalte gibt: »Gibt es zu diesem Punkt noch weitere Fragen?« Ansonsten sollte die geschlossene Frage so wenig wie möglich verwandt werden, da sehr schnell ein Verhör- oder Fragebogenstil entsteht und es unserem Gesprächspartner oft zu leicht gemacht wird, mit einem Nein zu antworten:

»Stimmen Sie mir in diesem Punkt zu?«

»Nein.«

Jedes Nein in unseren Gesprächen ist mit negativen Emotionen verbunden. Ein Nein ist kategorisch. Wir empfinden es als Ablehnung. Deshalb sollte die oben gestellte Frage besser offen formuliert werden: »Wie beurteilen Sie diesen Punkt?«

Offene Frage

Die offene Frage ist eine Frage, auf die nicht mit Ja oder Nein geantwortet werden kann. »Welche Erfahrungen haben Sie im Umgang mit der neuen Deckenschalung gemacht?«

»Ja!«

Das wäre ein wenig merkwürdig. Die offene Frage fordert unseren Partner dazu auf, uns eine ausführlichere Antwort zu geben, und liefert uns damit wertvolle Informationen – Pulver für unsere anschließende Argumentation. Dabei ist die Offenheit der Frage relativ abgestuft. Die Frage: »Wieviel Zeit steht uns für dieses Gespräch zu Verfügung?«, ermöglicht eine relativ kurze Antwort. Auf die Frage: »Wie beurteilen Sie die Chancen, weitere Terminverzögerungen zu vermeiden?« muss man schon ein bisschen weiter ausholen. Offene Fragen werden auch »W-Fragen« genannt, da sie mit einem W beginnen. Wer, wie, was, warum, weshalb, welche, wieviel, wodurch, wessen, etc.?

Motivationsfrage

Hier wird im Gegensatz zur Suggestivfrage, die geschlossen gestellt ist, eine offene Frage mit einer echten Anerkennung gekoppelt.

»Sie sind seit über dreißig Jahren im Spezialtiefbau tätig, welche Lösung sehen Sie?«

Wer daraufhin »Keine« sagt, hat auch keine Erfahrung. Aus diesem Grunde wird er nach einer Möglichkeit suchen.

Alternativfrage

Das Arbeiten mit Alternativen ist eine besonders wirksame Technik zur Lösung von Problemsituationen. Gesteigert werden kann diese Frageform durch die Kombination mit der »Brainstorming-Technik«. Die Chance, dass Sie die beste Lösung herausfinden, steigt mit der Anzahl der diskutierten Alternativen. Das »Brainstorming« garantiert eine maximale Anzahl an Optionen. Ein guter Einstieg ist folgende Frage nach dem »Toyota-Prinzip« »Nichts ist unmöglich!«:

***Welche Lösung wäre die beste,
auch wenn sie im Moment als völlig unmöglich erscheint?***

Hypothetische Frage

Hypothetische Fragen werden, wie der Name schon sagt, durch eine Hypothese eingeleitet. Sie eignen sich auch hervorragend für das Suchen nach Problemlösungen. Heben Sie Ihren Gesprächspartner für einen kurzen Moment über die Mauer, die er in seinem Kopf zwischen sich und der möglichen Lösung errichtet hat. Mit einem Mal sieht Ihr Partner nicht mehr nur die Behinderungen – Gründe, warum etwas nicht geht – sondern kann erkennen, welchen Wert die Lösung für ihn haben kann.

Beispielformulierungen für die Hypothesentechnik sind:

Bauleiter: »So geht das nie!«

Sie: »Mal angenommen, es gäbe einen Weg, diese Lösung zu erreichen. Was wäre damit erreicht?«

Hypothesen helfen, über strittige Punkte hinwegzukommen!

Auch in der Einwandsbehandlung findet sich ein vortreffliches Einsatzgebiet.

Kontroll- und Bestätigungsfrage

Die Kontroll- und Bestätigungsfrage zielt darauf ab, Missverständnisse zu vermeiden und den augenblicklichen Verhandlungs- bzw. Gesprächsstand festzuhalten. »Habe ich Sie darin richtig verstanden?« oder »Habe ich das soweit richtig ausgedrückt?«, »Verstehe ich Sie richtig, dass Sie keine weiteren Mittel zur Beschleunigung auf der Baustelle haben?« Zu gegebenen Phasen des Gesprächs sichern Bestätigungsfragen das erzielte Teilergebnis ab.

Zauberfrage

Ja, diese Kategorie der Frageformen nenne ich schlichtweg Zauberfragen. Nun, das was jetzt kommt, klingt doch so ziemlich nach Patentrezept. Richtig! Der Autor ist tatsächlich zu der Überzeugung gelangt, dass die folgenden Formulierungen fester Bestandteil Ihres Frage-Repertoires sein sollten. Sie sind multifunktional einsetzbar und eine gute »Antwort« auf mannigfaltig schwierige Situationen. Die Zauberfrage löst festgefahrene Gespräche wieder auf und verhilft somit zu guten Ergebnissen.

- »Welche Möglichkeiten sehen Sie?«
- »Wie würden Sie an meiner Stelle handeln (entscheiden)?«
- »Was schlagen Sie vor?«
- »Welche Lösungen sehen Sie?«
- »Was sollte hier Ihrer Erfahrung nach getan werden?«
- »Was spricht in Ihren Augen dafür/dagegen?«
- »Was empfehlen Sie in diesem Punkt?«

Nach wichtigen Fragetechniken müssen wir uns mit der Einwandsbehandlung beschäftigen. Viele Gespräche werden ohne Ergebnis beendet, weil Einwände bzw. unterschiedliche Meinungen nicht richtig behandelt wurden. Psychologen beschreiben dieses Fehlverhalten als Steinzeitmethode: Angriff, Verteidigung, Flucht!

Allgemeines zur Einwandsbehandlung

Widerspruch und Einwände müssen richtig behandelt werden, sonst droht eine Eskalation des Gespräches. Grundregeln sind:

- Einwand ohne Wertung wiederholen!
- Einwände beantworten statt widerlegen!

Spiegeltechnik

Die Spiegeltechnik gehört in meinen Augen zu den machtvollsten Instrumenten zwischenmenschlicher Kommunikation. In schwierigen Gesprächssituationen, im Konflikt, bei Einwänden, überall kommen Sie mit dem Spiegel in der Hand ein Stück weiter als bisher. Die Funktionsweise ist einfach und erfordert dennoch einiges an Übung. Stellen Sie sich vor, Sie hätten in jedem Ihrer Gespräche einen Spiegel zur Hand, den Sie Ihrem Gesprächspartner in bestimmten Situationen vor Augen halten, und zwar so, dass er sich darin wiedererkennt.

Dies geschieht auf zwei Arten: Entweder Sie wiederholen das von ihrem Partner Gesagte in eigenen Worten (Paraphrase) oder Sie drücken die an ihm wahrgenommenen Gefühle in Ihren Worten aus (Verbalisieren).

Ihr Gesprächspartner fühlt sich verstanden! Und das zu Recht!

Endlich ein Mensch, der mich versteht! »Ich verstehe Sie« kann jeder sagen. Zeigen Sie es! Das Verstandene zu wiederholen ist nämlich gar nicht so einfach. Die Spiegeltechnik arbeitet rein auf der Beziehungsebene, sie erzeugt Übereinstimmung ohne Einverständnis kundzutun. Verstehen kommt vor Einverstandensein.

Der Bumerang

Mit der Bumerang-Methode können Sie die Einwände des Gesprächspartners in die eigene Argumentation einbauen! Sie ist ein weiteres nützliches Instrument, nicht nur in der Behandlung von Einwänden. Wir sehen den Bumerang hier nicht als Waffe, sondern einfach als Fluggerät, das einmal abgeworfen, zu seinem Werfer zurückkehrt. Häufig bekommen Sie Einwände, Killerphrasen oder andere negative Äußerungen von Ihren Gesprächspartnern zugeworfen, mit dem Ziel, damit Ihre Lösungen, Argumente oder gar Sie selbst zu treffen. Sie lenken diese »Bumerangs« um und nutzen sie, indem Sie diese als wichtige Basis in Ihre eigene Argumentation einbauen. Hier wieder einige Beispielformulierungen aus einer Verhandlung mit Bauleiter Ernst Pascholke und Ihnen:

Ernst Pascholke: *»Wir finden hier jetzt wieder tolle Lösungen und hinterher passiert dann doch wieder nichts!« (Einwand in der Absicht, das Gespräch zu beenden)*

Sie: »Stimmt, für Sie ist es wichtig, dass hier nicht nur gequatscht wird, sondern dass das Besprochene anschließend auch in die Tat umgesetzt wird. (Spiegeln)«

Pascholke: *Genau!* (Pascholke kann an dieser Stelle nur bestätigen, Sie haben ja genau das wiederholt, was er sagte.)

Sie: »Und gerade deshalb (Bumerang) sollten wir die Umsetzungsmöglichkeiten hier genau prüfen und anschließend vereinbaren, wer was macht!«

Im weiteren Verlauf der Verhandlung bringt Pascholke das nächste Gesprächstorpedo:

Pascholke: *»Das müssen Sie doch entscheiden! (Einwand)«*

Sie: »Ja, und dazu brauche ich Ihre Hilfe!« (Spiegeln, Bumerang)

Und noch später (schon zaghafter):

Pascholke: *»So funktioniert das auf keinen Fall!« (Einwand)*

Sie: »Ja, (Spiegeln) und deshalb (Bumerang) müssen wir einen Weg finden, der besser funktioniert!«

Wieder kann Pascholke nur zustimmen. Schließen Sie noch eine Zauberfrage an und holen Sie Pascholke damit ins Boot!

9.4 Optionen und Nutzenargumentation

Oberstes Ziel eines Controlling-Gespräches ist es, eine bestmögliche Option herauszuarbeiten, mit der das Ergebnis und die Liquidität optimiert werden können. Damit müssen im Gespräch möglichst viele Optionen erarbeitet werden. Optionen beschleunigen ohnehin Entscheidungsprozesse. Wesentliches Entscheidungskriterium ist der Nutzen einer Option. Häufig vergessen wir diesen Nutzen in unserer Argumentation, nennen hunderte von Teilmerkmalen ohne dem Partner zu sagen, was er davon hat, sich hierfür zu entscheiden, welchen Nutzen ein Merkmal hat, welchen Vorteil er bietet. Eine Technik, mittels derer Sie Ihre Argumente besser anbringen, ist die sogenannte M-V-P-Kette (Merkmal, Vorteil, Persönlicher Nutzen). Sie erhält eine Steigerung vom bloßen Merkmal, über den daraus entspringenden allgemeinen Vorteil bis hin zum sehr persönlichen Nutzen des Gesprächspartners.

Ein **Beispiel:** Ihr Bauleiter füllt seine monatliche Leistungsmeldung nur widerwillig und meist zu spät aus. Sie überzeugen Ihren Bauleiter mit der MVP-Kette:

- **M**erkmal: »Das neue Formular zur Leistungsmeldung ist nur noch 1 Seite lang.«
- **V**orteil: »Dieses neue Formular können Sie schneller ausfüllen als bisher.«

– **P**ersönlicher Nutzen: »Mittels Ihrer Leistungsmeldung können wir Ihnen zeitnah die betriebswirtschaftliche Situation Ihrer Baustelle zusammenstellen. So wissen Sie Bescheid und können wieder gut schlafen!«

9.5 Die Sieben Stufen des Controllinggesprächs

Zur zielgerichteten Gesprächsführung hat sich das sogenannte Harvard-Konzept, 9 Stufen einer Verhandlung, bewährt. In Anlehnung an dieses Konzept finden Sie nachfolgend einen Sieben-Stufen-Plan für Ihre Controllinggespräche. Er ist keine strenge, dogmatische Rezeptur, sondern eine Orientierung für Sie. Mit der gedanklichen Konzeption anhand dieses Planes haben Sie zu jeder Phase Ihres Gesprächs das sichere Gefühl, zu wissen wie es weitergeht. Ab wann ist die Informationsaufnahme beendet? Kann ich jetzt schon in die Einigungsphase gehen? Was kommt als nächstes? Die meisten Gesprächen verfahren sich irgendwann in Nebenschauplätzen und sinnlosen Wiederholungen, weil an einer bestimmten Stelle nicht sauber gearbeitet wurde. Man kommt kurz vor Abschluss auf einen bisher noch nicht besprochenen Punkt, eine bisher fehlende Information wird eingebracht und das Gespräch beginnt erneut von vorne. Alle bis dato geleistete Überzeugungsarbeit verpufft und alles steht und fällt mit diesem spät eingebrachten Thema. Deshalb müssen Ist- und Bedarfsaufnahme so vollständig wie möglich sein, müssen im Einstieg alle Spielregeln besprochen sein, jede spätere Änderung oder Neuvereinbarung zur Vorgehensweise kostet Kraft und Nerven. Daher der Plan:

Stufe 1: Die Vorbereitung

Bevor Sie ein Gespräch beginnen, sollten Sie sich Gedanken und Notizen zu folgenden Punkten machen:

1 Was weiß ich über den/die Menschen, dem/denen ich begegnen werde? Sammeln Sie Informationen über Kompetenzen, Zuständigkeiten, mögliche Gesprächstabus, Hobbys, Geburtstage, bisher gezeigte Verhaltensweisen, Lieblingseinwände, mögliche Zielsetzung, Interessen etc.

2 Was ist der Nutzen dieses Gespräches für mich und meinen Partner? Vor allem der Partner ist gemeint. Da wir Menschen vor allem dann handeln, wenn wir einen Nutzen für uns darin erkennen, ist es wichtig zu wissen, mit welchem Nutzen wir unseren Partner bewegen können.

3 Wie sah die bisherige Zusammenarbeit aus?

4 Was ist das Verhandlungsthema? Verhandlungsthema, Gesprächsablauf, »Roter Faden«, mögliche Einwände etc.

5 Was ist mein Verhandlungsziel? Nicht immer muss das Ziel meines Gesprächs die endgültige Lösung sein. Auch eine vollständige Bedarfsaufnahme kann ein Ziel sein.

6 Welche Gesprächsunterstützungen stehen mir zur Verfügung? Bauakte, Vertragsunterlagen, Urkalkulation, Fotos, Infomaterial, Technische Normen, Pläne, Terminpläne, Kostenstellenbericht etc.

Stufe 2: Die Begrüßung

In der Begrüßungs- oder auch Anwärmphase kommt es vor allem darauf an, zunächst ein positives Gesprächsklima zu schaffen. Man spricht über aktuelle Ereignisse, Urlaube. Man stellt sich vor, bespricht allgemeine Rahmenbedingungen oder versorgt sich gegenseitig mit Kaffee, Getränken oder kleinen Snacks: Sprich, man betreibt ein wenig Small Talk um warm zu werden. Wer bei schwierigen Verhandlungen direkt in das Thema einsteigt, mutet seinem Partner meist zu viel zu.

Stufe 3: Der Einstieg – Gemeinsame Gesprächsbasis

Diese Phase des Sieben-Stufen-Planes leitet nach der Anwärmphase, der Begrüßung, auf das Thema der Verhandlung über. Achten Sie immer darauf, was Ihr Gesicht zu Beginn Ihrer ersten Aussage zur Sache macht. Da wir uns ruckartig auf die Sachebene begeben, wird unser Gesicht meist sehr ernst. Das wirkt dann etwa wie »So, nachdem wir jetzt über Seichtigkeiten geschwätzt haben, kommen wir zu den ernsten und traurigen Dingen des Lebens.« Die Sache, also Ihr Verhandlungsinteresse, sollte etwas sehr Schönes sein. Etwas, das einen freudigen Ausdruck auf Ihr Gesicht zaubert. Achten Sie darauf!

Ihr Gesprächseinstieg mündet immer in eine Frage. Vermeiden Sie langatmige Monologe. Meistens sind wir zu Beginn einer anspruchsvollen Verhandlung angespannt. Wer angespannt ist, macht in seinem Sprechen viele Fehler, wird kurzatmig, verlegen oder sucht nach Worten. Spielen Sie den Ball so schnell es geht Ihrem Gesprächspartner zu. Während er auf Ihre möglichst offen gestellte Frage antwortet, können Sie sich gelassen auf Ihre Strategie und den Gesprächspartner einstellen.

3.1 Bezugnahme

Nehmen Sie Bezug auf Ihr letztes Gespräch mit dem Partner, auf Ihr Telefonat, auf die Einladung, auf Veränderungen für Ihren Gegenüber. Vorteilhaft ist es, wenn Sie sich auf das Protokoll des letzten Controllinggespräches beziehen können.

3.2 »Wie wollen wir vorgehen?«

Die Profi-Frage. Hier merkt man sofort, dass sich jemand in professioneller Gesprächsführung auskennt. Als Einstieg in die Verhandlung wird also zunächst einmal die Frage nach der Vorgehensweise geklärt. Wenn die Vorgehensweise als gerecht empfunden wird, steigt die Wahrscheinlichkeit dafür, dass auch das Ergebnis der Verhandlung als gerecht empfunden wird. Bewährt hat sich, eine feste Tagesordnung für die turnusmäßigen Controllinggespräche zu verwenden. Damit ergibt sich auch eine gewisse Routine, die zur Versachlichung der Thematik führt.

3.3 »Wieviel Zeit steht uns für dieses Gespräch zur Verfügung?«

»Wieviel Zeit haben Sie mitgebracht?« Die Klärung der zeitlichen Rahmenbedingungen zu Beginn erspart einen möglichen Zeitdruck während des Gespräches. Ihr Partner hört auf, dauernd auf die Uhr zu schauen, weil er weiß, dass Sie seinen anschließenden Termin kennen und auf die Einhaltung der Zeit achten. Andere Formulierungen sind bspw.: »Bleibt es bei der vereinbarten Stunde?«, »Wollen wir eine Pause avisieren?« oder »Können wir ohne Zeitdruck zwei Stunden miteinander sprechen?«.

3.4 »Wollen wir loslegen?«

Nach einer angenehmen Begrüßung und Anwärmphase signalisieren Fragen wie diese, dass jetzt die Ärmel hochgekrempelt werden.

3.5 »Ich habe mir für heute zum Ziel gesetzt ...«

Nennen Sie ruhig Ihr Gesprächsziel, damit Ihr Partner weiß, wohin die Reise geht.

»Ich habe mir für dieses Gespräch zum Ziel gesetzt, so viel wie möglich über Sie und Ihre Beurteilung des Bautenstandes zu erfahren, um zu sehen, in welchen Punkten wir die Zusammenarbeit noch verbessern können. Gleichzeitig geht es mir darum, Einsparungsmöglichkeiten zu identifizieren. Wenn Sie damit einverstanden sind, stelle ich Ihnen zunächst einige Fragen hierzu? Welche Arbeiten sind derzeit im Verzug?«

3.6 »Wenn Sie nichts dagegen haben, schreibe ich mir jetzt erstmal ein paar Dinge zu Ihrer Sicht der Sachlage mit ...«

Sie signalisieren mit diesem Einstieg, dass Sie in den nächsten Phasen des Gespräches auf Fragen und Zuhören eingestellt sind. Die Worte Ihres Partners bekommen durch Ihre Aufzeichnungen zusätzliches Gewicht.

Stufe 4: Die Ist-Aufnahme und Handlungsbedarf

Die meisten Menschen überzeugt nur das, was sie selbst gedacht bzw. gesagt haben. Es kommt also zu allem Anfang darauf an, möglichst vieler solcher Gedanken und Worte zu sammeln und so eine gute Grundlage für einen konstruktiven Dialog zu schaffen. Die Ist-Aufnahme erfolgt meist durch Präsentation des Baustellenergebnisses, der Kostenrechnung und der Einschätzung des Bauleiters. Sie enthält Abweichungen, aus denen sich ein Handlungsbedarf ergibt. Vor der Erörterung möglicher Problemlösungen muss der Handlungsbedarf analysiert werden. Dies kann durch eine gezielte Fragetechnik unterstützt werden:

> *»Was ist für Sie jetzt der wichtigste Schritt, der getan werden muss?«*

Stufe 5: Die Problemlösung: Optionen und Nutzen

Verhandlungsamateure begehen häufig den Fehler, mit dieser Phase des Gespräches zu beginnen. Sie verpulvern ihre Argumente und werden dann minutiös mit ihren eigenen Worten widerlegt. Der Verhandlungspartner hört nämlich ohne die Bezugnahme zu dem Selbstgesagten nur unter einem Aspekt zu: Was von den Worten meines Gegenübers kann ich widerlegen? Es wird ihm gelingen, denn letztendlich sind Argumente nur ein Teil der Wirklichkeit und nur die eigene zählt. Hinzu kommt, dass Sie sich, nachdem der Gesprächspartner anschließend seine Argumente vorgebracht hat, nur wiederholen können. Deshalb: Bevor Sie zur Fachargumentation übergehen, überlegen Sie immer:

- Habe ich das Wesentliche erfasst und den gewünschten Nutzen meines Gegenübers verstanden?
- Habe ich für jedes meiner Argumente einen Bezugspunkt im Gesagten?
- Habe ich einen Weg gefunden, auch meinen Partner zum Gewinner dieser Verhandlung zu machen?

Stufe 6: Die Einigung – Aktivitätenplan

Am Ende eines jeden Gesprächs steht eine Vereinbarung. Sie kann sehr unterschiedlich ausfallen. Ist man sich in den wesentlichen Punkten aufgrund bestimmter Umstände wie Informationsmangel, fehlenden Alternativen o. ä. nicht einig geworden, so wird zumindest vereinbart, diese Informationen zu beschaffen, Alternativen bis zu einem bestimmten Zeitpunkt zu entwerfen etc. Diese Phase des Sieben-Stufen-Planes ist äußerst sensibel und die wichtigste Frage lautet: »Woran merke ich, dass mein Gesprächspartner bereit zur Einigung ist?« Neben direkten verbalen Signalen, wie häufiger Zustimmung oder der direkten Zusage gibt es eine ganze Reihe körpersprachlicher Signale, deren Beschreibung den Rahmen dieses Kapitels sprengen würden. Wenn Sie Ihr Gegenüber genau beobachten, sehen Sie diese Signale und leiten den Abschluss ein. Die bewährteste Methode ist die der Zusammenfassung. Betont werden vor allem diejenigen Punkte, in denen im Verlauf der Fachargumentation Übereinstimmung erzielt wurde. Wichtig ist die schriftliche Zusammenfassung in Form eines Protokolls, das mit seinem Aktivitätenplan ein gutes Arbeitspapier darstellt.

Stufe 7: Die Verabschiedung und Nachbearbeitung

Der erste Eindruck entscheidet, der letzte dagegen bleibt. Wie in einem Echoeffekt bleiben unsere letzten Worte und das dazugehörige Gesicht in der Erinnerung unseres Gesprächspartners an die Verhandlung erhalten. Ihr letzter Eindruck ist daher dafür, dass das Vereinbarte tatsächlich umgesetzt wird, und als Vorbereitung auf ein künftiges mögliches Gespräch von Bedeutung.

Ein bisschen Smalltalk, ein paar Dinge auf der Beziehungsebene, ein freundlicher Handschlag, Dank und gute Wünsche gehören zum Geschäftsgebaren eines Verhandlungsprofis. Auch wenn in der Verhandlung inhaltlich hart gekämpft wurde, der Mensch wird trotzdem weiterhin freundlich behandelt.

Neben den im Anschluss an ein Controllinggespräch typischen Arbeiten, wie Informationen weitergeben, Aktivitäten auslösen etc. bietet Ihnen die persönliche Nachbearbeitung mit jedem Gespräch, das Sie führen, die Chance, erfolgreicher zu werden. Fragen Sie sich, was Sie gelernt haben. Machen Sie sich das Gespräch noch einmal bewusst, indem Sie es in Ihrem Kopf noch einmal durchgehen. Wir schalten uns kurz ein in ein solches Selbstgespräch:

Der Bauleiter war sehr geschockt, als ich ihm den drohenden Verlust vorgehalten habe. Und wie habe ich reagiert? Ich habe ihm zu wenig Verständnis entgegengebracht und auch nicht schnell genug meine Unterstützung angeboten. Hierauf werde ich in Zukunft stärker achten. Damit werden die Controllinggespräche noch effektiver.

Fragen, die Sie sich nach jeder Verhandlung stellen sollten:

- Was habe ich erreicht, was nicht?
- Was war an meinem Verhalten zweckmäßig?
- Was sollte ich zukünftig anders machen?
- Welche Hindernisse will ich zukünftig wie behandeln?
- Welche Einwände habe ich gehört und wie habe ich sie behandelt?
- Was waren meine besonderen Stärken?

- Welche Innovation habe ich meinem Gespräch gebracht?
- Was will ich verbessern?
- Welches konkrete Ziel habe ich für mein nächstes Gespräch?
- Wie werde ich vorgehen, um dieses Ziel zu erreichen?

9.6 Ressortegoismen im Bauunternehmen

In Bauunternehmen gibt es häufig Spannungen. Die Ursachen liegen in ausgeprägten Ressortegoismen. Für das Controlling sind folgende zwei Konfliktbereiche besonders schädlich:

- Kalkulator – Bauleiter
- Bauleiter – Kaufmann

Konflikt zwischen Kalkulator und Bauleiter

Der Kalkulator befasst sich bei der Projektbearbeitung in der Angebotsphase intensiv mit dem Bauvorhaben. Dabei erhält oder erarbeitet er sich wertvolle Informationen. Diese Informationen müssen an den Bauleiter übergeben werden, z. B.:

- Erkenntnisse über mögliche Ausführungen (Menge und Qualität),
- vertragliche Besonderheiten,
- Kalkulationsannahmen.

Nur so kann der Bauleiter sich ergebende Chancen nutzen und drohende Risiken abwenden. In der Praxis treten Konflikte zwischen Kalkulator und Bauleiter auf. Beispiel:

Bauleiter beschwert sich beim Kalkulator: »Deine Kalkulation weist wieder schwere Fehler auf! Und im Übrigen sind die Preise völlig unauskömmlich!«

Kalkulator: »Würdest Du Deine Baustelle vernünftig organisieren, dann wären die Preise auch auskömmlich!«

Konflikt zwischen Bauleiter und Kaufmann

Der Kaufmann erfasst in der Kosten- und Leistungsrechnung die Baustellengeschehnisse und stellt monatlich das Baustellenergebnis zusammen. Dies ist eine wesentliche Säule des Baustellencontrollings. Der Bauleiter profitiert damit von einer guten Zusammenarbeit mit dem Kaufmann, der folgende wichtigen Bereiche abdeckt:

- Kurzfristige Ergebnisrechnung,
- Finanzierung der Baustelle,
- Bürgschaften, Sicherheiten,
- Forderungsmanagement, Mahnwesen.

In der Praxis treten Konflikte zwischen dem Bauleiter und Kaufmann auf. Beispiel:

Bauleiter beschwert sich beim Kaufmann: »Du hast schon wieder falsche Aufwendungen auf meine Baustelle gebucht!«

Kaufmann: »Das kann doch nicht sein! Buche Deinen ..... in Zukunft doch selbst!«

Durch ein funktionierendes Miteinander müssen diese Spannungen ausgeräumt werden. Andernfalls ist die notwendige Teamarbeit nicht möglich und gute Baustellenergebnisse sind gefährdet. Techniken des harmonischen Miteinanders sind:

- Wertschätzung und Ehrlichkeit,
- gegenseitiges Verständnis,
- der harmonische Dialog.

9.7 Praxisbeispiel: »Das monatliche Controlling-Gespräch«

Controlling im Bau besteht zu einem erheblichen Anteil aus kaufmännischen Controllingfunktionen wie Finanzmanagement, Sicherheiten, Bürgschaften etc. Des Weiteren sind die kaufmännischen Anforderungen in den letzten Jahren erheblich gestiegen. Damit sind wir mehr denn je auf eine funktionierende Zusammenarbeit zwischen Technikern und Kaufleuten angewiesen. Voraussetzung ist dabei, dass wir die Grundregeln der Kommunikation beachten, denn sonst ist das Gespräch schnell zu Ende! Nachfolgend ist ein Fallbeispiel eines turnusmäßigen (monatlichen) Controllinggespräches dargestellt:

Ausgangssituation

Bauvorhaben:	Verwaltungsgebäude Fa. Huber
Auftragssumme:	12,0 Mio. €, Detail-Pauschalvertrag auf Basis eines Vertrags-LVs mit Einheitspreisen
Bauzeit:	18 Monate

Ergebnishochrechnung: Nach sechs Monaten Bauzeit zeichnet sich für das voraussichtliche Endergebnis ein Verlust von 15% der Auftragssumme ab. Ursachen sind:

- Entwurfsänderungen des Architekten hinsichtlich Geometrie und Qualität
- Verspätete Planlieferungen bedingt durch verzögerte Entscheidungen des Bauherrn

Beteiligte:	– Kaufmännischer Leiter:	Dr. Hans Euro
	– Bauleiter:	Toni Hinterstocker (Hobby-Jäger)

Der kaufmännische Leiter setzt nach Vorliegen der monatlichen Kostenstellenrechnung Mitte des siebten Baumonats das monatliche Controllinggespräch an:

Controllinggespräch, 1. Anlauf

Dr. Hans Euro:	»Schon wieder einen herben Verlust von über 15% der Auftragssumme! Was läuft denn schief auf Ihrer Baustelle?«
Toni Hinterstocker:	*Ähm . . . . ., wir haben doch so geschuftet!*
Dr. Hans Euro:	»Sie haben Ihre Bauleistung viel zu hoch gemeldet.«
Toni Hinterstocker:	*Das kann nicht sein, ich habe die Bauleistung genau ermittelt.*
Dr. Hans Euro:	»Gemäß vereinbartem Zahlungsplan ergibt sich eine Gesamtleistung per 6. Baumonat von 3,2 Mio €.«
Toni Hinterstocker:	*Das stimmt nicht, ich habe die Bauleistung genau nach dem Leistungsstand der Baustelle auf Basis der Arbeitskalkulation berechnet und komme auf eine Gesamtleistung von 3,4 Mio. €.*

Analyse des Gesprächs

- Ein konstruktiver Dialog kam bis hierher nicht zustande.
- Neben zahlreichen Kommunikationsfehlern fehlt eine wesentliche Voraussetzung: die einheitliche Sprache.
- Kaufmann und Bauleiter verwenden zwar denselben Begriff »Bauleistung«, definieren ihn jedoch unterschiedlich.
  - Kaufmännische Bauleistung: ist die gegenüber dem Auftraggeber abrechenbare Leistung.
  - Technische Bauleistung: ist die tatsächlich auf der Baustelle erbrachte Leistung, bewertet nach der Arbeitskalkulation.

Nachfolgend der 2. Anlauf und der Versuch, einen Controlling-Dialog zu führen:

Controllinggespräch, 2. Anlauf

Dr. Hans Euro:	»Vielen Dank für das Baustellenbier! Ich hatte einen solchen Durst! Wie verlief denn die Jagd am Wochenende?«
Toni Hinterstocker:	*Phantastisch! Ich habe zwei kapitale Böcke geschossen!*
Dr. Hans Euro:	»Wollen wir so vorgehen, dass Sie zuerst die Baustellensituation schildern?«
Toni Hinterstocker:	*Ja, einverstanden. Wir kommen ganz gut voran und liegen im Terminplan, obwohl der Architekt die Pläne im letzten Moment mehrmals geändert hat.*

Dr. Hans Euro:	»Das ist ja prima, dass Sie trotz Planänderungen im Terminplan liegen! Nun erläutere ich Ihnen erstmal den Aufbau des monatlichen Kostenstellenberichts Ihrer Baustelle.«
Toni Hinterstocker:	*Gute Idee, das hat mir bisher noch keiner erklärt!*
Dr. Hans Euro:	Nach der Erläuterung: »Wir haben zum Bauende einen voraussichtlichen Verlust von 1,8 Mio. € hochgerechnet. Wir konnten das kaum glauben, nachdem Sie bisher immer in der Gewinnzone waren.«
Toni Hinterstocker:	*(Toni zuckt zusammen und wird bleich) – Wie kann das passieren, ich kann mir das nicht erklären!*
Dr. Hans Euro:	»Das verstehe ich! Das geht mir genauso. Sie sehen plötzlich so bleich aus!«
Toni Hinterstocker:	*Das Baustellenergebnis ist schockierend!*
Dr. Hans Euro:	»Da haben Sie Recht! Zum Glück haben wir noch 12 Monate Bauzeit vor uns und können gegensteuern. Sie erwähnten vorhin Planänderungen des Architekten. Da gibt es doch sicher Nachtragspotenziale? Lassen Sie uns gemeinsam überlegen!«
Toni Hinterstocker:	*Wir haben hier einen Pauschalvertrag, da gibt es doch keine Nachträge!*
Dr. Hans Euro:	»Bei Entwurfsänderungen des Auftraggebers gibt es auch bei Pauschalverträgen Nachträge. Wir haben Glück, dass wir einen Detailpauschalvertrag haben. Dies ist eine gute Grundlage, um die Abweichungen sichtbar zu machen. Vor allem können wir die aufgetretenen Mehrkosten glaubhaft vorlegen.«
Toni Hinterstocker:	*Da haben Sie Recht, Änderungen berechtigen auch bei Pauschalverträgen zu Nachforderungen. Ich lasse mich immer wieder durch den Hinweis des Auftraggebers auf den vereinbarten Pauschalfestpreis einschüchtern.*
Dr. Hans Euro:	»Mit diesem Nachtrag können wir 900.000,– € durchsetzen. Damit hätten wir den drohenden Verlust schon halbiert.«
Toni Hinterstocker:	*Das wäre schön!*
Dr. Hans Euro:	»Zur Nachtragsverhandlung gehe ich mit und übernehme die Moderation. Dann haben Sie den Kopf frei und können überzeugend argumentieren.«

Nach der erfolgreichen Verhandlung .....

Toni Hinterstocker:	*Das lief ja prima! Ohne Ihre souveräne Moderation hätte ich das nie geschafft!*
Dr. Hans Euro:	»Jetzt haben wir den drohenden Verlust schon einmal halbiert. Nächste Woche setzen wir uns nochmals zusammen und überlegen, was wir tun müssen, um in die Gewinnzone zu kommen. Übrigens, bei der nächsten Nachtragsverhandlung helfe ich gerne wieder. Lassen Sie es mich rechtzeitig wissen!«
Toni Hinterstocker:	*Das Angebot nehme ich gerne an. Ganz herzlichen Dank für Ihre Unterstützung!*

Analyse des 2. Anlaufes

- Mittels Wertschätzung und Verständnis gelingt es dem Kaufmann Hans, das Vertrauen des Bauleiters Toni zu gewinnen.
- Auf dieser Basis entwickelt sich der »harmonische Dialog«, der zur Aktion »Nachtragsangebot« führt.
- Der Kaufmann bietet dem Bauleiter seine Hilfe an und kann seine guten Moderationsfähigkeiten gewinnbringend einsetzen.
- Es wird sicher nicht immer gelingen, mit der ersten Aktion bereits den drohenden Verlust zu halbieren. O. g. Gespräch zeigt jedoch klar, dass der Bauleiter im Teamwork mit dem Kaufmann stärker ist und damit drohende Verluste minimiert werden können.

9.8 Die »10 Gebote« der Controlling-Psychologie

Die Anwendung eines umfassenden Controllingsystems ist noch kein Garant für ein funktionierendes Controlling. In diesem Kapitel wurde aufgezeigt, dass die Controlling-Kultur Voraussetzung für ein erfolgreiches Controlling ist. Nachstehend sind einige wichtige Regeln der Controlling-Psychologie aufgeführt:

1. Wertschätzung, der andere ist auch nur ein Mensch!
2. Eröffnung des Gesprächs auf der Beziehungsebene,
3. Zu Beginn gemeinsame Gesprächsbasis schaffen,
4. Begriffe abklären,
5. Dialog anstatt Monolog,
6. Hilfe anbieten,
7. gemeinsam nach Lösungen suchen,
8. Stärken identifizieren und entsprechend einsetzen,

9. im Team auftreten,
10. Aktivitätenplan protokollieren und controllen.

9.9 Werkzeuge: Checklisten und Formulare

Online ist folgendes Controlling-Werkzeug enthalten:

Formulare/Tabellen

1. Word: Checkliste »7 Stufen des Controllinggesprächs«

Literatur

/1/ **Schulze-Seeger, J.** Die Kunst des Überzeugens, in Wirth, u. a.: Erfolgsfaktor Nachtragsmanagement im Bauwesen, expert verlag, Renningen-Malmsheim 2000

10. Handlungsorientiertes Controlling

Michael Thon

Inhalt

10.1 Zielsetzung

Ziel des handlungsorientierten Controllings ist es, dem Anwender ein ergebnisorientiertes und somit erfolgreiches Handeln zu ermöglichen. Es gilt, die Effizienz der Auftragsausführung in Bezug auf das Einhalten der Termine, das Erfüllen der technischen/wirtschaftlichen Anforderungen und das Einhalten des Budgets zu erhöhen.

In der Praxis stehen dem Interessierten zum Erreichen dieser Ergebnisse eine Vielzahl von Methoden und Instrumenten, sogenannte Hilfsmittel, zur Verfügung. Diese Hilfsmittel sind jedoch keine Hilfsmittel mehr, sondern haben eine Eigendynamik entwickelt, die häufig an dem tatsächlichen Bedarf des Praktikers vorbeigehen.

Dieser Beitrag soll einen Weg aufzeigen, um die Handlungsfähigkeit wiederzuerlangen. Der aufgezeigte Weg ist frei zugänglich und der Einstieg ist jederzeit möglich, es muss nur die Bereitschaft zur Veränderung durch das aktive Handeln oder Unterlassen vorhanden sein.

Zum erfolgreichen Handeln gehört, dass ich jederzeit weiß, wohin ich will, wo ich stehe, und mich mit anderen darüber verständigen kann. Die Beantwortung folgender Fragen steht im Vordergrund:

- **»Wohin will ich?«**
- **»Wo stehe ich?«**
- **»Wie komme ich dorthin?«**

10.2 Wohin will ich?

Zu Beginn einer Baumaßnahme ist die zentrale Frage: **Wohin will ich?**

A – Bauauftrag: Ergebnis als Messlatte vorgeben

Die Angebotssumme ist die Antwort auf die Frage (Anfrage) des Kunden: »Was wird ein Produkt kosten?«. Wenn diese Frage zur Zufriedenheit des Kunden beantwortet wird und er eine angemessene Bedarfsdeckung (Nutzen in Form eines Bauwerks) erfährt, erhält der Auftragnehmer (Bauunternehmer) einen Auftrag.

Der Bauunternehmer nimmt i. d. R. den Auftrag an mit der Absicht, einen Gewinn zu erzielen. Aus dieser Annahme heraus ergeben sich die vom Markt bestimmten Herstellkosten für den Auftrag. Die Herstellkosten sind die Differenz zwischen der Auftragssumme (Auftragswert) und dem geplanten Deckungsbeitrag. Der Deckungsbeitrag gleicht die nicht auftragsbezogenen Gemeinkosten des Unternehmens und den geplanten Gewinn inkl. des unternehmerischen Wagnisses ab.

Der Bauunternehmer legt auf Grundlage der vom Markt bestimmten Herstellkosten die Zielherstellkosten (Budget) für das Objekt fest. Diese Herstellkosten beantworten die Frage: »Was darf ein Produkt kosten?«. Das Budget zusammen mit dem fehlerfreien Herstellen des technischen/wirtschaftlichen Bau-Solls (Bauteile/Gewerke) und dem vertraglichen Termin sind die Ergebnisvorgaben für den Bauauftrag. Die Messlatte für das Bauteam steht.

BEISPIEL:

Sie wollen einen Berg besteigen. Ihr Ziel ist es, den Gipfel (Nutzen für den Kunden; Bauwerk) in einer Ihrer Leistungsfähigkeit (Mitarbeiter, Maschinen, Schalung, Zukaufsmöglichkeit von Fremdleistungen; Kapazität des Bauunternehmens) angemessenen Zeit (Bauzeit) mit einem guten Gefühl (bewerteter Ressourcenverbrauch; Kosten) zu erreichen. Vor Beginn der Tour planen Sie Ihren Aufstieg. Sie legen für sich fest, wann (Zeit) Sie wo (Bauteil/Gewerk) sein möchten und wie Sie mit Ihrer Ressource (Kosten) umgehen. Sie zeichnen sich Ihren Weg in eine Landkarte der Umgebung ein. Sie markieren sich bestimmte Stellen auf dem Weg, an denen Sie innehalten möchten. Diese Stellen werden bestimmt durch Ihre Erfahrungswerte. Das können Punkte sein, die einen besonderen Ausblick bieten, die Sie zur Stärkung bzw. Neueinteilung Ihrer Kräfte benötigen oder zur Kontrolle Ihres eingeschlagenen Weges.

B – Arbeitsvorbereitung: Mit Teilergebnissen steuern

Das Bauteam entwickelt anhand dieser Zielvorgaben seine Teilergebnisse. Die Teilergebnisse sind immer Schnittpunkte aus den Ebenen Kosten, Zeit und Bauteil/Gewerk. Das Bauteam zeichnet sich vor Beginn der Bauausführung seine Landkarte auf und legt seinen Weg fest. Diese Landkarte/Wegbeschreibung sind z. B. die Arbeitskalkulation und der Terminplan. Sie ist so zu gestalten, dass ein fachkundiger Dritter (Kollege, Vorgesetzter) sie verstehen kann, da ansonsten ein Dialog bzw. eine Diskussion hierüber unmöglich ist.

Es müssen zunächst die chancenreichsten Schnittpunkte herausgearbeitet werden. Dabei gilt ein Schnittpunkt als chancenreich, wenn eine Ebene des Schnittpunktes mit einem überdurchschnittlichen Risiko/Chance behaftet ist und/oder einen Budgetanteil größer als 3% des Gesamtbudgets hat und/oder ein Teil des kritischen Zeitweges ist.

10.3 Wo stehe ich?

Die nächste Frage: **Wo stehe ich?**

Um den Grad der Übereinstimmung mit den eigenen Teilergebnissen messen zu können, muss der derzeitige Standort bestimmt werden. Der Zeitpunkt der Standortbestimmung wird durch Vorgaben und frei bestimmbare Ereignisse festgelegt. Wichtig ist, dass mehrere Zeitpunkte bestimmt werden, bei denen das Bauteam seine bisherigen Entscheidungen und Handlungen (zurückgelegter Weg auf der Landkarte) überprüft. Die Erkenntnisse aus dieser Prüfung und der darauf aufbauenden Analyse sind die Basis für neue Entscheidungen und Handlungen (wieder auf den Weg kommen oder einen neuen Weg einschlagen).

Der Wechsel zwischen den Fragen und Antworten: »Wo stehe ich?«, »Hier bin ich.«, »Wohin will ich?« und »Hier will ich hin.« ist die Grundlage für das erfolgreiche Handeln. Auf dieser Basis wird das »Wie« (Ziel) aufgebaut und durchgeführt.

10.4 Wie komme ich dorthin?

Die nächste Frage: **Wie komme ich dorthin?**

A-Standortbestimmung: Soll-/Ist-Vergleich

Als Einstieg dient der Abweichungswert aus der Standortbestimmung. Es werden die Soll-Ergebnisse (Soll-Werte) aus den geplanten Entscheidungen und Handlungen den Ist-Ergebnissen (Ist-Werten) aus den bisherigen Entscheidungen und Handlungen gegenübergestellt. Die Abweichungen (Differenz-Werte) werden auf ihre Ursachen hin untersucht. Es muss festgestellt werden, welches Ereignis (Ursache) die Ergebnisse (Wirkung) verändert hat, und ob die Wirkung einmalig oder mehrmalig auftreten kann.

B-Chancenpotenzial: Steuerbare Variable – Welche Optionen habe ich?

Es muss herausgearbeitet werden, ob die Ursache und/oder die Wirkung in Zukunft fortbestehen bleiben bzw. ob die Wirkung veränderbar ist; wenn ja, mit welcher Wahrscheinlichkeit. Als Kernaufgabe gilt es, die **steuerbaren Variablen** ausfindig zu machen. Eine steuerbare Variable ist gegeben, wenn durch eine aktive Handlung oder Unterlassung eine einmalige/mehrmalige Wirkung in der Zukunft mit einer bestimmten Wahrscheinlichkeit eintritt.

Auf Grundlage dieser Erkenntnisse ist nach allen denkbaren Lösungen (Alternativen) zu suchen, die aktive Handlungen oder Unterlassungen in Bezug auf die steuerbaren Variablen ermöglichen. Die Lösungen müssen auf sachliche Durchführbarkeit (aktive Handlung oder Unterlassung) und ihre Effizienz (Wirksamkeit und Wirtschaftlichkeit) hin geprüft werden. Die möglichen Lösungen sind so zu formulieren, dass sie tatsächliche Handlungsempfehlungen (Optionen, d. h. frei wählbar) sind. Nunmehr ist zu entscheiden, welche Handlungsempfehlung zur Anwendung kommt.

C – Nachhaltigkeit: Kontrolle und Steuerung

Die Handlung (geplante Maßnahme) ist nachhaltig umzusetzen. Die Wirkung (Ergebnis) muss in vorher bestimmten Abständen kontrolliert werden. Nur so kann eine effiziente Wirkung sichergestellt bzw. nachgesteuert werden.

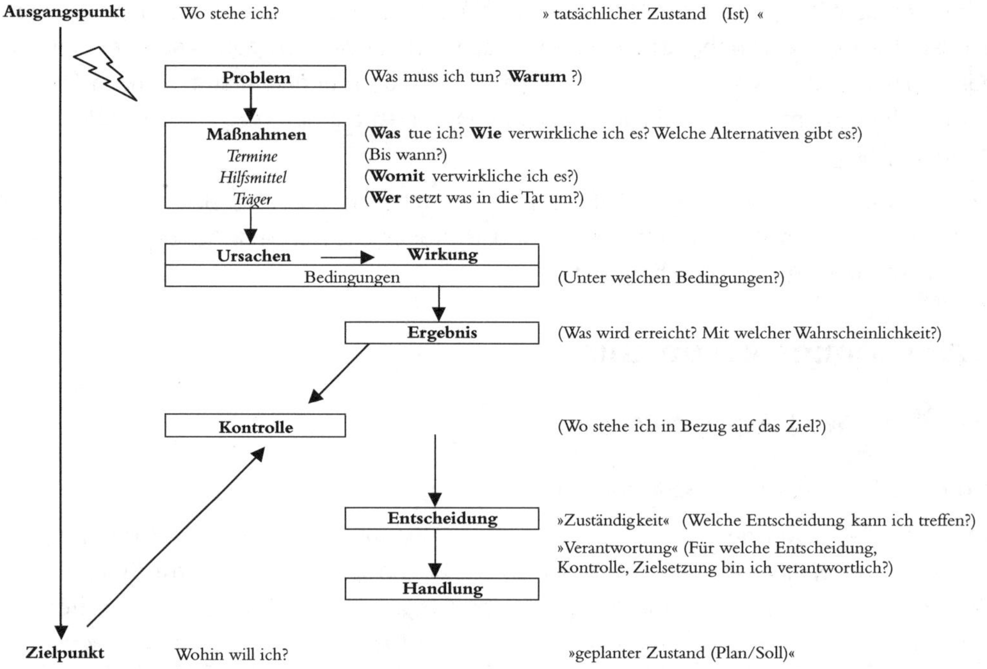

Abb. 10.1: Prozessablauf Erfolgreiches Handeln

Bauteam: Partnerschaftliches Netzwerk

Das Bauteam besteht aus einer Kernzelle und Satelliten. Die Kernzelle besteht aus den Mitgliedern, die für den gesamten Herstellungsprozess zur Verfügung stehen, und die Satelliten sind die temporär zur Verfügung stehenden Ressourcen (z. B. Ingenieurbüros, Subunternehmer). Im Mittelpunkt des Bauteams stehen der Mensch und die Beziehung der Menschen untereinander.

10.5 Beispiel: Wohnanlage und Tiefgarage

Landkarte und Teilziele

Eine Bauunternehmung hat den Auftrag für die schlüsselfertige Erstellung einer Wohnanlage mit Tiefgarage erhalten. Es werden vier Wohngebäude mit den Grundrissmaßen von ca. 16 × 17 m und zwei Wohngebäude mit ca. 13 × 46 m in mittlerer Güte errichtet. Die Arbeiten werden im Zeitraum Oktober 2005 bis März 2007 ausgeführt. Es wurde ein Global-Pauschalvertrag abgeschlossen.

Der Unternehmer hat sich und seinem Bauteam drei Hauptziele gesteckt:

- Fertigstellung des Objektes bis spätestens 23. März 2007,
- Ausführung des Bau-Solls in mittlerer bis guter Qualität,
- Unterschreitung der geplanten Herstellkosten (Budget) um 5,0%.

Aus diesen Zielvorgaben entwickelt das Bauteam seine Teilergebnisse, zum einen den Terminplan und zum anderen die Arbeitskalkulation. Anhand dieser Arbeitskalkulation wird das weitere Vorgehen beispielhaft erläutert.

Wohin will ich?

Ausgangspunkt ist die 1. Arbeitskalkulation bei Projektstart. Bei dieser 1. Arbeitskalkulation wurde die Zielvorgabe, die geplanten Herstellkosten um 5,0% zu unterschreiten, mit dem Ansatz eines Korrekturfaktors auf die geplanten Herstellkosten umgesetzt. Hieraus ergibt sich das Kosten-Teilziel für das Bauteam.

Projekt: Wohnanlage 1, Wohnstraße 1, Wohnhausen

1. Baumeisterarbeiten - Einzelkosten der Teilleistung

1.5. Beton- und Stahlbetonarbeiten

1.5.12. WU-Bodenplatten der Tiefgarage und Keller

1. Arbeitskalkulation bei Projektstart

		Menge	Einzelkosten je Einheit	Summe Einzelkosten
Bauteil: WU-Bodenplatten der Tiefgarage und Keller		1700,000 m²	25,32 Euro	43047,57 Euro
		1,000 m²	25,32 Euro	
nach Tätigkeiten sortiert				
betonieren in zwei Abschnitten		0,300 m²		84,41 Euro
Beton Sohl- / Bodenplatte einbringen	Lohn	0,200 Std.	30,69 Euro	6,14 Euro
C25/30 WU F3 32	Material	1,000 m²	66,50 Euro	66,50 Euro
Mastpumpe M 32/36	Gerät	1,000 m²	8,70 Euro	8,70 Euro
Betonoberfläche abziehen	Lohn	0,100 Std.	30,69 Euro	3,07 Euro

nach Kostenartengruppen sortiert	Sollwert von Baubeginn bis Bauende		
	Menge	Einzelkosten je Einheit	Summe Einzelkosten
Lohn	153,000 Std.	30,69 Euro	4695,57 Euro
Material	510,000 m²	66,50 Euro	33915,00 Euro
Gerät	510,000 m²	8,70 Euro	4437,00 Euro
Subunternehmer			
Baustellengemeinkosten			
Summe Einzelkosten			**43047,57 Euro**

Abb. 10.2: 1. Arbeitskalkulation für Bauteil Bodenplatten

Wie komme ich dorthin?

Das Bauteam identifiziert die Variablen in der Kalkulation. Dabei werden zwei Typen unterschieden:

- Dies sind zum einen die Materialkosten, die vom jeweiligen Einkaufspreis abhängen. Diese werden für das Projekt verhandelt.

- Zum anderen sind die Mengen zu betrachten. Diese sind Baustellen-Variable, d.h. auf der Baustelle steuerbar.

Das Team wählt die Betonmenge als zu steuernde Variable aus. Die Entscheidung wird begründet durch den hohen Anteil der Beton- an den Materialkosten und die direkte Abhängigkeit der Lohnstunden sowie der Gerätestunden von der Größe Betonmenge.

Als aktive Handlung legt das Bauteam fest, dass die Steuerungsgröße für diesen Baubetriebsteil die Betonmenge ist, als Stichtag zur Kontrolle der erste Betonierabschnitt festgelegt wird, der Polier einen Vorgabewert erhält und die gelieferten Betonmengen erfasst werden müssen. Als Grundlage für den Vorgabewert dienen Überlegungen, wie die Soll-Menge bei gleicher Qualität unterschritten werden kann.

Wo stehe ich?

Vor dem Betonieren des ersten Abschnitts mit 1.000 m³ ergeben sich die ersten Veränderungen:

- die Betonlieferung wird entgegen der 1. Arbeitskalkulation (66,50 Euro/m³) voraussichtlich billiger vergeben werden: 65,00 Euro/m³,
- nach dem Festlegen der Arbeitsgruppen ergibt sich ein höherer Soll-Mittellohn von 31,20 Euro/h anstatt kalkulierten 30,69 Euro/h.

Nachfolgend werden die veränderten Soll-Einzelkosten des 1. Betonierabschnitts dargestellt: Werte der 1. (oben) und 2. Arbeitskalkulation (unten)

Projekt: Wohnanlage 1, Wohnstraße 1, Wohnhausen

1. Arbeitskalkulation für 1. Betonierabschnitt

Ansatz für bis Stichtag geleistete Menge: **1000,000 m²**

nach Kostenartengruppen sortiert	**Sollwert** von Baubeginn bis Stichtag		
	Menge	Einzelkosten je Einheit	Summe Einzelkosten
Lohn	90,000 Std.	30,69 Euro	2762,10 Euro
Material	300,000 m³	66,50 Euro	19950,00 Euro
Gerät	300,000 m³	8,70 Euro	2610,00 Euro
Subunternehmer			
Baustellengemeinkosten			
Summe Soll 1 - Einzelkosten			**25322,10 Euro**

2. Arbeitskalkulation für 1. Betonierabschnitt

Ansatz für bis Stichtag geleistete Menge: **1000,000 m²**

nach Kostenartengruppen sortiert	**Sollwert** von Baubeginn bis Stichtag		
	Menge	Einzelkosten je Einheit	Summe Einzelkosten
Lohn	90,000 Std.	31,20 Euro	2.808,00 Euro
Material	300,000 m²	65,00 Euro	19500,00 Euro
Gerät	300,000 m²	8,70 Euro	2610,00 Euro
Subunternehmer			
Baustellengemeinkosten			
Summe Soll 2 – Einzelkosten			**24918,00 Euro**

Abb. 10.3: 1. und 2. Arbeitskalkulation des 1. Betonierabschnittes

Den Soll-Werten der 2. Arbeitskalkulation werden die Ist-Werte aus dem Baustellenberichtswesen und dem Rechnungswesen im Soll-/Ist-Vergleich gegenübergestellt. Als Ergebnis dieser Gegenüberstellung erhält das Bauteam die Abweichungswerte.

Projekt: Wohnanlage 1, Wohnstraße 1, Wohnhausen

2. Arbeitskalkulation – Soll-Ist-Vergleich

Ansatz für bis Stichtag geleistete Menge: **1 000,000 m²**

nach Kostenartengruppen sortiert

	Sollwerte von Baubeginn bis Stichtag		
	Menge	Einzelkosten je Einheit	Summe Einzelkosten
Lohn	90,000 Std.	31,20 Euro	2808,00 Euro
Material	300,000 m²	**65,00 Euro**	19500,00 Euro
Gerät	300,000 m²	8,70 Euro	2610,00 Euro
Subunternehmer			
Baustellengemeinkosten			
Summe Soll-Kosten			**24918,00 Euro**

	Istwerte von Baubeginn bis Stichtag		
	Menge	Einzelkosten je Einheit	Summe Einzelkosten
Lohn			2848,30 Euro
Material	**305,000 m²**	**59,80 Euro**	18239,00 Euro
Gerät			2697,00 Euro
Subunternehmer			
Baustellengemeinkosten			
Summe Ist-Kosten			**23784,30 Euro**

	Abweichung von Baubeginn bis Stichtag		
	Menge	Einzelkosten je Einheit	Summe Einzelkosten
Lohn			– 40,30 Euro
Material	**– 5,000 m²**		1261,00 Euro
Gerät			– 87,00 Euro
Subunternehmer			
Baustellengemeinkosten			
Summe Abweichung (+ Minderkosten, - Mehrkosten)	**– 5,000 m²**		**1133,70 Euro**

Abb. 10.4: Soll-/Ist-Vergleich des 1. Betonierabschnittes

Der Kosten-Soll-/Ist-Vergleich (Spalte Summe EKT) zeigt eine positive Abweichung auf, d. h. die Ist-Kosten liegen unter den Soll-Kosten. Das Kosten-Teilziel scheint somit erreicht (durch Nachverhandlung konnte der Betonpreis nochmals auf 59,80 €/m³ gesenkt werden). Wird die Betrachtung um die Baustellen-Variable *Betonmenge* erweitert, ergibt sich ein anderes Bild. Die bisherigen Handlungen haben nicht alle zum Ziel geführt:

Es wurde mehr Beton verbraucht als geplant.

Das Bauteam legt auf Basis der bisherigen Ergebnisse seine neuen Teilziele fest. Der Prozess beginnt erneut zu laufen.

An diesem Beispiel zeigt sich, dass man sich nicht auf die Gesamtbetrachtung des Soll-/Ist-Vergleichs verlassen darf. Man muss auch die **Baustellen-Variablen** (auf der Baustelle steuerbaren) im Vorfeld erkennen und baubegleitend überwachen. Eine nachträgliche Festlegung und Kontrolle ist nur mit hohem Arbeitsaufwand möglich.

10.6 Zusammenfassung

Handlungen müssen auf die zu erzielenden Ergebnisse ausgerichtet sein. Die Grundlage für erfolgreiche Handlungen wird durch die Fragestellungen: **»Wohin will ich?«**, **»Wo stehe ich?«** und **»Wie komme ich dorthin?«** gelegt. In den Antworten werden die Ziele, die Ergebnisse und der Prozess beschrieben. Im Vorfeld müssen die

steuerbaren Variablen

erkannt werden, also wo es bei der Ausführung freie Wahlmöglichkeiten gibt, die eine Veränderung von Zuständen ermöglichen. Die Auswahl der effizientesten Option und das nachhaltige Umsetzen ist die größte Herausforderung für das Bauteam. Nicht die Hilfsmittel stehen im Vordergrund, sondern die

ergebnisorientiert handelnden Beschäftigten.

11. Einbindung in das Projektmanagement

Melich Seefeldt

Inhalt

11.1 Einleitung

In den Grundsätzen von Bauunternehmen steht die Erwirtschaftung einer angemessenen Rendite als eines der wesentlichen Unternehmensziele. Doch seit einigen Jahren scheint die erfolgreiche Abwicklung von Bauprojekten zur Erreichung dieses Zieles immer schwieriger zu werden.

Vielfach wird ein Großteil des Jahresumsatzes über wenige Großprojekte abgewickelt, bei denen unvorhergesehene Ereignisse in der Ausführungsphase das Gesamtunternehmen in seiner Existenz bedrohen können, wenn nicht rechtzeitig und gezielt gegengesteuert wird.

Die operative Ergebnissituation im Kerngeschäft des Bauhauptgewerbes ist oft durch eine geringe Gesamtrendite, durch hohe, häufig zu spät erkannte Risiken im Auftragsbestand und eine Vielzahl von laufenden Baustellen mit negativer Baustellenrendite geprägt, wodurch die Eigenkapitaldecke und die Liquidität auf ein Minimum gesunken sind.

Die meisten Abschlüsse der letzten Geschäftsjahre begründen diesen Zustand deutlich dadurch, dass eine Vielzahl der Bauunternehmen bei Ihrer Haupttätigkeit – der Beschaffung, Planung und Durchführung von Bauvorhaben – trotz QM-Zertifikat nicht optimal funktionieren.

Zusätzlich haben sich für Bauunternehmen aller Größen die Kreditkonditionen stark verändert. Banken vergeben günstige Zinsen nur noch an Kreditnehmer, welche in Firmenkunden-Engagements als wirtschaftlich zukunftsfähig geprüft worden sind. Dieses sind vor allem jene Bauunternehmen, die die Risiken in der Auftragsbeschaffung realistisch bewerten und den geplanten Erfolg im Rahmen der Projektabwicklung effizient durchsteuern.

Abb. 11.1: Marktanforderungen an Bauunternehmen

Die Entwicklung der Bauwirtschaft, speziell mit dem wachsenden Druck auf Baukosten, Bauqualität und Bauzeit, erfordert neue Organisationsformen und Arbeitsmethoden, die einer Leistungserstellung mit Projektcharakter entsprechen.
Ein effizientes Projektmanagement und -controlling der komplex miteinander verknüpften Wertschöpfungsstufen von Baüprojekten ist daher der entscheidende Schlüssel zur Sicherung der Profitabilität trotz knapp kalkulierter Preise.

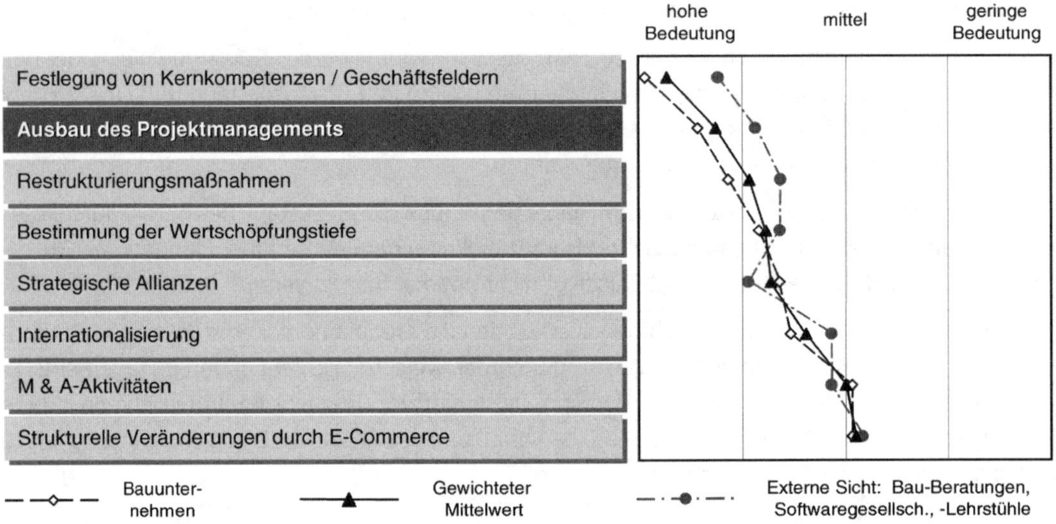

Abb. 11.2: Strategische Maßnahmen zur Erhöhung des Unternehmenserfolges /1/

11.2 Was ist Projektmanagement?

Projektmanagement ist ein grundlegendes, interdisziplinäres Führungskonzept[1] für Unternehmen mit einer Leistungserstellung, die durch Projektcharakter gekennzeichnet ist.

> ***Projektmanagement ist die Gesamtheit von Führungsaufgaben, -organisation, -techniken und -mitteln für die Abwicklung von Projekten.***
>
> DIN 69901

Abb. 11.3: Definition Projektmanagement

Damit umfasst es neben fachlichen Grundlagenkompetenzen die soziale Kompetenz, die Methoden- und Organisationskompetenz. Auf diese Weise bietet es durch nachfolgende Faktoren den Mitarbeitern einen stabilisierenden Rahmen für das komplexe Projektgeschäft im Bau:

- Standardisierte, projektübergreifende Organisation und Prozesse,
- erprobte Instrumentarien in der Projektplanung und -steuerung,
- Hilfestellungen zur Entwicklung des sozialen Verhaltens,
- Unterstützung bei der Erfüllung von übergreifenden Querschnittsfunktionen.

Im Bauwesen umfasst Projektmanagement konkret die Organisation, die Planung, Koordination und Steuerung von Bauvorhaben von der Auftragsbeschaffung über die Bauvorbereitung, die Bauausführung bis hin zur Fertigstellung und der Gewährleistung unter technischen, wirtschaftlichen und rechtlichen Bedingungen.

Insbesondere durch ein integratives Projektsteuerungssystem sind Bauprojekte in allen Phasen von außen nachvollziehbar und steuerbar. Eine kontinuierliche Überprüfung der gesamten Projektabwicklung dient dem frühzeitigen Erkennen von Risiken in der Angebots- und Baudurchführungsphase sowie der Erarbeitung und dem Nachhalten von Maßnahmen zur Verbesserung der operativen Ergebnissituation.

Projektmanagement stellt damit für das Baumanagement eine einheitliche Plattform dar, um die Mitarbeiter der Projektteams so zu führen, dass Bauvorhaben termingerecht, innerhalb des Kostenrahmens und unter Einhaltung der Qualitätsstandards erfolgreich zu realisieren sind, ohne dabei zu einer Bürokratisierung der Auftragsabwicklung zu führen.

Das Projektmanagement besitzt folgende Aufgaben:

1 Führung ist die Steuerung der verschiedenen Einzelaktivitäten in einem Projekt im Hinblick auf das übergeordnete Projektziel

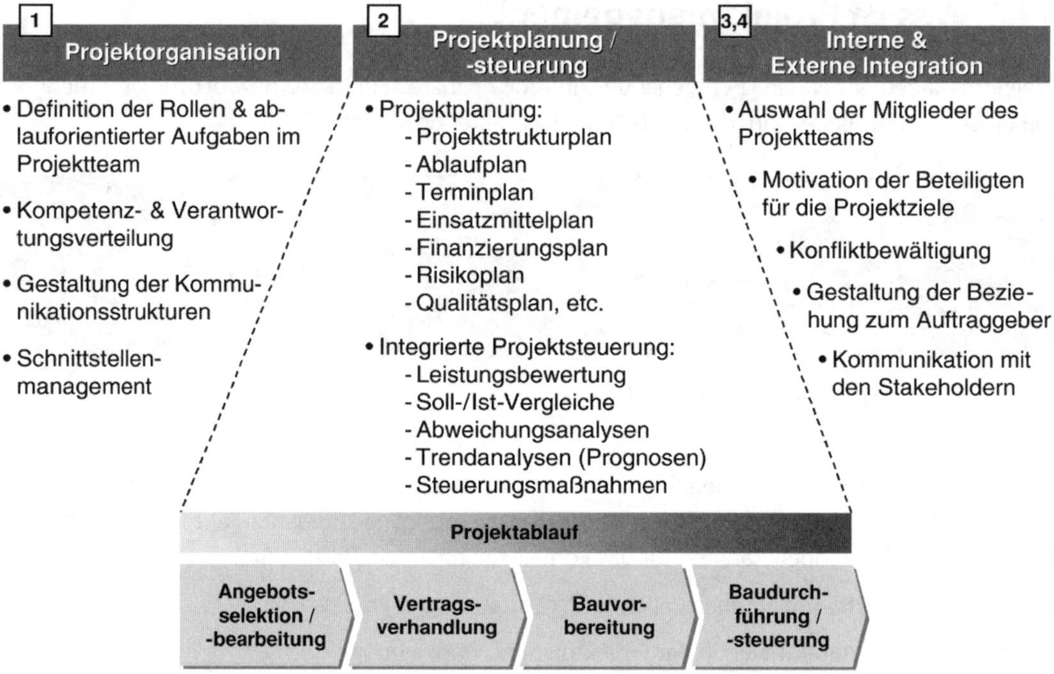

Abb. 11.4: Aufgaben von Projektmanagement

Erfolgsfaktoren des Projektmanagements

Standardisierung und Transparenz

Ein wesentlicher Grundgedanke von Projektmanagement besteht darin, Hilfestellungen in Form von Formblättern und Checklisten zu geben, um dadurch die Projektabwicklung niederlassungsübergreifend zu standardisieren. Auch wenn Checklisten und Formblätter nicht von großer Beliebtheit sind, helfen sie, alle wesentlichen Einflussfaktoren auf den Projekterfolg zu berücksichtigen und sich zu vergewissern, dass – insbesondere unter Zeitdruck – keine wichtigen Tätigkeiten vergessen oder übersehen werden sowie die richtigen Prioritäten gesetzt werden. Durch die Standardisierung der Abläufe kommt es zu wiederholbaren Abläufen und Ergebnissen, so dass die komplexen Prozesse weiter stabilisiert und ausführungsbedingte Risiken gemindert werden.

Risikovermeidung

Durch das Projektcontrolling wird sozusagen eine »*Zäsur*« für das Bauprojekt durchgeführt. Wirtschaftliche und technische Risiken werden bei der Auftragsabwicklung durch gezielte Entscheidungen über die Art und Weise der Projektfortführung begrenzt. Bei der Risikobegrenzung ist zu berücksichtigen, dass das Baugeschäft grundsätzlich mit erheblichen Risiken behaftet ist. Das Ziel besteht darin, diese frühzeitig zu identifizieren, klar zu dokumentieren und ihr systematisches Management innerhalb der Projektabwicklung sicherzustellen.

Effiziente Durchführung der wichtigsten Aufgaben

Beim Projektcontrolling sind nicht nur die Ergebnisse der Abläufe, wie Termine, Kosten, etc. die Grundlage der Soll-/Ist-Vergleiche, sondern ebenso die korrekte Durchführung der Abläufe selbst. Auf diese Weise lässt sich rechtzeitig feststellen, ob von den vorgesehenen bzw. angeordneten Abläufen abgewichen worden ist, Funktionen nicht erfüllt oder andere Fehler gemacht worden sind.

Das Projektmanagement beinhaltet als einer seiner wichtigsten Erfolgsfaktoren klare Leitlinien der Projektdurchführung für die Mitarbeiter. Die Ablaufsteuerung bietet somit auf Basis der Leitlinien ein grundlegendes Führungskonzept, das alle Mitarbeiter bei ihrem täglichen Handeln und Entscheiden berücksichtigen müssen. Meilensteine systematisieren dabei die Führung der verantwortlichen Mitarbeiter in den Projektteams.[2] Der erforderliche Steuerungsaufwand sollte jedoch je nach Projektgröße und -bedeutung variabel determinierbar und durch einen jeweils angemessenen Detaillierungsgrad beeinflussbar sein.

Koordiniertes Zusammenwirken der beteiligten Mitarbeiter

Auf Basis des Systems Projektmanagement finden Steuerungsgespräche mit allen Beteiligten statt, die anhand von Checklisten der Überwachung der beschlossenen Aufgaben dienen. Diese Gespräche sollten nach einem einheitlichen System erfolgen, das für alle Bauprojekte in allen Niederlassungen verbindlich ist.

Um die Entscheidungen in den Besprechungen möglichst erfolgreich zu treffen, ist eine systematische Vorbereitung durch die Teilnehmer erforderlich. Die notwendigen Informationen und Daten können insbesondere durch EDV-unterstützte Formblätter ohne unnötigen Zeitaufwand vollständig ermittelt werden. Da in diesen Steuerungsgesprächen alle für die Durchführung der nächstfolgenden Projektphasen verantwortlichen Mitarbeiter des Teams mitwirken, können Fehler und Schwachstellen der vorangegangenen Teilprozesse rechtzeitig identifiziert werden. Gemeinsam können so bessere Lösungen für die nächste Phase des Bauprojektes angestrebt und erarbeitet werden. Die beteiligten Teammitglieder übernehmen zugleich die Verantwortung für die Maßnahmen ihres Zuständigkeitsbereiches. Über ein durchgängiges »*Vier-Augen-Prinzip*« werden darüber hinaus alle wichtigen Entscheidungen mindestens von einem weiteren am Abbauprozess beteiligten Mitarbeiter mitgetragen.

11.3 Schnittstellen zum Unternehmenscontrolling

Das Projektmanagement bildet durch niederlassungsübergreifende, operative Standards eine Grundlage für das Unternehmenscontrolling. Auf Basis der durchgängigen organisatorischen Instrumente kann das Controlling die Einzelprojekte über die Profit-Center- bis hin zur Unternehmenssicht zusammenführen und umgekehrt die Zurückverfolgung von Unternehmens- oder Niederlassungsergebnissen auf Einzelprojekte gewährleisten.

2 Meilensteine beschreiben die Kriterien und Aufgaben, die erfüllt sein müssen, bevor ein Bauprojekt in die jeweils folgende Abwicklungsphase vorrücken kann.

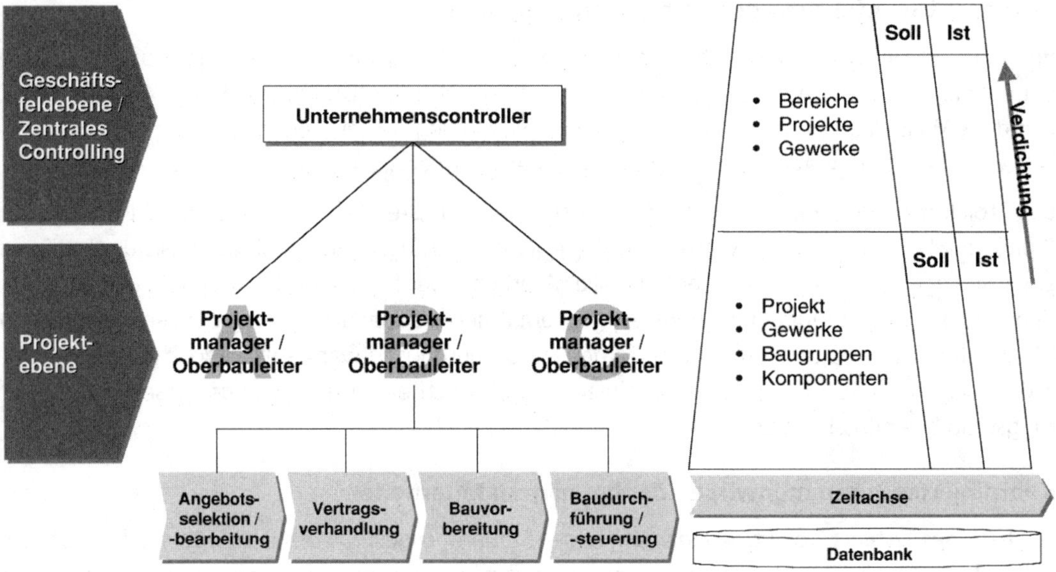

Abb. 11.5: Einbindung ins Unternehmenscontrolling

Für die erfolgreiche Führung von Projektteams und Steuerung von Bauvorhaben ist eine zeitgerechte Ergebnistransparenz ein weiterer Erfolgsfaktor. Diese wird auf Projektleitungsebene über Status- und Projektberichte erreicht, die über den aktuellen Stand des Bauvorhabens und den voraussichtlichen Verlauf bis Bauende informieren. Wichtige Inhalte sind u. a. die Entwicklung von Auftragssumme, Herstellkosten, Bruttoergebnis, Zahlungsstand, Rahmenterminen, Abwicklungsstand und die Nachtragssituation.

Auf Niederlassungs- oder Profit-Center-Ebene werden die Werte und Erkenntnisse aus den Projekten bzw. Bauvorhaben kumuliert. Zur Erfolgssteuerung sind Leistungs- und Ergebnisplanungen, Analysen der Betriebsergebnisse und Geschäftskostenbudgets erforderlich. Zur Liquiditätssteuerung wird eine rollierende Finanzplanung mit Cash-Management oder Profit-Center-Cash-flow benötigt. Die jeweiligen Steuerungsmöglichkeiten im Projekt und auf Unternehmensebene bestimmen Inhalte und Umfänge des Controllings.

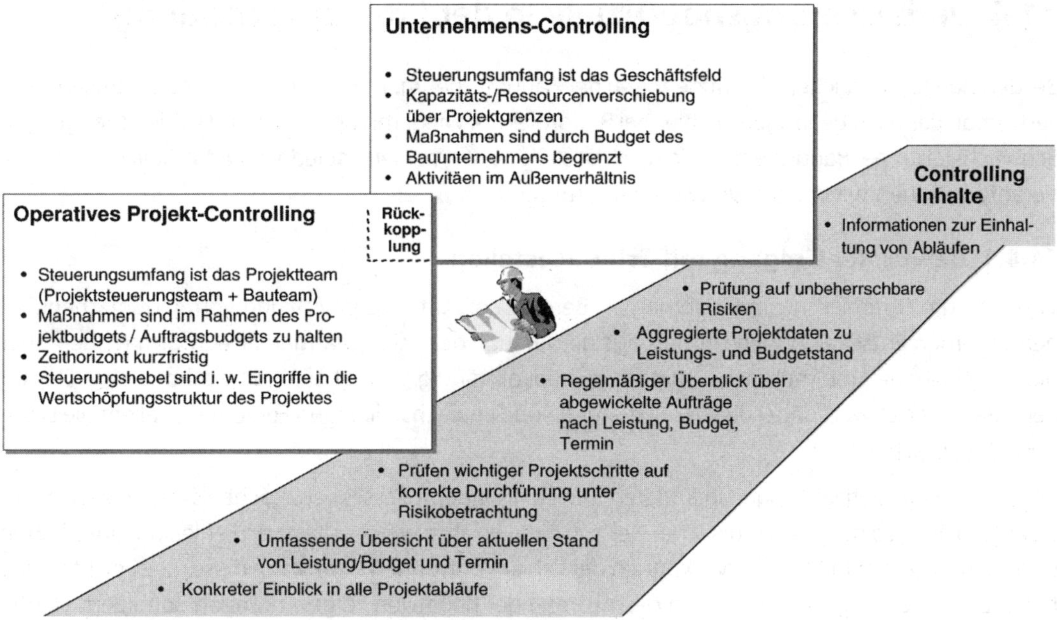

Abb. 11.6: Inhalte Projekt- und Unternehmenscontrolling

Das Zentrale Unternehmenscontrolling sollte so wenig wie möglich und so viel wie nötig in den operativen Projektcontrollingprozess eingreifen.

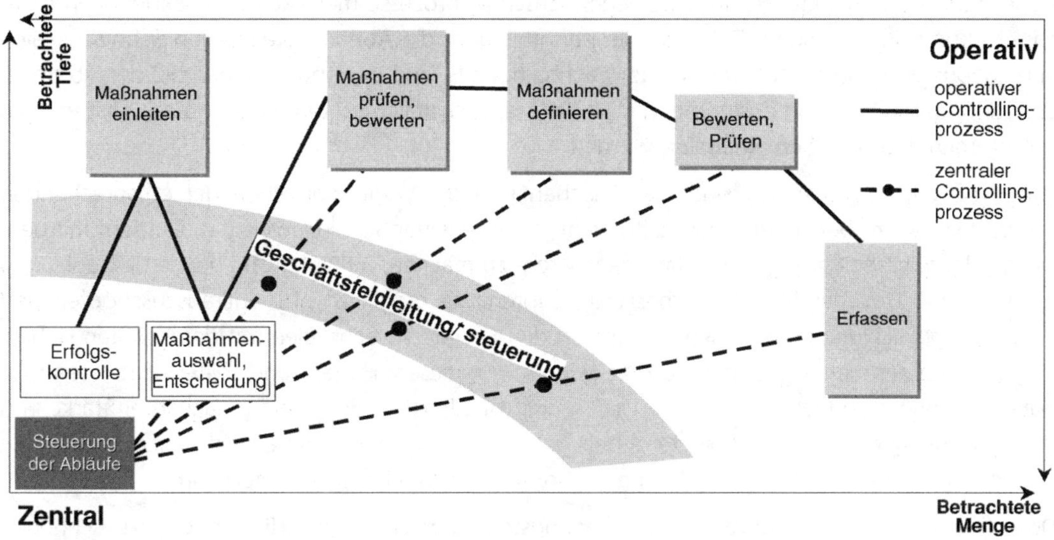

Abb. 11.7: Handlungs- und Informationsspektrum der Steuerung

11.4 Verbesserungspotenziale in der Projektabwicklung

Bei den durchschnittlichen Umsatzrenditen der Bauunternehmen von unter 1 % ist es langfristig nicht vertretbar, dass sich begangene Fehler bei Bauprojekten wiederholen. Dabei sind Fehler, Mängel und Schwachstellen bei Bauprojekten nichts Neues. Sie zu vermeiden, ist jedoch erst möglich, wenn die Verantwortlichen wissen, wo sie weshalb auftreten.

11.4.1 Bewusster Umgang mit Schwachstellen

Wenn es um Optimierungsmaßnahmen im Bereich der Auftragsabwicklung von Bauunternehmen geht, werden Entscheidungen oftmals aus dem Bauch getroffen, da fundierte Informationen über die vielschichtige Unternehmenssituation nur unvollständig verfügbar sind. Die hohe Komplexität beim Bauen erschwert dabei die Identifizierung von Schwachstellen und Fehlern, vor allem die Diagnose der Ursachen.

Oftmals werden Fehlleistungen in anderen Stufen des Bauprozesses verursacht als derjenigen, in der sie auftauchen, so dass der Verursacher vielfach nicht erfährt, welche massiven Fehler ihm unterlaufen sind. Derjenige, der mit den Auswirkungen der Fehler konfrontiert wird, kann diese meist nicht alleine beheben. In der Regel wird nur noch das Ausmaß der negativen Folgewirkungen gemildert. Häufig sind Mitarbeitern aufgrund eines mangelnden Informationsaustausches oder unzureichender Qualifikation die Auswirkungen ihres Handelns auf andere Phasen in der Projektabwicklung von Bauvorhaben nicht bekannt. Aufgrund der verflochtenen Abwicklungsstufen der Bauvorhaben spielt außer der technischen Qualifikation besonders die Fähigkeit, alle Einzelabläufe ziel- und situationsgerecht in den gesamten Projektverlauf zu integrieren, eine maßgebliche Rolle.

Insbesondere im Projektgeschäft unterliegen Geschäftsprozesse mehrfach rückgekoppelten Ursache-Wirkungs-Beziehungen. Daher ist die Kenntnis über die Abhängigkeiten von Schwachstellen eine maßgebliche Voraussetzung bei der nachhaltigen Fehlerbekämpfung innerhalb der Auftragsabwicklung. Die kausalen Zusammenhänge der Schwachstellen sollten daher, unterschieden nach Symptomen und Ursachen, analysiert werden.

Durch Abweichungsanalysen sind die Ursachen und die Verantwortlichen der entsprechenden Schwachstellen zu benennen. Dies sollte nicht im Sinne einer Schuldzuweisung, sondern mit dem Ziel erfolgen, Verbesserungspotenziale transparent zu machen, um zukünftig den Arbeitsablauf zu vereinfachen. Um identifizierte Verbesserungspotenziale möglichst effizient auszuschöpfen und die Projektabwicklung zu optimieren, muss an den Hauptschwachstellen mit den größten Hebeln auf das Unternehmensergebnis angesetzt werden. Vor diesem Hintergrund sollten Verbesserungspotenziale priorisiert werden. Dies kann z. B. durch eine Portfolio-Bewertung nach ihrer Stärke und ihren Auswirkungen auf das Projektergebnis geschehen. Auf diese Weise wird sichergestellt, dass mit der Lösung der wichtigsten Probleme ein hoher Anteil am Erfolg gesichert wird.

Deshalb werden im Folgenden die schwerwiegendsten Schwachstellen bei Bauprojekten beschrieben und bewertet. Ferner wird deutlich gemacht, weshalb diese vor allem durch ein professionelles Projektmanagement vermieden werden können.

11.4.2 Angebotsselektion/Angebotsbearbeitung

Die Angebotsauswahl und -bearbeitung ist maßgebend für den wirtschaftlichen Erfolg eines Bauunternehmens. Im Angebot werden die Grundlagen gelegt für die Projektrentabilität, die Marktstellung und das Prestige des Unternehmens sowie für die Rechte und Pflichten während des Projektes.

Trotz dieser Bedeutung gehören die im Folgenden beschriebenen elementaren Fehler und Versäumnisse noch zur täglichen Praxis:

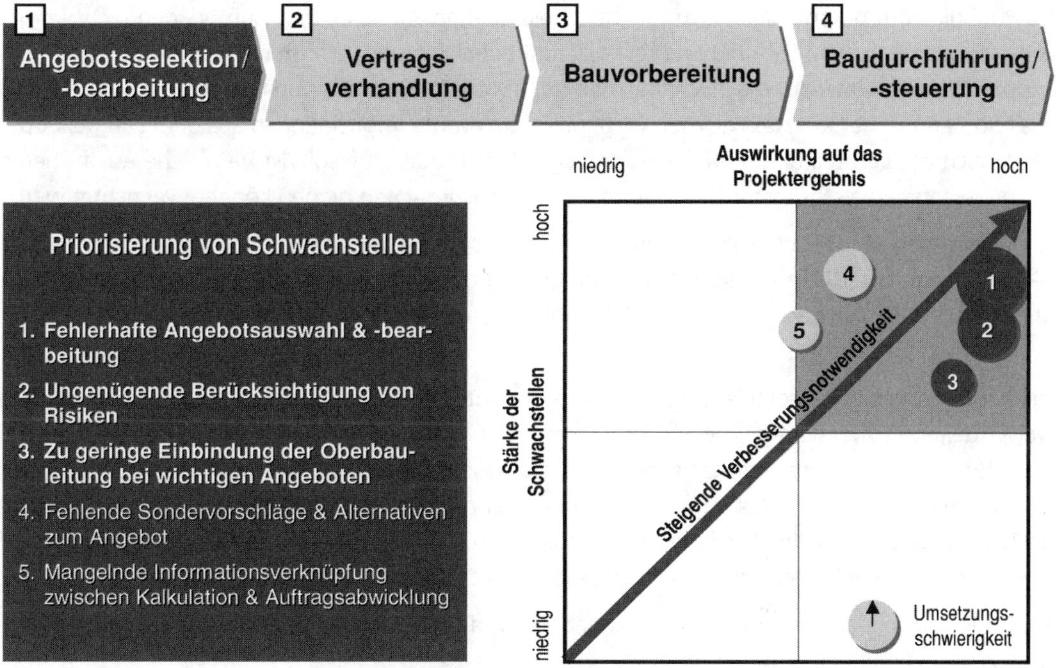

Abb. 11.8: Priorisierung von Schwachstellen bei der Angebotsselektion/-bearbeitung

1. Fehlerhafte Angebotsauswahl & -bearbeitung

Als Grundsatz bei der Anfragenselektion vieler Bauunternehmen gilt, auch unattraktive Ausschreibungen von bekannten Architekten oder Auftraggebern als Angebote zu bearbeiten. Eindeutig festgelegte KO-Kriterien für die Angebotserstellung werden dabei in vielen Fällen übergangen. Die Bearbeitung erfolgt in der Regel mit minimalem Aufwand und mit einem überhöhten Angebotspreis.

Die Gründe sind, auf diese Weise ständige Präsenz auf dem Markt zu zeigen. Außerdem bestehen Befürchtungen, potentielle Auftraggeber durch Nichtabgabe von Angeboten zu verärgern bzw. zukünftig zu verlieren.

Die Folge ist eine zu hohe Anzahl zu bearbeitender Angebote, die unnötig die Gemeinkosten erhöht. Die durchschnittliche Trefferquote liegt damit zwischen 5 und 10%.

Die für die hohe Anzahl an Angeboten knapp bemessenen Kapazitäten der Kalkulation werden überlastet, so dass gravierende, aber vermeidbare Fehler in allen Bereichen der Angebotsbearbeitung entstehen können, wie z. B. bei der Leistungsermittlung, Angebotskalkulation, Berücksichtigung von Risiken und bei der Erarbeitung von Sondervorschlägen.

Als Beispiele häufiger Fehler in der Kalkulation werden im Tagesgeschäft die Kalkulation von Standardpositionen bei Einbau teurer Markenbauteile, vergessene Positionen sowie ein falsch ermitteltes Mengengerüst genannt.

Obwohl die vom potentiellen Auftraggeber übergebenen Ausschreibungsunterlagen nicht immer vollständig, in sich nicht stimmig und rechtlich unbedenklich sind, erfolgt die Angebotsbearbeitung engpassbedingt relativ oberflächlich. Kalkulationen werden unter enormem Zeitdruck bearbeitet, so dass oftmals nur der Kurztext gelesen wird, projektrelevante Informationen aus dem Langtext oder Raumbuch bei der Kalkulation unberücksichtigt bleiben oder auf Soll-/Ist-Vergleiche aus früheren Bauprojekten, die als Indikator für kalkulatorische Unsicherheiten dienen können, verzichtet wird.

Angebote werden zu falschen Preisen abgegeben, als Folge wiederum werden unwirtschaftliche Aufträge hereingeholt. Die resultierende Auftragsstruktur beinhaltet auf diese Weise oftmals eine Reihe unpassender Kleinaufträge, die einen relativ hohen Anteil an Gemeinkosten beanspruchen und die Kapazitäten nicht langfristig auslasten.

Ziel der Angebotspolitik sollte es sein, weniger Angebote zu selektieren und auf Pflichtkalkulationen weitestgehend zu verzichten. Die ausgesuchten sollten dafür eine bessere Auftragsqualität und Eignung für das Unternehmen besitzen sowie wesentlich sorgfältiger kalkuliert werden. Dazu ist jedoch eine aktive Akquise mit festgelegten Zielen in den regionalen Niederlassungen erforderlich, durch die der Kontakt zu potentiellen Auftraggebern möglichst frühzeitig zustande kommt. Gleichzeitig bedarf es eines geeigneten Verfahrens, den Akquisevorgang zu steuern.

Die hohe Anzahl der zu bearbeitenden Angebote wird zusätzlich durch eine unsystematische Auswahl zu selektierender Anfragen forciert.

Nicht selten fehlen Kriterienkataloge bzw. Checklisten zur gezielten, standardisierten Auswertung sowie die Beurteilung von Anfragen und Kunden, oder sie werden unter Zeitdruck nicht genutzt. Es herrscht die Meinung vor, dass die zahlreichen Kriterien der Anfragenselektion auch ohne Kriterienliste beherrscht werden können.

Eine Klassifizierung der Projekte in A/B/C-Kategorien erfolgt selten methodisch, so dass der Umfang und die Intensität der Angebotsbearbeitung nicht eindeutig bestimmt ist. Die Entscheidung, welche Angebote mit welchem Detaillierungsgrad zu bearbeiten sind, erfolgt nach Erfahrungswerten. Wichtige Einflussfaktoren bleiben besonders bei hohem Arbeitsanfall unberücksichtigt. Eine Entscheidung über die Art und Intensität der Angebotsbearbeitung oder einer begründeten Absage kann auf diese Weise nicht fundiert getroffen werden.

Die Auswirkungen der unzureichenden Anfragenauswahl stellen sich wie folgt dar: Unattraktive Anfragen oder solche mit geringen Zuschlagschancen werden bearbeitet und überlasten zusätzlich die Kapazitäten der Kalkulation. Anfragen mit Aussicht auf Erfolg hingegen werden aus Zeitmangel weniger intensiv bearbeitet. Eine ungünstige Auftragsstruktur hinsichtlich der Eignung und Profitabilität ist das Ergebnis.

2. Ungenügende Berücksichtigung von Risiken

Trotz gesetzlich vorgeschriebenen Risikomanagements bei Baugesellschaften wird diese so wichtige Thematik noch latent vernachlässigt. Ein wesentlicher Grund für die hohe Anzahl ergebniskritischer Baustellen liegt in der ungenügenden Ausarbeitung und Bewertung von Risiken und der entsprechenden Einflussfaktoren, die zu einer Annahme stark risikobehafteter Aufträge führt. Oft werden existentiell gefährdende Risiken aus sich anbahnenden Verträgen nicht:

- frühzeitig genug identifiziert,
- realistisch bewertet,
- im Vertrag explizit ausgeschlossen,
- teilweise auf andere Parteien verlagert,
- durch ausreichende Sicherheitszuschläge oder Versicherungen in der Kalkulation berücksichtigt.

Das Erkennen der Risiken in den Ausschreibungsbedingungen und im Baugelände erfolgt nur oberflächlich. Eine Vielzahl von Widersprüchen und Lücken bleibt unentdeckt. Mögliche Risikofaktoren fließen nicht ausreichend in die Kalkulation und das Angebotsschreiben ein, da sie nicht klar erkannt oder formuliert werden.

Auf diese Weise können individuelle Handlungsstrategien mit den grundsätzlichen Optionen Ausschluss, Verlagerung oder Teilung, Reduktion von Wahrscheinlichkeit und Ausmaß sowie Inkaufnahme mit/ohne Sicherheitsmarge nicht effizient entwickelt werden.

Dabei zeigt die Erfahrung im Baugeschäft, dass im Regelfall nicht identifizierte Risiken im Vergleich zu identifizierten ein beträchtliches Verlustpotential aufweisen. In vielen Fällen resultieren daraus hohe Einbußen, die im Extremfall zu negativen Umsatzrenditen des Gesamtunternehmens führen.

Die finanziellen Auswirkungen sind besonders gravierend, da:

- baubetriebliche Risiken ein Vielfaches des Jahresüberschusses und einen hohen Anteil des Gesamtumsatzes betragen können,
- es für Bauunternehmen zunehmend schwieriger wird, unbekannte Projektrisiken durch adäquate Sicherheitszuschläge abzufangen.

Eine deutliche Verbesserung der operativen Baustellenrendite ist bereits durch die Vermeidung einer geringen Anzahl von stark risikobehafteten Angeboten erreichbar. Die höchste Effizienz für den Abbau von Gesamtverlusten ist zu erwarten, wenn:

1. die nach Baustellenrendite 10% schlechtesten Baustellen vermieden werden, wodurch im Mittel die Baustellenrendite zwischen 3–5% gesteigert werden kann,
2. Baustellen mit den absolut höchsten Verlustwerten durch Fachexperten saniert bzw. stabilisiert werden.

Die unzureichende Begrenzung von Risiken ist meist in den folgenden Ursachen begründet:

Ungenügende Strategien zur Risikobeherrschung

Überwiegend sind die entsprechenden Prozeduren zur Risikoanalyse vorhanden, jedoch nicht angemessen detailliert oder sie werden nicht angewendet. Vielfach sind typische, beständig wiederkehrende Risikofaktoren durch unsystematisierte Formblätter oder Checklisten zur Identifikation, Behandlung und Bewertung nicht eindeutig festgelegt und die Datengrundlage zur Risikobewertung unzureichend. Doch eben aus diesen charakteristischen Risikokriterien können bei dem Großteil der Verlustprojekte die entscheidenden Ursachen für den Misserfolg ermittelt werden.

Fehlendes technisches Know-how der Projektleitung bei der Risikobewertung

Zur Beurteilung technischer Risiken wird die Projektleitung nicht regelmäßig hinzugezogen, das Know-how und die baupraktische Erfahrung fehlen. In dieser Phase ist jedoch die Einbeziehung von erfahrenen Projektspezialisten zwingend geboten, da den Risikoeinschätzungen häufig empirische Erfahrungen zugrunde liegen.

Zeitmangel der Kalkulation

Durch die Vielzahl der zu bearbeitenden Angebote und der vorgegebenen kurzen Verhandlungszeiträume fehlt der Kalkulation die Zeit, unschlüssige Ausschreibungsbedingungen und Risiken methodisch und fundiert zu untersuchen.

Dabei wird von der Geschäftsführung oder Niederlassungsleitung häufig die Bedeutung des Risikomanagements nicht angemessen beachtet.

3. Zu geringe Einbindung der Projektleitung bei wichtigen Angeboten

Die Einbindung der Projektleitung bei der Angebotsbearbeitung wichtiger Projekte erfolgt nur sporadisch und ist wiederholt nicht verbindlich, in Abhängigkeit relevanter Kriterien festgelegt.

Die gleiche Problematik trifft auf die Einbindung der Servicebereiche, wie z. B. Arbeitsvorbereitung, Geräte, Schalung, Technisches Büro, etc. bei speziellen Fragen zu.

Die mangelnde Einbindung der Projektleitung hat erhebliche Auswirkungen:

Fehlen des technischen Know-hows und der Erfahrung der Projektleitung bei der Angebotsbearbeitung.

Der Angebotskalkulation fehlt häufig die Realitätsnähe und eine verursachungsgerechte Kostenzuweisung. Neuere und kostengünstigere Bauweisen bleiben oftmals unberücksichtigt. Die Beratung durch die Projektleitung bei Sondervorschlägen und Alternativen fehlt. Die Projektleitung wird nicht rechtzeitig über kritische Punkte des Projektes informiert.

Mangelndes »Vier-Augen-Prinzip«

Die Plausibilitätsprüfung durch den praxiserfahrenen Projektleiter fehlt. Fehler in der Angebotsbearbeitung und Risiken in den Ausschreibungen bleiben unentdeckt. Eine Prüfung der verursachungsgerechten Kostenzuordnung bleibt ebenso aus.

Fehlende Identifikation der Projektleitung mit der Angebotsbearbeitung wichtiger Projekte

Bei Fehlern in der Angebotsbearbeitung entstehen daraus nicht selten Schuldzuweisungen anstelle konstruktiver Kritik, da die Projektleitung bei der Bearbeitung der wichtigen Angebote nicht beteiligt ist. Statt Teamarbeit mit Synergieeffekten liegt in vielen Fällen eine funktionale Abteilungsarbeit vor.

Die kausalen Zusammenhänge der insgesamt bei der Angebotsselektion und -bearbeitung identifizierten Schwachstellen sind wie folgt dargestellt:

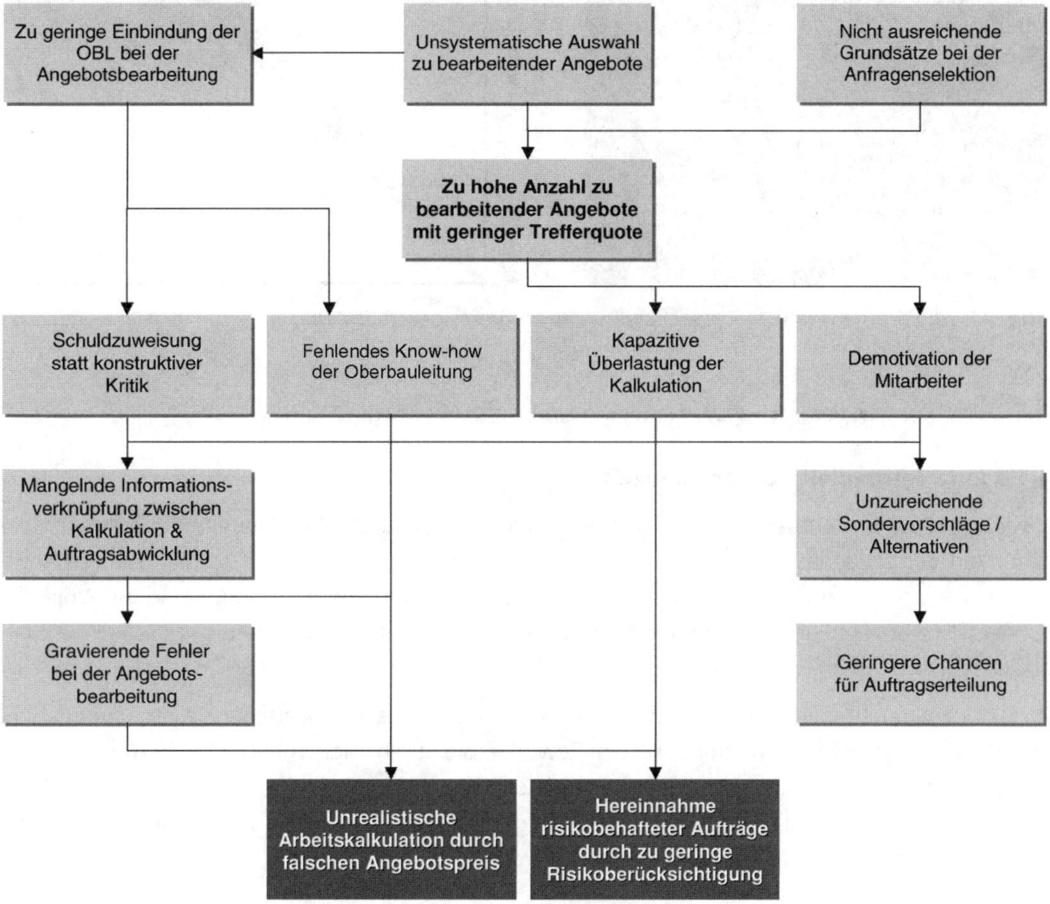

Abb. 11.9: Zusammenhänge der Schwachstellen bei der Angebotsselektion/-bearbeitung

11.4.3 Vertragsverhandlung

Folgende Verbesserungspotenziale zeigen sich bei der Vertragsverhandlung:

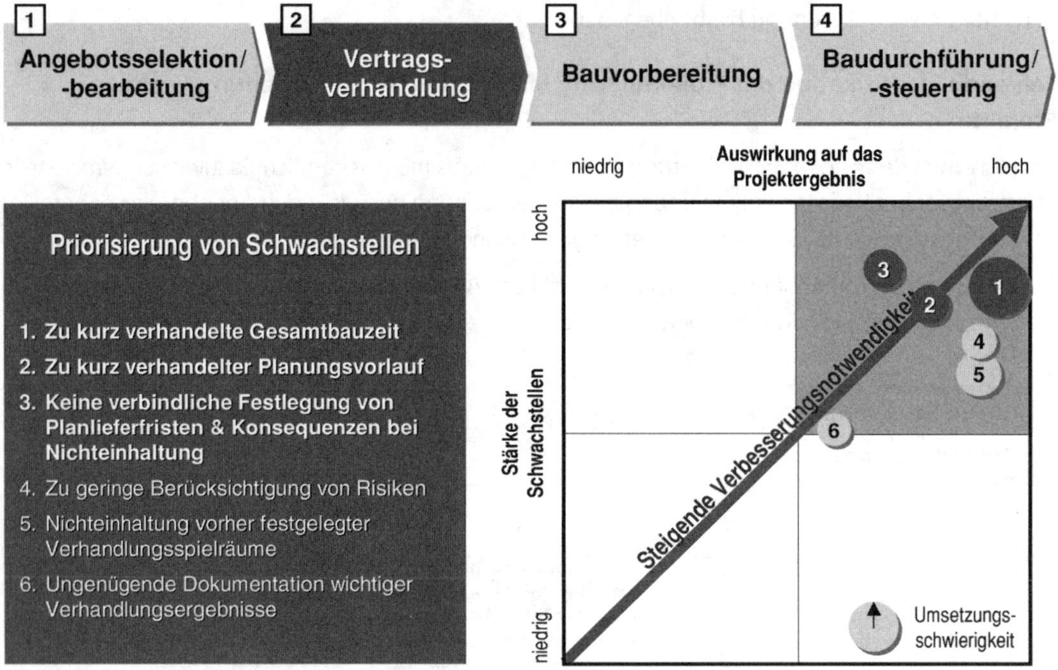

Abb. 11.10: Priorisierung von Schwachstellen bei der Vertragsverhandlung

Die Auswirkungen der Vertragsverhandlung sind vielfach wie folgt:

1. Zu kurz verhandelte Gesamtbauzeit

Häufig sind die Gesamtbauzeiten zu kurz verhandelt, so dass hohe Beschleunigungskosten entstehen. Von der Niederlassungsleitung wird vor der Verhandlung die Mindestgesamtbauzeit sowie eine ausreichende Bauvorbereitungszeit nicht intensiv genug mit der Kalkulation und der Projektleitung auf Machbarkeit geprüft. Terminrisiken werden dabei nicht sorgfältig genug auf mögliche finanzielle Folgewirkungen untersucht.

Zu kurz verhandelte Gesamtbauzeiten üben einen immensen Zeitdruck auf den gesamten Bauablauf aus. Dies führt zu einer Komprimierung der Gewerke, die durch ungewöhnlich kurze Abfolgen bzw. parallele Arbeiten verschiedener Gewerke in gleichen Bauabschnitten gekennzeichnet sind. Dieser Umstand verursacht schließlich hohe Beschleunigungskosten und einen störanfälligen und daher mangel- sowie schadensträchtigen Bauablauf.

2. Zu kurz verhandelter Planungsvorlauf

Der Auftraggeber wird während der Verhandlung nicht überzeugend genug von seinen eigenen Vorteilen eines vertretbaren Planungsvorlaufes und damit einer ausreichenden Bauvorbereitung überzeugt. In den meisten Fällen besteht kein Verständnis für notwendige Anlaufzeiten. Viele Bauherren verlangen vom Auftragnehmer, dass er schon wenige Tage nach Auftragserteilung mit dem Bau beginnt.

Durch die zu kurze Vorlaufzeit erfolgt eine stark defizitäre Bauvorbereitung. Die Arbeitsvorbereitung muss demgemäß baubegleitend erledigt werden, wodurch zusätzlich die Kapazitäten der Bauleitung und der Poliere erheblich belastet werden.

3. Keine verbindliche Vereinbarung von Planlieferfristen

Die in Deutschland gängige Form der Synchronplanung ermöglicht zwar eine Überlappung von Planungs- und Ausführungsaktivitäten, führt jedoch dazu, dass die Leistungsdefinition, insbesondere als funktionale Ausschreibung, nicht die für einen Vertrag benötigte Präzision besitzt. Hinzu kommt, dass exakte Liefertermine für die Planbereitstellung durch den Architekten und die Konsequenzen bei Nichteinhaltung in den seltensten Fällen vertraglich fixiert sind.

Durch die ungenügende verbindliche Vereinbarung von Terminen zur Planbereitstellung können zu späte oder unvollständige Leistungen des Architekten nicht als Behinderung angezeigt werden. Darüber hinaus erschweren fehlende Verträge bzw. Entwurfsplanungen zu Baubeginn massiv eine fundierte Bauvorbereitung. Ebenso wird dem Auftraggeber nicht deutlich genug gemacht, dass eine exakte Planung und ein weitestgehender Verzicht auf Planungsänderungen für alle Beteiligten zu Kostensenkungen führt.

Überfällige Planlieferungen, verzögerte Entscheidungen des Auftraggebers, laufende Änderungen und nicht ausführungsreife Planungsunterlagen stören den späteren Bauablauf erheblich, wie nachfolgende Graphik verdeutlicht.

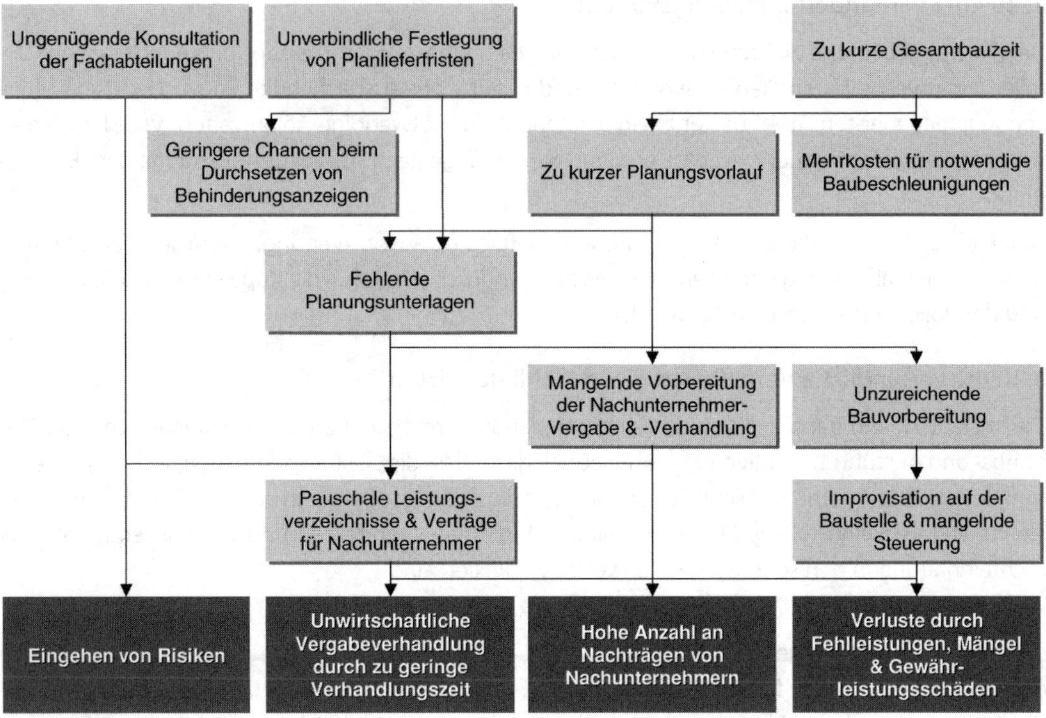

Abb. 11.11: Zusammenhänge der Schwachstellen bei der Vertragsverhandlung

11.4.4 Bau-/Arbeitsvorbereitung

Die Qualität der Bau- bzw. Arbeitsvorbereitung hat entscheidenden Einfluss auf den Erfolg oder Misserfolg der Bauausführung. Folgende wesentliche Verbesserungspotenziale bei der Bauvorbereitung sind oft vorhanden:

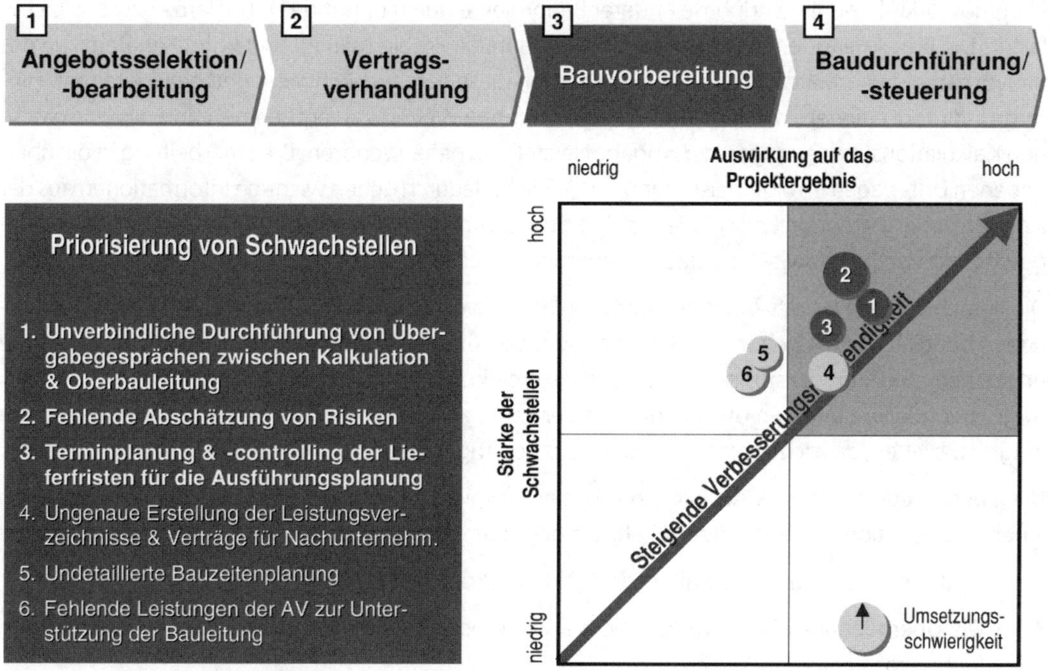

Abb. 11.12: Priorisierung von Schwachstellen bei der Bau-/Arbeitsvorbereitung

1. Flüchtige Übergabegespräche zwischen Kalkulation und Projektleitung

Das Übergabegespräch mit der Einweisung der Projektleitung in die relevanten Informationen und kritischen Projektbereiche der Angebotsbearbeitung und Auftragsverhandlung wird in den meisten Fällen nicht systematisch durchgeführt. Die Übertragung von der Kalkulation an die Projektleitung erfolgt häufig durch Übergabe unvollständiger Bauakten.

Selten werden nachfolgende Punkte übersichtlich dargestellt oder in einem Übergabegespräch erläutert:

- Auftragskonzept,
- Vertrags- und Bearbeitungsgrundlagen,
- Projektbeteiligte,
- Terminplan des Vertrages und der Durchführung,
- Hinweise auf kritische Vertragsbestandteile, Projektbereiche und eingegangene Kompromisse,
- Erläuterung der Kalkulation mit ihren Annahmen, Risiken und Chancen sowie der Preisbildung,
- Vergabeterminplan und Vorabvereinbarungen mit Nachunternehmern.

Der so verursachte Informationsverlust zeigt sich in folgenden Auswirkungen: In der für den Projektverlauf so wichtigen Vorbereitungsphase werden die Kapazitäten der Projektleitung bei zu kurzem

Planungsvorlauf und der Endphase anderer Bauprojekte durch unnötige Doppelarbeit zusätzlich belastet. Die Projektleitung muss sich von Grund auf in die Problematiken und kritischen Bereiche des Bauvorhabens einarbeiten, obwohl die Kalkulation diese bereits durchdacht und bearbeitet hat. Hintergrundinformationen, die dem Bauvertrag nicht ohne Weiteres zu entnehmen sind, als auch wichtige Kalkulationsüberlegungen der Angebotserstellung gehen verloren. Die Einarbeitung in die übergebenen Unterlagen erfolgt meist sehr oberflächlich, dadurch gehen wichtige Informationen aus der Angebotsphase verloren. Entscheidende Vertragskenntnisse der Projektleitung liegen oftmals nur eingeschränkt vor. Die Qualität der Bauvorbereitung leidet in erheblichem Maße.

Die Folgen werden bereits durch einen Koordinationsverzug bei der Beauftragung dringlicher Aufgaben deutlich. Hierzu gehören z. B. Entscheidungen über Konstruktionsarten, Bautechniken sowie über Eigen- und Fremdleistungen. Ebenso ist die Projektleitung bzw. Bauleitung gegenüber dem Auftraggeber oder Architekten oftmals nicht in der Lage, zu bestimmten Vertragsvereinbarungen Stellung zu beziehen, da wichtige Informationen aus der Angebotsbearbeitung bzw. Verhandlung fehlen.

Die Übergabegespräche als Ausgangspunkt eines erfolgreichen Projektstarts werden somit eher zu einer Demotivation der Beteiligten. Die flüchtigen Übergabegespräche werden wie folgt begründet:

- Zeitliche Überlastung der Kalkulation und der Projektleitung.
- Die Übergabegespräche werden nicht als Hol- oder Bringschuld im Sinne einer verbindlichen Regelung verstanden.
- Persönliche Disparitäten zwischen Kalkulation und Projektleitung.

2. Fehlende Abschätzung von Risiken im Bauverlauf

Um Verzögerungen im Bauablauf sowie unproduktive Warte- und Stillstandszeiten auf ein Minimum zu begrenzen, ist es notwendig, die Risiken und Engpässe in kritischen Projektbereichen im Vorwege einzuschätzen. Gerade die bereits im Angebotsstadium identifizierten Risiken müssen sorgfältig geprüft und überwacht werden. Meistens fehlt jedoch bei der Bauvorbereitung die erforderliche Zeit, aber auch die Systematik zur Risikoabschätzung bei der Bauausführung.

Eine Auswertung potentieller Fehlerquellen und Störfaktoren nach Risikoklassen wird selten vorgenommen. Kontrollpläne, die bereits im Rahmen der Arbeitsvorbereitung potentielle Fehlerquellen offenlegen und so die Möglichkeit bieten, geeignete Maßnahmen vorzubereiten, werden in den seltensten Fällen aufgestellt. Auf die Durchführung regelmäßig erforderlicher Risikoanalysen wird bei der baubegleitenden Arbeitsvorbereitung oftmals verzichtet.

3. Ungenügende Koordination und Prüfung der Fremdplanung

Obliegt die Verantwortung für die Planung dem Bauunternehmen, so muss ein Planungsterminplan aufgestellt und eine Planabstimmung organisiert werden. Voraussetzung ist eine klare Leistungsabgrenzung zwischen den beteiligten Fachplanern. Für die Koordination der Planungsstufen ist die Projekt- bzw. Bauleitung verantwortlich.

Terminpläne zur rechtzeitigen Vergabe von Fremdplanungen und Planprüfungen werden jedoch nur unregelmäßig aufgestellt. Planlauf-, Freigabe- und Vorlaufzeiten sind in einer integrierten Terminplanung selten als echte Terminansätze berücksichtigt, obwohl diese Daten Voraussetzung für die Fristen der Nachunternehmerausschreibungen und -vergaben sind. Die in den Ausschreibungsunterlagen enthaltenen Angebots-, Zuschlags- und Bindefristen können auf diese Weise nicht immer eingehalten werden. Die Überwachung der Lieferzeiten für die Pläne und ihre Anforderung anhand von Planlauf- oder Planeingangslisten erfolgt nicht konsequent genug. Diese Aufgabe wird nicht grundsätzlich als bindende Arbeitsanweisung verstanden. Zusätzlich wird die Koordination der zahlreichen Planungsbeteiligten durch den Einsatz unterschiedlicher CAD-Systeme erschwert, welche den Austausch von Planungsdaten kompliziert.

Die Bauleitung und Arbeitsvorbereitung arbeiten bei der Terminierung der Lieferzeiten für die Ausführungspläne und Planprüfungen nicht intensiv genug zusammen. Die Entscheidung, ob eine Eigen- oder Fremdprüfung der Ausführungspläne durchgeführt wird, erfolgt dabei häufig verspätet. Dadurch wird die gemeinsame Terminplanung zusätzlich erschwert und führt zu zeitlichen Verzögerungen im Bauablauf. Die Holschuld bei der Arbeitsvorbereitung wird häufig aufgrund der kapazitiven Überlastung der Bauleitung nicht umgesetzt. Die ungenügende Terminplanung und das inkonsequente Termincontrolling der Planungen führen zu:

- verspätetem Eintreffen der Planungsunterlagen und zum Verzug abhängiger Vorgänge,
- ungenauer Prüfung der Ausführungspläne und massiven Bauablaufstörungen,
- Improvisation und Adhoc-Lösungen bei der Bauausführung,
- verspäteten und fehlerbehafteten Nachunternehmerausschreibungen mit der Folge unwirtschaftlicher Vergabeverhandlungen.

Unzureichende Prüfung der Ausführungsplanung

Der Generalunternehmer trägt unabhängig vom Planungsumfang die Verantwortung für die Umsetzung der Ausführungsplanung in eine erfolgreiche Baurealisierung. Demzufolge ist es seine Aufgabe, die vom Auftraggeber zur Verfügung gestellte oder selbst zu erbringende technische Planung hinsichtlich Planungsfehlern, Vollständigkeit, technischer Machbarkeit, Verträglichkeit mit Leistungen anderer Gewerke, Erfüllung von Genehmigungsauflagen sowie der Vereinbarkeit mit Gesetzen und Normen zu prüfen.

Allerdings klagen dreiviertel der Bauunternehmen über die oberflächliche, stichprobenartige Prüfung der Planungsunterlagen. Diese erfolgt oft nach Augenschein und beruht im Wesentlichen auf Erfahrungen des Bauleiters anstatt auf systematischen und einheitlichen Prüfkriterien. Die nicht erkannten inhaltlichen Planungsfehler münden anschließend in zahlreichen Mängeln und Fehlern im Bauablauf sowie in Gewährleistungsschäden. Nach vorliegenden Erfahrungen wird davon ausgegangen, dass 40% der Mängel und Schäden bei der Bauausführung auf Planungsfehler zurückzuführen sind. Die Planungsfehler sind selten technische Fehler. Sie entstehen meist dadurch, dass die fertigungsbedingten Randbedingungen und Beziehungen zu den angrenzenden Gewerken, wie z. B. Fassaden, Treppenstufen und -geländer, Türzargen, etc. nicht ausreichend berücksichtigt werden. Nachfolgende Problemfelder werden bei der Planungsprüfung vorgefunden:

- Verspätete Entscheidung über die Eigen- oder Fremdprüfung von Plänen durch die Projekt- oder Bauleitung,
- fehlende Terminplanung der Planprüfungen,
- unklare Regelungen zwischen Bauleitung und Arbeitsvorbereitung bei der Koordination und Vergabe der Fremdprüfung,
- Fehlen definierter Prüfkriterien,
- Zeitmangel der Bauleitung und Arbeitsvorbereitung.

Die ungenaue Prüfung der Ausführungspläne bewirkt:

- ein Übersehen von Fehlern in der Planung, Unverträglichkeiten der Planung mit anderen Gewerken mit der Konsequenz von Mängeln und Schäden in der Bauausführung,
- eine eingeschränkte Verwendbarkeit von Planungsunterlagen für Ausführungszwecke bei einem zu geringen Detaillierungsgrad,
- zeitaufwendige Überarbeitungen der Planungsunterlagen und zusätzliche Nachträge.

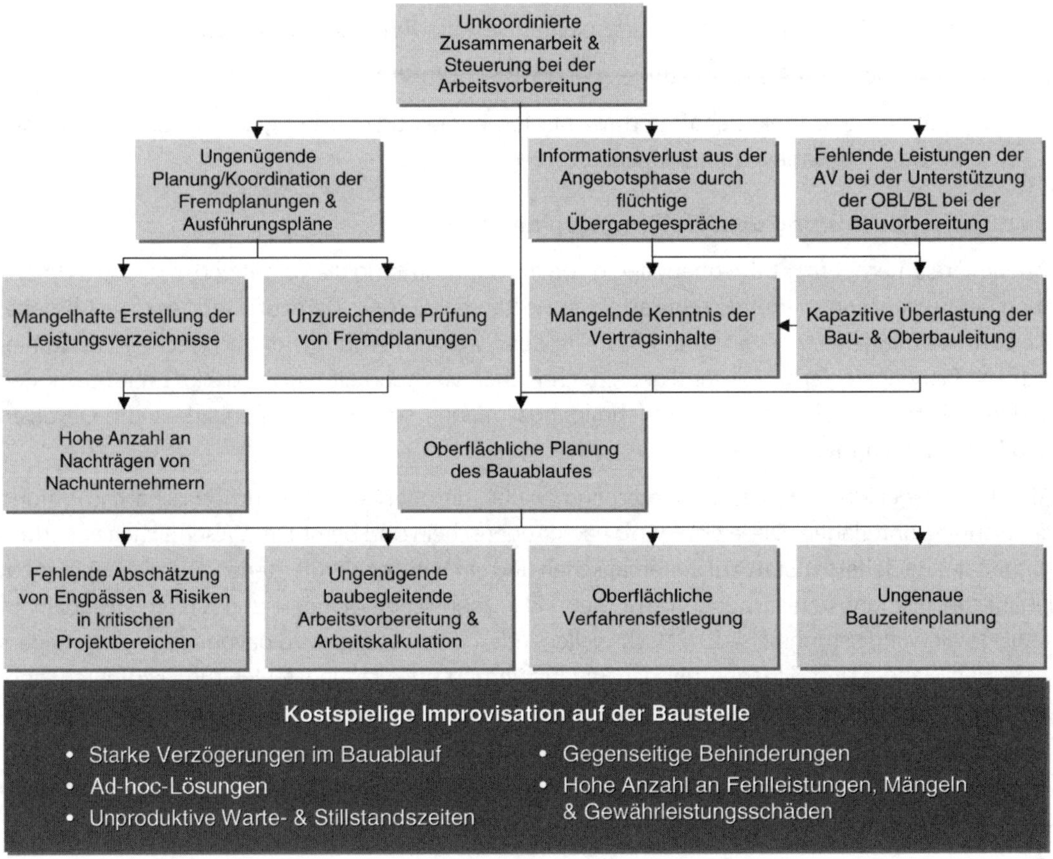

Abb. 11.13: Zusammenhänge der Schwachstellen bei der Bauvorbereitung

11.4.5 Baudurchführung/-steuerung

Folgende Verbesserungspotenziale zeigen sich bei der Baudurchführung und -steuerung:

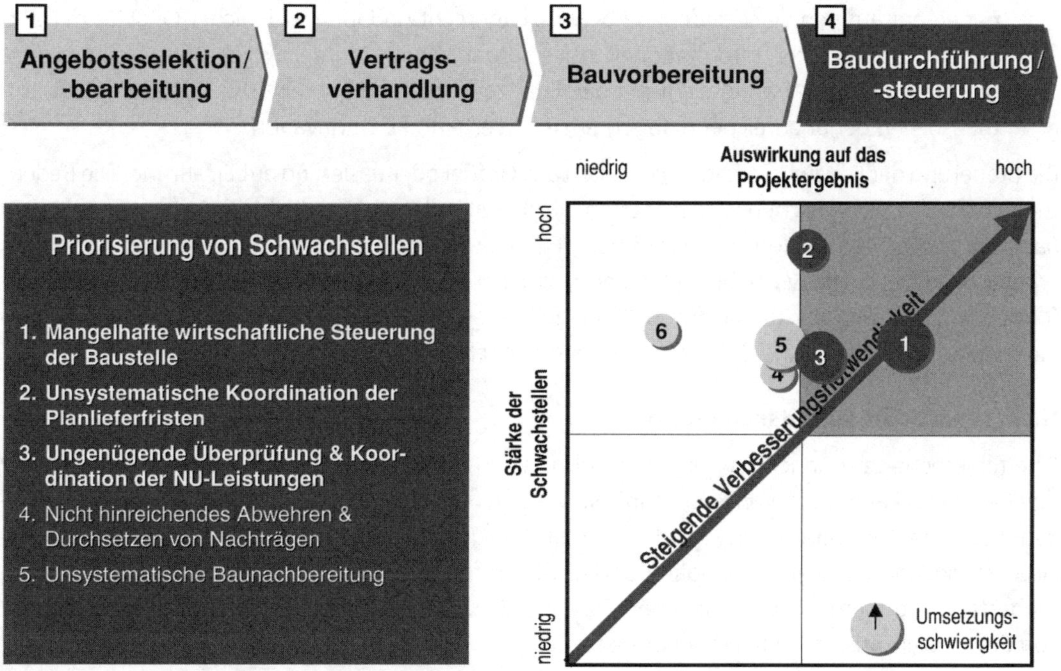

Abb. 11.14: Priorisierung von Schwachstellen bei der Baudurchführung/-steuerung

1. Unzureichende wirtschaftliche Steuerung der Baustelle

Die Differenzen zwischen Leistung und Ergebnis am Bauende sind bei zahlreichen Bauvorhaben unvertretbar groß. Obwohl während des Bauverlaufes die Ist-Kosten-Verläufe noch den Soll-Vorgaben entsprechen, *»stürzt«* bei einer Vielzahl von Bauprojekten das Baustellenergebnis zum Ende hin ab.

Diese Erscheinung ist zum einen in der Vielzahl von Nachträgen der Nachunternehmer begründet, die sich überwiegend erst zum Projektende realisieren. Primär ist jedoch die unzureichende wirtschaftliche Kontrolle und Steuerung der Baustelle durch die Bauleitung verantwortlich. Die Gründe dafür liegen in der fehlenden Motivation der Bauleitung zu nicht-technischen Aufgaben, ebenso in ungenügenden kaufmännischen Kenntnissen der Bauleitung. Hinzu kommen fehlerbehaftete Soll-/Ist-Vergleiche. Aus folgenden Gründen wird die wirtschaftliche Steuerung durch Soll-/Ist-Vergleiche von der Bauleitung nur stiefmütterlich behandelt:

- Das Interesse der Bauleitung besteht hauptsächlich an ihren originären technischen Aufgaben.
- Die Bauleitung besitzt ein exzellentes Bauingenieurswissen, jedoch fehlen das betriebswirtschaftliche Verständnis und wichtige Anwenderkenntnisse im EDV-Bereich.

- Die entscheidungsrelevanten Daten werden für die Bauleitung nicht übersichtlich genug aufbereitet.
- Die in Bauunternehmen vorhandenen Controllingsysteme sind oft nicht in der Lage, das Management auf den verschiedenen Ebenen zeitgerecht und in erforderlicher Qualität mit entscheidungsrelevanten Informationen zu versorgen. Die Daten der Projektüberwachung bzw. -kontrolle stimmen häufig nicht mit der Finanzbuchhaltung überein. Die Folge ist ein Zusammensuchen der unzureichend abgegrenzten Werte und Demotivation.

Die Steuerung der Baustelle erfolgt nicht selten aus Gefühl oder basierend auf Erfahrung. Die Bedeutung von Soll-/Ist-Vergleichen wird nicht immer erkannt, oder es wird die Meinung vertreten, *»man habe die wichtigsten Kosten schon im Kopf«*. Darüber hinaus leidet die Motivation der Bauleitung erheblich, sofern ein Bauvorhaben mit einer minimalen oder gar negativen Rendite beginnt. Eine erfolgreiche Steuerung der Bauausführung mit zeitnahen und verursachungsgerechten Soll-/Ist-Vergleichen ist in beiderlei Hinsicht nur ungenügend gegeben.

Nicht realistische Arbeitskalkulation

Eine fehlerbehaftete Angebotskalkulation führt zu einer unrealistischen Arbeitskalkulation, die für den Bauablauf kaum noch von Bedeutung ist, wenn diese Fehler nicht in der Auftragskalkulation erkannt werden. Der Detaillierungsgrad der Arbeitskalkulation ist häufig zu gering, die Einpflege der Arbeitskalkulation erfolgt oft verspätet und nicht sorgfältig. Die wesentlichen beeinflussbaren Kostenbestandteile werden nur in seltenen Fällen, z. B. durch ABC-Analysen der Leistungsbereiche, von den unwesentlichen Daten abgegrenzt.

Fehlerbehaftete Leistungsmeldung

Aufgrund Zeitmangels der Bauleitung ist die Leistungsmeldung oft unzureichend, durch überschlägige Schätzungen zu ungenau oder fehlerbehaftet. Sie besteht dann nur aus der abgerechneten Bauleistung und aus beigefügten Korrekturen, die auf Annahmen basieren. Insbesondere bei großen Bauvorhaben führt dies zu einer Verfälschung der Ergebnisrechnung und zu gravierenden Fehleinschätzungen des Leistungsstandes, so dass Verlustbaustellen erst gegen Ende der Bauausführung erkannt werden. Eine Plausibilitätsprüfung der Leistungsmeldung unterbleibt aus Zeitmangel.

Nicht zeitnahe und verursachungsgerechte Soll-/Ist-Vergleiche

Die Soll-/Ist-Vergleiche und Abweichungsanalysen sind in der Regel nicht zeitnah genug. Eine erfolgreiche Steuerung der Bauausführung benötigt jedoch eine ereignisnahe Kontrolle. Dies bedeutet zwei-, maximal drei-wöchige Verfügbarkeit der Ergebnisse des Soll-/Ist-Vergleichs zur rechtzeitigen Steuerung. Die Ergebnissteuerung hinkt in vielen Fällen fast einen Monat hinterher, da die Ergebnisse aus dem Rechnungswesen erst Wochen nach der Leistungsmeldung vorliegen. Die Folge ist eine verspätete Abweichungsanalyse, die ein rechtzeitiges Gegensteuern erschwert bzw. unmöglich macht.

Hinzu kommt in vielen Unternehmen die unzureichende Synchronisation von technischen und kaufmännischen Informationen bei der Lieferschein- und Rechnungserfassung sowie der Leistungsmeldung und Kostenabgrenzung. Die geringe Ergebnistransparenz wird durch nachfolgende Aspekte noch weiter gemindert:

- Die Leistungsbeschreibung lässt sich aufgrund fehlender Pläne, des ständigen Zeitmangels und den potentiell unklaren Bedingungen auf der Baustelle nicht fehlerfrei und eindeutig durchführen.
- Im Bauverlauf ergeben sich fortwährend Änderungen am Leistungsumfang. Abweichungen von den vertraglichen Rahmenbedingungen sind nicht ungewöhnlich.
- Eigene Facharbeiter oder Nachunternehmer erreichen nicht die erwartete Qualität und Leistung.
- Zeit-/Kostendruck lassen wenig Spielraum zur Vermeidung und Korrektur von Fehlern.
- Auftretende Probleme sind während der Bauausführung selten sofort transparent.

2. Unsystematische Koordination der Terminplanung

Die Ausarbeitung einer verbindlichen Bauablauf- und Bauzeitenplanung sowie die kontinuierliche Terminfortschreibung sind der Grundstock einer erfolgreichen Koordination aller am Bauvorgang Beteiligten. Auf die Baustelle bezogen, bedeutet dies die Berücksichtigung folgender Daten:

- Anzahl, Umfang und Reihenfolge der Gewerke und ihre Parallelarbeiten,
- Abhängigkeiten sowie Verknüpfungen von vorausgehenden und nachfolgenden Arbeiten,
- Wartezeiten, Pufferzeiten, Zeitreserven,
- Start- und Endtermine der beteiligten Unternehmen,
- Ermittlung verfügbarer Zeitspannen für frühest-/spätestmögliche Start- und Fertigstellungstermine.

Zu geringe Nutzung von EDV-Tools

Um die Terminplanung und -darstellung zu unterstützen, wird nur in seltenen Fällen eine professionelle Projektmanagement-Software, z. B. MS-Project, Powerproject, etc. konsequent genutzt. Entgegen den Markterfordernissen wird der grundsätzliche Einsatz von Terminplanungssoftware als nicht sinnvoll angesehen, da der Einarbeitungsaufwand als zu hoch eingeschätzt wird, die Meinung vertreten wird, die Terminplanung per Software sei zu kompliziert, sowie die vorhandenen Softwareprogramme als zu zeit- und kostenintensiv angesehen werden.

Die Erstellung der Terminplanung erfolgt trotz bedienungsfreundlicher EDV-Programme in der Regel manuell, wobei sich der Detaillierungsgrad meist auf eine Gliederung nach Bauabschnitten und Gewerken beschränkt. Dadurch bleiben in vielen Fällen wichtige Einzelheiten, wie z. B. die technologischen und kapazitiven Abhängigkeiten zwischen verschiedenen Gewerken oder zwischen den Planlieferfristen und Nachunternehmervergaben, unberücksichtigt.

Da ein EDV-gestütztes Terminplanungssystem mit vernetzten Terminplänen selten eingesetzt wird, können bei Veränderungen in Teilbereichen die Auswirkungen auf andere Leistungsbereiche nicht automatisch angezeigt werden.

Fehlende Verwendung von Netzplantechnik bei Großprojekten

Netzplantechnik ist bei großen, komplexen Bauprojekten ein sinnvolles Planungsinstrument zur Beherrschung der Vielfalt an Einzelvorgängen und deren unterschiedlichen Abhängigkeiten. Die Vorteile der Netzplantechnik liegen in der:

- Berücksichtigung der Gewerke- bzw. Vorgangsabhängigkeiten,
- Analyse von Ablaufveränderungen, -varianten und ihrer Auswirkungen,
- Berechnung des kritischen Weges und der Pufferzeiten,
- Bestimmung von spätest-/frühestmöglichem Beginn/Ende bedeutender Gewerke,
- Ergebnisdarstellung im Netzplan als auch in Balkendiagrammen durch Netzplansoftware.

Trotz dieser Vorzüge wird die Netzplantechnik nur in Ausnahmefällen eingesetzt. Die Gründe sind neben einem höheren Abstraktionsgrad vor allem fehlende Kenntnisse in diesem Bereich.

Integriertes Terminplanungssystem

Ein ganzheitliches Terminplanungssystem, das nach vorgegebenen Strukturen Planungs-, Ausschreibungs-, Vergabe- und Ausführungsterminpläne verwendet und verknüpft, liegt nur in Einzelfällen vor.

Insgesamt erfolgt die Terminplanung sehr kurzfristig und in Reaktion auf Störungen. Infolge des chronischen Zeitmangels der Bauleitung wird mit fortschreitendem Bauverlauf zunehmend auf ein konsequentes Termincontrolling verzichtet und die Baufortschrittskontrolle nach Gefühl und in Abhängigkeit des jeweiligen Erfahrungsschatzes durchgeführt. Die relativ zeitintensive Fortschreibung und Aktualisierung der Terminpläne erfolgt nur unregelmäßig.

Bei dieser Vorgehensweise der Terminplanung und -fortschreibung ist eine zeitgerechte sowie vollständige Übersicht über den Leistungsstand nicht gewährleistet. Die erforderlichen Informationen für eine optimale Koordination der Ausführung sowie für eine effiziente Kommunikation mit den Baubeteiligten sind bei Terminabstimmungen mit Planern, Nachunternehmern oder der eigenen Arbeitsvorbereitung nicht ausreichend vorhanden. Die entstehenden Terminüberschreitungen von Gewerken führen bei den extrem kurzen Bauzeiten und dem vorherrschenden Zeitdruck zu Achtlosigkeiten bei der Ausführung und folglich zu einem mängel- und schadensträchtigen Bauablauf sowie zu einem Zeitmangel, der Nachbesserungsarbeiten und die Mängelbeseitigung zusätzlich erschwert.

3. Ungenaue Qualitätskontrolle und Koordination der Nachunternehmer

Da die Bauausführung überwiegend durch den Einsatz von Nachunternehmern vollzogen wird, ist deren Abstimmung eine der Hauptaufgaben der Bauleitung. Die Koordination beginnt vor Baubeginn mit dem fristgerechten Abruf der Nachunternehmer und ihrer anschließenden Einweisung. Um Nachlässigkeiten, Mängel, Fehlleistungen oder Terminüberschreitungen rechtzeitig festzustellen und zu beheben, sind regelmäßige Kontrollen der Einzelleistungen bezüglich Qualität, Vertragskonformität und Termineinhaltung vorzunehmen. Dazu gehört, die Vorunternehmerleistung auf die Bauaufnahmefähigkeit für das Folgegewerk als auch auf Einhaltung der Regelwerke, Normen und Bauordnungen zu kontrollieren.

Die Baudurchführung ist durch eine Vielzahl von Fehlleistungen und Mängeln geprägt. Insbesondere ist ein zunehmender Qualitätsverlust in den Ausbaugewerken festzustellen. Wenige, aber dafür sehr kostspielige Gewährleistungsschäden zeigen sich überwiegend bei Gewerken der Gebäudehülle und der technischen Gebäudeausrüstung. Die Vielzahl von Fehlern und Mängeln ergibt sich neben der mangelhaften Bauvorbereitung durch eine nicht ausreichende Überwachung des Leistungsfortschritts, der Qualitätskontrolle und Koordination der Nachunternehmerleistungen.

Die Prüfung der Vorgewerke auf Bauaufnahmefähigkeit der Folgetätigkeit wird meist den darauffolgenden Nachunternehmern überlassen oder wird oberflächlich bei der Abnahme durchgeführt. Die Qualitätskontrolle wird im Wesentlichen durch Sichtkontrollen während der Baustellenbegehung vollzogen. Eine baubegleitende Überwachung der Nachunternehmerleistung erfolgt in den meisten Fällen nicht methodisch. Prüflisten zur gewerkeorientierten Kontrolle sind in der Regel nur bei nach DIN ISO 9000ff zertifizierten Unternehmen vorzufinden und werden dort meist nur inkonsequent angewendet.

Bei Abweichungen, die das vereinbarte Qualitätsniveau und die Mängelfreiheit gefährden, können die entsprechenden Gegenschritte nicht rechtzeitig genug vorgenommen werden. Setzt die Fehlervermeidung oder -behebung nicht frühzeitig genug ein, so steigen die Kosten der Fehlerbeseitigung um ein Mehrfaches, da mit fortschreitendem Projekt die Einflussmöglichkeiten abnehmen. Oftmals werden festgestellte Mängel nicht schriftlich zu Beweiszwecken festgehalten, so dass sie nicht gerügt werden können.

Festzustellen ist ebenfalls, dass im Falle von Vertragsstörungen der Nachunternehmer, z. B. bei Termin-, Leistungsstörungen oder Nachforderungen, nicht konsequent genug gehandelt wird. Sind angemahnte Fehlleistungen, Mängel oder Verzug nicht in der vorgegebenen Frist behoben, wird eine Teilkündigung mit Ersatzvornahme nur in Ausnahmefällen vorgenommen, da die Gefahr eines Zeitverlustes bei der Ausführung der Restleistung bzw. der Mängelbeseitigung gesehen wird. Um dennoch eine fristgerechte Mängelbeseitigung zu erreichen, werden dem Nachunternehmer weitere Zahlungen vorenthalten.

Die Anzahl der Mängel und Schäden wird weiterhin durch die meist schleppende Vorgehensweise bei der Mängelbeseitigung erhöht. Diese wird häufig nur sehr langsam umgesetzt und eingefordert, wodurch Zeitverluste und Sekundärmängel bei anderen Leistungen verursacht werden. Die unzureichende Beaufsichtigung und Qualitätskontrolle der Nachunternehmerleistungen liegen in folgenden Aspekten begründet:

- Zeitliche Überlastung der Bauleitung,
- unzureichende Abforderung der Prüfleistung des Poliers,
- fehlende Checklisten zur gewerkeorientierten Prüfung,
- unzureichende Qualifikation in den Ausbaugewerken,
- Rücksichtslosigkeit einiger Nachunternehmer aufgrund des anhaltenden Termindrucks.

11.4.6 Schlussfolgerung

Die Projektabwicklung und -organisation von Bauunternehmen ist im Allgemeinen durch eine Reihe von Schwachstellen gekennzeichnet, die eine große Hebelwirkung auf das operative Ergebnis der Baustellen haben.

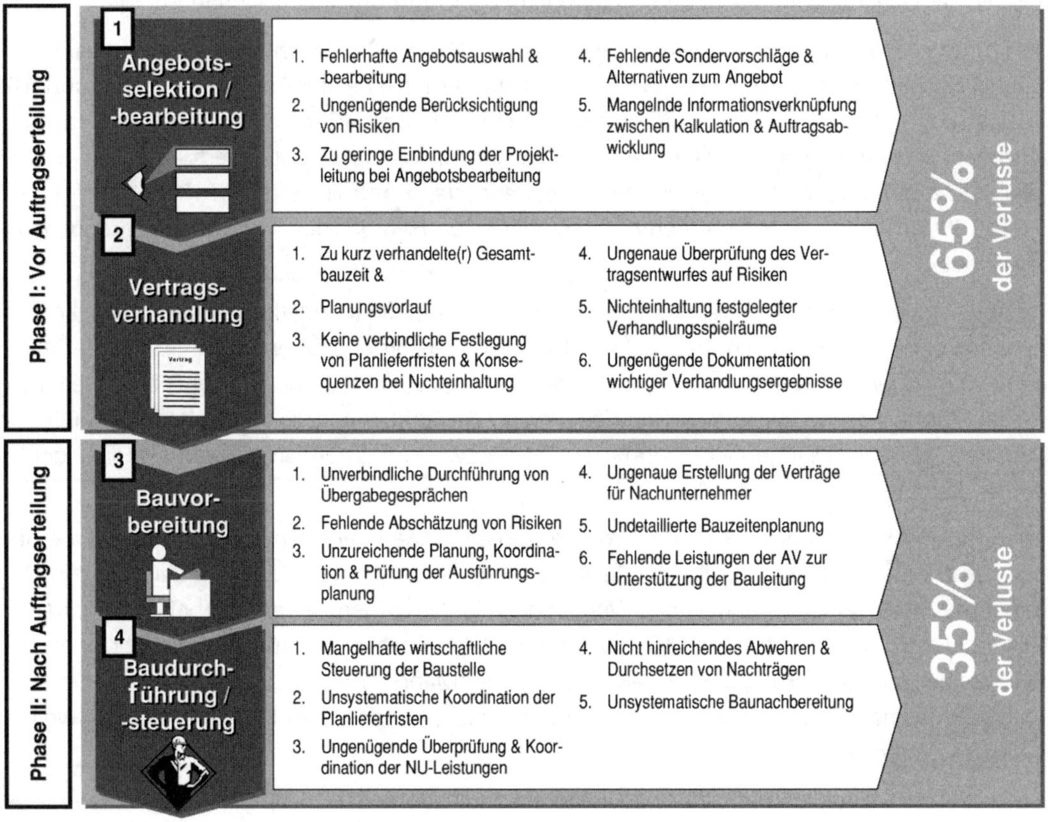

Abb. 11.15: Überblick Verbesserungspotenziale in der Projektabwicklung

Die kritischen Schwachstellen treten in den meisten Fällen in allen Phasen der Projektabwicklung auf, von der Angebotsauswahl bis zur Baudurchführung.

Viele Fehler entstehen derart, dass wichtige Tätigkeiten aufgrund von Zeitmangel unsystematisch, nachlässig oder gar nicht erledigt werden, wobei im Gemeinkostenbereich, vor allem bei der Bauleitung, zu geringe Kapazitäten eingesetzt werden.

Dabei werden zwei Drittel der Hauptverluste bereits verursacht, bevor der Auftrag überhaupt erteilt ist, insbesondere bei der Auswahl der Angebote und ihrer Bearbeitung. Eine nicht hinreichende Bau- bzw. Arbeitsvorbereitung verursacht einen weiteren Großteil kostspieliger, vermeidbarer Fehler. Der Ausspruch: »*Das Geld wird auf der Baustelle verdient.*« ist somit nicht ganz richtig. Das meiste Geld wird verdient oder verloren, bevor die Baustelle gestartet ist.

Zusammenfassend ist festzustellen, dass die engpassbedingten Fehler durch eine unzureichend gesteuerte Projektabwicklung und eine unsystematische Führung der Bauteams begründet sind.

Abb. 11.16: Ursachen für die instabile Projektabwicklung beim Bauen

11.5 Projektmanagement als Kernkompetenz

Sowohl die vom Markt aufgezwungenen Anforderungen als auch das Ziel der Erwirtschaftung einer angemessenen Rendite haben die Entwicklung der Bauunternehmen weg von ausführenden hin zu organisierenden und koordinierenden Unternehmen forciert.

Aufträge, insbesondere im Schlüsselfertigbau, beziehen sich dabei auf ein breitgefächertes Liefer- und Leistungsangebot. Mit der Erstellung von Bauten verbindet sich in der Regel ein ganzes Paket von Leistungen, wie Projektentwicklung, verstärkte Koordination von Planungsleistungen und die Baudurchführung. Aber auch darüber hinausgehende Leistungen werden nachfragerseitig gefordert, die vor allem von ökonomischen Aspekten geprägt sind, wie z. B. die Bereitstellung der Finanzierung oder das Facility-Management.

Bauunternehmen haben demnach nicht nur die technische Funktionsfähigkeit bei Bauvorhaben zu garantieren. Hinzugekommen ist die ökonomische Problemlösung im Zuge einer ganzheitlich geprägten Projektplanung und -umsetzung.

Ein Vergleich zwischen erfolgreichen und weniger erfolgreichen Bauunternehmen zeigt, dass gewinnbringende Bauunternehmen spezifische Kompetenzprofile aufweisen. Grundsätzlich verfügen nicht so erfolgreiche Bauunternehmen über vorrangig technisch geprägte Kompetenzen, während erfolgreiche Unternehmen eine Kombination sowohl technologischer als auch ökonomischer Kompetenzen aufweisen. Ein Mangel an betriebswirtschaftlichen Kompetenzen, z. B. im Controlling, der

Logistik oder der Risikobewältigung, kann in der Regel nicht durch andere technisch ausgeprägte ausgeglichen werden.

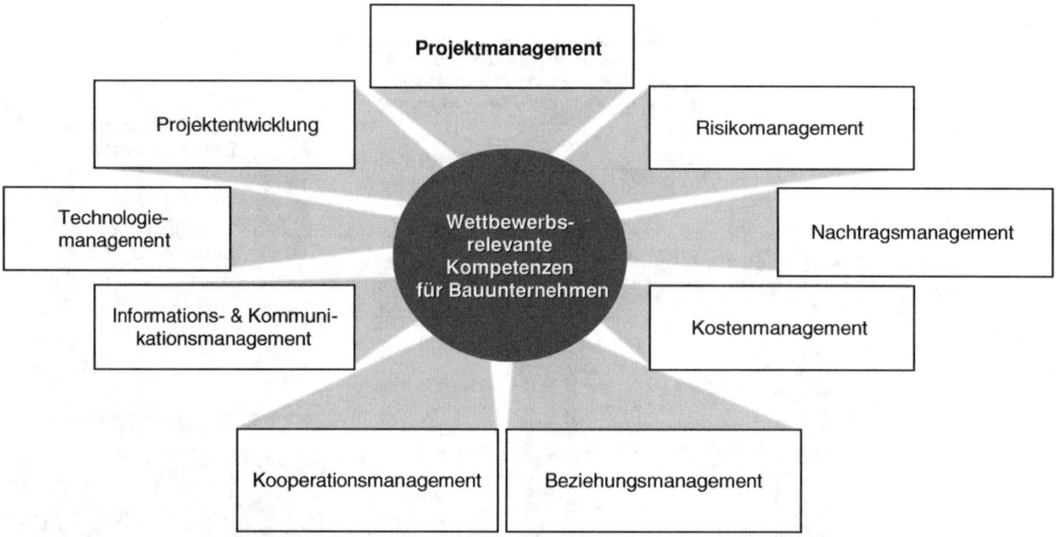

Abb. 11.17: Erfolgskritische Kompetenzen im Bauhauptgewerbe

Als strategisch besonders bedeutsam geltende Kompetenzen sind neben dem Technologiemanagement das Kosten-, Risiko-, Beziehungs-, Informations- & Kommunikationsmanagement (IuK-) und vor allem das Projektmanagement. Dieses ist bei überdurchschnittlich erfolgreichen Bauunternehmen neben den Erfahrungen sowie der fachlichen, sozialen und methodischen Kompetenz der Mitarbeiter durch folgende Erfolgsfaktoren gekennzeichnet:

- Eine klar definierte, standardisierte Aufbau- und Ablauforganisation,
- eine koordinierte Steuerung der Bauprojekte und stringente Führung der Bauteams,
- Vermeidung unprofitabler Aufträge durch eine ausgefeilte Auswahl der Angebote ist die *»halbe Miete«*,
- angepasste Kapazitäten und eine aktive Akquise,
- ein beharrlich angewendetes Risikomanagement, auch für kleine Bauunternehmen.

Die Entwicklungen im Bauhauptgewerbe mit den Problemen in den Ertragslagen im instabilen Kerngeschäft und die fortschreitende Komplexität der Bauprojekte verdeutlichen zunehmend die Erfordernis für ein professionelles Projektmanagement. Insbesondere in dem Krisenzustand der Bauwirtschaft, der bereits ein Dauerzustand geworden ist, müssen eigene Innovationen und mehr Entschlossenheit von innen die abnehmenden wirtschaftlichen Impulse von außen kompensieren.

Die Bedenken *»am Bau sei nun einmal alles anders«* können nicht mehr überzeugen. In zahlreichen anderen projektorientierten Industrieformen, wie zum Beispiel dem Großanlagenbau, die ebenso einer komplexen Leistungserstellung mit Projektcharakter begegnen müssen, hat das erfolgreich etablierte Führungskonzept »*Projektmanagement*« nachweislich zu besseren operativen Ergebnissen beigetragen.

Obwohl seit einigen Jahren Projektmanagement im Bauwesen nicht gänzlich unbekannt ist, sind die Reichweite und die Professionalität der Anwendung stark verbesserungsfähig. Für die Projektbeteiligten steht nach wie vor die ingenieurmäßige Leistung im Vordergrund, so dass für die wirtschaftliche Kernkompetenz Projektmanagement nicht das notwendige Interesse gegeben ist.

Dadurch liegen die größten Probleme im Kerngeschäft von Bauunternehmen neben der fehlenden betriebswirtschaftlichen Transparenz insbesondere in der operativen Führungsschwäche innerhalb der geschaffenen Projektorganisation. Projektmanagement und Projektsteuerung haben infolge der steigenden Komplexität und der Risiken so stark an Geltung gewonnen, dass sich Bauunternehmen mit ihnen intensiver auseinandersetzen müssen.

Literatur

/1/ **Seefeldt, M.** Internationale Branchenstudie zum Projektmanagement im Bauhauptgewerbe, www.projekte-bau.de, 2002

/2/ **DIN 69901**

12. Risikomanagement und Controlling in der Projektabwicklung

Friedrich Karl Blindow

Inhalt

12.1 Einführung

Das Ergebnis einer Studie auf europäischer Ebene über wirtschaftliche Folgen von Fehlern bei der Bauabwicklung weist Fehlerkosten in einer Größenordnung zwischen 4 und 12 % der Abrechnungssumme aus. Ursachen für Fehler sind immer latent vorhandene Risiken.

Mit jedem Angebot und jeder Auftragsübernahme müssen Baufirmen Risiken eingehen, um sich am Markt zu behaupten und im harten Wettbewerb zu überleben. Alle in die Zukunft gerichteten unternehmerischen Entscheidungen sind letztlich in einem bestimmten Ausmaß risikobehaftet. Diese Tatsache ist der Ausgangspunkt für das betriebswirtschaftliche Konzept des modernen Risikomanagements.

Nicht zuletzt die Diskussionen über die zu erwartende restriktivere Kreditvergabe im Rahmen von Basel II und das von der EU geforderte und in einigen EU-Ländern bereits eingeführte »Gesetz zur Kontrolle und Transparenz im Unternehmensbereich« (KonTraG) zwingen auch Baufirmen, sich verstärkt mit dem Thema »Risikomanagement« auseinander zu setzen. KonTraG fordert, dass die oberste Führung eines Unternehmens die Verantwortung für die Einrichtung eines Risikomanagements übernimmt, und dass jeweils im Jahresabschlussbericht die Funktionsfähigkeit eines gelebten Risikomanagementsystems vom Wirtschaftsprüfer bestätigt werden muss.

Was bedeutet »Risikomanagement«?

In der Vergangenheit hat man den Begriff »Risiko« meist als Schadens- oder Verlustgefahr interpretiert. In den 70er Jahren wurde aus den USA der Begriff »Risk Management« übernommen, unter dem im Wesentlichen die versicherbaren Risiken behandelt wurden. Heute wird unter dem Begriff »Risikomanagement« die Behandlung aller Risiken, welche die Unternehmensziele gefährden können, verstanden. Unternehmen werden als zielorientierte Systeme betrachtet, und Risiken ganz allgemein als Möglichkeit definiert, Ziele nicht zu erreichen. Ein Risiko ist somit als Gefahr einer Zielabweichung zu verstehen, beinhaltet aber gleichzeitig auch die Möglichkeit, Ziele zu übertreffen und Chancen zu nutzen. Wenn im Folgenden von Risiken gesprochen wird, sind mögliche Chancen immer mit eingeschlossen.

Im Rahmen des Risikomanagements sind Kriterien zu entwickeln, mit deren Hilfe Risikosituationen eingeschätzt und bewertet werden können. Negative Abweichungen von den Zielvorstellungen erfordern Maßnahmen zur Verbesserung der Risikolage. Der laufenden Verfolgung der Risiken (Risikocontrolling) kommt dabei eine besondere Bedeutung zu.

Die folgende Darstellung stellt die Schritte und ihre Abfolge im Risikomanagement als Kreislauf dar:

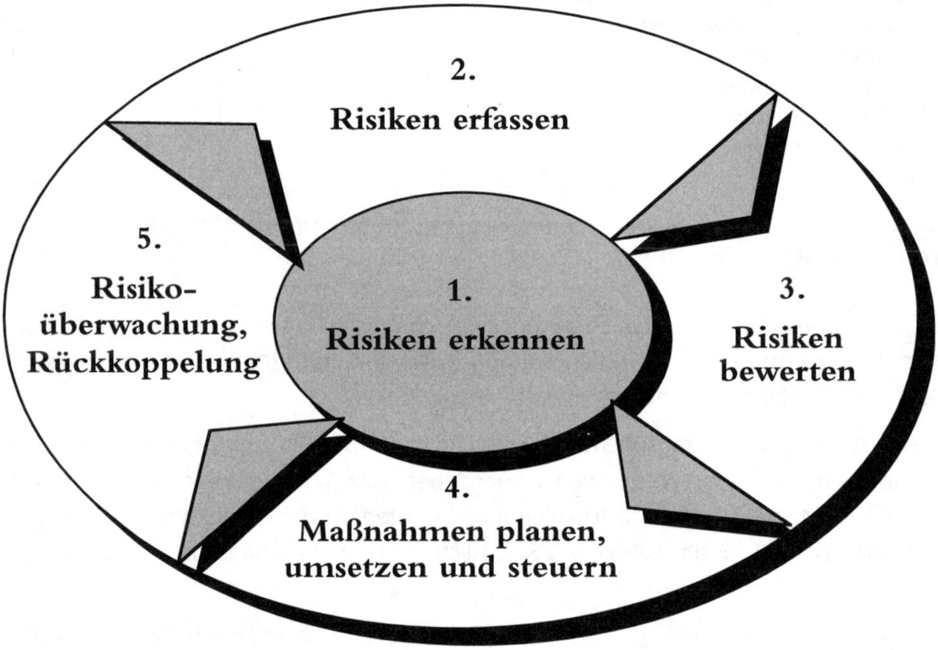

Abb. 12.1: Kreislauf »Risikomanagement«

Risikomanagement ist als ein systematischer Prozess zu verstehen, mit

- dem **Erkennen**, der **Erfassung** und der **Dokumentation** möglicher Risiken und Chancen,
- der **Bewertung** von Risiken und Chancen nach der Wahrscheinlichkeit ihres Eintretens und nach ihrer Schadenshöhe bzw. Ertrags,
- der **Planung** von Maßnahmen zur Vermeidung bzw. Minimierung von Risiken und ihre Berücksichtigung in der **Prüfplanung**,
- der **Integration** der geplanten Maßnahmen in die Ablaufplanung,

- der **Durchführung** der geplanten Maßnahmen,
- der laufenden **Überprüfung der Maßnahmen** auf ihre Wirksamkeit (Risiko-Controlling) und
- dem Einleiten von **Korrektur- oder Verbesserungsmaßnahmen**, falls erforderlich.

12.2 Der Risikomanagement-Prozess

Der Risikomanagement-Prozess zieht sich durch alle Phasen der Projektabwicklung:

- Die Angebotsphase,
- die Bauvorbereitung,
- die Bauabwicklung und
- die Gewährleistungsphase.

In allen Phasen der Projektabwicklung sollen sich die Verantwortlichen mit möglichen Risiken systematisch auseinandersetzen und ihre Entscheidungen auf der Grundlage der zu erwartenden Risiken treffen.

Projektrisiken können zum Beispiel erwachsen aus:

- Vertrag mit dem Auftraggeber,
- Verträgen mit Nachunternehmern und Lieferanten,
- der Preisgestaltung/Kalkulation,
- den örtlichen Verhältnissen,
- geologischen und hydrologischen Untergrundverhältnissen,
- Planung/Bauentwurf,
- verspäteter Planlieferung,
- ungenügender und/oder mangelhafter Arbeitsvorbereitung,
- dem Bau- und Gerätekonzept,
- mangelnder Qualifikation der eigenen Mitarbeiter und der Mitarbeiter der Nachunternehmer,
- unwirtschaftlicher Bauausführung,
- Witterungsbedingungen,
- Materiallieferungen etc. . .

Um eine vollständige Weitergabe von Informationen und Risikoüberlegungen von einer zur nächsten Phase zu gewährleisten, ist auf eine durchgängige Dokumentation in den einzelnen Phasen der Projektabwicklung besonderer Wert zu legen.

Im Folgenden wird die Anwendung des Risikomanagements in den Phasen der Bauvorbereitung (Kap. 12.2.1) und der Bauabwicklung (Kap. 12.2.2) behandelt.

12.2.1 Bauvorbereitung

Einen ersten, generellen Überblick über mögliche Risikobereiche eines Bauprojektes, über die wesentlichen Risikoverursacher und die hauptsächlichen Risikotypen, die im Zuge der Projektabwicklung erwartet werden, sollte man sich bereits im Zuge der Angebotsbearbeitung, z. B. mit Hilfe einer Risiko-Matrix, verschaffen, für die im folgenden ein Beispiel gegeben wird.

Für eine nachvollziehbare Risikobeurteilung reicht diese Übersicht jedoch nicht aus.

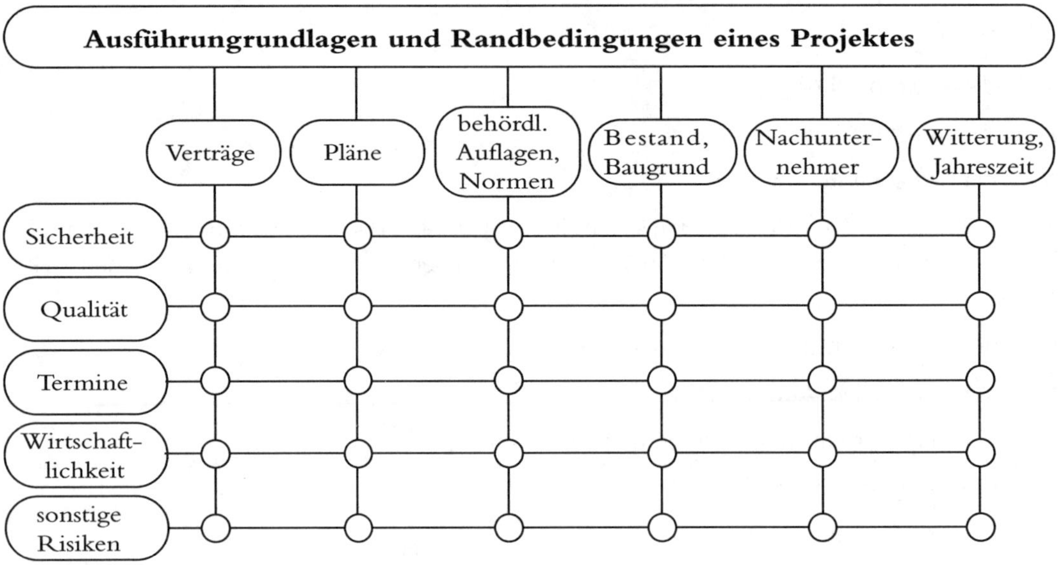

Abb. 12.2: Risikomatrix »Projektabwicklung«

Die Effizienz eines wirksamen Risikomanagements in der Phase der Bauabwicklung hängt direkt von der Qualität der Vorbereitung ab. Sie baut auf der Risikobeurteilung und Risikoklassifizierung des Projektes aus der Angebots- und Verhandlungsphase auf.

Das folgende Diagramm zeigt die wesentlichen Planungsschritte für die Einrichtung eines aktiven Risikomanagements in der Bauabwicklung im Zuge der Bauvorbereitung. Die einzelnen Schritte werden anschließend näher erläutert.

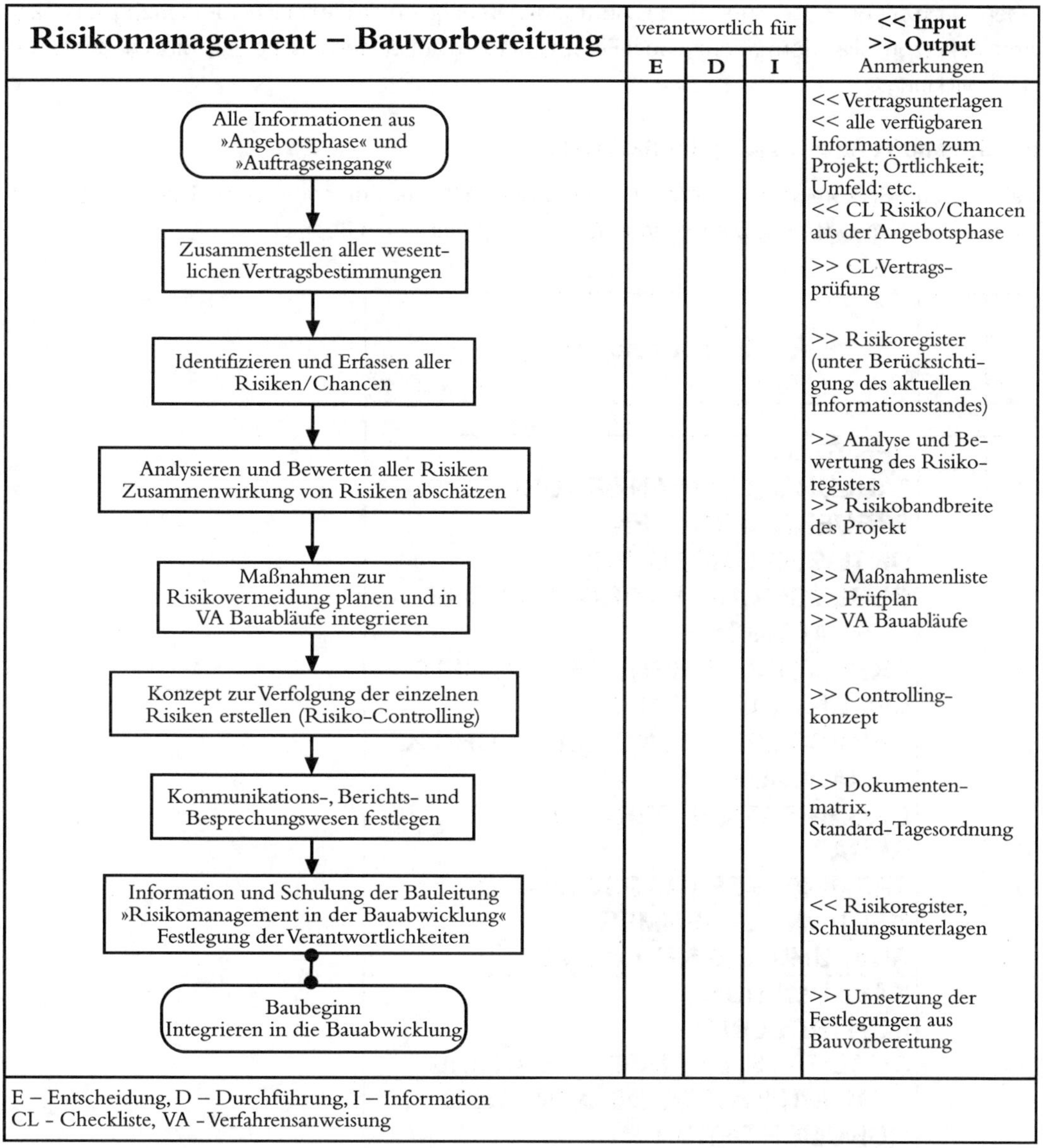

Abb. 12.3: Ablaufdiagramm »Risikomanagement in der Bauvorbereitung«

Im Folgenden wird näher auf die Anmerkungen aus Abb. 12.3 eingegangen:

Projektinformationen (1, 2)

Grundlage für die Risikoerfassung sind in erster Linie die Ausschreibungsunterlagen, der Bauvertrag und die Angebotskalkulation. Unter den »verfügbaren Projektinformationen« sind jedoch wesentlich mehr Informationen über das Projekt zu verstehen als Vertrag, Leistungsbeschreibung und Pläne hergeben. Dazu gehört z. B. die Bonität des Auftraggebers ebenso wie die örtliche Umgebung, das lokale Umfeld, kurzum alle Informationen über Einflussfaktoren auf die technische und wirtschaftliche Projektabwicklung.

Identifikation und Erfassung der Risiken (3)

In einem sog. »Risikoregister« werden die identifizierten Risiken unter geeigneten Überschriften bzw. Themen zusammengefasst. Die folgende Tabelle zeigt hierfür ein Beispiel:

		Kurzbezeichnung
#	#	Überschriften / Themen
1.		**VERTRAG**
2.		**ZAHLUNGEN, FINANZIERUNG, STEUERN, ABGABEN**
3.		**ÖRTLICHE UMGEBUNG**
4.		**GEOLOGISCHE, HYDROLOGISCHE VERHÄLTNISSE**
5.		**ARBEITSICHERHEIT, GESUNDHEIT und UMWELTSCHUTZ**
6.		**BAUVORBEREITUNG, BAUTECHNIK, BAUABLÄUFE**
7.		**ORGANISATION, PERSONAL**
8.		**GERÄT**
9.		**TERMINE, VERTRAGSSTRAFEN**
10.		**NACHUNTERNEHMER**
11.		**AUSFÜHRUNGSPLANUNG**
12.		**KALKULATION**
13.		**CONTROLLING**
14.		**QUALITÄTS- und RISIKOPLANUNG**
15.		**KOMMUNIKATION, INFORMATION, DOKUMENTATION**
16.		**Sonstiges**

Abb. 12.4: Risikoregister: Identifikation der Risiken nach Themenschwerpunkten

Alle Personen, die zur Risikofindung beitragen können, sollen zur Ermittlung möglicher Risiken einbezogen werden. Das sind neben den Mitgliedern der Bauleitung oder des Projektteams alle Erfahrungsträger im Unternehmen, gegebenenfalls auch Projektbeteiligte auf Auftraggeberseite und Mitarbeiter von Nachunternehmern. Die Verwendung von Checklisten ist hilfreich, kann aber niemals eine Diskussionsrunde mit Teilnehmern unterschiedlicher Erfahrungen ersetzen.

Es kann in bestimmten Fällen auch zweckmäßig sein, externe Experten zur Suche nach Risiken einzuschalten, die sonst möglicherweise übersehen worden wären. Firmen, die bisher noch keine Erfahrung in der Anwendung eines aktiven Risikomanagements gesammelt haben, tun gut daran, auf diesem Gebiet erfahrene Berater zur Unterstützung zu engagieren.

Eine möglichst erschöpfende Identifikation und Auflistung möglicher Risiken als Grundlage für alle weiteren Schritte eines aktiven Risikomanagements ist unumgänglich. Risiken, die nicht erkannt und identifiziert werden, können auch nicht bewertet oder verfolgt werden.

Neben der Erfassung nach Sachthemen soll das Risikoregister auch eine Auswahl nach

- Schadensausmaß (ABC-Analyse),
- dem Ort der Entstehung (z. B. Bauabschnitt oder Arbeitspaket),
- der Verantwortlichkeit für die Verfolgung von Risiken (Personifizierung) und
- dem Zuständigkeitsbereich, z. B. intern (AN) und extern (AG),

erlauben.

			Qualitative Bewertung				
Kurzbezeichnung	**Euro-Bewertung**	**Verantwortlicher**	**Δ Eintrittswahrscheinlichkeit**	**Auswirkung**	**Auswirkung +ABC-Analyse**	**Risiko-Betrag**	**Link zum Detailblatt**
Überschriften / Themen	[€]	[Name]				€	
Lärmemissionen, Einhaltung der Grenzwerte					C		
Abwasserbehandlung unzureichend					C		
Kontamination des Bodens, Altlasten	€				C		
Materialentsorgung ungenügend geregelt					C		
Unzureichende Deponiemöglichkeiten, Probleme mit Genehmigungen	€	Mayer	wahrscheinlich	erheblich	B	-€ 47.650	Deponie
Verschiebungen gegenüber der Prognose betreffend Deponieklassen	€			klein spürbar	C		
Einhaltung der Vorschriften, Dokumentation unzureichend				erheblich hoch	C		

Abb. 12.5: Risikoregisterblatt

Analyse und Bewertung der Risiken (4)

Ein Risiko wird durch zwei Einflussgrößen bestimmt:

- die Eintrittswahrscheinlichkeit und
- die Tragweite oder mögliche Schadensgröße, die in Geldeinheiten gemessen werden kann.

Beide Einflussgrößen zusammen ergeben den Grad der Bedrohung, der von jedem Risiko ausgeht. Bei der Risikobewertung müssen somit sowohl die Eintrittswahrscheinlichkeit als auch die mögliche Schadensgröße oder die Tragweite des Risikos in angemessener Weise berücksichtigt werden.

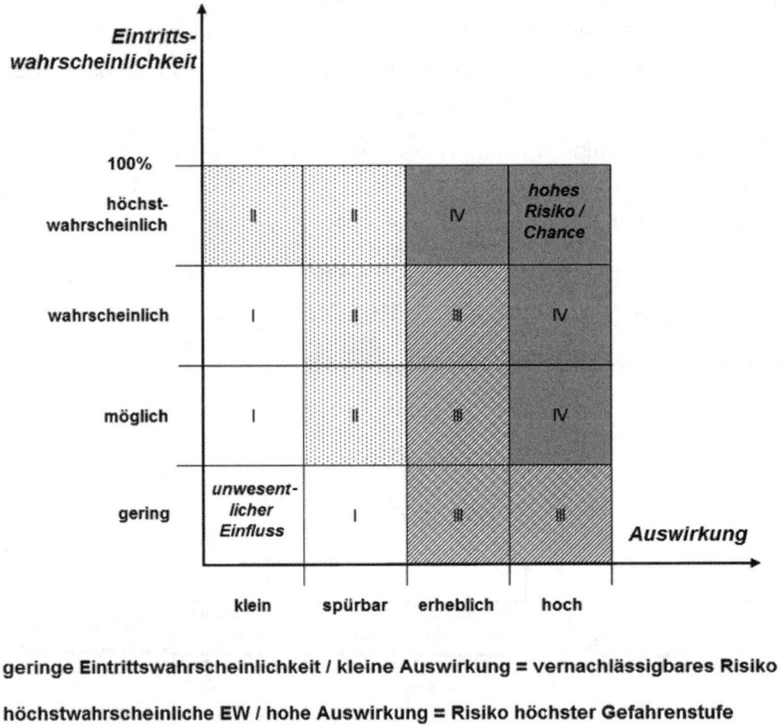

Abb. 12.6: Risikolandschaft

Zur Bewertung von Risiken gibt es eine Reihe wissenschaftlicher Methoden, die in der Regel mathematische Sonderkenntnisse voraussetzen und aufgrund ihrer theoretischen Kopflastigkeit für die praktische Anwendung im Bau nicht empfohlen werden können.

Häufig wird die Höhe der Bedrohung durch ein bestimmtes Risiko als Kennzahl aus Eintrittswahrscheinlichkeit und Tragweite ausgedrückt. Zahlenwerte haben in diesem Zusammenhang allerdings den Nachteil, dass sie Genauigkeiten vortäuschen, die aufgrund der Unsicherheit tatsächlich nicht gegeben sind. Sinnvoller erscheint, die Risiken in Dringlichkeitsklassen einzuteilen, z. B. nach Großrisiko, mittlerem Risiko und Kleinrisiko.

Im Folgenden wird auf die Bewertungsparameter von Risiken eingegangen.

Die Eintrittswahrscheinlichkeit (z. B. »gering«, »möglich«, »wahrscheinlich«, »höchst wahrscheinlich«) ist ein Maß für die Sicherheit, mit der ein Risikofall erwartet wird.

Sie wird üblicherweise auf der Skala 0 bis 100% gemessen. Die Bestimmung der Eintrittswahrscheinlichkeit eines Risikos hängt natürlich entscheidend von Annahmen ab, die daher hinsichtlich ihrer Realität sorgfältig abgeschätzt werden müssen. Wenn Annahmen sich ändern, wird in der Regel auch die Eintrittswahrscheinlichkeit neu zu überprüfen sein.

Die Höhe des Schadenspotenzials wird durch eine finanzielle Bewertung der Folgen eines Schadensfalles ermittelt. Auch die Häufigkeit eines möglichen Risikofalles, z. B. täglich, wöchentlich, monatlich, jährlich usw. oder nach km Streckenlänge geht in die Bewertung des Schadenspotenzials ein.

Qualitativ kann die Auswirkung eines Risikofalles auch z. B. mit »klein«, »spürbar«, »erheblich« und »hoch« angegeben werden. Diese Klassifizierung bietet sich für einen ersten Überblick und für alle Risiken an, die quantitativ nur schwer eingeschätzt werden können. Um ein möglichst einheitliches Risikobewusstsein im Projektteam zu schaffen, empfiehlt es sich, die qualitative Erstbewertung der Projektrisiken im Projektteam gemeinsam vorzunehmen.

Die finanzielle Risikobewertung wird als Schadenspotenzial × Eintrittswahrscheinlichkeit definiert. Wenn ein Risiko mehrere unterschiedliche Auswirkungen haben kann, ergibt sich die Gesamtsumme der finanziellen Risikobewertung aus der Summe der Einzelauswirkungen.

Risiken mit hohen finanziellen Folgen bedürfen immer einer eingehenden, zusätzlichen Überprüfung, d. h. einer detaillierten Bewertung der Eintrittswahrscheinlichkeit, der möglichen Folgen, der Schadenshöhe und möglicher Abhängigkeiten. Annahmen, die hierbei getroffen wurden, sind für alle Beteiligten nachvollziehbar zu dokumentieren.

Zur Risikobewertung gehört auch die Analyse der Ursachen. Ein Risikofall kann natürlich mehrere Ursachen und auch mehrere Folgen haben.

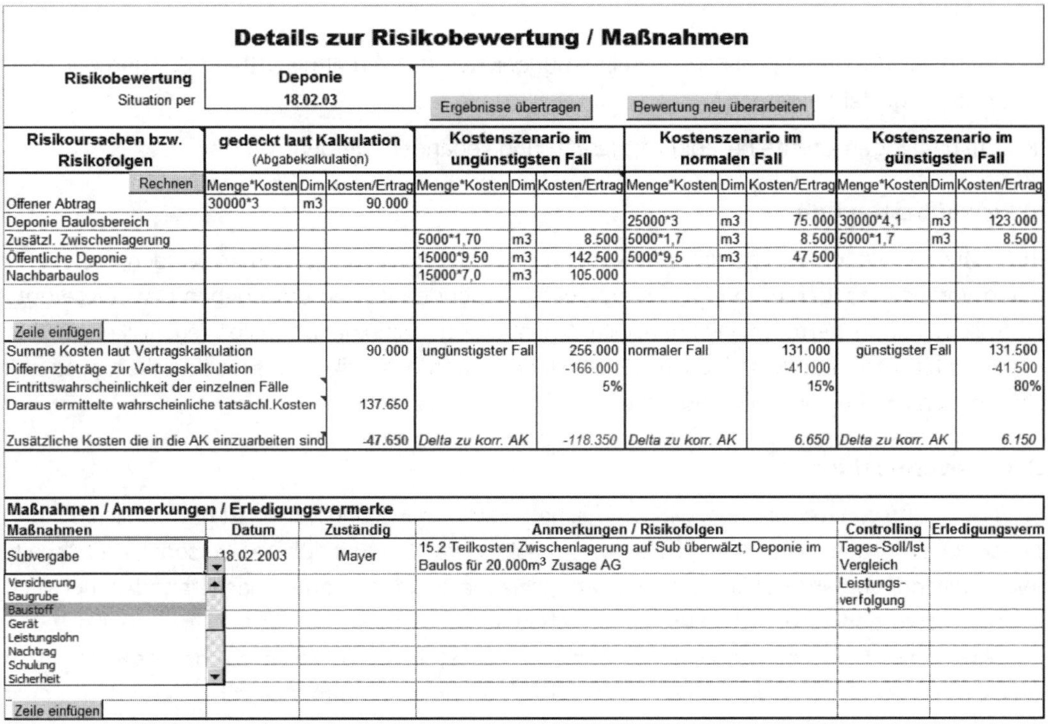

Details zur Risikobewertung / Maßnahmen

Risikobewertung Situation per — **Deponie** **18.02.03**

Ergebnisse übertragen | Bewertung neu überarbeiten

Risikoursachen bzw. Risikofolgen	gedeckt laut Kalkulation (Abgabekalkulation)			Kostenszenario im ungünstigsten Fall			Kostenszenario im normalen Fall			Kostenszenario im günstigsten Fall		
Rechnen	Menge*Kosten	Dim	Kosten/Ertrag	Menge*Kosten	Dim	Kosten/Ertrag	Menge*Kosten	Dim	Kosten/Ertrag	Menge*Kosten	Dim	Kosten/Ertrag
Offener Abtrag	30000*3	m3	90.000									
Deponie Baulosbereich							25000*3	m3	75.000	30000*4,1	m3	123.000
Zusätzl. Zwischenlagerung				5000*1,70	m3	8.500	5000*1,7	m3	8.500	5000*1,7	m3	8.500
Öffentliche Deponie				15000*9,50	m3	142.500	5000*9,5	m3	47.500			
Nachbarbaulos				15000*7,0	m3	105.000						
Zeile einfügen												
Summe Kosten laut Vertragskalkulation			90.000	ungünstigster Fall		256.000	normaler Fall		131.000	günstigster Fall		131.500
Differenzbeträge zur Vertragskalkulation						-166.000			-41.000			-41.500
Eintrittswahrscheinlichkeit der einzelnen Fälle						5%			15%			80%
Daraus ermittelte wahrscheinliche tatsächl.Kosten			137.650									
Zusätzliche Kosten die in die AK einzuarbeiten sind			-47.650	*Delta zu korr. AK*		*-118.350*	*Delta zu korr. AK*		*6.650*	*Delta zu korr. AK*		*6.150*

Maßnahmen / Anmerkungen / Erledigungsvermerke

Maßnahmen	Datum	Zuständig	Anmerkungen / Risikofolgen	Controlling	Erledigungsverm
Subvergabe	18.02.2003	Mayer	15.2 Teilkosten Zwischenlagerung auf Sub überwälzt, Deponie im Baulos für 20.000m³ Zusage AG	Tages-Soll/Ist Vergleich	
Versicherung Baugrube Baustoff Gerät Leistungslohn Nachtrag Schulung Sicherheit				Leistungs-verfolgung	
Zeile einfügen					

Abb. 12.7: Detailblatt zur Risikobewertung

Wenn ein Risiko mit einem oder mehreren anderen Risiken zusammenhängt, sei es, dass sie gemeinsame Ursachen haben oder der Eintritt eines Risikos das Auftreten eines anderen Risikos nach sich zieht, sollten die zusammenhängenden Risiken gemeinsam bewertet werden.

Maßnahmen zur Vermeidung von Risiken (5)

Aufgrund der Risikobewertung und der Bedeutung der Risiken und ihrer möglichen Folgen werden Maßnahmen zur Vermeidung von Risiken und Prioritäten im Hinblick auf Handlungsbedarf und Maßnahmen zur Risikovermeidung festgelegt.

Es gibt grundsätzlich vier strategische Möglichkeiten, mit Risiken umzugehen. Risiken können (a) verringert oder ausgeschieden, (b) übertragen, (c) vermieden oder (d) geteilt werden.

(a) Verringerung oder Ausscheidung von Risiken

Unter dieses Thema fällt der größte Teil zielführender Überlegungen zur Risikovermeidung im Zuge der Projektabwicklung. Dabei treten folgende Fragen auf:

- Können durch eine Änderung der Planung, durch Änderung der Baumethode oder der Bauabläufe die Wahrscheinlichkeit des Eintretens von Risikoereignissen verhindert oder die Folgen gelindert werden, wenn das Risiko eintritt? Können alternative Materialien verwendet werden?
- Wie kann die Qualifikation des Personals, wie die Sicherheit auf der Baustelle verbessert werden?
- Wie kann das Umfeld der Baustelle eingebunden, wie das Verhältnis zu Behörden und Anrainern optimal gestaltet werden?

Die Liste der Fragen könnte beliebig fortgesetzt und verlängert werden.

(b) Risikoübertragung

Grundsätzlich sollten wirtschaftliche Risiken stets von der Partei übernommen werden, welche die besten Voraussetzungen mitbringt, mit den entsprechenden Risiken umzugehen bzw. diese unter Kontrolle zu halten. Verträge und finanzielle Vereinbarungen sind der normale Weg, Risiken zu übertragen. Unter dieses Kapitel fällt auch z. B. die Übertragung von Risiken an eine Versicherungsgesellschaft gegen Zahlung einer Risikoprämie.

(c) Risikovermeidung

Die Vermeidung von technischen, wirtschaftlichen oder terminlichen Risiken ist gewöhnlich mit dem Einsatz höherwertiger Materialien, leistungsfähigerer Geräte, einem höheren Personal- und Arbeitseinsatz oder der Vergabe von Teilleistungen an spezialisierte Nachunternehmer verbunden. Bei Nachunternehmervergaben gehen Firmen allerdings häufig das Risiko ein, bei Vergabe an den Billigstbieter einen finanziell schwachen Partner mit Teilleistungen zu beauftragen. Einem solchen Risiko kann z. B. durch ein besseres Auswahlverfahren und Berücksichtigung bestimmter Auswahlkriterien bei der Vergabe von Nachunternehmerleistungen Rechnung getragen werden.

(d) Risikoübernahme oder Risikoteilung

Wenn Risiken weder ausgeschlossen, noch übertragen oder vermieden werden können, müssen sie entweder selbst übernommen oder mit anderen z. B. durch die Bildung von Arbeitsgemeinschaften geteilt werden. Wenn Risiken selbst übernommen werden, sollte der Risikozuschlag ausreichen, um die wirtschaftlichen Folgen im Risikofall abzudecken.

Alle sinnvollen Optionen zur Risikovermeidung oder Risikoverringerung müssen vor einer abschließenden Beurteilung und Entscheidung auf ihre Wirksamkeit und hinsichtlich ihrer Kosten bewertet werden. Die Entscheidung für die Einführung von Maßnahmen zur Risikoverringerung oder Risikovermeidung muss letztlich in jedem Einzelfall unter Berücksichtigung des Verhältnisses von Kosten und Nutzen getroffen werden.

Bei der Festlegung von geeigneten Maßnahmen zur Risikovermeidung werden in der Regel Restrisiken übrig bleiben, die entweder übernommen oder nur teilweise vermindert werden können, weil eine hundertprozentige Vermeidung unmöglich oder mit zu hohen Kosten verbunden sein würde.

Die Maßnahmen werden in eine Maßnahmenliste zur Projektsteuerung übertragen und zur weiteren Überwachung mit Zuständigkeiten und Terminen versehen.

Die erwarteten Risiken sind auch bei der Erstellung der Prüfplanung zu berücksichtigen, d. h. Prüfungen und Kontrollen zur Vermeidung von Risiken sind in die Prüfplanung aufzunehmen.

Risiko-Controllingkonzept (6)

Risiken, die bei ihrem Eintreten zu Schadensfällen führen, gefährden zwangsläufig die Einhaltung von Zielvorgaben in der Projektabwicklung. Spätestens bei den Überlegungen für ein zweckmäßiges Risiko-Controlling sind daher für die einzelnen Risiken zunächst die Einzelziele bzw. die Sollvorgaben im Zuge der Projektabwicklung zu definieren. Für jedes einzelne Risiko ist danach festzulegen, anhand welcher Kennwerte oder Kennzahlen die Maßnahmen zur Risikovermeidung in welchen zeitlichen Abständen auf ihre Wirksamkeit überprüft werden sollen (Konzept »Risiko-Controlling«).

Baustellen-Controlling im herkömmlichen Sinne befasst sich mit Leistungen, Mengen und Kosten. Risiko-Controlling schließt darüber hinaus auch alle übrigen, wesentlichen Risikofaktoren ein. Über die Sollvorgaben der Arbeitskalkulation hinaus werden z. B. auch die vertraglichen Vorgaben aus Geologie und Hydrologie, Anforderungen an die Ausführungsplanung, an Qualitätsprüfungen und die Qualität der Bauausführung, an die Qualifikation des Ausführungspersonals, an Forderungen aus Auflagen des Arbeits- und Umweltschutzes u. a. m. den Regelungen des Risikomanagements unterworfen.

Die Ergebnisse aus herkömmlichem Baustellen-Controlling resultieren aus Tätigkeiten in der Vergangenheit. In der Regel wird erst über zukünftige Verbesserungsstrategien nachgedacht, wenn negative Abweichungen festgestellt wurden.

Im Gegensatz dazu heißt Risikomanagement, sich bereits im Vorfeld systematisch mit möglichen Schadensszenarien auseinander zu setzen, Ursachenanalyse zu betreiben und geeignete Maßnahmen zur Risikovermeidung einzuleiten und in der Ausführung durch ein projektspezifisches Risiko-Controlling ständig auf ihre Effizienz zu überprüfen. Die Wirksamkeit des Risikomanagements ist stärker in die Zukunft gerichtet und damit umfassender und wirkungsvoller als herkömmliches Controlling sein kann.

Risikomanagement und Risiko-Controlling bedeuten vorbeugende Risikovermeidung und haben damit den gleichen Ansatz wie die ISO 9001:2000 mit ihrer zentralen Forderung nach vorbeugender Fehlervermeidung.

Kommunikation, Information (7)

Ein erhebliches Risikopotential in der Projektabwicklung liegt im Bereich Kommunikation und in einem geregelten Austausch von Informationen unter den Projektbeteiligten. Daher kommt der Planung des Berichts- und Besprechungswesens einschließlich der Kommunikations- und Informationswege besondere Bedeutung zu. Als zweckmäßig und sinnvoll hat sich in diesem Zusammenhang die Erstellung einer umfassenden, projektbezogenen Dokumentenmatrix mit Angabe des verantwortlichen Erstellers eines Dokumentes und der Verteilung der Dokumente erwiesen.

Darüber hinaus wird empfohlen, das Thema »Risiken« und »Chancen« in alle internen und externen Projektbesprechungen als Standard-TOP aufzunehmen und die Umsetzung der in Projektbesprechungen festgelegten Maßnahmen über sog. Maßnahmenlisten zu steuern.

Einführung des Risikomanagements (8)

Die Anwendung eines systematischen Risikomanagements ist bei der Abwicklung von Bauprojekten im deutschsprachigen Raum bis heute noch wenig verbreitet. Die Einführung muss daher von einer intensiven Information und Schulung des Bauleitungspersonals vor oder spätestens bei Baubeginn begleitet werden, wenn sie Erfolg haben soll. Begleitende Maßnahmen während der Einführungsphase müssen geplant und ein entsprechendes Budget eingeplant werden. Die Notwendigkeit dieses für den Erfolg wesentlichen Schrittes wird leider häufig unterschätzt. Andererseits zeigen Beispiele von Pilotbaustellen, dass die Anwendung eines praxisorientierten Risikomanagements in der Bauabwicklung in der Regel eine hohe Akzeptanz beim Bauleitungspersonal findet.

Spätestens vor Baubeginn ist festzulegen, welches Einzelrisiko welcher Person oder Funktion zugeordnet werden soll. Der verantwortliche »Risikowächter« trägt für die ihm übertragenen Risiken die Verantwortung für die Einhaltung der getroffenen Maßnahmen, die laufende Beobachtung der Risikoentwicklung und eine nachvollziehbare Dokumentation. Er ist des Weiteren verantwortlich für das Aufzeigen von Trends und für die Berichterstattung an seinen Vorgesetzten im Falle von Abweichungen.

12.2.2 Bauabwicklung

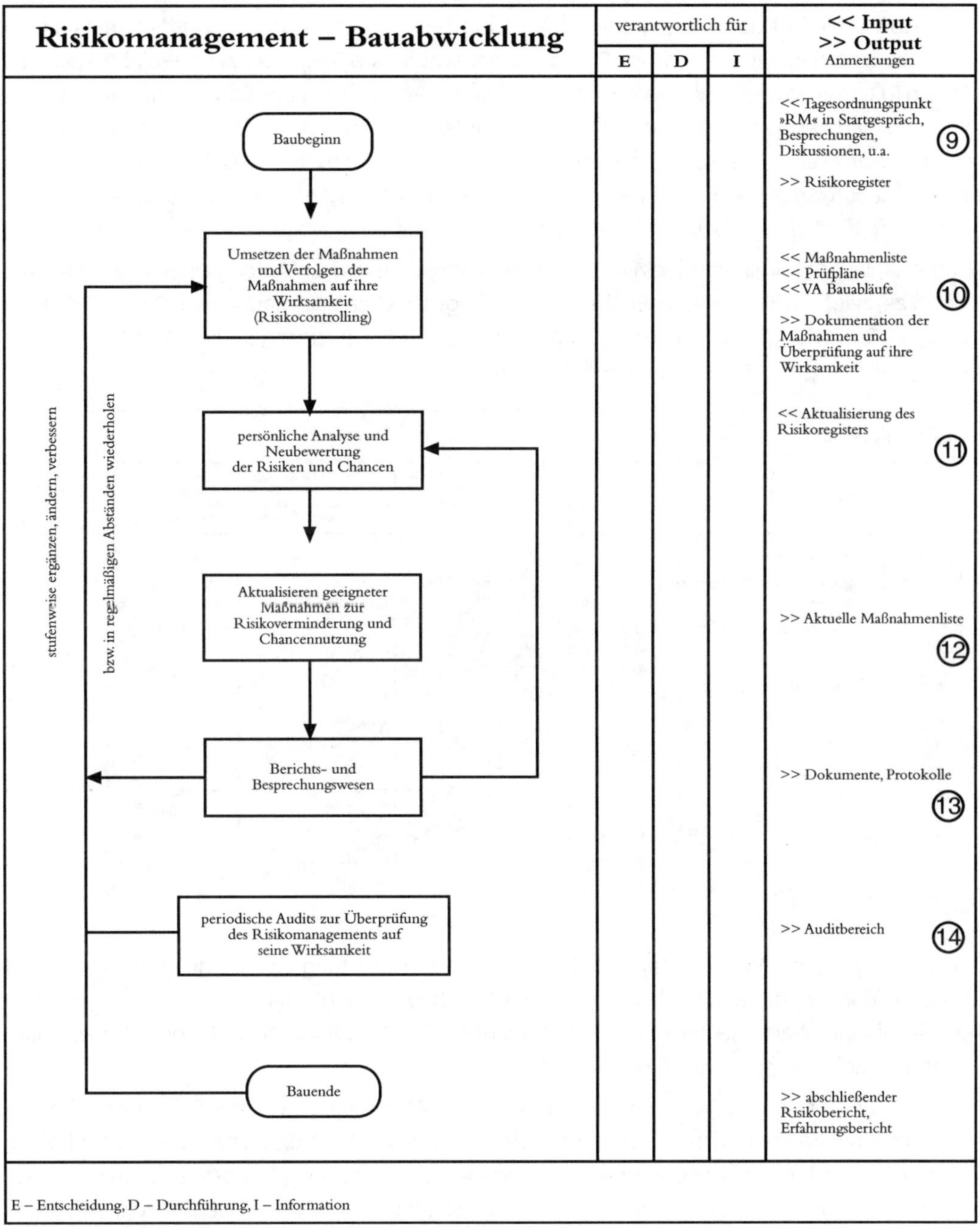

Abb. 12.8: Ablaufdiagramm »Risikomanagement in der Bauabwicklung«

Im Folgenden wird näher auf die Anmerkungen 9) bis 14) aus Abb. 12.8 eingegangen:

12.3 Umsetzung des Risikomanagements (9–12)

Auf die Notwendigkeit geeigneter Informations- und Schulungsmaßnahmen wurde bereits hingewiesen. Risikomanagement kann nur Erfolg haben, wenn es gelingt, bei allen Projektbeteiligten und ihren Mitarbeitern das Risikobewusstsein zu fördern. Am Anfang einer Baumaßnahme ist der Informationsstand der Teammitglieder oft noch sehr unterschiedlich. Umso wichtiger ist daher zu Beginn eine gemeinsame Diskussion und Risikobeurteilung im Projektteam. Das Risikobewusstsein im Team wird dadurch geschärft und eine gemeinsame, abgestimmte Anfangsbewertung der Projektrisiken kann so als Ausgangsbeurteilung dokumentiert werden.

Wie unterschiedlich Mitglieder eines Projektteams die Projektrisiken am Anfang einer Baumaßnahme einschätzen, zeigt das Beispiel einer Erstbewertung einige Wochen nach Baubeginn. Die zunächst unabhängigen Bewertungen der einzelnen Teammitglieder wurden in einer gemeinsamen Diskussionsgrundlage in eine einheitliche Beurteilung überführt.

Chancen & Risiken XYZ:				Risiko Chance ?		gewählter Bereich der Eintrittswahrscheinlichkeit								Eintrittswahrscheinlichkeit				Auswirkung		
1.#	2.#	Thema	Chancen & Risiken	[R]	[C]	Name_1	Name_2	Name_3	Name_4	Name_5	Name_6	Name_7	Name_8	% arithm. Mittel (GF)	% arithm. Mittel (MA)	% gewählt	z.B.: gering...0-20% möglich...21-40% wahrsch. ...41-70% höchst w. ..71-100%	klein, spürbar, kritisch, katastrophal	Gefahr ?!	Verantwortlicher
1.	a)	Termin-situation	Genehmigungen, Bescheide nicht rechtzeitig vorhanden (AG)	R		II	II	II	II	III	II	III	II	30,0 %	38,3 %	30,0 %	möglich (II)	klein	I	Name_2
1.	b)	Termin-situation	Bewilligungen von Ämtern, ÖBB und Dritten nicht rechtzeitig vorhanden (AN)	R		IV	III	II	II	IV	II	III	II	70,0 %	43,3 %	71,0 %	höchstwahrsch. (IV)	kritisch	IV	Name_4
1.	c)	Termin-situation	Verspätete Planlieferung, AG	R	C	II	III	IV	IV	IV	II	III	II	42,5 %	61,7 %	75,0 %	höchstwahrsch. (IV)	kritisch	IV	Name_3
1.	d)	Termin-situation	Verspätete Planlieferung, NU	R		II	I	I	III	II	III	II	II	20,0 %	35,0 %	20,0 %	gering (I)	klein	I	Name_6
1.	e)	Termin-situation	Nichteinhaltung Zwischentermine	R		III	I	III	II	II	II	III	I	32,5 %	35,0 %	45,0 %	wahrscheinlich (III)	katastrophal	IV	Name_1
1.	f)	Termin-situation	Nichteinhaltung Endtermin	R		II	I	I	II	I	II	II	I	20,0 %	20,0 %	10,0 %	gering (I)	katastrophal	III	Name_1
1.	g)	Termin-situation	Ungenügender Vorlauf der laufenden Arbeitsvorbereitung	R		IV	II	III	II	II	II	I	II	57,5 %	30,8 %	45,0 %	wahrscheinlich (III)	spürbar	II	Name_4

Abb. 12.9: Risikobewertung im Projektteam

Auf der Grundlage der Vorgaben aus der Phase der Bauvorbereitung werden die Maßnahmen zur Risikovermeidung umgesetzt. Die Mitarbeiter des Projektteams überprüfen die ihnen zur verantwortlichen Verfolgung übertragenen Risiken laufend hinsichtlich der Wirksamkeit der getroffenen Maßnahmen und dokumentieren die Ergebnisse ihrer Prüfungen.

In periodischen Abständen, die von der Projektleitung in Abhängigkeit von der Schwere und Wahrscheinlichkeit des Risikoeintritts im einzelnen festgelegt werden, wird die Erstbewertung der Risiken aus der Phase der Bauvorbereitung überprüft und gegebenenfalls eine Neubewertung vorgenommen. Eine ev. Neubewertung der Risiken führt zwangsläufig auch zu einer Überprüfung und ev. zu einer Änderung und/oder Ergänzung der geplanten Maßnahmen. Bisher nicht erkannte Risiken werden zusätzlich in das Risikoregister aufgenommen.

Die Dokumentation der Controllingergebnisse soll neben dem zeitaktuellen Soll-/Ist-Vergleich auch Trends aufzeigen.

Berichts- und Besprechungswesen (13)

Das Thema »Risikovermeidung« soll in allen Projekt- und Baubesprechungen als Standard-TOP behandelt werden. Jedes Teammitglied hat über die Entwicklung der ihm zur Überwachung verantwortlich zugeordneten Risiken zu berichten. Dabei sind insbesondere auch die Maßnahmen der Risikoüberwachung ständig auf ihre Zweckmäßigkeit hin zu überprüfen. Sind Verbesserungsmaßnahmen erforderlich, so werden diese in eine Maßnahmenliste mit Angabe des Verantwortlichen für die Durchführung und die Einhaltung eines verbindlichen Termins eingetragen.

Unabhängig vom zeitlichen Rhythmus der Besprechungen unterrichten die Risikoverantwortlichen ihre jeweiligen Vorgesetzten zeitaktuell über unerwartete Entwicklungen oder Abweichungen von den Vorgaben. Änderungen der Risikotrends im Hinblick auf die Erwartungshaltung führen zu einer Neubewertung und bei Bedarf auch zu einer neuen Einstufung oder Klassifizierung. Risiken, die bisher nicht erkannt oder neu hinzu gekommen sind, werden mit einer entsprechenden Bewertung in das Risikoregister übernommen.

Interne Audits (14)

Periodische Überprüfungen in Form von Audits, z. B. nach der Vorbereitungsphase, nach der Einführung auf der Baustelle und in weiteren regelmäßigen Abständen, durch erfahrene Mitarbeiter oder externe Fachleute sollen den Verantwortlichen eine Information über die Wirksamkeit des Systems geben und Grundlage für eventuelle Verbesserungsmaßnahmen sein. Dabei soll die Risikoentwicklung mit allen »Risikoverantwortlichen« im Einzelnen diskutiert, eventuelle Schwachstellen aufgezeigt und Verbesserungsmaßnahmen mit Terminvorgaben vereinbart werden. Die Einhaltung der getroffenen Maßnahmen liegt im Verantwortungsbereich des Projektleiters.

12.4 Elektronisch gestütztes Chancen- und Gefahrenmanagement

Das Institut für Baubetrieb, Bauwirtschaft und Baumanagement der Universität Innsbruck beschäftigt sich schon seit geraumer Zeit mit der Computerunterstützung von Projektmanagementaufgaben. Im Rahmen eines Forschungsprojekts wurde gemeinsam mit der Blindow & Partner Consulting GmbH ein praxisnahes Risikomanagementsystem entwickelt. Nachfolgende Ausführungen basieren auf einer Veröffentlichung von Univ. Ass. Dipl.-Ing. Roland Feik, i3b – Institut für Baubetrieb, Bauwirtschaft und Baumanagement, Universität Innsbruck, und Dipl.-Ing. Gernot Dittrich, Blindow & Partner Consulting GmbH, Innsbruck.

12.4.1 Ziele und Anforderungen

Im Zuge des Forschungsprojekts wurde der Frage nachgegangen: »Was macht eigentlich das Risikomanagement in einem Unternehmen so schwierig?« Die Antworten sind in sieben wesentliche Punkte zu unterteilen:

- intuitive Erkennung von Risiken $\neq$ systematischer Umgang mit Risiken,
- es gibt so gut wie keine Standardisierung,

- die Risikoidentifikation ist in ihrem Charakter subjektiv und wissensabhängig,
- eine erschwerte Kommunikation durch die genannte Subjektivität; »Die gemeinsame Gesprächsbasis fehlt«,
- die oftmals fehlende Dokumentation von erkannten Risiken erschwert die Durchführung von Bewertungen,
- die Modelle der Risikoanalyse sind vielfach zu kompliziert,
- die Berechnung von Risikowerten benötigt zu viele Daten, und die Ergebnisse der Berechnungen sind oft nur schwer interpretierbar.

Aus der oben genannten Fragestellung wurde das Ziel formuliert, eine ganzheitliche, EDV-gestützte, browsergestützte und systematische Risikomanagementmethode zu entwickeln, um die angeführten Schwierigkeiten auf einen Bruchteil zu verringern.

Wesentliches Ziel eines gelebten Chancen- und Gefahrenmanagements ist es, die systematische Auseinandersetzung der Projektbeteiligten mit Unsicherheiten zu ermöglichen. Eine Sensibilisierung für Chancen und Gefahren soll durch das entwickelte CGM-System ermöglicht werden. Zudem führt das elektronische System den Projektmitarbeiter systematisiert und nachvollziehbar durch den Prozess des Risikomanagements.

Oberste Priorität hatte bei der Entwicklung die Benutzerfreundlichkeit und die schnelle Generierung plausibler und auch vom Praktiker nachvollziehbarer Ergebnisse. Durch einen kurzen Blick auf seinen Bildschirm werden dem Bearbeiter Risikoauswirkungen übersichtlich dargestellt und entscheidungserleichternde Informationen zur Verfügung gestellt. Grafische Darstellungen erleichtern die Veranschaulichung der komplexen Zusammenhänge ganz wesentlich. Die Kerndarstellung ist das Chancen/Gefahrenportfolio (Abb. 12.10), das automatisiert aus den Rechenergebnissen erstellt wird und sowohl Einzelrisiken (1–17), als auch die rechnerisch, durch Simulation, ermittelten Werte der Gesamtchance (C), der Gesamtgefahr (G) und des Gesamtrisikos (R) darstellt.

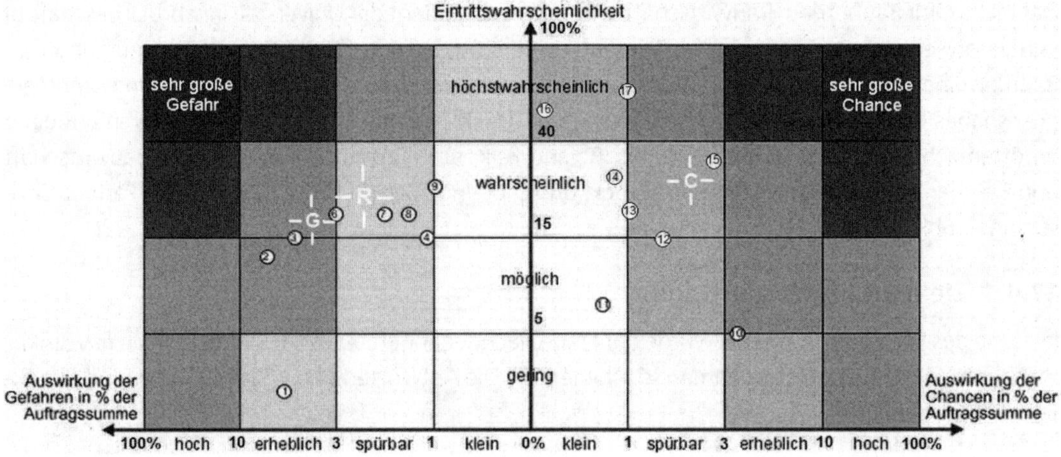

Abb. 12.10: Ergebnisdarstellung Chancen-/Gefahrenportfolio

12.4.2 Das CGM-System

Die technologische Grundlage des elektronischen Chancen- und Gefahrenmanagement-Systems sind XForms (XML (extensible markup language) -basierte Formulare) für den Datenaustausch im Internet und Java-Bibliotheken für die wahrscheinlichkeitstheoretischen Berechnungen. Bezüglich einer genauen Beschreibung des mathematischen Modells und den Grundlagen zur XML-Technologie sei auf den Artikel »Systematik eines praxisgerechten Chancen-Gefahren-Managements« [5] verwiesen.

Übersicht

Um der Subjektivität der Risikoerkennung gerecht zu werden, muss zuerst der intuitive Einstieg in den Kreislauf der Risikobearbeitung ermöglich werden. Ein geregelter Start der Chancen & Gefahrenermittlung muss stattfinden. Dabei ist es hilfreich, im Projektteam eine Analyse des Projekts durchzuführen und Chancen und Gefahren durch eine gemeinsame Einschätzung zu identifizieren und zu objektivieren.

Das CGM-System stellt dem Projektteam für diese erste Stufe der Risikobearbeitung ein strukturiertes Kommunikationsmittel zur Verfügung und hilft dadurch indirekt, eine standardisierte Kommunikationskultur hinsichtlich Chancen und Gefahren in einem Projekt zu etablieren. Mit Hilfe von Risikogruppen und vorgegebenen möglichen Einzelrisiken werden die komplexen Zusammenhänge für den Anwender entzerrt und formulartechnisch erfassbar gemacht. Die Tiefe der Bewertung kann je nach Belieben von qualitativ (vorgegebene Eintrittswahrscheinlichkeiten) bis zur genauen quantitativen Berechnung durch eigenhändige Eingabe von Eintrittswahrscheinlichkeiten und Tragweiten erfolgen.

Nach der Bewertung müssen Strategien zur Chancen-Verwirklichung und Gefahren-Abwendung entwickelt werden. Hier ist die Einbeziehung der Unternehmensleitung unabdingbar. Zu geregelten Zeitpunkten (Angebotserstellung, Projektstart, Baubeginn, bei wesentlichen Projektentscheidungen, Projektende) müssen in Abstimmung mit der Unternehmensleitung Entscheidungen über weitere Strategien, Prioritäten und mögliche spezielle Einzelmaßnahmen erarbeitet werden. Das CGM-System erleichtert die Konsensfindung dabei erheblich. Die Dokumentation der Einschätzungen und der Entscheidungen macht eine durchgängige Nachvollziehbarkeit der dynamischen Chancen- und Gefahrenentwicklung im Projekt möglich. Dies erlaubt ein regelmäßiges Controlling von Risiken und eine nachvollziehbare Darstellung der Chancen- und Gefahrenentwicklung über die Projektlebensdauer.

Erfassung der Daten

Da für die Bearbeiter des Chancen- und Gefahrenmanagementsystems die Erfassung der dazu notwendigen Daten meist neben dem Tagesgeschäft zu erledigen ist, ist die einfache Handhabbarkeit oberstes Gebot. Dazu zählen die Möglichkeit der ortsunabhängigen Datenerfassung, eine einfache, intuitive Eingabemöglichkeit, die Berechnung der Ergebnisse im Hintergrund und eine perfekte, grafische Darstellung der Ergebnisse.

Die Lösung erfolgt mittels eines auf XForms-Formulartechnologie basierenden Informationssystems. Elektronische Formulare sollen unter anderem mit Kontextüberprüfungen, Ausfüllhilfen und elektronischer Signatur für die Benutzer direkt auf der Baustelle zur Verfügung stehen. Die dort erfassten Formulardaten werden den Auswertungstools bzw. anderen Fachanwendungen im XML-Format via Webfunktionalität zur Verfügung gestellt.

Das Stammdatenblatt

Kern der Anwendung ist das Projektstammdatenblatt. Es ermöglicht grundlegende Projektparameter einmal festzulegen und so Daten, die das Projekt betreffen, vorzuhalten. Neben der Eingabe der üblichen Werte wie Projektnummer, Auftragssumme und Projektdauer, ermöglicht das Stammdatenblatt die Abbildung der Risikopolitik des Unternehmens. Das Einrichten des Stammdatenblatts führt zu einem leichteren und systematischen Arbeiten in der Risikoanalysephase. Die Inhalte der Drop-Down-Menüs werden hier ebenso definiert wie die Themengruppen und die möglichen Einzelrisiken. Für die Berechnung wichtige Randbedingungen, wie Bewertungsfaktoren einer qualitativen Einschätzung oder Abminderungs-/Verstärkungsfaktoren von risikoverändernden Strategien, werden in das Stammdatenblatt eingearbeitet.

Die Konfiguration des Chancen-/Gefahrenportfolios, sprich die Klassifizierungsgrenzen und die Farbcodierung, wird ebenfalls im Stammdatenblatt festgelegt.

Die Formulare

Die Formulare bilden die Arbeitsunterlage während des Chancen- und Gefahrenmanagementprozesses. **Browserbasiert** und ohne zusätzlichen Aufwand können Chancen und Gefahren dort, wo sie erkannt werden (auf der Baustelle, in der Niederlassung,...), in das System eingepflegt werden. Abb. 12.11 zeigt die Eingabemaske. Der einfache Aufbau ermöglicht eine übersichtliche Darstellung aller relevanten Daten auf einem Bildschirm. Das hier dargestellte Formular ist die Eingabemaske einer qualitativen Bewertung von erkannten Chancen und Gefahren. Ein zweites Formular zu quantitativen Bewertung der identifizierten Risiken verbirgt sich hinter dem zweiten Karteireiter (*Einzelbewertung*). Die Daten des ersten Blocks werden automatisch aus dem Stammdatenblatt generiert. Lästiges wiederholtes Eintragen der Projektparameter entfällt.

BEISPIEL: *RISIKO SUBUNTERNEHMER*

*Der Bauleiter erkennt ein weiteres Risiko: Ressourcen (siehe Abb. 12.11). Nach Eingabe wird das erkannte Risiko einer Themengruppe zugeordnet, in diesem Fall »**Ressourcen**« und man unterscheidet, ob dieses Risiko nun eine »Gefahr« oder eine »**Chance**« für das Projekt darstellt. Da in diesem Beispiel die »**Preissituation Subunternehmer**« unsicher ist, werden die Chancen als »**klein**« eingestuft und als mögliche Strategie der Chancen-Verwirklichung wurde (vorerst) »**beobachten**« gewählt. Im letzten Eingabefeld hat der Risikobearbeiter die Möglichkeit, stichwortartig Bemerkungen zur erkannten Chance oder Gefahr einzutragen. Nach Eintragung dieser wenigen Parameter und einer möglichen persönlichen Bemerkung, sind diese Eingaben sofort im Chancen-/Gefahrenportfolio sichtbar und Grundlage der weiteren Berechnungen.*

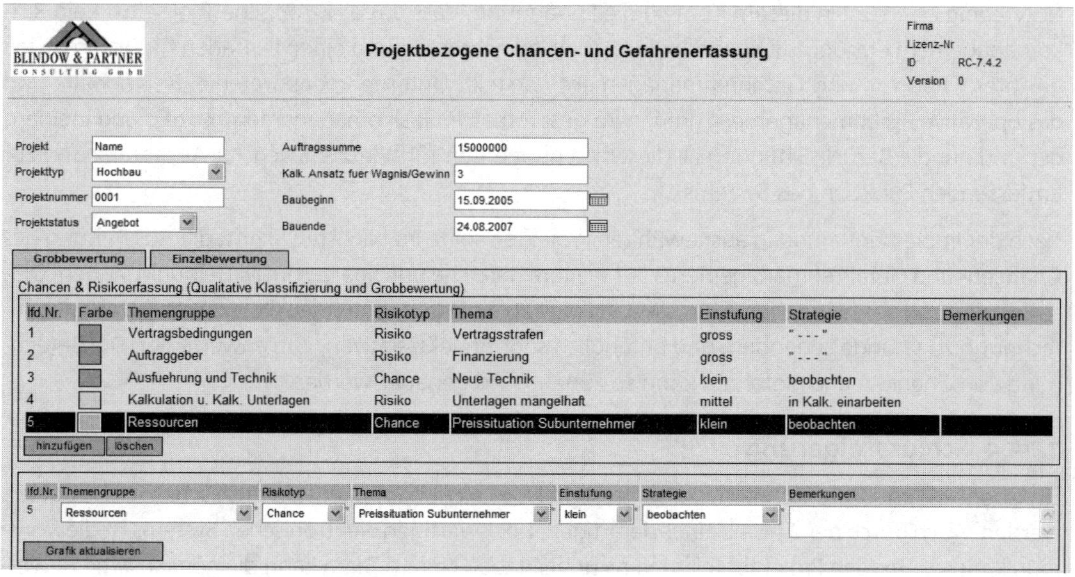

Abb. 12.11: Eingabemaske für erkannte Chancen und Gefahren

Die detaillierte Bewertung

Die genauere, quantitative Bewertung von Chancen und Gefahren inklusive der finanziellen Auswirkungen, sowie die Gegenüberstellung von Szenarien erfolgt in einem weiteren Formular. Die Eintrittswahrscheinlichkeit und die Tragweite der Chance oder Gefahr werden im Formular »*Einzelbewertung*« durch den Risikobearbeiter selbst festgelegt. Unsicherheiten bei der Wahl der Eintrittswahrscheinlichkeit können durch Angabe einer Bandbreite in der Berechnung berücksichtigt werden. Die Angabe eines Risikozeitraums ermöglicht zudem die zeitliche Abgrenzung eines Risikos, was bei der Verdichtung von Risiken Einfluss haben kann. Die Monte Carlo-Simulation ist Grundlage der Berechnung aller Formulardaten, unabhängig von der Formularwahl. Diese gemeinsame Grundlage ermöglicht es, je nach Anforderung und Fortschritt im Projekt, verschieden detaillierte Bearbeitungen durchzuführen, diese zu vermischen und trotzdem eine Verdichtung aller identifizierten Projektrisiken zu erhalten.

12.4.3 Implementierung

Die Einführung eines solchen Systems in ein Unternehmen kann nur schrittweise erfolgen. Anhand ausgewählter Projekte müssen die Möglichkeiten des Systems für das Unternehmen erfassbar gemacht werden. Für die Bildung einer einheitlichen Gesprächsbasis und den Aufbau einer Kommunikationskultur ist es hilfreich, den Risikomanagementprozess in die Organisationslandschaft des Unternehmens einzuflechten. Ein gelebtes Qualitätsmanagementsystem erleichtert eine Einführung sehr. Der Prozess rund um die Risikobearbeitung mit dem Chancen- und Gefahrenmanagementsystem kann in die vorhandenen Qualitätsmanagementstrukturen aufgenommen werden.

Notwendig erscheint in diesem Kontext die Erwähnung, dass das elektronische Tool selbst kein Risikomanagement ermöglicht, sondern eine Arbeitserleichterung und einen Leitfaden für systematisch gelebtes Chancen- und Gefahrenmanagement darstellt. Unternehmensstrategie, Risikopolitik und das operative Risikomanagement greifen im gesamthaften Risikomanagementprozess eng ineinander und nur die Berücksichtigung all dieser Komponenten führt letztendlich zur Akzeptanz und zur umfassenden Funktion des Systems.

Nach der Implementierung in ausgewählten Projekten sollte im nächsten Schritt die Ausweitung des Chancen- und Gefahrenmanagements auf weitere Bereiche und Sparten im Mittelpunkt stehen. Diese Erweiterung des Einsatzbereiches trägt in Folge zu einer zunehmenden Objektivierung der der Berechnung zu Grunde liegenden, und anfänglich sehr projektrelativen, Zahlenwerte bei. Die Berechnung von Chancen und Gefahren kann so zunehmend genauer werden.

12.4.4 Schlussfolgerung

Ein Chancen- und Gefahrenmanagementsystem kann nicht nur auf ein elektronisches Tool reduziert werden. Auch durch den Einsatz eines derartigen, hochwertigen elektronischen Systems ist die Kommunikation unter den Projektbeteiligten nicht ersetzbar. Nur im Team kann die gemeinsame Bewertung von Risiken (Chancen und Gefahren) professionell und abgesichert erfolgen. Ein CGM-System kann diese Bewertung jedoch in immer gleichartiger (systematischer und nachvollziehbarer) Weise bereitstellen und ermöglicht dadurch die Vergleichbarkeit von Projekten untereinander. Das wiederum ist die Voraussetzung, um Chancen und Gefahren über Projekte hinweg auf die Unternehmensebene verdichten, und ergänzende Unterlagen im Sinne von Basel II oder KonTraG erstellen zu können.

Im CGM-System wird »Risikomanagement« als »Chancen- und Gefahrenmanagement« verstanden. Die Chancen und Gefahren werden über eine Software erfasst, Risikogruppen zugeordnet und hinsichtlich ihrer Eintrittswahrscheinlichkeiten und Auswirkungen bewertet. Auf Basis gemeinsam erarbeiteter Eingangsdaten werden wahrscheinlichkeitstheoretische Simulationen durchgeführt, die als Ergebnis den Projektgewinn/-verlust in Abhängigkeit einer Eintrittswahrscheinlichkeit ausweisen und Auskunft über das Chancen- und Gefahrenpotenzial eines Projektes geben. Das Programm lässt mehrstufige Berechnungen zu, sodass Projekte in Unterprojekte aufgeteilt oder umgekehrt mehrere Projekte zu einer Projektgruppe konsolidiert und verdichtet werden können.

12.5 Zusammenfassung

Die Einführung von Risikomanagement in Bauprojekten bedeutet einen umfassenden und systematischen Ansatz zur Identifizierung, Bewertung und Verfolgung aller denkbaren Projektrisiken.

Für ein Bauunternehmen beginnt Risikomanagement in der Akquise- und Angebotsphase und setzt sich in allen Folgephasen der Projektabwicklung fort.

Wesentlich für eine erfolgreiche Einführung des Risikomanagements in der Projektabwicklung ist neben einer verständlichen Risikobewertung die Personifizierung der Risiken, d. h. die Zuordnung von Personen zur verantwortlichen Verfolgung der Risikoentwicklung.

Die systematische Befassung mit Risiken und möglichen Maßnahmen zur Risikovermeidung führt zwangsläufig zu einer Verringerung von Risikofällen und damit zur einer Verbesserung des wirtschaftlichen Ergebnisses der Bauabwicklung.

Bei Unternehmen, die Projekte abwickeln (Bauunternehmen, große Architekturbüros, IT-Systemhäuser etc.), gehört Risikomanagement somit auch zu den Aufgaben der Projektleitung. Im Zuge der Ratingverfahren gemäß Basel II werden die Banken die

Qualität des Risikomanagements der Bauleiter

verstärkt unter die Lupe nehmen.

Literatur

/1/	**Alfen, H. W., Elbing, C.**	Risikomanagement für privatwirtschaftliche Beteiligungen an Infrastrukturprojekten, in: Risikomanagement in der Bauwirtschaft, Baubetriebs- und Bauwirtschaftssymposium TU Graz, Graz 2004, S. 26
/2/	Zum Begriff »Risiko, Chancen, Gefahren«: http://de.wikipedia.org/wiki/Risiko	
/3/	**Link, D.**	Risikobewertung von Bauprozessen. Modell ROAD Risk and Opportunity Analysis Device; Dissertation, TU WIEN, Institut für Baubetrieb und Bauwirtschaft, Wien 1999
/4/	**Busch, Th.**	Systematisches Risikomanagement in der Angebotsphase, in: Risikomanagement in der Bauwirtschaft, Baubetriebs- und Bauwirtschaftssymposium TU Graz, Graz 2004, S. 49 ff.
/5/	**Tautschnig, A., Feik, R.**	Oberguggenberger, M., Leitner, M., Dittrich, G.: Systematik eines praxisgerechten Chancen-Gefahren-Managements – Ein Zwischenbericht zu einer Forschungsarbeit des i3b, in Festschrift Prof. Gert Stadler, Hrsg.: Lechner H., Hofstadler Ch., Nöstlthaller R., Verlag der Technischen Universität Graz, Graz 2004
/6/	**Feik, R., Dittrich G.**	Chancen- und Gefahrenmanagement im Bauwesen. Risikobewusstes Projektcontrolling, in: Leitner, Wais (Hrsg.): Aktuelle Fragen der Vertragsgestaltung im Tief- und Tunnelbau, ICC 5 Seminar i3b, Innsbruck 2004

13. Tagfertiges Controlling auf der Baustelle

Dr.-Ing. Albert Ripberger

Inhalt

13.1 Einleitung und Zielsetzung

13.1.1 Anforderungen an das Projektmanagement

Sind Sie ein Projektmanager, der mit einer schlanken Organisation und optimaler Softwareunterstützung versucht,

- dem steigenden Informationsbedarf der Projektbeteiligten,
- den kürzer werdenden Projektvorlaufzeiten,
- den Umplanungswünschen während der Ausführungsphase,
- dem hohen Kosten- und Termindruck

gerecht zu werden?

Stellen Sie hierbei regelmäßig fest, dass zwischen den Beteiligten die Fülle der ausgetauschten Nachrichten zwar steigt, die erwartete Qualität der Daten jedoch nicht erreicht wird, klare Antworten auf entscheidende Fragen und Probleme ausbleiben und deshalb die Daten regelmäßig zeitaufwändig aufbereitet und aggregiert werden müssen?

Wenn Sie diese Fragen mit »ja« beantworten, sollten Sie schon in der Frühphase des Projekts ein schlüssiges Modell mit Sichten für alle Projektbeteiligten auf Ablaufprozesse, Kosten und Mitteleinsatz in einem Datenbestand aufbauen. Die darauf aufbauende, softwaregestützte, tägliche Erfassung der Produktionsdaten (Ist-Daten) ermöglicht die sofortige Kontrolle der Soll-Vorgaben (Plandaten). Strukturiert erfasste Informationen versetzen den Projektmanager in die Lage, rechtzeitig und wirksam steuernd in die Produktionsprozesse einzugreifen.

Diese Aufgabe kann nur erfüllt werden, wenn einige wesentliche Planungsgrundsätze beachtet werden und zudem das Management bei Planung, Kalkulation und Bauleitung durch eine geeignete Softwarelösung unterstützt wird. Die Verfahren für Planung, Kontrolle und Steuerung müssen dabei den besonderen Anforderungen der dezentralen Produktion (im Gegensatz zur stationären Fertigung in der Industrie) und dem aufgrund der Unikatfertigung begrenzten Planungs- und Managementaufwand Rechnung tragen, um das tagfertige Controlling auf der Baustelle sicherzustellen.

13.1.2 Theorie und Praxis

Es ist die Aufgabe des Projektcontrollings, die erwähnte Systematik zu definieren, und daraus Planungsgrundsätze und Verfahrensvorschriften abzuleiten, so dass letztlich das operative Management in die Lage versetzt wird, eine optimale Abwicklung des Bauvorhabens zu gewährleisten. Dazu benötigt der Bau- bzw. Projektleiter jederzeit einen aktuellen Überblick über Leistungen, Kosten, Ressourcen und Termine in seinem Projekt. Er muss folglich über eine hinreichend transparente Planungsvorgabe mit Soll-Werten verfügen, denen er jederzeit und ohne Aufwand die aktuellen Ist-Daten gegenüberstellen kann. Nur so kann er Abweichungen erkennen und Steuerungsmaßnahmen ergreifen. Das tagfertige Controlling stellt dazu die notwendigen Verfahren und Hilfsmittel zur Verfügung.

In Abgrenzung zu anderen Kapiteln des Buches, die auf spezielle Bereiche oder Sparten eingehen (z. B. Straßen- oder Tunnelbau), soll hier ein neues, allgemeingültiges und durchgängig prozessorientiertes Controlling-Verfahren vorgestellt werden. Das Verfahren orientiert sich an den Produktionsprozessen, die vor Ort beobachtet werden können. Dies ist die Voraussetzung für eine praktikable Datenerfassung, eine sofortige Analyse und eine schnelle und damit effektive Steuerung, die ebenfalls direkt auf diese Prozesse einwirkt.

Im Folgenden wird anhand eines praktischen Beispiels zunächst die Bedeutung des tagfertigen Controllings erläutert, und beschrieben, welche Anforderungen die Praxis stellt. Es wird dann ein Modell skizziert, welches diese Anforderungen erfüllt, und dessen Handhabung erläutert. In einem letzten Abschnitt werden passend zum vorgestellten Beispiel konkrete Ermittlungen und Berechnungen vorgenommen, um die praktische Anwendbarkeit und den Nutzen des Verfahrens zu demonstrieren.

Das Verfahren geht auf ein mehrjähriges Forschungsprojekt zwischen der TU München und der Stanford University, Kalifornien, zurück. Es wurden dabei gezielt die Probleme der Bauleitung und Projektsteuerung untersucht, um ein adäquates und in einem Computermodell darstellbares Verfahren zu entwickeln und in einer Softwarelösung zu implementieren. Es wird bereits seit mehreren Jahren bei zahlreichen Großprojekten erfolgreich eingesetzt.

13.2 Praktisches Beispiel

13.2.1 Projektbeschreibung

Im Zuge des Neubaus einer Fernstraße wird ein ca. 2 km langer Tunnel in offener Bauweise erstellt. Da sich der Tunnel im quartären Kies befindet und das Grundwasser oberflächennah ansteht, wird der Tunnel abschnittsweise in Docks gefertigt. Ein Dock besteht aus einer umlaufenden Spundwand, die dicht in das Tertiär einbindet. Im Schutz dieser, die Baugrube abdichtenden Spundwand, kann das Grundwasser im Dock abgepumpt werden.

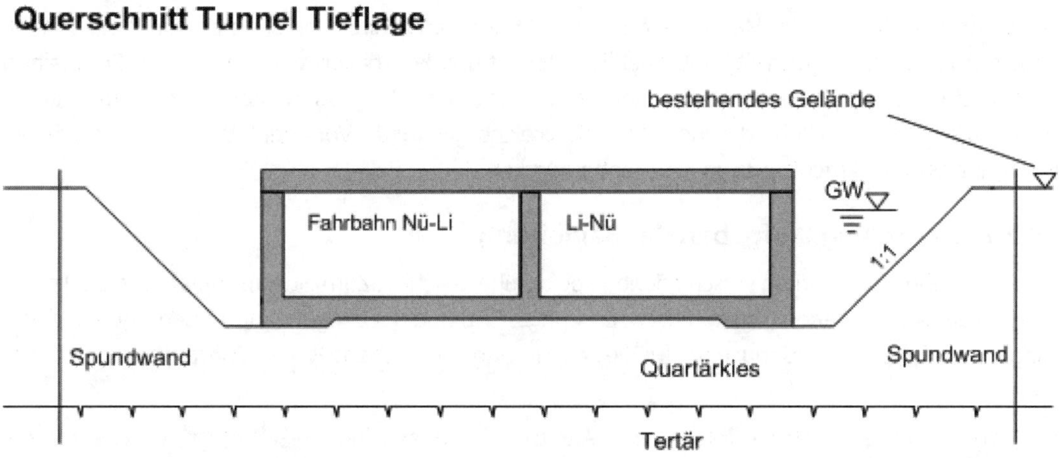

Abb. 13.1: Querschnitt Tunnel Bauzustand

Nach der Grundwasserabsenkung wird der notwendige Erdaushub für die Baugrube vorgenommen, die im Regelbereich geböscht ausgebildet wird. Der Tunnel selbst wird in 10 m-Blöcken geschalt, bewehrt und betoniert, wobei Sohle und Wände in einem Arbeitsgang erstellt werden. Die Stahlbetonarbeiten der Decke bilden einen eigenen, nachlaufenden Prozess. Alle Rohbauarbeiten an der Tunnelröhre sind durch eine Taktplanung optimiert. Ein Grobablaufplan ist in folgender Abbildung dargestellt:

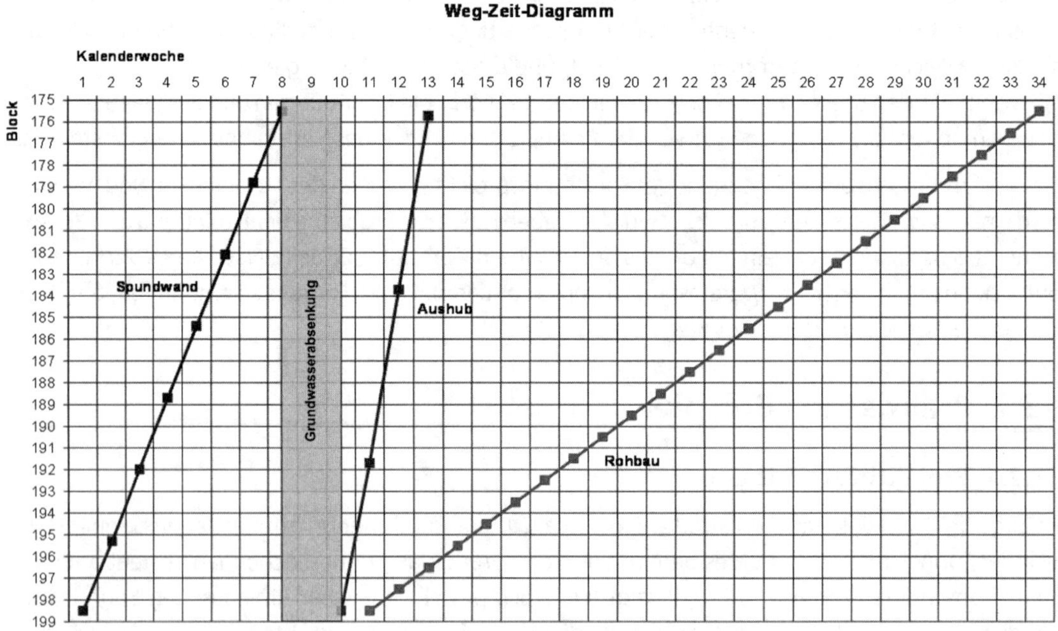

Abb. 13.2: Grobablaufplan als Weg-Zeit-Diagramm

Neben dem Tunnel, der das Hauptbauwerk bildet, finden an zahlreichen anderen Punkten ebenfalls Arbeiten statt, die gesamthaft baubetrieblich geplant und koordiniert werden müssen. Beispielhaft sei darauf verwiesen, dass die Herstellung der Docks auf die Rohbauarbeiten abgestimmt werden muss, damit es nicht zu Behinderungen kommt. Gleiches gilt für die Vorwegmaßnahmen zur Spartenverlegung und die Errichtung von Brückenbauwerken.

13.2.2 Controlling-Aufgaben der Bauleitung

Die Bauleitung muss ständig verschiedene Aspekte überwachen. Zum einen ist dies natürlich die Einhaltung der Soll-Vorgaben (Produkt- bzw. Leistungssicht) und der Umgang mit Änderungen und Störungen. Zum anderen muss auch der für die Realisierung vorgesehene Produktionsapparat betrachtet werden.

Stichwortartig lassen sich die folgenden wesentlichen Fragestellungen skizzieren, welche von der Bauleitung ständig, d. h. täglich oder wöchentlich, beantwortet werden müssen:

1. Soll-Vorgaben kontrollieren:
   - Termine und Leistungsfortschritt:
     Welche Arbeiten (Vorgänge) sind zeitkritisch bzw. problembehaftet (Dauer, Störungen, Schnittstellen) und wird der planmäßige Leistungsfortschritt erreicht (Fertigstellungsgrad)?
   - Produktivität und Ressourceneinsatz:
     Erreichen die Betriebe und Kolonnen die geplante Produktivität und werden die richtigen Ressourcen in der notwendigen Anzahl eingesetzt?
   - Kosten:
     Werden die geplanten Kosten eingehalten (nach Kostenarten, Kostengruppen DIN 276 oder Verrechnungskonten getrennt)?
   - Qualität:
     Werden die Leistungen in der vertraglich vereinbarten Qualität ausgeführt?
2. Änderungen und Störungen verarbeiten:
   - Änderungen und Störungen erkennen:
     Welche Änderungen an den Vorgaben, welche Störungen sind aufgetreten?
   - Änderungen und Störungen bewerten:
     Welche Konsequenzen hinsichtlich Zeit und Kosten sind zu erwarten?
   - Ablauf prüfen:
     Gibt es Konflikte (räumlich, kapazitiv) zwischen geänderten Prozessen?
   - Steuerungsmaßnahmen ergreifen:
     Wie können negative Folgen minimiert werden?
3. Ressourcen disponieren und koordinieren:
   - Ressourcenplanung:
     Wie sieht in der nächsten Woche/im nächsten Monat der Ressourcenbedarf aus? (Aufstocken bzw. Freimelden von Gerät und Personal)
   - Auslastung:
     Sind alle vorhandenen Ressourcen ausgelastet? Gerätestillstand?
   - Zuordnung:
     Werden die richtigen Prozesse bearbeitet?

Die Aufgaben zur Kontrolle der Soll-Vorgaben sind dabei z. T. wechselseitig voneinander abhängig. Die wichtigsten Kenngrößen sind die Produktivität und die zeitabhängigen Kosten des Produktionsapparats. Fragen zum Leistungsstand, zu Kosten oder Terminen führen automatisch zu Fragen des Ressourceneinsatzes und zur Produktivität. Bei gegebener Produktmenge lassen sich daraus Termine und Kosten ableiten. Auch die für das Controlling wichtigen Stück- bzw. Einheitskosten ergeben sich daraus.

13.2.3 Anforderungen aus der Praxis

Bezogen auf das Beispiel lassen sich die im vorigen Kapitel formulierten Fragestellungen konkretisieren.

13.2.3.1 Die Planung und Kontrolle von Soll-Vorgaben

Der Ablauf einzelner Aktivitäten und Arbeitsschritte ist so detailliert zu planen, dass die für das Controlling erforderlichen Ist-Daten entsprechend erfasst und gegenübergestellt werden können. Beim Beispielprojekt sind für den Bauleiter die folgenden zwei Kontrollen auf unterschiedlichen Ebenen (Detaillierungsgrade) von besonderer Wichtigkeit:

a) Detailkontrolle Takt

Der Hauptprozess (Leitprozess) auf der Baustelle sind die Stahlbetonarbeiten für die Herstellung der Tunnelröhre. Der Bauleiter muss daher prüfen, ob dieser Prozess plangemäß abläuft. Da es sich um eine Taktfertigung handelt, müssen alle Teilprozesse detailliert aufeinander abgestimmt sein, um Wartezeiten zu vermeiden. Die Ist-Dokumentation muss daher die erforderliche Genauigkeit aufweisen. Für jeden Teilprozess sind die eingesetzten Ressourcen, die Arbeitszeit und die Gesamtdauer zu protokollieren. Im Rahmen der Taktfertigung haben die Teilprozesse in der Regel eine so kurze Dauer (1–3 Tage), dass immer nur das Ende erfasst werden kann (keine Zwischenstände). Sofern aber die Dauern nicht mit dem Soll übereinstimmen, treten unweigerlich Wartezeiten auf. Mit dem beschriebenen Detaillierungsgrad kann der Bauleiter erkennen, ob es Probleme mit den Kapazitäten oder der Produktivität gibt und kann diese daraufhin beseitigen.

In der nachfolgenden Abb. 13.3 sind Plan- und Ist-Ablauf wie folgt dargestellt:

Die planmäßige Herstellung der Sohle und der Wände ist ein Wochentakt (WT), bei dem der Tag für die Aushärtung des Betons auf den Sonntag fällt. Die Herstellung der Decken läuft mit einem räumlichen Versatz von 2 Blöcken nach. Die Kolonnen für Schalung/Beton und Bewehrung arbeiten eine 6-Tage-Woche und sind durch das Springen zwischen Sohle/Wände und Decke voll ausgelastet (Balken grau).

Die Balken »Ist-Vorgang« und »Ist-Bewehrung« stellen das Bau-Ist dar. Die planmäßige Dauer des WT 197 verlängert sich durch den um einen Tag verspäteten Beginn mit dem Einschalen sowie aufgrund des um einen Tag, von 3 auf 4 Arbeitstagen (AT), erhöhten Aufwands für das Bewehren der Sohle und Wände des Blockes 197. Fiel planmäßig das Aushärten des Betons auf den Sonntag, fällt es nun auf einen Arbeitstag, d. h. der Takt für die Sohle/Wände Block 197 dauert nunmehr 9 Tage. In der Folge läuft die Bewehrung ab Block 196 zwar planmäßig, der Tag für das Aushärten des Betons fällt jedoch weiter auf einen Arbeitstag, so dass sich die Taktdauer zwar von 9 auf 8 Tage reduziert (in der Abb. 13.3 sind die zusätzlichen Arbeitstage schraffiert dargestellt: »Produktivitätsverlust/Stillstand«), der ursprüngliche Wochentakt sich jedoch nicht mehr einstellt. Dies führt analog auch zu einem Produktivitäts- und Zeitverlust bei der Herstellung der Decken (Block 200 ff), da die Schalungskolonne (Balken: »Ist-Vorgang«) und die Bewehrungskolonne (Balken: »Ist-Bewehrung«) aufgrund der Abhängigkeiten nicht mehr wie ursprünglich geplant ohne Unterbrechung durcharbeiten können und demzufolge nicht mehr voll ausgelastet sind. Durch den in der Arbeitswoche liegenden Aushärtetag entsteht bei den Bewehrungsarbeiten und Schal- bzw. Betonierarbeiten je ein Tag Leerzeit. Je

Takt geht ein Tag verloren, durch die Produktivitätsverluste und die Bauzeitverlängerung entstehen entsprechende Mehrkosten.

Dies sofort zu erkennen und mit geeigneten Maßnahmen (z. B. Überstunden, kurzfristig erhöhtes Potenzial, Wochenendarbeit) gegenzusteuern, kann erhebliche Einsparungen bringen. Ansonsten wird der gesamte Betrieb beeinträchtigt, wobei sich die zeitabhängigen Kosten der unmittelbar betroffenen Betriebe durch den »verlorenen« Tag bei einer 6-Tagewoche um 1/6 (16,66 %) erhöhen.

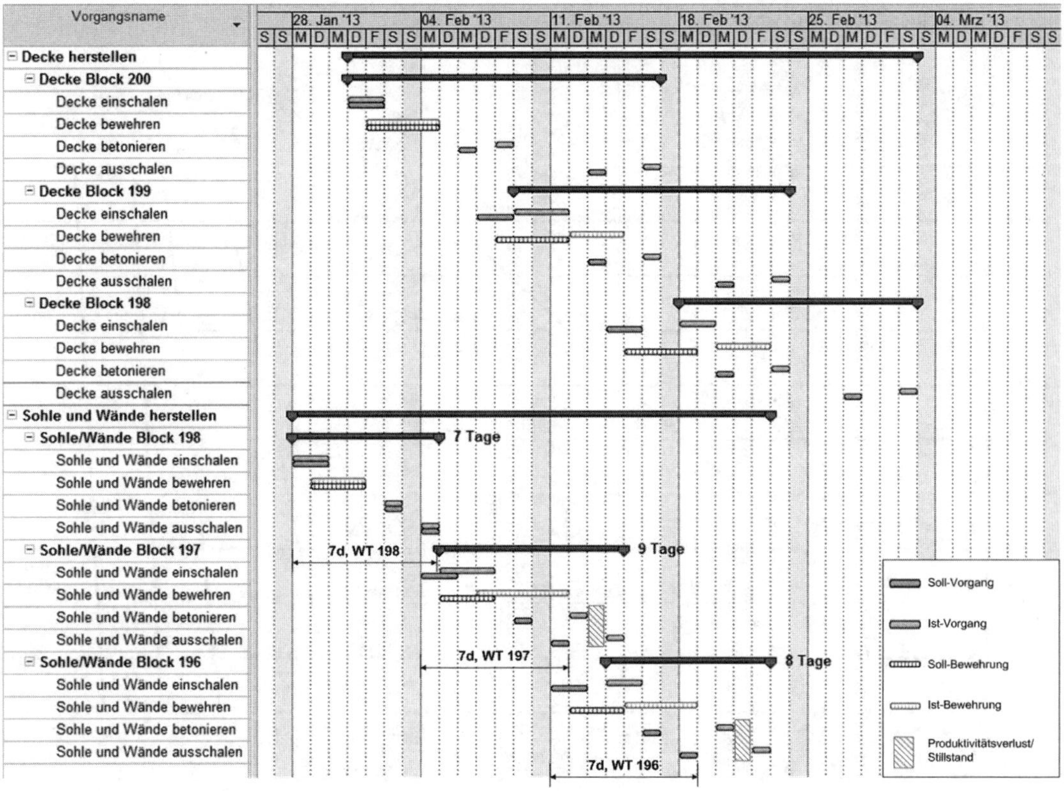

Abb. 13.3: Soll-/Ist-Vergleich bei getakteten Prozessen

Gerade bei der Taktplanung ist es aber auch wichtig zu erkennen, ob sich aufgrund eines Einarbeitungseffekts, der immer zu beobachten ist, die Ist-Werte langsam an die Soll-Werte annähern. Dazu muss das Controlling die notwendigen Trendanalysen liefern.

b) Kontrolle kritischer Prozesse

Die übergeordnete Kontrolle bezieht sich auf wichtige (kritische) Prozesse des Ablaufs. Die Vorläuferprozesse für den getakteten Rohbau, also die Herstellung der Docks und der Erdaushub, müssen auch die erforderliche Produktionsgeschwindigkeit aufweisen, um den nachfolgenden Rohbau nicht zu behindern. Da diese Prozesse wesentlich länger laufen als die kurzen Taktprozesse, muss der Baufortschritt regelmäßig anhand von Zwischenständen ermittelt werden. Dazu ist es notwendig, dass jeder

Prozess hinsichtlich der Leistung quantifiziert werden kann, indem eine Leitmenge definiert wird. Die geleistete Menge und der geleistete Aufwand (Arbeits- und Gerätestunden) liefern dann Aussagen zu Terminen und Kosten (Produktivität).

Sofern diese Werte täglich erfasst werden, ist auch eine tägliche Kontrolle möglich. Zudem können Endtermin und Gesamtkosten des Prozesses jederzeit prognostiziert werden. Dies ist für eine vorausschauende Abschätzung im Rahmen der Projektsteuerung unabdingbar. Im folgenden Diagramm ist zu erkennen, dass der Aushubprozess zu langsam ist, was nach der Prognose zu Problemen mit dem Rohbau für den Tunnel führt.

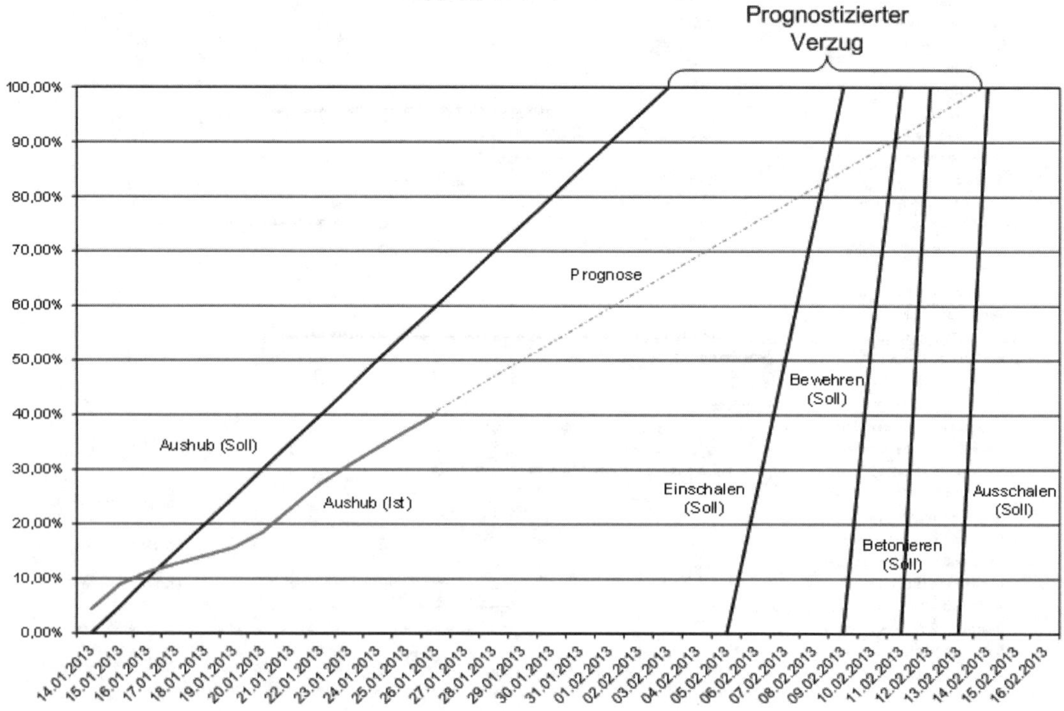

Abb. 13.4: Ist-Fortschrittsgrad »Aushub« mit Prognose zum Bauende

Da die Projektleitung nicht jeden einzelnen Schritt im Blick behalten kann, ist es notwendig, das Controlling auf wichtige Prozesse zu beschränken oder über ein Top-Down-Vorgehen Probleme gezielt zu verfolgen. Dazu müssen die Ist-Werte hierarchisch verdichtet werden können. Die monetäre Bewertung der erbrachten Leistung kann ausgehend von den operativen Detailprozessen über beliebige Ebenen hinweg bis zum Gesamtprojekt hin aggregiert werden und ergibt damit den gesamten Leistungsstand der Baustelle. Dieser kann wiederum verglichen werden mit dem erwarteten Leistungsstand. Auch eine Prognose des Bauzeitendes und der Gesamtkosten ist möglich. Sofern die Daten wie oben beschrieben erhoben werden, ist diese Berechnung für eine Controlling-Software kein Problem mehr.

Sollten bei diesen Kontrollen Abweichungen auftreten, die auf eine unzureichende Produktivität zurückzuführen sind, kann die Ursache darin liegen, dass die kalkulierte Produktivität nicht erreicht wird, oder dass nicht die geplanten Einsatzmittel verwendet wurden, d. h. dass eine suboptimale Ressourcenallokation vorliegt. Dies muss auf der Basis eines systematischen, tagfertigen Controllings jederzeit »online« ermittelt werden können, da damit die Voraussetzungen für eine unmittelbare und effektive Steuerung geschaffen werden.

Zusammenfassung

Eine vollständige Kontrolle der Soll-Vorgaben umfasst immer die Termine und Leistungen, die Kosten, die Produktivität und den Ressourceneinsatz sowie die Qualität. Der kleinste gemeinsame Nenner für den Vergleich der Plan- und Istdaten sind hierbei zweckmäßig die Bauprozesse, die sich in den Vorgängen des Bauablaufplanes widerspiegeln. Es sind die Elemente, die vor Ort beobachtbar und damit die Grundlage für das Controlling sind. Für jeden Prozess werden im Rahmen der täglichen Berichterstattung der Leistungsstand und die Ressourcennutzung, der Materialeinsatz und Qualitätsmerkmale erfasst. Werden die Kontrollen wie oben beschrieben täglich durchgeführt, ist der Bauleiter in der Lage, Probleme unmittelbar zu erkennen und einzugreifen. Es versteht sich von selbst, dass die Prozesse als Vorgänge des Bauablaufplans nicht zu grob definiert werden dürfen, um Störungen lokalisieren zu können. Über eine Prognoserechnung muss der Bauleiter letztendlich in der Lage sein, das Ausmaß der Abweichungen hinsichtlich Kosten und Terminen zu bestimmen, sowohl auf Ebene einzelner Prozesse als auch gesamthaft.

13.2.3.2 Änderungen und Störungen verarbeiten

Sofern Änderungen oder zusätzliche Leistungen gefordert werden, ist dies für sich genommen transparent, es wird dokumentiert und kann in die Planung eingearbeitet werden. Was oft nicht auf den ersten Blick sichtbar ist, sind die indirekten Auswirkungen. Dazu sollen zwei Beispiele im Folgenden skizziert werden.

a) Erschwernis bei Spundwand

Das Rammen der Spundwand erreicht aufgrund von der Leistungsbeschreibung abweichender Bodenverhältnisse nicht die geplante Produktionsgeschwindigkeit. Auch nach der Einarbeitungsphase bleibt der tägliche Baufortschritt weit hinter den Erwartungen zurück.

In der nachfolgenden Grafik sind die vom erschwerten Rammen der Spundwände betroffenen Prozesse kenntlich gemacht. Es ist erkennbar, dass diese Störung sich gravierend auf den Rohbau-Takt auswirken würde (4 Wochen Verzögerung). Auf dieser Basis muss nun eine Simulation verschiedener Lösungsalternativen durchgeführt werden. Die Simulation muss sowohl zu den Terminen als auch zu den Kosten eine Aussage ermöglichen.

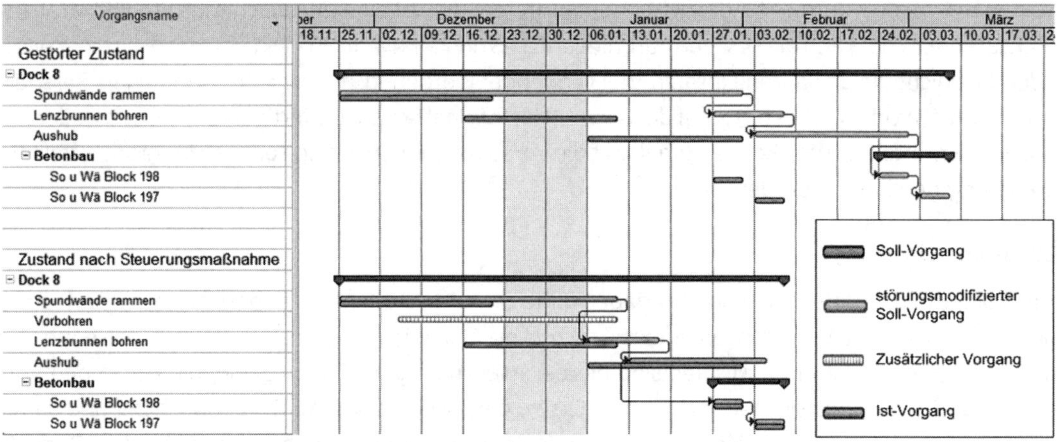

Abb. 13.5: Anpassung des Ablaufs wegen Erschwernissen bei Spundwand

Wie in Abbildung 13.5 erkennbar, wurde eine Steuerungsmaßnahme eingeleitet, indem durch eine vorauseilende Auflockerung des Bodens das Rammen erleichtert wurde. Dies führt dazu, dass der geplante Beginn der Rohbauarbeiten eingehalten werden kann.

b) Zusätzliches Bauwerk

Im Beispielprojekt wurde im Bereich einer Kanalquerung nachträglich entlang des Tunnels ein weiteres Bauwerk erstellt, das nahe an den Tunnel heranreicht (vgl. Abb. 13.6). Es handelt sich um einen für die Ausführung der Abdichtungsinjektionen (HDI) erforderlichen Spundwandkasten. Für die Standsicherheit des Kastens war eine Vorschüttung erforderlich, die in den vorgesehenen Arbeitsbereich für den Tunnel hineinreicht. In dem Bereich des Spundwandkastens kommt es aufgrund des stark beengten Arbeitsraums zu einem erhöhten Arbeitsaufwand bei den Schalarbeiten und in der Folge zu einem reduzierten Baufortschritt. Der Leistungsabfall wirkt sich indirekt auf alle mit der Taktfertigung zusammenhängenden Teilprozesse aus, da aufgrund der verringerten Produktionsgeschwindigkeit nun Wartezeiten und damit ebenfalls Mehrkosten entstehen. Selbst der nachlaufende Prozess zur Herstellung der Decke ist betroffen, da die gleichen Ressourcen eingesetzt werden.

Durch das neue Bauwerk entstehen folglich mittelbar weitere Verzögerungen im Bauablauf sowie Mehrkosten. Der Einfluss des beengten Arbeitsraums auf die Produktivität lässt sich im Voraus nicht mit Sicherheit ermitteln, sofern er überhaupt im Voraus erkennbar ist.

Über ein effektives und zeitnahes Controlling lässt sich dieser Effekt gut darstellen und nachweisen. Es wird dann deutlich, dass die Schalarbeiten aufgrund des beengten Arbeitsraums plötzlich wesentlich langsamer laufen als vorher. Bezogen auf die Leiteinheit eines Blocks (Kubatur in m^3) ergibt sich folgende Grafik, an der man deutlich den Anstieg des Aufwands und den Leistungsabfall erkennen kann. Derartige Analysen sind umso wertvoller, je schneller sie erstellt werden können.

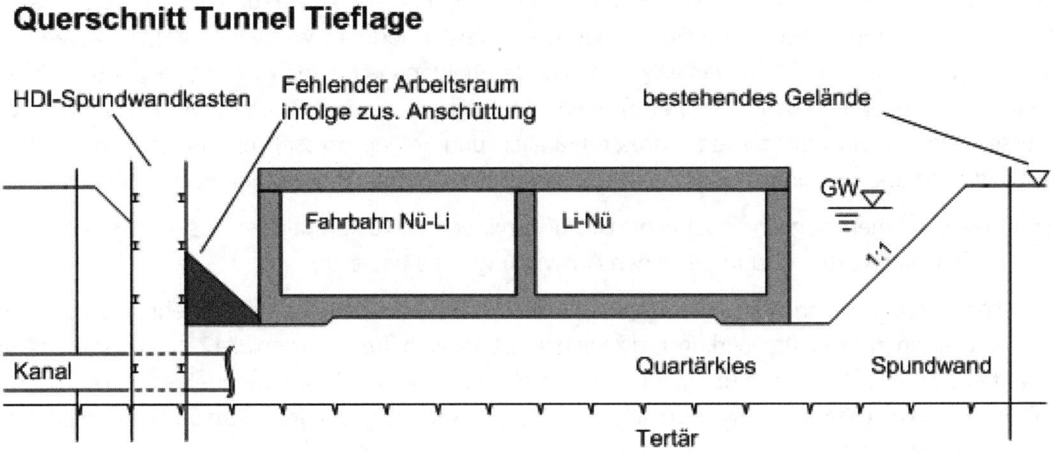

Abb. 13.6: Querschnitt Tunnel mit Kanalquerung und zusätzlichem Spundwandkasten

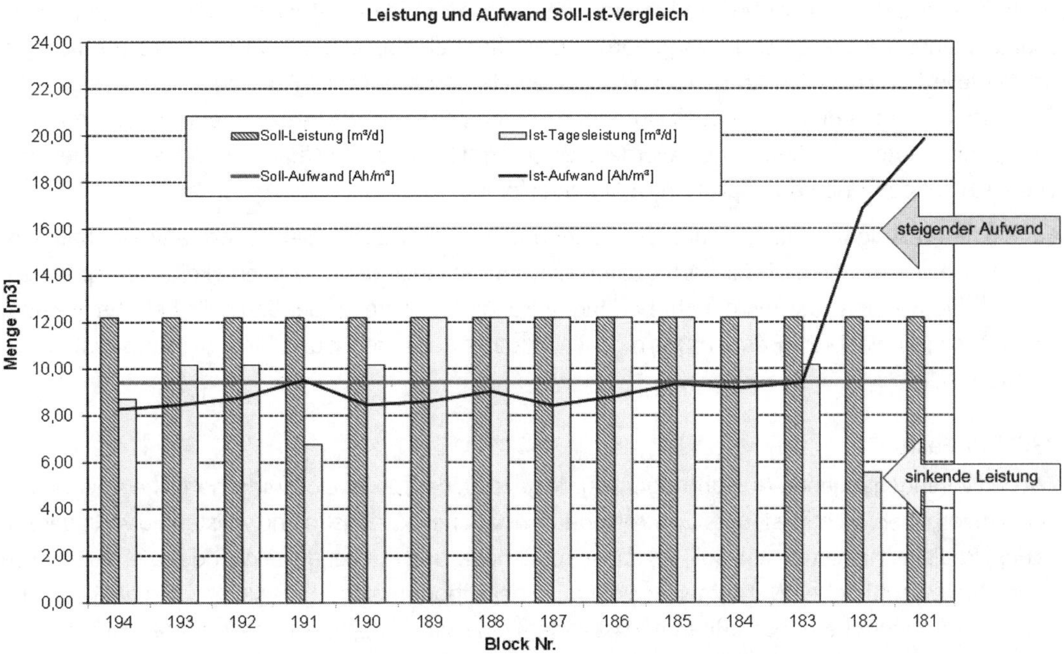

Abb. 13.7: Leistungsabfall im Bereich Spundwandkasten Block 183 bis 181 ff.

Im Rahmen der Steuerung muss nun überlegt werden, ob

- alle betroffenen Prozesse sich an die verringerte Geschwindigkeit anpassen oder
- die Störung durch andere Maßnahmen aufgehoben werden kann.

Die Anpassung kann auf verschiedenen Wegen erfolgen. Für eine Anpassung an einen geringeren Baufortschritt kann Personal und Gerät abgezogen werden, oder es werden Produktivitätsverluste in Kauf genommen. Für beide Varianten sind zur Beurteilung die Kosten zu ermitteln. Dabei dürfen nicht nur die direkten Kosten des betroffenen Schalungsprozesses betrachtet werden, sondern es müssen alle indirekt betroffenen Prozesse (Parallel- und Folgeprozesse) mit einbezogen werden. Schließlich ist auch zu hinterfragen, welche Kosten durch die Bauzeitverlängerung entstehen.

Sofern Maßnahmen möglich sind, um die Leistungsminderung zu kompensieren, sind diese ebenfalls hinsichtlich ihrer Kosten und terminlichen Auswirkungen zu bewerten.

Kritisch ist bei derartigen Anpassungsmaßnahmen und Entscheidungen, dass sie sehr kurzfristig getroffen werden müssen, um Wirkung zu zeigen. Es ist wenig hilfreich, wenn alle Zahlen erst mühsam ermittelt werden müssen, um überhaupt den plötzlichen Anstieg des Aufwands erkennen und beurteilen zu können. Ein effektives Controlling mit einer umfangreichen IT-Unterstützung kann dies heutzutage leisten.

13.2.3.3 Ressourcen disponieren

Die Ressourcendisposition (Mitteleinsatz) hat ihren Fokus in der Zukunft. Ein umfassendes Controlling schließt auch die Planung mit ein und liefert daher auch Informationen für eine vorausschauende Ressourcenplanung. Dabei muss die Vorgehensweise so flexibel sein, dass für eine Ressourcendisposition der aktuelle Stand mit allen Änderungen gegenüber der ursprünglichen Planung berücksichtigt wird. Dies wird erreicht, indem alle aktuell laufenden und beginnenden Prozesse untersucht und mit dem Einsatzmittelpotential abgeglichen werden. Diese Ermittlung sollte täglich, mindestens aber wöchentlich auf der Basis von geprüften Ist-Daten erfolgen.

Für die Beurteilung der Kostensituation ist aber auch eine Rückschau sehr informativ. Der Bauleiter muss beurteilen können, ob die verfügbaren Kapazitäten auch den Notwendigkeiten entsprechen. Geräte oder Personal, das nicht mehr benötigt wird, darf nicht mehr der Baustelle belastet werden. Je kurzfristiger eine solche Betrachtung möglich ist, desto günstiger ist dies für die Kostensituation der Baustelle.

13.2.3.4 Fazit

Mit den vorangegangenen Ausführungen wurde gezeigt, dass es für eine wirtschaftliche Abwicklung von Bauvorhaben wichtig ist, dass Controlling-Informationen kurzfristig und vollständig vorliegen. Ist es dem Bauleiter nicht möglich, Soll-Vorgaben regelmäßig und mit der ausreichenden Genauigkeit zu überprüfen, ist mit hoher Wahrscheinlichkeit mit einer suboptimalen Abwicklung zu rechnen. Bei der Beurteilung von Steuerungsmaßnahmen ist zudem eine Simulation der Konsequenzen zu Terminen und Kosten notwendig. Hier spielt vor allem auch der Zusammenhang zwischen Zeit und Kosten eine große Rolle.

Diese Anforderungen werden durch die konventionelle Projektplanung mit der strikten Trennung von Zeit und Kosten nicht erfüllt. Weder kann ein Leistungsstand für einen beliebigen Zeitpunkt definiert werden, noch ist ein detaillierter und zeitnaher Vergleich von Soll- und Ist-Kosten möglich.

Eine prozessorientierte Vorgehensweise, die ein gutes Abbild der Realität liefert, bietet hier entscheidende Vorteile. Prozesse lassen sich direkt vor Ort beobachten. Veränderungen an den wesentlichen Eingangsgrößen wie Mengen, Ressourcen und Produktivität lassen sich in ihren terminlichen und kostenmäßigen Konsequenzen gut beurteilen, sofern ein entsprechendes Rechenmodell vorliegt. Je nach Bedarf kann auch der Detaillierungsgrad der Prozesse variiert werden. Die Aussagekraft einer prozessorientierten Analyse ist damit ungleich besser als ein pauschaler Vergleich von Plan- und Ist-Daten auf Projektebene.

Wichtig für die Akzeptanz eines Controlling-Verfahrens sind die praktische Handhabung und ein vertretbarer Aufwand für die Datenerfassung (Soll und Ist). In der Praxis werden erfahrungsgemäß neue Methoden nur dann akzeptiert, wenn für die Nutzer ein Effizienzgewinn erkennbar ist. Auch wenn die Datenmenge bei einer prozessorientierten Betrachtung gegenüber der konventionellen Vorgehensweise zunimmt, so überwiegen die Vorteile der detaillierten Analysemöglichkeiten und die aus dem Controlling resultierenden positiven Auswirkungen auf das Ergebnis hinsichtlich Qualität und Kosten.

Auch im Hinblick auf die aus der aktuellen Rechtsprechung resultierenden hohen Anforderungen an die Projektdokumentation beim Nachweis von Mehrkosten infolge von Bauablaufstörungen ist der Unternehmer angehalten, ein prozessorientiertes Controlling durchzuführen. Die baupraktische Erfahrung zeigt, dass heute die Anforderungen mittels moderner Informationstechnologie und entsprechend ausgebildetem und geschultem Personal auf den Bauprojekten zu bewältigen sind.

13.3 Ein Produktionsmodell als Basis für das Controlling

13.3.1 Methodische Grundlagen

Das vorgestellte Verfahren für das Projektcontrolling muss auf einem Produktionsmodell aufbauen, das die Realität zwar abstrahiert, aber so genau wie notwendig und damit praxisgerecht abbildet. Ein Produktionsmodell besteht aus Produktstruktur, Prozessstruktur, Abtaktung und allen dazugehörigen Knoten, Varianten, Alternativen und Beziehungen für ein zu fertigendes Produkt bzw. Bauprojekt. Dieses Modell muss zudem eine formalisierte Abbildung der Bauproduktion ermöglichen, die sich in Datenstrukturen und Algorithmen für EDV-Programme überführen lässt. Ein derartiges Modell wird in den folgenden Abschnitten vorgestellt. Der Leser, der vorrangig an der praktischen Anwendung interessiert ist, kann gerne in Kapitel 13.4 fortsetzen.

13.3.1.1 Aufbaustruktur und Elemente des Produktionsmodells

Derzeit werden die verschiedenen Aufgaben der baubetrieblichen Planung (Termine, Kosten), der Organisation (Strukturen und Abläufe) und des Managements (Koordination, Kontrolle, Dokumentation) von Bauprojekten im Regelfall weitgehend isoliert voneinander abgewickelt. Es liegen Brüche zwischen den Fachaufgaben, aber auch zwischen den Projektphasen »Planung« und »Ausführung« vor. Zudem haben Auftraggeber, Planer und ausführende Firmen unterschiedliche Sichten auf das Projekt. Alle sind jedoch auch dem Vertrag und den baurechtlichen Vorgaben unterworfen und müssen über einheitliche Strukturen im Projekt kommunizieren, damit ein gegenseitiges Verständnis möglich ist. Diese vertraglichen und baubetrieblichen Elemente formen den Kontext, in dem sich alle Projektbeteiligten bewegen.

Es lässt sich feststellen, dass die baubetriebliche Praxis die Realität der Bauproduktion nur in isolierten Fragmenten abbildet und auch die baurechtlichen Anforderungen weitgehend ignoriert. Ein vollständiges Modell, das die wesentlichen Objekte der Bauplanung und Bauproduktion, sowie deren Beziehungen untereinander berücksichtigt, ist in der folgenden Abbildung dargestellt. Die operativen Elemente des Systems, d. h. die Prozesse aus der Ablaufplanung, die Ressourcen und die Bauteile (das Produkt), werden in dem Kontext der Projekt- bzw. Raumstruktur platziert, nach Phasen und Leistungsbereichen geordnet und auch mit der sonstigen Dokumentation im Projekt verbunden.

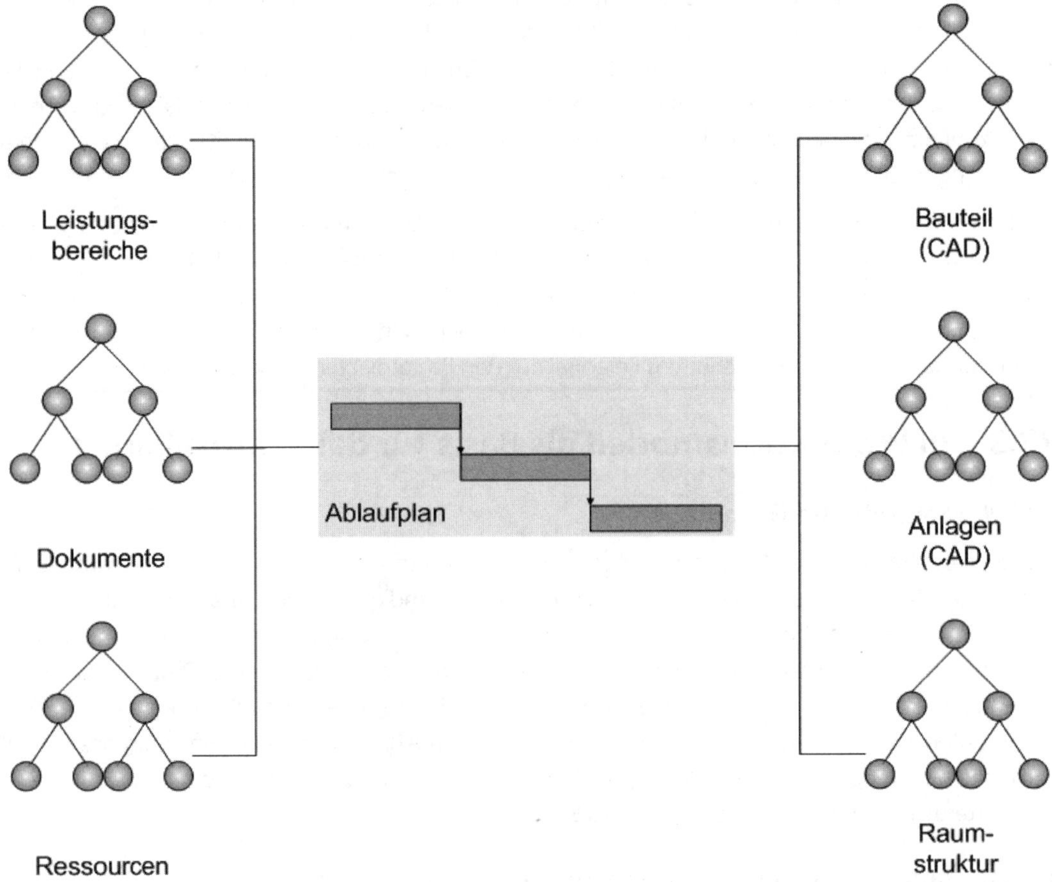

Abb. 13.8: Prozesse und Strukturen des Produktionsmodells

Das Produktionsmodell bildet die wesentlichen Objekte der Bauproduktion abstrahiert ab: die Prozesse, die Bauteile, den Ort und die Ressourcen. Der Prozess als Kernelement bündelt dabei die zur Herstellung der Bauteile erforderlichen Ressourcen. Die Ressourcen sind Träger der originären Kostenwerte, welche so definiert sind, dass sie ein realistisches Kostenverhalten abbilden (vor allem durch Unterscheidung von einmaligen, zeitabhängigen und mengenabhängigen Kosten). Die Prozesse sind Träger der Produktionsinformation und bestimmen über die spezifische Produktivität der Einsatzmittel die Produktionsgeschwindigkeit und -kosten. Damit geht die Prozessdefinition weit über den Rahmen konventioneller Vorgänge aus der Terminplanung hinaus. Es findet ein Übergang von der konventionellen Termin- und Kostenplanung zu einer integrierten Produktionsplanung statt, wie sie in der modernen industriellen Fertigung üblich ist.

13.3.1.2 Die Produktionsfunktion

Die Ressourcen, das Produkt und die Prozesse sind im Modell über eine Produktionsfunktion miteinander gekoppelt. Damit wird erreicht, dass die zeitliche Komponente berücksichtigt wird, die einen erheblichen Einfluss auf die Kosten, die Ressourcendisposition und den Baufortschritt hat. Die zeitliche und die finanzielle Dimension, das Produkt und der Produktionsapparat werden gleichermaßen über den Prozess abgebildet. Damit wird ein gravierendes Defizit konventioneller Projektplanung überwunden.

Burkhardt[1] hat auf Basis von Gutenbergs /1/ produktionstheoretischen Überlegungen die Produktionsfunktion für die baupraktischen Anforderungen weiterentwickelt und formuliert (Gl. 1 u. 2). Sie stellt die zu leistende Arbeit in einen Zusammenhang mit dem vorhandenen Arbeitsvermögen und lässt sich in der einfachsten Form wie folgt darstellen:

$$V(t) = \frac{Q \cdot T_d}{w} \cdot t + V_0 \qquad (Gl.1)$$

Mit t = D und dem konstanten Anteil $V_0 = 0$ erhalten wir die für die baupraktische Anwendung geeignete Form der Funktion:

$$D = \frac{V \cdot w}{Q \cdot T_d} = \frac{W}{Q \cdot T_d} \qquad (Gl.2)$$

$$(output)\ W = V \cdot w = Q \cdot D \cdot T\ (input) \qquad (Gl.3)$$

mit

V: Volumen oder Menge des hergestellten Produkts

Q: Potenzial der Einsatzmittel (z. B. Anzahl der Arbeitskräfte)

D: Dauer des Prozesses in Tagen

T: Tägliche Arbeitszeit

w: Aufwandswert (Aufwand in Arbeitsstunden je Mengeneinheit)

W: Gesamtaufwand

Damit wird es möglich, Kosten je Produkteinheit oder auch je Zeiteinheit zu ermitteln. Ändern sich die Parameter *V, Q, T* oder *w*, bzw. sind diese im Soll und Ist unterschiedlich, so wird dies durch Abweichungen bei Aufwand (Kosten) und Dauer erkennbar. Darauf aufbauend können Steuerungsmaßnahmen ergriffen werden, die wiederum auf diese Parameter einwirken. Die Dauer D und der Gesamtaufwand W sind echte Variablen, die sich aus den übrigen Randbedingungen errechnen.

Die Einsatzmittel können einem Prozess sehr flexibel zugeordnet werden. Um die Baupraxis realistisch abbilden zu können, ist es erforderlich, einzelne Ressourcen zu Kolonnen oder Betrieben zusammen-

1 Prof. G. Burkhardt leitete von 1956 bis 1980 das Institut für Baubetriebswirtschaft an der Technischen Hochschule München.

zuführen. Dies wird durch das Modell geleistet. Jedem Prozess können mehrere Einzelressourcen oder Betriebe zugeordnet werden. Eine dieser Ressourcen bestimmt dabei die Produktionsgeschwindigkeit, an die sich die anderen anpassen. Daher kann die Auslastung der Ressourcen in einem Prozess unterschiedlich sein.

Störungen wirken in der Bauausführung auf die dort aktiven Prozesse und Ressourcen ein und lösen dort Termin- und Kostenänderungen aus. Es ist daher notwendig, den Mechanismus zwischen Ursache und Wirkung in einem Modell korrekt abzubilden, d. h. das Modell muss in der Lage sein, die Entstehung und Veränderung von Zeit- und Kostenwerten wiederzugeben. Dies wird durch das Kostenmodell in Verbindung mit der Produktionsfunktion geleistet.

13.3.1.3 Der Prozess als Controllingelement

Des Weiteren bilden die Prozesse im Produktionsmodell die Controllingelemente, welche als Basis für Soll-/Ist-Vergleiche dienen. Das bedeutet, dass Soll- und Ist-Werte prozessbezogen ermittelt bzw. erfasst werden. Planung (Soll) und Ausführung (Ist) bauen einheitlich und konsistent auf Prozessen auf. Insofern weicht das Modell von der konventionellen Projektplanung und Abwicklung ab. Es erfüllt damit aber den Anspruch, die Bauproduktion möglichst realistisch abzubilden, und führt zu einem zielgerichteten und effizienten Controlling.

13.3.2 Das Controlling-Verfahren

In den folgenden Abschnitten soll ein kurzer Überblick gegeben werden, wie die Elemente des Modells zusammenwirken, um ein tagfertiges Controlling zu ermöglichen. Dabei wird aufgezeigt, wie die Daten und Elemente im Modell generiert werden können und wie eine Controlling-Software mit anderen, gängigen Tools zusammenarbeitet, um mit möglichst wenig zusätzlichem Aufwand die gewünschten Controllingfunktionen bereitzustellen.

13.3.2.1 Integrierte Planung von Terminen (Ablauf) und Kosten (Kalkulation)

In der baubetrieblichen Planung werden in einem ersten Schritt alle Bauteile und Einsatzmittel mit den Prozessen der Ablaufplanung verknüpft. Die Prozesse und Produkte werden dabei in gängigen Programmen erstellt und der Controlling-Software zur Verfügung gestellt. Der Terminplan als Balkenplan mit Anordnungsbeziehungen kann z. B. mit Standardsoftware wie MS Project® oder Primavera® erzeugt werden. Die Vorgangsdaten und -attribute werden in das Controllingsystem eingelesen und mit zusätzlichen, für das Controlling notwendigen Eigenschaften versehen. Die Mengen liefert das CAD-System bzw. werden sie aus dem Leistungsverzeichnis übernommen. Die verschiedenen Ressourcen werden ebenfalls im System hinterlegt. Personal, Gerät und Material tragen alle wichtigen Leistungsdaten und Einheitskosten, die für die Produktionsfunktion benötigt werden.

Die Zusammenstellung von Prozessen, Produkt und Ressourcen ergibt eine homogene, Kosten und Termine gleichermaßen berücksichtigende Planung, die alle benötigten Soll-Werte für das Controlling bereitstellt. Bei einer 3D-Planung lässt sich zudem der Bauablauf visualisieren, was bei der Lösungsfindung und Optimierung des Bauentwurfes eine weitere wertvolle Unterstützung ist.

13.3.2.2 Ist-Datenerfassung vor Ort

Mit dem Projekttagebuch und dem Dokumentenmanagement wird der tatsächliche Mitteleinsatz tagesaktuell auf Basis der Vorgänge des Ablaufplans erhoben. Jeder Vorgang wird als logische bzw. physische Einheit (z. B. ein Bauteil) geplant, dessen Fertigstellung einfach überprüft werden kann. Um den Leistungsstand zu dokumentieren, wird daher auch turnusgemäß (täglich, wöchentlich oder monatlich) die geleistete Produktmenge auf den Vorgängen protokolliert. Für Prozesse mit kurzen Laufzeiten, bei denen keine Steuerung während der Laufzeit notwendig oder möglich ist, reicht es auch aus, die Fertigstellung zu dokumentieren. Dies reduziert den Aufwand bei der Leistungsfeststellung.

13.3.2.3 Gezielte Soll-/Ist-Vergleiche und wirksame Steuerung

Soll- und Ist-Daten werden schließlich auf Basis der Prozesse automatisch verglichen und können zu übersichtlichen Diagrammen als Managementinformation aufbereitet werden. Der Prozess ist die kleinste Kontrolleinheit, über Aggregation lassen sich leicht auch übersichtliche Top-Level-Informationen generieren. Da die Prozesse und die Daten der Strukturen im Projektkontext hierarchisch aufgebaut sind, kann so umgekehrt wieder das Gesamtprojekt Top-Down bis zum Einzelvorgang hinsichtlich Termin- und Kostenabweichungen analysiert werden. Je Vorgang werden neben detaillierten Kosteninformationen auch Termin- und Leistungsdaten sowie der gesamte Schriftverkehr mit allen Planunterlagen ausgewertet. Vertragsabweichungen werden frühest möglich erkannt, es bleibt ausreichend Zeit für Variantenstudien und damit für eine optimale Lösungsfindung. Gleichzeitig können Änderungen und Störungen zielgerichtet dem Grunde und der Höhe nach (Auswirkungen auf Termine und Kosten) analysiert und bewertet werden.

13.3.2.4 Visualisierte Prozesse unterstützen das Projektmanagement

Die Verknüpfung der Objekte aus der 3D-Planung mit den Projektmanagement-Daten aus der Termin- und Kostenplanung sowie dem aktuellen Berichtswesen ermöglicht eine anschauliche Visualisierung von Prozessen und unterstützt die Lösung von planerischen und baubetrieblichen Aufgabenstellungen. Die Planungs- und Ausführungsbeteiligten besprechen sich am Modell. Es werden Kollisionen, Konfliktpunkte und Schnittstellenprobleme in der Planung durch die Visualisierung deutlich sichtbar, das Projektmanagement kommt schneller auf den Punkt, löst die Probleme schneller und die Fehlerquote sinkt. Dies erhöht sowohl die Kosten- und Terminsicherheit als auch die Qualität am Bau.

13.3.3 Vorteile des Modells

Zusammenfassend ist festzustellen, dass das Produktionsmodell sowohl die baubetriebliche Realität besser abbildet als auch den baurechtlichen Anforderungen besser entspricht als die konventionellen Verfahren baubetrieblicher Planung und Kontrolle von Kosten und Terminen. Es baut auf Prozessen auf, die als beobachtbare Größen während der Ausführung eine einfache und eindeutige Basis für Planung und Steuerung bieten.

Das Produktionsmodell ermöglicht mehrdimensionale Kontrollfunktionen zur Prozess- und Kostenoptimierung laufender und zukünftiger Projekte. So sind jederzeit Verläufe von Plan- und Ist-Kosten und sogar die Kosten- und Terminabweichung einzelner Vorgänge darstellbar.

Das Datenmaterial kann bedarfsgerecht für unterschiedliche Perspektiven ausgewertet werden. Eines der zahlreichen Kriterien könnte beispielsweise sein, »alle Vorgänge mit Kostenüberschreitung« abzurufen und den dazu relevanten Schriftverkehr zu analysieren.

Der formale Anspruch des Modells, Daten strukturiert vorzuhalten, lässt es zu, abgeschlossene Projekte als Wissensbasis für zukünftige Aufgabenstellungen zu analysieren. Das Modell bietet ein verdichtetes und strukturiertes Abbild des realen Projektgeschehens und stellt es als Grundlage für ein umfassendes Wissensmanagement zur Verfügung.

Aus baurechtlicher Sicht genügt es auch den Anforderungen aus den verschiedensten Verfahren zur Ermittlung von störungsinduzierten Mehrkosten. Diese Berechnungsmodelle bauen ausnahmslos auf einer prozessorientierten Betrachtung auf, was in der Natur der Sache liegt, da Prozesse die Basis jeglicher Produktion sind und Störungen prozessbezogen verfolgt werden müssen.

Das Modell erfüllt auch die Voraussetzungen, um die Prozesse von Planung und Bau entsprechend formalisiert in eine Software-Lösung umzusetzen. Mit diesen Lösungen ist es möglich, die Qualität der IT-Unterstützung entscheidend zu verbessern und völlig neue Verfahren zu implementieren. Die Informationstechnologie darf nicht nur dazu genutzt werden, bestehende Verfahren zu automatisieren oder zu beschleunigen. Der wirkliche Nutzen entsteht dann, wenn dadurch völlig neue Verfahren ermöglicht werden! Dieses Ziel wird mit dem Produktionsmodell verfolgt.

Mit dem Einsatz neuer Methoden entsteht unter der Prämisse einer besseren IT-Unterstützung automatisch eine stärkere Formalisierung der gesamten Projektorganisation und des Managements. Auch wenn jedes Projekt seine Besonderheiten hat, kann ein Framework geschaffen werden, welches die wesentlichen Elemente und Strukturen vorgibt sowie die Verfahren definiert und damit den Einsatz neuer Technologien ermöglicht.

13.4 Umsetzung und Anwendung des Verfahrens

13.4.1 Das Werkzeug

Es soll nun gezeigt werden, wie die eingangs geschilderten Controlling-Aufgaben der Projektleitung auf der Grundlage des vorgestellten Produktionsmodells softwaregestützt umgesetzt werden können.

Die Software-Lösung *sfirion suite*, folgt der vorgestellten Controlling-Philosophie.

Mit den fünf Anwendungen *archiv*, *journal*, *budget*, *cockpit* und *vision* wird ein sogenanntes Projektleitsystem abgebildet. Es verknüpft konsistent die Datenstrukturen aller Projektbeteiligten für eine interdisziplinäre Zusammenarbeit. Es ermöglicht eine einfache Einbindung in bestehende ERP-Systeme, Kalkulations- und Ablaufplanungsprogramme. Die Funktionalität reicht von der Budgetplanung über die Mitteleinsatz-Erfassung, das Dokumentenmanagement und die Visualisierung von Prozessen bis zur Bereitstellung der erforderlichen Managementinformationen. Es werden damit die im Kapitel 13.3.2 beschriebenen Verfahrensschritte unterstützt.

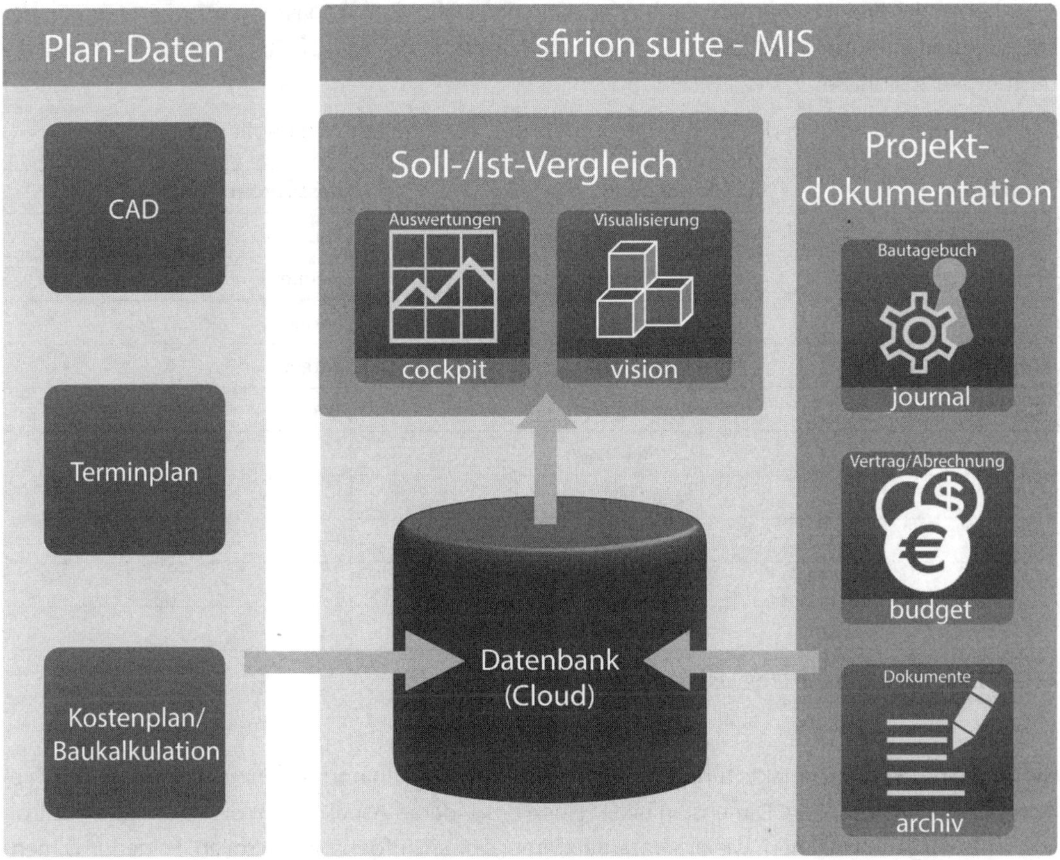

Abb. 13.9: Projektdaten und die Anwendungen der sfirion suite

13.4.2 Die Strukturen im Projektkontext

Der erste Schritt für ein gezieltes Kontrollieren und wirksames Steuern ist die Frage: »wer« kontrolliert und »was« ist zu kontrollieren? Die Frage nach dem »wer« beantwortet die Organisationsstruktur des Unternehmens. Was zu kontrollieren ist, wird durch unternehmens- oder projektspezifische Belange bestimmt, bzw. durch übergeordnete, genormte Kriterien definiert (z. B. DIN 276 Kosten im Hochbau, DIN 277 Grundflächen und Rauminhalte von Bauwerken im Hochbau).

Unternehmensspezifisch sind z. B. Personal-, Material-, Geräte-, Nachunternehmerstammdaten, Kostenarten und Leistungsbereiche. Abgestimmt auf die Belange des Unternehmens sind diese so genannten »Katalogdaten« fest oder dynamisch im Projekt erweiterbar. Für ein neues Projekt können die unternehmensweit gültigen Katalogwerte einfach aus einem Referenzprojekt übernommen werden.

Eigenheiten des Projekts werden durch entsprechende Definition, Anpassung oder Erweiterung der Kataloge und Strukturen berücksichtigt. Hierzu gehören z. B. der Ablaufplan, das Raumbuch und die Leistungsverzeichnisse.

Alle Strukturen werden in der *sfirion suite* abgebildet, vorgehalten und gepflegt.

Strukturen	**Kataloge**	**Ressourcen**
Projektstruktur	Kostengruppen	Personal
Projektkostengliederung	Leistungsbereiche	Geräte
Objektstruktur	Einheiten	Material
Kfm. Struktur	Währungen	Betriebe
Vorgänge	Kommentare	Teams
	Geräteklassen	
	Materialklassen	
	Qualifikationen	
	Wetter	
	NU-Klassen	

Abb. 13.10: Hierarchische Projektstrukturen in der sfirion suite

Die Größe des Beispielprojekts führt zu einer mehrdimensionalen und stufenweise verfeinerten (hierarchischen) Planung. Jede Dimension bildet einen besonderen Aspekt des Projekts ab. Das Controlling muss Vorgaben machen, wie die einzelnen Dimensionen aufgebaut sein sollen. Folgende Dimensionen sind für das Projekt wichtig:

Raum und Objekte

Ein Projektstrukturplan (PSP) gliedert das Vorhaben in einzelne, voneinander eindeutig abgrenzbare räumliche Abschnitte und Objekte. Im Tiefbau wird die Raumstruktur eher als Objektstruktur ausgebildet, indem einzelne Bauwerke oder Bauteile davon als PSP-Elemente definiert werden. Das Ziel der Raumstruktur ist unter anderem, eine gute Lokalisierung zu ermöglichen, was insbesondere auch für das Controlling wichtig ist.

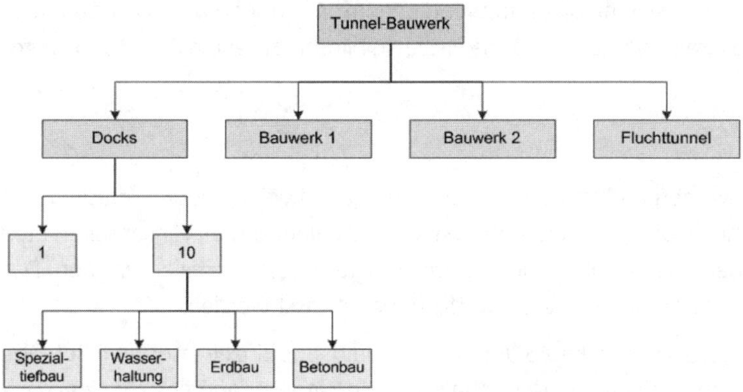

Abb. 13.11: Beispiel eines Projektstrukturplans für einen Straßentunnel

Vorgänge (Ablaufdimension)

Alle notwendigen Prozesse sind in einer mehrstufigen Ablaufplanung abgebildet. Es gibt neben dem Generalterminplan noch Steuerungsterminpläne und Detailablaufpläne. Für den Rohbau des Tunnels wurde zudem ein spezieller Taktplan ausgearbeitet:

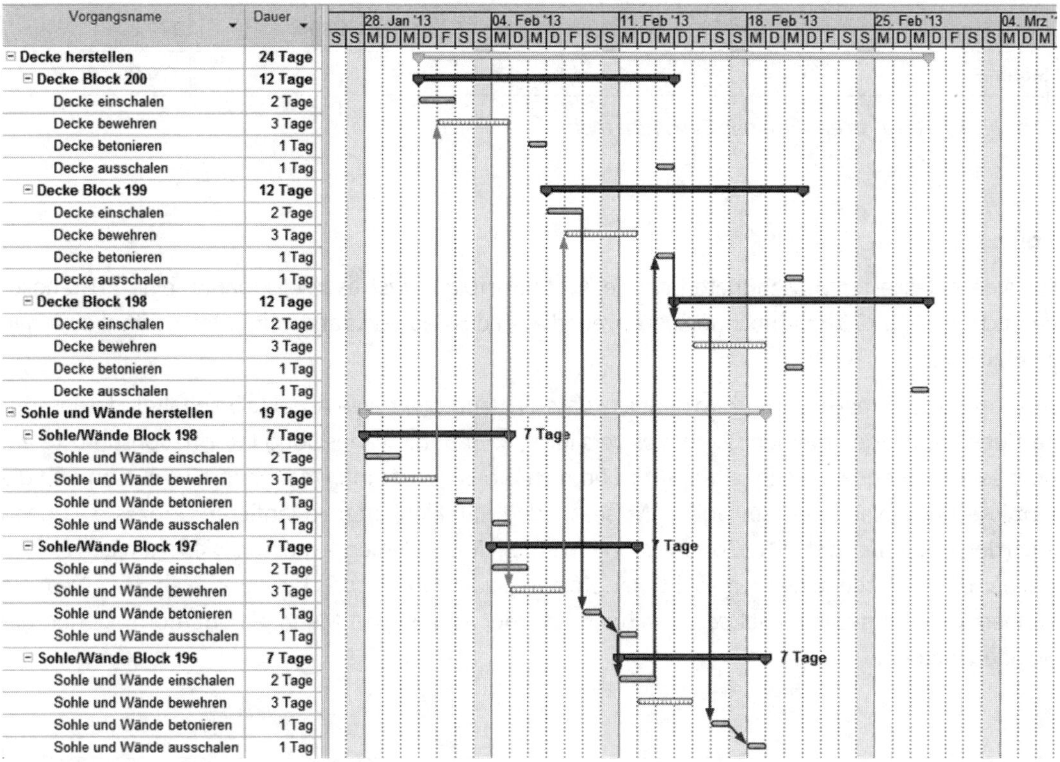

Abb. 13.12: Taktplan für die Schalungs-, Bewehrungs- und Betonierarbeiten je Tunnelblock

Die Detailablaufpläne enthalten Prozesse mit allen notwendigen Informationen über Mengen, Ressourcen, Produktionsgeschwindigkeit und Kosten. Diese Prozesse bilden später die Basis für das prozessorientierte Controlling.

Ressourcen

Die notwendigen Einsatzmittel werden im Rahmen der Planung qualitativ typbezogen erfasst. Beim Personal werden unterschiedliche Qualifikationen (Betonbauer, Maschinenführer, Hilfsarbeiter, etc.) unterschieden. Die Geräte können zweckmäßig nach Baugeräteliste (BGL) klassifiziert werden. Das Material kann gemäß der im Unternehmen üblichen Stoffgruppen erfasst werden.

Wie schon erwähnt, ist es im Bauwesen zweckmäßig und notwendig, aus Einzelressourcen Betriebe oder Kolonnen zusammenzustellen. In der folgenden Tabelle ist eine Betriebsdefinition für einen Erdbaubetrieb dargestellt. Es werden je Ressource die unterschiedlichen Kostenattribute aufgeführt.

Ressource	Anzahl	AfA + Rep. (EUR/h.)	Betriebsstoffe (EUR/h)	Lohn (EUR/h)	Gesamtkosten (EUR/h)
Bagger 240 kW	1	44,30	28,40		72,70
Geräteführer	1			31,00	31,00
Facharbeiter	1			31,00	31,00
LKW	11	16,40	17,10		368,50
LKW-Fahrer	11			24,80	272,80
Summe					**776,00**

Abb. 13.13: Ressourcen für einen Erdbaubetrieb

Kosten

Für eine detaillierte, phasenübergreifende Kostenverfolgung ist es zweckmäßig, eine Kostengliederung nach DIN 276 bzw. nach speziellen, auf die Art des Bauwerks abgestimmten Kostenkatalogen zu erarbeiten.

Aus dieser Zusammenstellung wird deutlich, dass ein Bauprojekt viele Aspekte beinhaltet, die gesamthaft geplant werden müssen. Wird dies versäumt, so treten zwangsläufig Informationsdefizite auf oder es entstehen Schwierigkeiten aufgrund nicht konsistenter Informationen. So müssen sich die Prozesse des Ablaufplans sinnvoller Weise an den PSP-Elementen orientieren. Prozesse können auch den Elementen der DIN 276 zugeordnet werden. Raumelemente müssen wiederum den Einheiten der DIN 277 oder einer vergleichbaren Kostengliederung entsprechen. Geschieht dies nicht, so können keine sinnvollen Analysen durchgeführt oder aggregierte Managementinformationen gewonnen werden.

13.4.3 Die Prozesskalkulation

Beispielhaft soll die Planung des Aushubprozesses im Dock 8 dargestellt werden. Für den Aushub werden ein Ladebetrieb, bestehend aus Bagger, Geräteführer und Beihilfe, sowie ein Ladebetrieb, bestehend aus mehreren LKW und Personal, zusammengestellt. Der Bagger wird als so genanntes »Leitgerät« definiert. Alle mit dem Ladegerät ausgeführten Prozesse (Aushub und Laden) bestimmen die Produktionsgeschwindigkeit des gesamten Prozesses. Der Transportbetrieb wird als abhängiger Betrieb entsprechend der Leistungsvorgabe des Ladebetriebs dimensioniert.

Im Beispiel ist die Leitmenge des Prozesses Aushub im Dock 8 V = 41.609 m³ Aushub. Die Dauerleistung eines Kettenbaggers wird zu c_v = 230 m³/h (Leistung c ist der Kehrwert des Aufwandswerts w) ermittelt. Die tägliche Arbeitszeit beträgt 9,0 h/d. Gemäß Produktionsfunktion ergibt sich eine Dauer von:

$$D = \frac{V \cdot w}{Q \cdot T_d} = \frac{V}{c \cdot Q \cdot T_d} = \frac{41.609}{230 \cdot 1 \cdot 9,0} = 20,1 \; Tage \qquad (Gl. 4)$$

Aus diesen Rahmenbedingungen der Produktionsplanung soll nun ermittelt werden, wie viele LKW notwendig sind, um den Prozess wie geplant abwickeln zu können. Dabei wird eine Dauerleistung je LKW von 22 m³/h in Ansatz gebracht, die sich aus der Spieldauer (Summe von Lade- und Fahrzeiten) und dem Ladevolumen berechnet.

$$Q = \frac{41609}{22 \cdot 20 \cdot 9,0} = 10,5 \; [G] \qquad (Gl.5)$$

Aus der Berechnung ergeben sich 10,5 LKW, d. h. auf der sicheren Seite liegend, werden 11 LKW eingesetzt. Aus der Betriebszusammenstellung können nun die Gesamtkosten errechnet werden.

Die zeitabhängigen Geräte- und Personalkosten, bzw. Materialkosten sind als Eigenschaften der Ressourcen hinterlegt und gehen entsprechend in die Rechnung ein. Die Einheitskosten je m³ Aushub berechnen sich in Abhängigkeit der Leistung des Leitgeräts folglich zu 776/230 = **3,37 €/m³**.

13.4.4 Ist-Daten-Erhebung

13.4.4.1 Der Bautagesbericht dokumentiert den Ressourceneinsatz

Analog zur Kalkulation der Prozesse müssen während der Bauausführung die Ist-Daten erhoben werden. Dazu dient das Bautagebuch, in welchem alle Ereignisse, Tätigkeiten, der Ressourceneinsatz und die Rahmenbedingungen (Wetter) eines Tages aufgeführt werden.

Soll dieser Datenbestand einer Auswertung zugänglich gemacht werden, muss er ebenso konsequent und systematisch aufgebaut werden wie die Soll-Daten. Für Soll-/Ist-Vergleiche müssen Soll- und Ist-Daten zudem konsistent sein!

Daher liegt es nahe, auch die Ist-Datenerfassung durch geeignete Tools zu unterstützen und damit zu systematisieren. Ein elektronisches Bautagebuch kann mit der Anwendung *sfirion journal* erstellt werden. Der Aufwand der Erhebung lässt sich dadurch wesentlich reduzieren, da das manuelle Bearbeiten der Tagesberichtsformulare weitgehend entfallen kann. Bei der Tagesberichtserstattung geht es im Wesentlichen darum, die vorhandenen Ressourcen den aktuell aktiven Prozessen zuzuordnen. Sofern diese Elemente des Produktionsmodells in einer Software vordefiniert angelegt sind, lässt sich ein Tagesbericht mit wenigen Mausklicks erzeugen: Im folgenden Bild ist dargestellt, wie zu einem Aushubvorgang die aktiven Ressourcen mit den aktuellen Tageswerten hinzugefügt werden können:

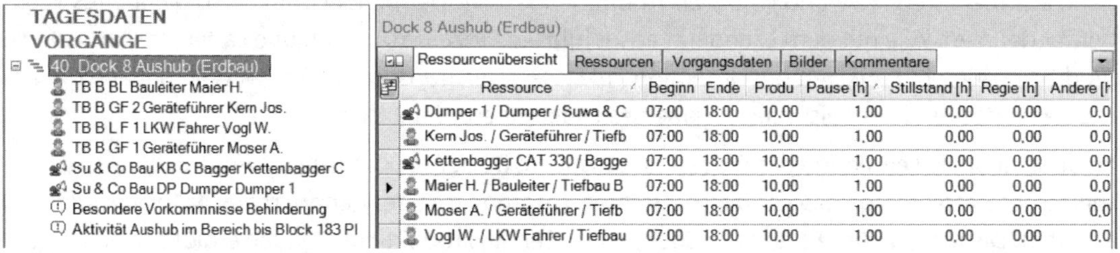

Abb. 13.14: Datenerfassung mit dem elektronischen Bautagebuch sfirion journal

Die dargestellten Werte (geleistete Mengen und Ist-Aufwand) sind unerlässlich für einen prozessbezogenen Soll-/Ist-Vergleich von Kosten, Ressourcen und Terminen. Der Bautagesbericht liefert damit alle wichtigen Informationen für die Überwachung und Bewertung der einzelnen Prozesse. Gleichzeitig können aus den erfassten Daten Listen generiert werden für:

- eingesetztes Eigenpersonal,
- Geräte und Personal der Fremdfirmen,
- Stundennachweise für die Lohnbuchhaltung,
- Stundennachweise bei gestörten und ungestörten Prozessen.

Darüber hinaus liefert das Bautagebuch den

- tatsächlichen Ist-Ablaufplan (s. u. Abschnitt 13.4.5.2) und
- tatsächlichen Leistungsfortschritt.

Im folgenden Bild ist ein Beispiel für einen systematisch nach Prozessen (Zeilen) und Ressourcen (Spalten) aufgebauten Tagesbericht dargestellt. Erkennbar ist auch die Zuordnung der Prozesse zur Projektstruktur (Bauwerk und Bauteil):

BAUTAGESBERICHT

Datum/Schicht: 20.12.2014/1 **Bauberichtsnr.: 335**

Strukturnr.: **Seite 1 von 3**

Bauleiter:
Arbeitszeitbeginn: 7.00
Arbeitszeitende: 14.00

Wetter: bewölkt
min. Temp.: -1
max. Temp.: 4
Niederschlagsmenge:

Bauwerk	Bauteil	Bezeichnung/Kommentar	Polier/Vorarbeiter	Arbeiter	Liebherr Obendreh	Kramerlader I	Kreissäge	Kettensäge Stihl	Raupenkran KR 42	Kramerlader IV	Hilti Bohrmaschin	MK 45 III (Mobilk	Kramerlader III	MK 45 II Mobilkra	Kramerlader II			
		Anzahl		44	1	1	1	1	1	1	1	1	1	1	1			
		Abdichtung Kommentar: Aufbringen der Bitumenbahn sowie das Aufbringen des Harzes aufgrund der sehr niedrigen Bauteiltemperatur nicht möglich																
Dock 1		Lenzbrunnen betreiben Kommentar: Restwasserhaltung Dock 1 in Betrieb Versickerung in der Vorwegmaßnahme Dock 3																
Dock 1		Entspannungsbrunnen betreiben Kommentar: Entspannungsbrunnen Dock 1 in Betrieb																
Dock 1		Sohle und Wände Kommentar: Einschalen der Bodenplatte und Wände Block 3 Bewehrungsarbeiten Bodenplatte Block 3		120,00	6,00	6,00	4,00	2,00										
Dock 2		Lenzbrunnen betreiben Kommentar: Lenzbrunnen bzw. Restwasserhaltung Dock 2 in Betrieb																
Dock 2		Entspannungsbrunnen betreiben Kommentar: Einspannungsbrunnen Dock 2 sind in Betrieb																
Hochl.		Sohle und Wände Kommentar: Bewehrungsarbeiten Block 03		54,00					6,00	6,00								
Dock 5a		Lenzbrunnen betreiben																

AN - Datum, Unterschrift Bauherr - Datum, Unterschrift

Abb. 13.15: Ausdruck eines Bautagesberichts aus sfirion journal

Zusammenfassend lässt sich feststellen, dass gerade im Rahmen der Erhebung von Ist-Daten der Einsatz spezieller Software erhebliche Vorteile mit sich bringt. Nicht nur die Erfassung wird beschleunigt und systematisiert, sondern alle Aufgaben, die mit der Ablaufsteuerung und Koordination zu tun haben, können dadurch auch wesentlich vereinfacht werden. Nachweise zu Änderungen und Störungen lassen sich auf einer systematisch erfassten Datenbasis wesentlich schneller und leichter bearbeiten, als dies bei der konventionellen Vorgehensweise möglich wäre.

13.4.4.2 Dokumentenmanagement

Das Projektgeschäft stellt an das Dokumentenmanagement (Schriftverkehr, Pläne, Protokolle, etc.) besondere Anforderungen. Zusätzlich zu den klassischen Funktionen eines Dokumentenmanagement-Systems (DMS) müssen Strukturpläne (Objektstrukturpläne, Beteiligtenstrukturpläne), Ablaufpläne und Projektstrukturen neben dem herkömmlichen Aktenplan eines Unternehmens verwaltet werden. Die Strukturen, die mit einem DMS verwaltet werden, müssen, um ein reibungsloses Arbeiten zu ermöglichen, mit den allgemein gültigen Strukturen im Projekt identisch sein. Das Dokumentenmanagement lässt sich demnach nicht von der allgemeinen Projektplanung bzw. dem Projektcontrolling trennen.

So müssen z. B. alle Dokumente, die mit dem Vorgang »Aushub Dock 8« in Verbindung stehen, über eine einfache Suchfunktion gefunden werden können. Klassische Attribute, die sich für eine Suche eignen, sind:

Allgemeine Suchkriterien:

- Dokumenttyp (Brief, Protokoll, etc.)
- Datum
- Adresse, Verteiler
- Betreff
- Schlagworte
- Ablage (Ablagenummer im Aktenplan)

Spezielle Suchkriterien:

- Vorgang, Ereignis, Störung, Problemstellung
- Projektstruktur
- Projektorganisation

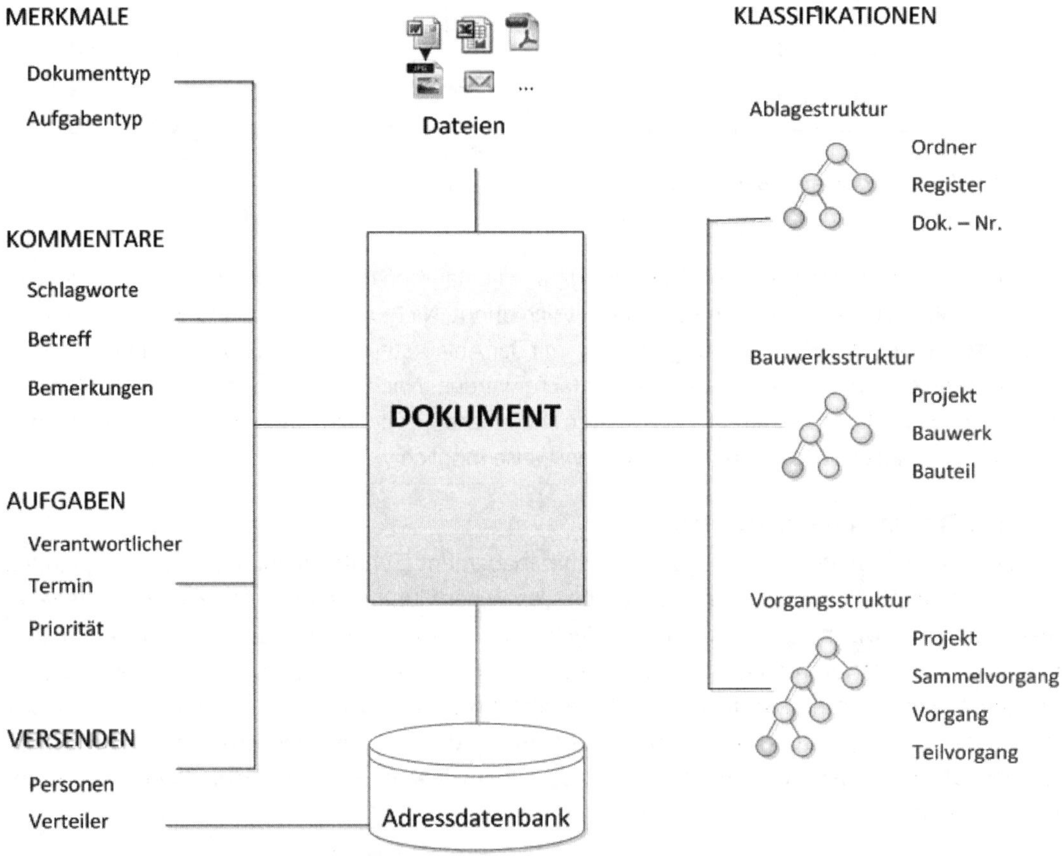

Abb. 13.16: Klassifizierung eines Dokuments

Mit dieser Klassifikation ist es möglich, in sehr kurzer Zeit alle Dokumente, die für eine Störung relevant sein können, zu finden und zu sichten. Eine Suche kann Kriterien aus einer oder mehrerer dieser Dimensionen zur Klassifikation kombinieren:

- Ablage: Schriftverkehr mit Bauherr
- Projektstruktur: Dock 8
- Vorgang: Aushub
- Schlagwort: Anordnung
- Freitext: »Arbeitsraum«, »Anschüttung«
- Zeitraum: 01.05.2013–01.09.2013

Das elektronische Dokumentenmanagement ist folglich ein unverzichtbares Hilfsmittel zur sicheren und schnellen Recherche im Zuge der Begründung von Anspruchsgrundlagen.

Ein weiterer, äußerst wichtiger Vorteil eines DMS ist es, dass ein Dokument mehrere Dateien umfassen kann. So können z. B. alle zu einem Vertrag gehörenden Dateien logisch im Dokument »Vertrag« zusammengefasst werden. Auch die Bearbeitung eines Dokuments und die Verteilung kann über ein DMS leicht und sicher dokumentiert werden.

13.4.5 Auswertung der Soll- und Ist-Daten

In diesem Abschnitt soll gezeigt werden, welche Controlling-Informationen das tagfertige Controlling liefert. Dazu werden anhand der eingangs definierten Bauleitungsaufgaben einige Beispiele zusammengestellt.

Die Soll- bzw. Vorgabewerte kommen aus der Arbeitsvorbereitung bzw. sind direkt aus den Prozessinformationen vorangegangener Projekte generiert. Das Berichtswesen auf der Baustelle (Bautagesberichte) liefert ebenfalls auf Basis der Prozesse direkte Eingangswerte für Soll-/Ist-Vergleiche. Eine manuelle Aufbereitung der Daten ist nicht erforderlich. Mit der Eingabe der Bautagesberichte werden die Basisdaten erfasst für

- Personallisten (Eigenpersonal und Fremdfirmen),
- Stundennachweise für Lohnbuchhaltung,
- Kosten Soll-/Ist-Vergleiche mit aktuellen Fertigstellungsgraden,
- Termin-Soll-/Ist-Vergleiche.

Exemplarisch für die unterschiedlichen Sichten auf das Projekt bzw. die Controllingaufgaben sind nachfolgend einige Auswertungen aufgeführt.

13.4.5.1 Stundenauswertungen

Die nachfolgende Abbildung 13.17 zeigt eine einfache Stundenauswertung. Dabei wird der Stundenaufwand je Beschäftigtem und Tag auf einem ausgewählten Prozess der Vorgangsstruktur abgefragt. Zeitraum und Prozess (Hierarchiestufe) werden bei der Abfrage festgelegt.

Die Erstellung von Personallisten (Eigenpersonal/Fremdfirmen) für das Gesamtprojekt pro Monat sowie die Stundennachweise der einzelnen Beschäftigten (Monatsbericht für Lohnbuchhaltung) werden aus dem gleichen Datenbestand generiert.

Üblicherweise werden in den Bautagesberichten, Lohnberichten oder Pendellisten für das Baustellencontrolling dieselben Daten mehrfach erfasst. Durch die strukturierte Datenerfassung und die differenzierten Auswertungsmöglichkeiten ist bei der gegebenen EDV-Unterstützung die mehrfache Dateneingabe überflüssig.

Personal im Einsatz
Vorgang: Aushub E2

Datum	Name	Qualifikation	Gruppe	Kosten [EUR/Ah]	Ist-Std [Ah]	Kosten [EUR]
25.07.2013	Boxleitner	Polier/Vorarbeiter	Löse- u. Ladebetrieb	34,75	9,0	312,75
25.07.2013	Kern Jos.	Geräteführer	Löse- u. Ladebetrieb	34,75	8,5	295,38
25.07.2013	Brunner A.	Geräteführer	Löse- u. Ladebetrieb	34,75	6,0	208,50
25.07.2013	Moser A.	Geräteführer	Löse- u. Ladebetrieb	34,75	6,0	208,50
28.07.2013	Boxleitner	Polier/Vorarbeiter	Löse- u. Ladebetrieb	34,75	9,0	312,75
28.07.2013	Kern Jos.	Geräteführer	Löse- u. Ladebetrieb	34,75	8,5	295,38
28.07.2013	Scholder, Heinz	Geräteführer	Löse- u. Ladebetrieb	34,75	10,0	347,50
28.07.2013	Wieninger, Johann	Geräteführer	Böschungsprofilierung	34,75	10,0	347,50
28.07.2013	Vogl, Wilhelm	Hilfsarbeiter	Löse- u. Ladebetrieb	26,80	9,0	241,20
29.07.2013	Boxleitner	Polier/Vorarbeiter	Löse- u. Ladebetrieb	34,75	10,0	347,50
29.07.2013	Höppler M.	Facharbeiter	Löse- u. Ladebetrieb	31,50	10,0	315,00
29.07.2013	Kern Jos.	Geräteführer	Löse- u. Ladebetrieb	34,75	9,0	312,75
29.07.2013	Scholder, Heinz	Geräteführer	Löse- u. Ladebetrieb	34,75	9,0	312,75
29.07.2013	Wieninger, Johann	Geräteführer	Böschungsprofilierung	34,75	9,0	312,75
30.07.2013	Boxleitner	Polier/Vorarbeiter	Löse- u. Ladebetrieb	34,75	10,0	347,50
30.07.2013	Höppler M.	Facharbeiter	Löse- u. Ladebetrieb	31,50	5,0	157,50
30.07.2013	Kern Jos.	Geräteführer	Löse- u. Ladebetrieb	34,75	9,0	312,75
30.07.2013	Scholder, Heinz	Geräteführer	Löse- u. Ladebetrieb	34,75	9,0	312,75
30.07.2013	Wieninger, Johann	Geräteführer	Böschungsprofilierung	34,75	9,0	312,75
30.07.2013	Ziegler, Franz	Geräteführer	Löse- u. Ladebetrieb	34,75	9,0	312,75
31.07.2013	Boxleitner	Polier/Vorarbeiter	Löse- u. Ladebetrieb	34,75	9,0	312,75

Abb. 13.17: Darstellung der geleisteten Stunden auf dem Vorgang Aushub Einschnitt E2

13.4.5.2 Termin- und Kosten-Soll-/Ist-Vergleiche

Mit Soll-/Ist-Vergleichen werden zunächst Abweichungen erkannt, auf denen aufbauend Steuerungsmaßnahmen getroffen werden können. Der Vorteil des prozessorientierten Controllings ist, dass eine Abweichung immer prozessbezogen festgestellt und damit sehr gut lokalisiert und interpretiert werden kann.

Mit der Dokumentation der Arbeiten auf den einzelnen Vorgängen (Zuordnung der Ressourcen zu Vorgängen) wird festgehalten, auf welchen Prozessen Aktivitäten stattfinden. Aus diesen Informationen generiert das System automatisch einen Soll-/Ist-Terminplan.

Neben der terminlichen Lage lassen sich auch die monetären Abweichungen darstellen. Ob als Graph über die Zeit oder individuelle Kostenanalysen bestimmter Kostengruppen, die hinterlegten Strukturen und der Grad der Vernetzung bestimmen die Möglichkeiten.

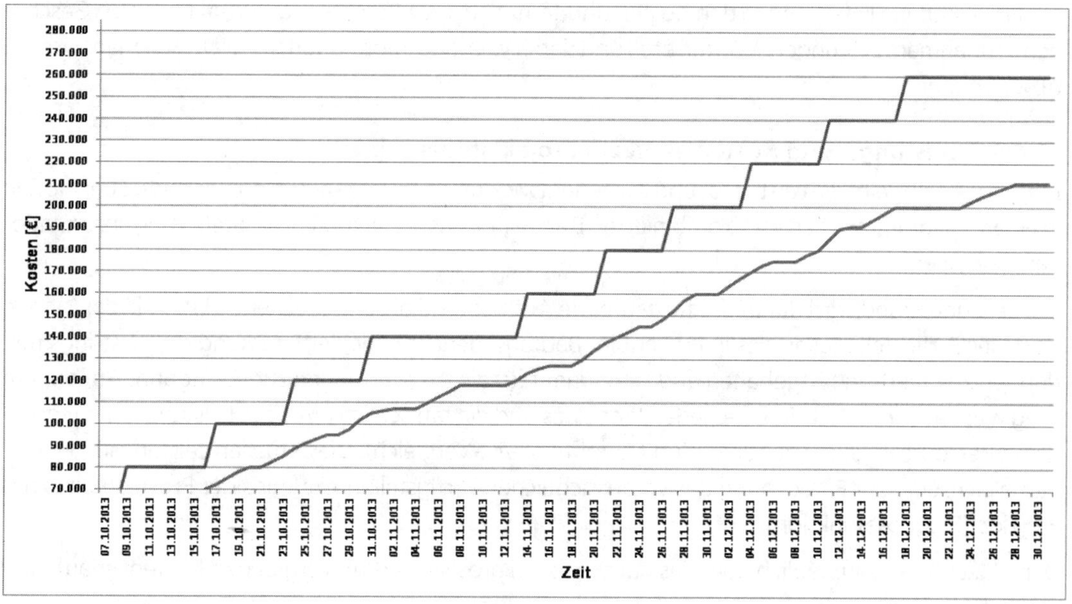

Abb. 13.18: Automatischer Kosten-Soll-/Ist-Vergleich

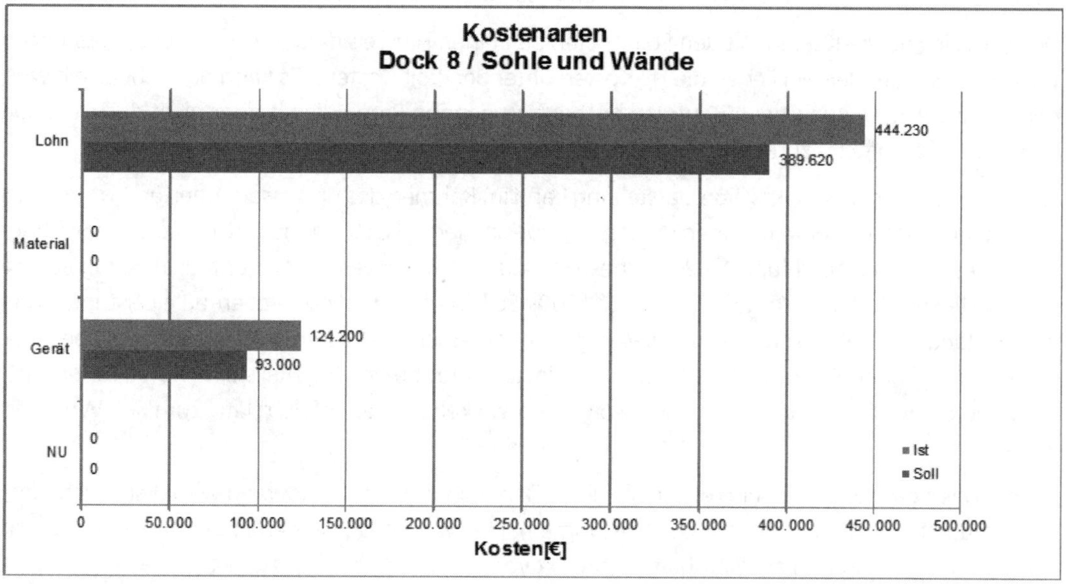

Abb. 13.19: Kosten-Soll-/Ist-Vergleich nach Kostenarten

Soll-/Ist-Vergleiche dienen nicht nur der Leistungskontrolle, sondern im Falle von Störungen des planmäßigen Ablaufs auch dem Nachweis der daraus resultierenden Mehrkosten. Der Soll-/Ist-Vergleich auf Prozessebene liefert neben den Kosten und Terminen auch Bemerkungen zum täglichen Geschehen (Abnahmen, Störungen, Wetter, etc.) und damit wichtige Informationen zur Ursachenanalyse bei Abweichungen.

13.4.5.3 Leistungs- und Kostenstand zur Projektsteuerung

Die Abb. 13.20 zeigt die Leistungs- und Kostenentwicklung des Vorgangs »Spundwand« über die Zeit in einem Diagramm. Mit dieser kombinierten Darstellung lassen sich wichtige Steuerungsinformationen gewinnen.

Der Leistungsstand wird durch das fortlaufende Aufmaß und die entsprechende Eingabe der Menge bzw. des Fertigstellungsgrades in Prozent im Bautagesbericht bzw. der Erfassung der Leistungsmeldungen zum Vertrag festgehalten und steht damit für die Auswertungen zur Verfügung. Auf diesem Weg werden der Fortschritt eines jeden Prozesses und die tatsächlich erreichte Leistung der zugeordneten Ressourcen genau dokumentiert (Termin-Soll-/Ist-Vergleich). Die aktuellen Leistungsdaten dienen gleichzeitig zur Berechnung des voraussichtlichen Fertigstellungstermins der Prozesse bzw. des Projekts (Prognosefunktion).

Der Ist-Aufwand wird täglich über das Bautagebuch protokolliert und ergibt den Kostenverlauf über die Zeit.

Über die Produktionsfunktion (siehe Abschnitt 13.3.1.2) werden die auf den tatsächlichen Baufortschritt bezogenen Soll-Kosten (Soll-Kosten auf Basis der Ist-Mengen) berechnet und können mit den dokumentierten Ist-Kosten verglichen werden (Kosten-Soll-/Ist-Vergleich).

Der Vergleich der Ist-Kosten mit den Soll-Kosten gibt einen Hinweis darauf, ob zu wenig Ressourcen verfügbar sind (im Beispiel liegen die Ist-Kosten unter den Soll-Kosten). Es kann damit beurteilt werden, ob die Abweichung beim Baufortschritt auf zu geringe Produktivität oder nicht ausreichende verfügbare Ressourcen zurückzuführen ist.

Eine weitere, sehr aussagekräftige Darstellung kann im Rahmen des prozessorientierten Controllings gewonnen werden, indem für einen Prozess ein normalisierter Leistungs- und Kostenstand errechnet wird. Dies ist in der Abbildung 13.21 dargestellt. Alle Ist-Werte werden prozentual in Bezug auf die Soll-Werte ermittelt. Die Vorgabe ist immer 100% Soll. Täglich wird der prozentuale Leistungs- und Kostenstand ermittelt, so dass sich Aussagen gewinnen lassen, ob Kosten und Leistung sich über oder unter Plan befinden. In Summe lässt sich über die gesamte Laufzeit ebenfalls eine Kurve für die Entwicklung der Einheitskosten bzw. Einheitspreise entwickeln, die ebenfalls relativ zum Soll-Wert dargestellt ist.

In dem oben dargestellten Beispiel zur Problematik beim Vorgang Spundwand wird ersichtlich, dass von Anfang an nicht die erforderliche Leistung erreicht worden ist. An den Einheitskosten ist zu erkennen, dass am Anfang ein Einarbeitungseffekt vorliegt, die Kurve fällt zunächst.

Die Kosten liegen nahe dem Soll-Wert, was bedeutet, dass genügend Einsatzmittel vorhanden sind, diese aber nicht die erforderliche Leistung erreichen. Ein Versuch zur Beschleunigung (Ist-Kosten über 100%) ergibt nur eine minimale, unterproportionale Leistungssteigerung, was dazu führt, dass die Einheitskosten zunächst ansteigen.

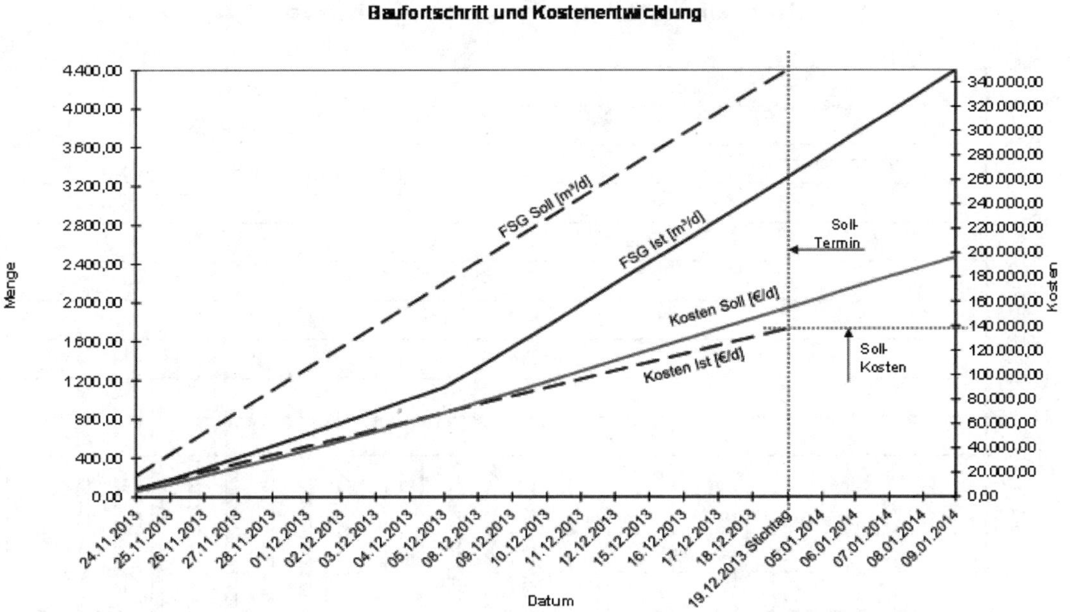

Abb. 13.20: Baufortschritt und zugehörige Kosten zum Stichtag im Soll und Ist

Aufgrund der Probleme mit dem Baugrund wird schließlich, wie weiter oben beschrieben, ein zusätzlicher Prozess eingeführt, der über Bohrungen den Boden auflockern soll. Das führt wiederum zu erhöhten Kosten (Ist-Kosten nun über 120%), allerdings wird dadurch eine überproportionale Leistungsverbesserung erzielt und die Einheitskosten beginnen zu sinken. Insgesamt führen die Probleme mit dem Baugrund zu einer Verzögerung von 5 Tagen und Mehrkosten von ca. 40% (Endwert der Kurve zu Einheitskosten bei 140%).

13.4.5.4 Soll-/Ist-Bauablaufvisualisierung

Die visuelle Gegenüberstellung des Soll- sowie Istbauablaufs erleichtert das Verständnis von ansonsten auf Basis von Balkenplänen schwer verständlichen Bauabläufen sowie die bessere Erkennung von räumlichen und zeitlichen Abhängigkeiten in Bauprozessen. Hierdurch wird das Projekt für alle Beteiligten anschaulich und begreifbar.

Mittels der Anwendung *sfirion vision* können die in einem Bauablaufplan festgehaltenen Konstruktionszeiträume bzw. Fertigstellungszeiträume mit den betreffenden Bauteilen des 3D-Projektmodells kombiniert werden. Es wird somit ein 5D-Modell erstellt, welches neben den geometrischen Daten (3D) weitere Bauteildetails hinsichtlich der Termin- (4D) und Kostenperspektive (5D) enthält. Mit einem Klick auf ein Bauteil können somit zahlreiche, für das Controlling entscheidende Informationen zu diesem angezeigt werden:

- Bautagesberichte
- Ganglinien

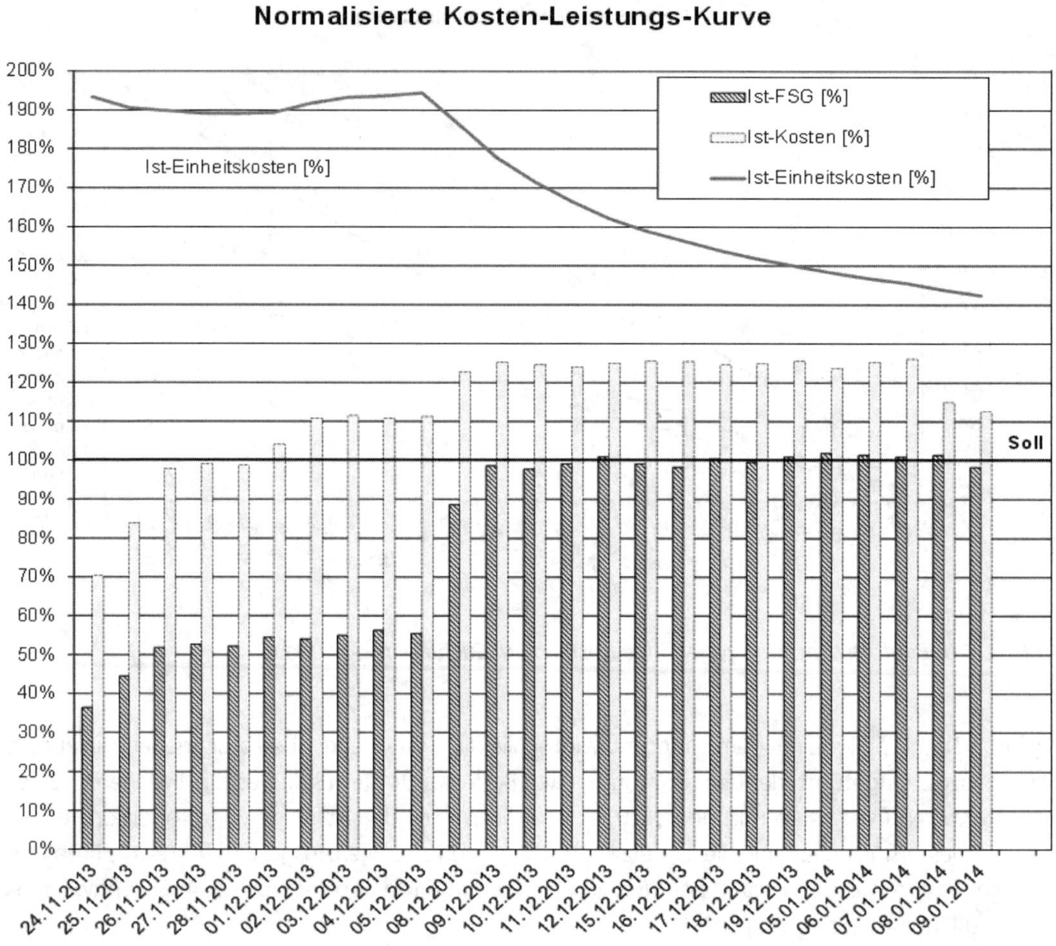

Abb. 13.21: Normalisiertes Kosten-Leistungs-Diagramm

- Zugehörige LV-Positionen, Abrechnungsdaten sowie Aufmaße
- Schnittstellenprobleme

Ausgehend vom Vertragsterminplan und den vereinbarten Vertragsfristen bzw. -meilensteinen wird der Soll-Ablauf entwickelt. Hierfür ist es erforderlich, die Bauelemente des Projektmodells mit den Vorgängen des Terminplans (Prozesse) zu verknüpfen.

Anhand der in *sfirion journal* digital erfassten Bautagesberichte und Fertigstellungsgrade wird der tatsächliche Bauablauf in *sfirion vision* dargestellt. Dieser kann wiederum dem Soll-Bauablauf gegenüber gestellt werden, was aus der nachfolgenden Grafik 13.22 ersichtlich wird.

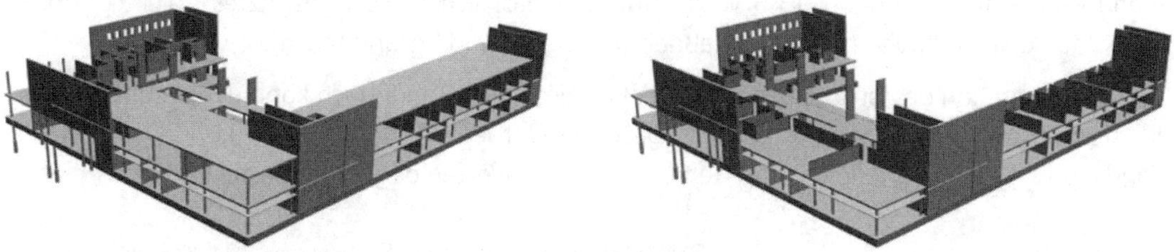

Abb. 13.22: Gegenüberstellung von Soll- und Istbauablauf

Verschiedene Analyseansichten ermöglichen es zudem, den Fokus auf bestimmte Umstände, wie zum Beispiel Zeit- oder Kostenüberschreitungen, zu lenken. Abweichungen vom Bau-Soll und Probleme werden mittels Einfärbung sofort erkannt (vgl. Abb. 13.23). Ursachen und Folgen von Bauablaufstörungen werden so frühzeitig sichtbar und bieten daher die Möglichkeit, umgehend angemessene Steuerungsmaßnahmen zu ergreifen.

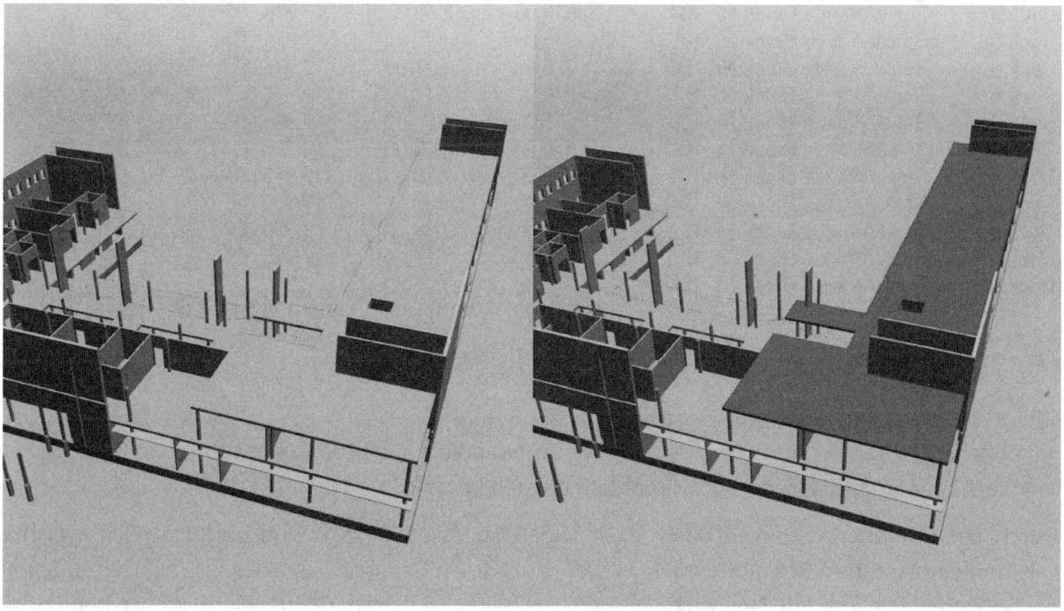

Abb. 13.23: Darstellung von Kosten-Abweichungen mittels Einfärbung

13.4.6 Mehrkostenberechnung

13.4.6.1 Nachweis und Ermittlung direkter Mehrkosten

Durch die streng hierarchische Datenhaltung liefert das Projektleitsystem sowohl Ergebnisse für die detaillierte Kontrolle von arbeitsteiligen Prozessen als auch für übergeordnete Auswertungen. Am Beispiel der Mehrkosten infolge der Störung des Rohbaus durch den beengten Arbeitsraum am

Spundwandkasten (siehe Abb. 13.6) wird aufgezeigt, dass sich ein EDV-gestütztes Projektcontrolling sowohl für kleine als auch für große Maßnahmen eignet und bezahlt macht.

Die Dokumentation des Ist-Ablaufs mittels elektronischem Bautagebuch kann direkt zur Ermittlung der störungsbedingten Mehrkosten herangezogen werden. Für jeden Block können die Ist-Aufwands- und -Kostenwerte leicht ermittelt und den Soll-Werten gegenübergestellt werden.

Bau-abschnitt	Vorgang	Soll-Aufwand [Ah/ME]	Ist-Aufwand [Ah/ME]	Soll-Kosten [€]	Ist-Kosten [€]	
Dock 8	Sohle/Wände Block Nr. 175	575,00	772,00	19.975,00	18.597,85	Störung
Dock 8	Sohle/Wände Block Nr. 176	575,00	1.113,00	19.975,00	17.476,56	
Dock 8	Sohle/Wände Block Nr. 177a	280,00	756,00	19.975,00	18.896,56	
Dock 8	Sohle/Wände Block Nr. 177b	410,00	1.207,00	19.975,00	21.937,95	
Dock 8	Sohle/Wände Block Nr. 178	575,00	818,00	19.975,00	18.280,56	
Dock 8	Sohle/Wände Block Nr. 179	575,00	1.022,00	19.975,00	17.125,55	
Dock 8	Sohle/Wände Block Nr. 180	575,00	980,00	19.975,00	18.481,13	
Dock 8	Sohle/Wände Block Nr. 181	575,00	1.210,00	19.975,00	18.182,62	
Dock 8	Sohle/Wände Block Nr. 182	575,00	1.030,00	19.975,00	18.709,73	
Dock 8	Sohle/Wände Block Nr. 183	575,00	573,00	19.975,00	20.777,26	
Dock 8	Sohle/Wände Block Nr. 184	575,00	560,00	19.975,00	17.056,36	
Dock 8	Sohle/Wände Block Nr. 185	575,00	570,00	19.975,00	19.950,56	
Dock 8	Sohle/Wände Block Nr. 186	575,00	537,00	19.975,00	35.023,62	
Dock 8	Sohle/Wände Block Nr. 187	575,00	514,00	19.975,00	43.068,16	
Dock 8	Sohle/Wände Block Nr. 188	575,00	551,00	19.975,00	32.541,14	
Dock 8	Sohle/Wände Block Nr. 189	575,00	505,00	19.975,00	33.903,38	
Dock 8	Sohle/Wände Block Nr. 190	575,00	516,00	19.975,00	25.115,93	
Dock 8	Sohle/Wände Block Nr. 191	575,00	580,00	13.805,00	36.461,90	
Dock 8	Sohle/Wände Block Nr. 192	575,00	535,00	9.390,00	22.350,13	
Dock 8	Sohle/Wände Block Nr. 193	575,00	517,00	19.975,00	35.100,38	
Dock 8	Sohle/Wände Block Nr. 194	575,00	505,00	19.975,00	25.476,28	
		11.615,00	**15.371,00**	**402.720,00**	**514.513,61**	

Abb. 13.24: Mehrkosten im Taktprozess Rohbau Sohle/Wände

In vorstehender Tabelle sind sowohl der Arbeitsaufwand als auch die Gesamtkosten je Block dokumentiert. Dies lässt sich leicht auch graphisch darstellen.

Durch die Ist-Datenerfassung auf Basis der einzelnen Prozesse je Block konnte die tatsächlich erreichte Leistung des gestörten Betriebs (Soll 1) in den betroffenen Bereichen direkt dem kalkulierten Soll 0 gegenübergestellt werden. Der Nachweis dem Grunde nach wird dadurch belegt, dass in den ungestörten Bereichen die kalkulierte Leistung erreicht wurde, d. h. die Kosten im Soll 0 entsprechen denen im Soll 1 (siehe Abb. 25, Blöcke 194–183).

Bei einer herkömmlichen Dokumentation der Ist-Daten nach Kostenarten ist eine derartige Darstellung nicht ohne Weiteres zu erstellen. Dazu müsste erst ermittelt werden, welche Arbeitskräfte und Ressourcen tatsächlich zur gegebenen Zeit an den betroffenen Bauteilen gearbeitet haben. Diese Daten müssten aus den Unterlagen herausgesucht, manuell neu zusammengestellt und dann graphisch aufbereitet werden. Bei einer konsequent prozessorientierten und strukturierten Dokumentation auf elektronischer Basis sind diese Daten jederzeit abrufbar.

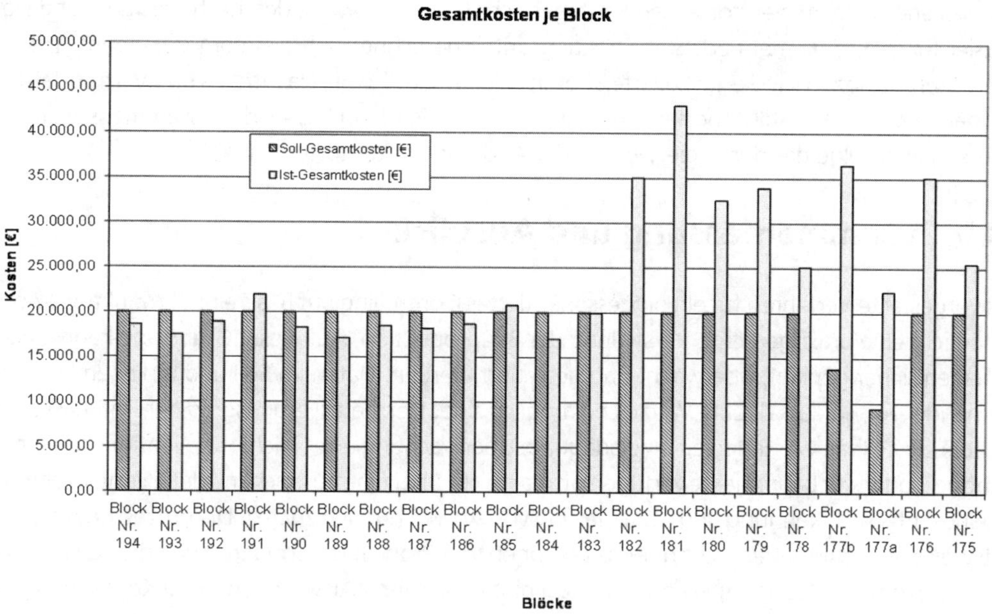

Abb. 13.25: Diagramm Soll- und Ist-Kosten Rohbau Dock 8 Prozess Sohle/Wände

13.4.6.2 Nachweis indirekter Mehrkosten

Bei der nachfolgenden Abbildung 26 handelt es sich um eine Auswertung von Erdbauleistungen. Über den Zeitraum Januar 2011 bis Dezember 2013 wurde der Gerätestillstand monatsweise ermittelt.

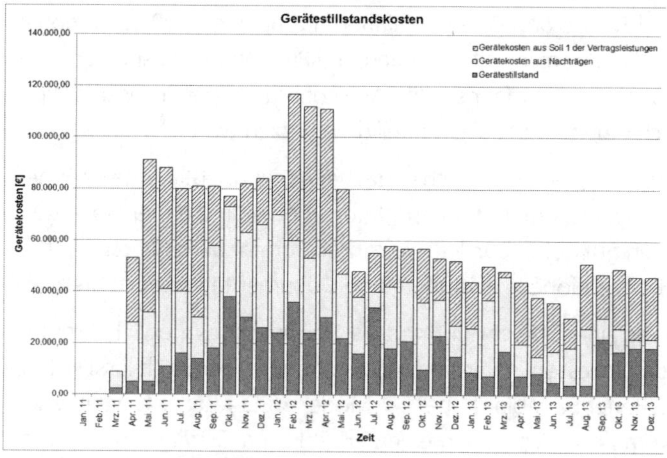

Abb. 13.26: Diagramm »Gerätestillstandskosten«

In den Bautagesberichten ist das insgesamt eingesetzte Gerätepotenzial dokumentiert. Aufgrund einer Vielzahl von Änderungen war ein Großteil der Leistungen in geänderter Form als Nachtragsleistung zu erbringen. Im Ablaufplan wurden die entsprechenden Vorgänge eingepflegt und der

Ressourceneinsatz im elektronischen Bautagebuch damit, unterschieden nach Vertrags- und Nachtragsleistungen, dokumentiert. Der Stillstandsanteil berechnet sich aus dem dokumentierten Gesamtpotenzial abzüglich des kalkulierten Potenzialeinsatzes für die Nachtrags- und Vertragsleistung. Die nachgewiesenen Stillstandskosten finden letztendlich Eingang in die Zusammenstellung der Mehrkosten infolge des durch die Vielzahl der Änderungen gestörten Bauablaufs.

13.5 Zusammenfassung und Ausblick

Das vorgestellte Verfahren für ein prozessorientiertes Controlling auf Basis eines Produktionsmodells ermöglicht eine praxisgerechte Darstellung der Bauproduktion. Auf dieser Grundlage kann ein Bauvorhaben sicher geplant, überwacht und gesteuert werden. Daten im Soll und Ist liegen konsistent zueinander vor, so dass direkte Vergleiche möglich sind. Der Detaillierungsgrad der Daten ist zudem variabel einstellbar, was jederzeit eine adäquate Überwachung ermöglicht. Konventionelle Managementmethoden für Bauprojekte verfügen oftmals nicht über eine ausreichend detaillierte Datenbasis, die eine einfache Erkennung und Lokalisierung von Abweichungen zulässt. Die prozessorientierte Arbeitsweise erleichtert aber nicht nur das Erkennen von Problemen, sondern auch die Aufgaben der Projektsteuerung. Maßnahmen können sofort hinsichtlich ihrer Auswirkungen auf Kosten und Termine beurteilt werden, Simulationen von Varianten werden vereinfacht.

Der höhere Detaillierungsgrad wird zwangsläufig durch einen Zuwachs der Datenmenge erkauft. Daher muss das Verfahren durch zweckmäßige Software-Tools unterstützt werden.

Dieses Verfahren entspricht allerdings nicht den gängigen Standards bei Planung und Ausführung von Bauvorhaben in Deutschland. Vor allem die Ausschreibungspraxis auf Grundlage detaillierter Leistungsverzeichnisse ist zur prozessorientierten Vorgehensweise nicht kompatibel. Ein Leistungsverzeichnis stellt eine rein produktorientierte Sichtweise dar. Eine Kalkulation auf Basis eines Prozessmodells müsste daher in eine produktorientierte Sicht transformiert werden, um Preise für LV-Positionen zu ermitteln. Es wäre allerdings zu hinterfragen, ob eine mehr an den Anforderungen der Praxis orientierte Vorgehensweise bei Planung und Ausschreibung nicht allen Beteiligten nutzen würde.

Dies vor allem auch im Hinblick auf Störungen, die wesentlich einfacher gehandhabt werden können. Störungen wirken sich immer auf Prozesse aus, durch das Produktionsmodell sind daher die Auswirkungen hinsichtlich Terminen und Kosten gut abbildbar. Das Verfahren kommt daher auch den baurechtlichen Anforderungen näher als konventionelle Planungs- und Dokumentationsverfahren.

Erweitert wird das Modell durch Kopplung eines 3D-Produktmodells. Dadurch ist es möglich, Produktdaten (Mengen und Qualitäten) mit den Prozessen in Verbindung zu bringen. Hierdurch lässt sich die Planung qualitativ verbessern, indem z. B. der Bauablauf über 5D-Modelle (3D + Zeit + Kosten) visualisiert wird. Dies bietet vor allem bei komplexen Vorhaben einen erheblichen Gewinn an Planungssicherheit, da Konflikte frühzeitig und besser erkannt und somit schneller behoben werden können.

Literatur

/1/ **Gutenberg, E.** Gutenberg Erich, Grundlagen der Betriebswirtschaftslehre I, Springer Verlag Berlin Göttingen Heidelberg 1958

14. Praxisbericht: Controlling im mittelständischen Baubetrieb

Werner Gutekunst

Inhalt

14.1 Einleitung

Bereits 1969–1972, also vor dem allgemeinen Durchbruch der elektronischen Datenverarbeitung in der Bauwirtschaft in Deutschland, haben die beiden großen Bauverbände EDV-Arbeitskreise eingerichtet. Man ist damals davon ausgegangen, dass für den Baubetrieb ein umfassendes Management-Informationssystem (MIS) entwickelt werden kann. Ein System, in dem alle unternehmensrelevanten Daten gespeichert, zu Informationen verarbeitet und systematisch ausgewertet werden. Auf Knopfdruck sollten jederzeit alle zur Unternehmensführung erforderlichen Daten und Kennzahlen zur Verfügung stehen. Die Planung, Steuerung und Kontrolle des Baubetriebes sollte als Regelkreis mit EDV (elektronische Datenverarbeitung) bewältigt werden. Das bilanzielle und kostenrechnerische Unternehmensergebnis müsse jederzeit dargestellt werden können, insbesondere sollte der Ergebnisstand einer Baustelle zu jedem Zeitpunkt abgelesen werden können. Später kamen weitere Ideen hinzu, z. B. dass für den Baubetrieb ein sogenanntes Frühwarnsystem aufgebaut wird, das dem Management bereits im Vorfeld von aufkommenden Problemen Daten liefert bzw. auf Gefahrenquellen automatisch hinweisen soll. Das ganze sollte möglichst »papierlos« laufen. Die Grundidee dessen, was man später »Controlling im Baubetrieb« nannte, war damals bereits geboren.

Diese Vorstellungen waren dem damaligen Stand der Computer-Hard- und -Softwareentwicklung weit voraus. Erst sehr viel später, dank der rasanten Entwicklung der fast unbegrenzten Speichermöglichkeiten und insbesondere der modernen Kommunikations- und Netzwerktechnik gab und gibt es inzwischen machbare und realistischere Lösungen. Systeme die, bezogen auf den Hochbaubetrieb in Eigenleistung – also Fertigung mit eigenen Leuten –, und auch erweitert um den schlüsselfertigen Bereich mit kompletter Vergabe der einzelnen Gewerke, einsetzbar sind. Eines dieser Systeme soll nachfolgend vorgestellt werden.

In der Beschreibung wird nicht so sehr auf den administrativen, inhaltlichen Teil der einzelnen organisatorischen Komponenten bzw. Programmteile eingegangen. Es ist klar, dass die Programmteile »Lohn und Gehalt« in erster Linie die Löhne und Gehälter mit allen Auswertungen schnell und sicher errechnen. Gleichwohl ist es aus kaufmännischer Sicht erforderlich, die einzelnen Teile mindestens Ansatzweise dazustellen, damit der Leser die Voraussetzungen erkennt. Die Beschreibung ist keine Programmbeschreibung, sondern soll einen Systemüberblick vermitteln. Im Grunde soll aus der Praxis heraus dargestellt werden, wie aus den einzelnen Teilen im Rahmen des Regelkreises Planung, Ausführung, Kontrolle (ggf. Abweichungsanalyse) und Steuerung (auch zur Selbststeuerung der am Prozess Beteiligten) systematisch Informationen gewonnen werden können, die für den weiteren wirtschaftlichen Fortgang des einzelnen Projektes oder der Gesamtunternehmung von Bedeutung sind.

Im ersten Teil wird das kaufmännische System vorgestellt (Abb. 14.1). Im zweiten Teil wird auf das praktizierte Baustellen-Controlling eingegangen (Abb. 14.2). Dem Leser wird empfohlen, den jeweils im Artikel beschriebenen Datenfluss im Schaubild zu verfolgen.

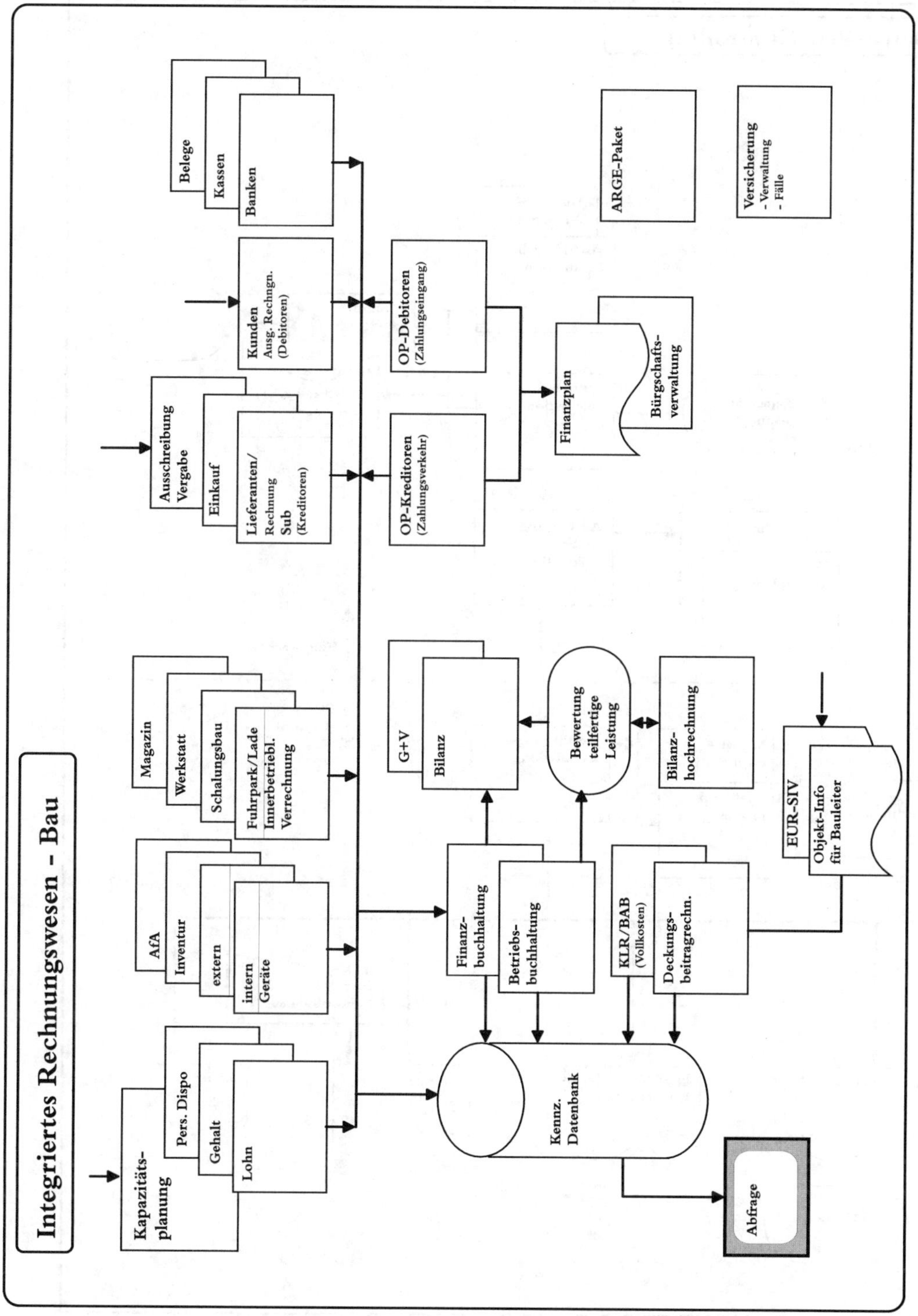

Abb. 14.1: Integriertes Rechnungswesen – Bau

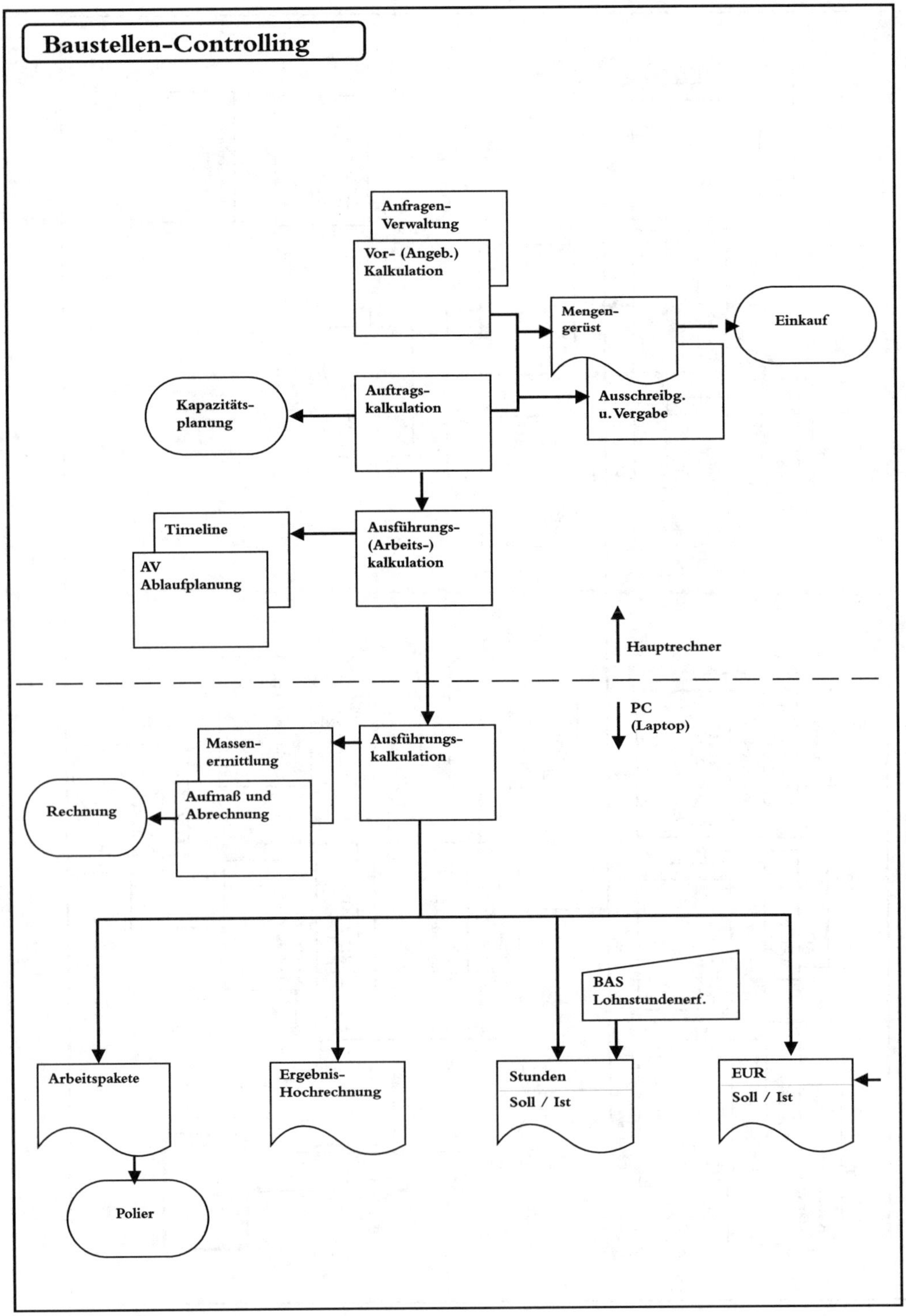

Abb. 14.2: Baustellen-Controlling

14.2 Integriertes Rechnungswesen (EDV)

14.2.1 Betriebsbuchhaltung KLR/Finanzbuchhaltung

Basis ist ein Zweikreis-Buchhaltungssystem nach dem Industriekontenrahmen Bau und der KLR Bau (Kosten und Leistungsrechnung in der Bauwirtschaft). Vorgeschaltet ist die Betriebsbuchhaltung, auch KLR genannt oder auch als Rechnungskreis II bezeichnet. Sie ist prozessorientiert und periodenübergreifend, gegliedert nach Kostenträger/Kostenstellen und Kostenarten. Jeder Kostenart ist ein G + V-Konto/Sachkonto in der Finanzbuchhaltung (Rechnungskreis I, finanzorientiert, periodenabgegrenzt) zugeordnet, sodass sich der Aufwandsteil in der Finanzbuchhaltung automatisch erstellt. Es gibt auch nachgelagerte Systeme, in denen in die Finanzbuchhaltung eingegeben wird und daraus die Betriebsbuchhaltung abgeleitet wird. Der Erfassungsaufwand ist dort aber wesentlich höher, weil neben Sachkonten zusätzlich Kostenstellen und ggf. auch Kostenarten eingegeben werden müssen. In der Bauwirtschaft gibt es keine einheitliche Meinung, ob ein Einkreis- oder ein Zweikreissystem die richtige Lösung ist. Tatsache ist, dass sich der Produktionsprozess des Baubetriebs im Zweikreissystem mit modernen Kostenrechnungsverfahren besser abbilden lässt. Insbesondere wegen der erforderlichen periodenübergreifenden Darstellung von Baustellenergebnissen seit Baubeginn oder Vergleichen mit Vorjahren der Hilfskostenstellen, Kosten von Geräten über die Lebensdauer usw. Auf die tiefergehende Darstellung des Rechnungswesen Bau an anderer Stelle in diesem Buch wird verwiesen.

14.2.2 Kennzahlen

In der vorliegenden Organisation sind alle organisatorischen Einzelkomponenten und Programmteile mit Ausgängen versehen. Das heißt, von jedem buchungstechnisch relevanten Vorgang werden zum einen Datensätze erstellt, die weitestgehend durch automatische Kontierung in die Betriebs- und Finanzbuchhaltung Eingang finden; zum anderen werden alle relevanten Daten einzeln oder komprimiert in einer Kennzahlendatenbank abgespeichert.

Kennzahlen allein sagen erst etwas aus, wenn man sie in Relation setzt bzw. vergleichende Zahlen zur Verfügung hat. In der Regel geben Kennzahlen keinen Hinweis auf die Ursache, es sei denn, man entwickelt ein Kennzahlensystem. Das Kennzahlensystem in der beschriebenen Organisation wurde im Laufe der Jahre immer wieder den veränderten Informationsbedürfnissen angepasst und weist deutlich auf Fehlentwicklungen hin.

14.2.3 Lohn/Gehalt

In der Lohnabrechnung und Personalverwaltung werden sowohl Löhne als auch Gehälter mit einem einheitlich standardisierten Baulohn- und Gehalts-Abrechnungs-Programm abgewickelt. Neben einer Vielzahl von Stammdaten, die eingegeben und verwaltet werden müssen, werden für gewerbliches Personal in täglicher Berichterstattung wöchentlich die Stunden eingegeben. Früher wurden an dieser Stelle bereits jede geleistete Stunde nach dem BAS-Schlüssel (Bauarbeitsschlüssel) – ein im Unternehmen allgemein gültiger Schlüssel zur Leistungsbeschreibung – erfasst und mit den Lohndaten eingegeben. Dies hatte zwar den Vorteil, dass alle bezahlten Stunden auch BAS-Nummern zugeordnet waren. Es hat sich aber im Laufe der Zeit wegen der stichtagsbedingten Abgrenzung als sehr unpraktikabel erwiesen. Im zweiten Teil »Baustellen-Controlling« wird auf eine andere, praktikablere, praxisbewährte Lösung eingegangen.

Wenn die Löhne gerechnet sind, können aus einer Reihe von Auswertungsprogrammen neben vielen anderen auch z. B. folgende Daten bezogen werden:

Mittellohn

Welcher Mittellohn fällt pro Baustelle und im Gesamtbetrieb, getrennt nach Gewerblichen, Polieren und Lohnnebenkosten, pro Stunde an? Wie entwickelt sich dieser Mittellohn in der Lohnperiode (in der Regel vom 01.04. des laufenden Jahres bis zum 31.03. des Folgejahres)? Eine ständige Rückkopplung mit der Kalkulation ist gegeben.

Sozialkosten-(Lohnnebenkosten-)Ermittlung

In einem Programmteil werden automatisch die Soziallöhne (Urlaub, Lohnfortzahlung Feiertag usw.) als Sozialzuschlag, bezogen auf den reinen Produktivlohn, getrennt nach Arbeitern und Polieren, zum Teil auch nach Arbeitsgruppen, ermittelt. Des Weiteren werden die Sozialen Kosten (Arbeitgeberanteile zu den Sozialversicherungen usw.) dargestellt. Damit findet eine Rückkopplung zur Kalkulation zur Überwachung ggf. Nachsteuerung der Kalkulationslöhne statt.

Stundenverbrauch

Wie viele Stunden sind auf welcher Baustelle, auf welcher Hilfsbetriebskostenstelle angefallen? Wird auch für den später beschriebenen LOSIV (Lohnstunden Soll-/Ist-Vergleich) und für weitere Zusammenstellungen verwendet.

Personalausfall- und Krankenstatistik

Führungszahlen Personalwesen

Alle diese Auswertungen können hier im Detail nicht aufgezählt werden; sie werden in einer Liste »Führungszahlen Personalwesen« zusammengefasst. Es ist eine Vielzahl von Informationen, die es der Unternehmensleitung gestattet, Rückschlüsse auf bestimmte Entwicklungen zu ziehen. Signifikante Zahlen werden farbig dargestellt.

14.2.4 Personaldisposition/Kapazitätsplanung

Personaldisposition

Den Lohnabrechnungsprogrammen, die in ihrer Gesamtheit etwa aus 100 Programmen bestehen, schließt sich ein sehr detailliertes Personaldispositions-Programm an, welches im Wesentlichen die Frage beantwortet, welche Baustelle wie besetzt ist, welcher Mitarbeiter/in, welche Gruppe auf welcher Baustelle wie lange gebraucht wird. Persönliche Daten, Urlaubswünsche, Fahr- und Unterkunftsmöglichkeiten usw. fließen ein. Der Personaldisponent kann am Bildschirm umfangreich Fragen beantwortet bekommen, sich Grafiken anzeigen lassen und erkennen, zu welchem Zeitpunkt wie viele Leute frei sind oder fehlen. In enger Zusammenarbeit mit der Geschäftsführung und Kalkulation werden diese Informationen beurteilt. Es ist zu erkennen, wann z. B. neue Aufträge akquiriert werden müssen usw. Dieses Programm ist zwar, ausgehend von den Lohnstammdaten, dem Personalwesen angegliedert, steht aber in engem Zusammenhang und in Verzahnung mit der Modul-Kapazitätsplanung. Die Daten werden überwiegend graphisch dargestellt (Excel).

Kapazitätsplanung

Hier werden alle Auftragseingänge nach Umsätzen in Eigen- und Fremdleistung in ihrer Abwicklung nach Monaten verwaltet einschließlich des hierzu voraussichtlichen Personalbedarfs. Daraus lassen sich Planumsätze pro Monat, Auftragsbestände zu jedem Monatsende und der Personalbedarf erkennen. Die Planumsätze werden mit der tatsächlichen Leistung aus der Betriebsabrechnung in Soll und Ist dargestellt. Oft ergeben sich Verschiebungen in der Abwicklung, entsprechend verschiebt sich die Restleistung. Die Darstellung ist überwiegend graphisch.

14.2.5 Geräteverwaltung

Es hat sich im Baubetrieb als praktisch erwiesen, dass die Geräte von einer zentralen Stelle intern an Baustellen vermietet werden. Grundlage dieser Vermietung ist die Baugeräteliste, die im Turnus von 8–10 Jahren verändert und neu aufgelegt wird. Die Geräte werden zu einem Mietsatz und einem Reparaturzuschlag berechnet (die Sätze werden üblicherweise in Prozent von den Sätzen der Baugeräteliste festgelegt), und der Baustelle belastet. Diese internen Mieterlöse sollen die Aufwendungen für Abschreibungen (AfA), die Erlöse aus Reparaturzuschlag den Aufwand an Eigen- und Fremdreparaturen abdecken. Es ist also gängige Praxis, dass mit einer »internen« Gerätemieteabrechnung sowohl die eigenen Baustellen wie auch die ARGE-Baustellen belastet werden. Mit einer »externen« Gerätemieteabrechnung wird die gemäß ARGE-Vertrag zu verrechnende Gerätemiete an die Arbeitsgemeinschaften, ggf. auch an Dritte, prüffähig darstellt und berechnet. Daneben gibt es eine Reihe von Programmen zur Inventur und AfA nach der geltenden Bilanzrichtlinien-Verordnung.

Geräteverwaltung – Auswertungen

Als Auswertung ergibt sich hieraus zunächst der Einsatzgrad nach Gerätegruppen (Geräteliste Ziffer 1–9) sowie der Einsatzgrad pro Einzelgerät. Dieser Programmteil liefert für zukünftige Investitionsentscheidungen hervorragende Informationen. Darüber hinaus gibt es detaillierte Gegenüberstellungen von Aufwand und Geräteerlösen aus der externen Gerätemiete für ARGEn. Neben umfangreichen Statistiken, die u. a. über den Reparaturaufwand einzelner Großgeräte über die gesamte Lebensdauer Aufschluss geben, wird eine ständige monatliche Hochrechnung über die anfallende AfA im Geschäftsjahr und die sich daraus entwickelnden kalkulatorischen Mietsätze erstellt.

14.2.6 Innerbetriebliche Verrechnungen

Es schließt sich der große Bereich der innerbetrieblichen Verrechnung an, wie z. B. Fuhrparkverrechnungen. Es haben sich sehr ausgefeilte Systeme der Baustellenversorgung mit Kleingeräten, Werkzeugen und Bauhilfsstoffen nach BAL und Elektrokatalog entwickelt. Jede Baustelle erhält einen Lieferschein mit Bewertung nach €-Werten, 100 %-Belastung bei Hinlieferung, × % bei Rücknahme, mit automatischer monatlicher Abgrenzung im Kostenbereich.

Auf die verschiedenen Umlagen der Hilfskostenstellen (Schalungsbau, Werkstatt, Lagerung auf dem Bauhof usw.) soll hier im Detail nicht eingegangen werden. Aber alle entstehenden Aufwendungen werden der jeweiligen Hilfs- und Hauptkostenstelle zugeordnet bzw. von den Hilfskostenstellen zu den Hauptkostenstellen, soweit als möglich nach dem Verursacherprinzip, verrechnet. Von allen Vorgängen werden Sätze erstellt, die automatisch in die Betriebsbuchhaltung einfließen. Hier gibt es eine Reihe von Kennzahlen und Statistiken, z. B. aus dem Fuhrparkbereich, aus denen hervorgeht, wie wirtschaftlich die einzelnen Fahrzeuge und Fahrzeugkombinationen arbeiten, und ob der Verrechnungssatz für Ladetonnen (Lohnanteil pro geladener Tonne) ausreicht; außerdem, ob die gesamte Bauhofumlage oder der kalkulierte Satz für Kleingeräte und Werkzeuge usw. ausreicht.

14.2.7 Lieferanten und Subunternehmer (Kreditoren)

Der nächste große Bereich ist der kreditorische Bereich, also die Bearbeitung der Eingangsrechnungen von Lieferanten und Subunternehmern. Hier sind aus dem Einkaufsbereich in einer Datenbank alle aus der Vergabe relevanten Daten zu diesem Lieferant oder Unternehmen, wie z. B. Abrufmengen und Preise, Vertragssummen, aber auch sonst Wissenswertes, gespeichert. Es gibt eine Reihe von Syntaxprüfungen wie: Ist Ausführungs- oder Gewährleistungsbürgschaft vorhanden? Ist die Bescheinigung zur Umsatzsteuer vorhanden? Ist die Vertragssumme überschritten usw.? Das System steht über Netz (LAN und WAN) im Haus, allen Niederlassungen und größeren Baustellen zur Verfügung (generelle Zugangsbeschränkung für partielle und geschützte Bereiche).

Alle Rechnungen werden ungeprüft in ein elektronisches Rechnungseingangsbuch am Tage des Eingangs eingetragen. Die Lieferscheine zu erfassen und die Rechnungen maschinell prüfen zu lassen ist in der stationären Industrie üblich, hat sich aber im Baubetrieb nicht auf Anhieb bewährt. Es ist noch entwicklungsbedürftig. Zur Zeit werden die Lieferanten- und Subunternehmer-Rechnungen auf großen Baustellen auf der Baustelle, ansonsten in der Niederlassung oder in der Hauptverwaltung manuell mit den Lieferscheinen sachlich und rechnerisch geprüft. Optimale Hilfsmittel am Bildschirm stehen zur Verfügung, insbesondere die Vertragspreise aus der oben erwähnten Datenbank. Gleichzeitig werden sie kontiert mit Kontierungshilfen in Kostenstelle und Kostenart (Betriebsbuchhaltung) und damit auch automatisch Sachkonten (Finanzbuchhaltung) zugeordnet. Die Kreditorennummer ist die Personenkontennummer. Sodann werden sie im System als geprüft freigegeben. Die Daten werden in Echtzeit oder im Paket zum Zentralrechner in die Hauptverwaltung übertragen. Es werden eine Offene Posten-Liste sowie eine Zahlungsvorschlagsliste erstellt. Zweimal wöchentlich werden Zahlungen ausgelöst und automatisch über Datenträgeraustausch oder online, bzw. ab einer bestimmten Betragsgröße mit Scheck, bezahlt. Alle Zahlungen werden automatisch »Bank an Kreditor« verbucht und damit das Personenkonto ausgeglichen.

Aus diesem Paket können Informationen über den Finanzbedarf der folgenden Wochen, soweit Rechnungen im Hause sind, gezogen werden. Außer, dass in der Finanzbuchhaltung die einzelnen Personenkonten detailliert dargestellt werden, speichern sich in Aufwandskonten/Kostenarten der Betriebsbuchhaltung neben den €-Beträgen auch die Mengen der wesentlichen Baustoffe, so z. B. von Transportbeton, Stahl usw. Es ergeben sich Informationen über einzelne Lieferanten-Umsätze, auch über mehrere Jahre.

14.2.8 Ausgangsrechnungen (Debitoren)

Ein weiteres Paket ist der gesamte debitorische Bereich, also die Fakturierung von Abschlags-, Schluss- und Taglohnrechnungen an Bauherren oder Dritte. Auf das Modul Aufmaß nach REB (Richtlinien für die elektronische Bauabrechnung) wird später eingegangen. Außer, dass von jeder Rechnung sofort Buchungssätze erstellt werden, wird hier eine sehr detaillierte, aussagefähige und gut zu handhabende Offene-Posten-Liste erstellt, die wieder die Grundlage auch für die Finanzplanung ist. Es ergeben sich detaillierte Auswertungen über Fälligkeitsdaten zur (stets intensiven) Zahlungseingangsverfolgung, daneben für jeden Bauleiter auch einen Objektauszug, aus dem alle debitorischen Bewegungen nach Objekt aufgelistet sind. Ein automatisches Mahnwesen schließt sich an.

Aus diesen Daten ergibt sich in Verbindung mit der vorbeschriebenen OP Kreditoren eine ziemlich exakte Liquiditätsplanung. Sie wird in Verbindung mit den vorhandenen Aufträgen der Kapazitätsplanung fortführend hochgerechnet über sechs Monate.

14.2.9 Nebenprogramme Versicherungswesen und Bürgschaftsverwaltung

Daneben gibt es noch eine Reihe von Nebenprogrammen, erwähnt seien nachfolgend nur zwei.

Z. B. die Verwaltung der Versicherungen und Versicherungsfälle für Haftpflicht und Bauwesen und andere Versicherungsarten. Es werden umfangreiche Daten zu den bestehenden Verträgen, Prämienstatistiken, wie auch für die intensive Verfolgung und Abwicklung von Versicherungsfällen zur Verfügung gestellt.

Nennenswert ist auch die Bürgschaftsverwaltung zunächst debitorischer Art, also dort, wo dem Bauherrn Bürgschaften zu geben sind. Auf Limits wird im Vorfeld hingewiesen. In dem erwähnten Datenbankprogramm für Lieferanten werden auch kreditorisch Avale, also Bürgschaften von Subunternehmern und Lieferanten, verwaltet. Informationen über Bürgschaftsvolumina und -fälligkeiten zur intensiven Rückgabeverfolgung werden automatisch zur Verfügung gestellt.

14.2.10 ARGE-Verwaltung

Ein weiteres Gebiet ist das sogenannte ARGE-Paket. Hier werden alle kreditorischen und debitorischen Vorgänge einschließlich Partnerrechnungen für die ARGEn, soweit der Anwender kaufmännisch federführend ist, verarbeitet. Automatisch werden alle Vorgänge in die separate Buchhaltung für jede ARGE übernommen nach dem System wie in der Hauptbuchhaltung. Eine Vielzahl von Programmen erstellt Partnerkontenübersichten, AfA-Übersichten, G + V-Rechnung und die Bilanz einschließlich Übersichtsblatt nach bekanntem, in deutschen Baubetrieben üblichen Mustern. Wenn das Paket Baustellen-Controlling baustellenseitig die Sollwerte zur Verfügung stellt, liefert das System einen Soll-/Ist-Vergleich nach Kostenarten. Dieser gesamte Teil ist logischerweise eine Insellösung. Er spielt nicht in die Hauptbuchhaltung ein.

14.2.11 Sonstige Belege, Kasse, Bank

Die Bankkonten können zu jedem Zeitpunkt online abgefragt werden. Ein Zusammenführen der Bankstände ist bei Bedarf möglich (Cash Managementsystem, Multicash, oder andere). Zahlungseingänge werden über die Debitoren-OP automatisch verbucht. Zahlungsausgänge werden automatisch bei Zahlung verbucht. Offen bleiben sonstige Belege sowie die Kassen. Hier gibt es separate Kassenaufbereitungsprogramme mit automatischer Buchung. Zur Abstimmung der Banken gibt es Hilfsprogramme, die den tagfertigen Banksaldo nachvollziehen und alle erforderlichen Buchungen generieren.

14.2.12 Betriebsbuchhaltung KLR/Finanzbuchhaltung

Alle vorbezeichneten Komponenten liefern ihre Daten in die Betriebsbuchhaltung/KLR mit automatischer Überspielung der relevanten Daten in die Finanzbuchhaltung. Wie eingangs erwähnt, geht die Beschreibung von einem Zweikreis-Buchhaltungssystem nach dem Industriekontenrahmen Bau und der KLR Bau aus. Hilfsprogramme für die Bewertung der teilfertigen Bauten nach HBG, aber auch nach internationalen Systemen (POC/IAS) sowie für Wertberichtigungen, Rückstellungen usw., stehen zur Verfügung. Eine Steuerbilanz/Handelsbilanz wird jährlich erstellt, in vereinfachter Form auch vierteljährlich. Sehr detaillierte Bilanzhochrechnungen und vierteljährliche Vorausschauen entwickeln sich aus der Finanzbuchhaltung und der nachfolgend beschriebenen Betriebsabrechnung. Aus den OP- (offene Posten) Buchhaltungen, wie zuvor beschrieben, ergibt sich eine detaillierte, vorausschauende und exakte Liquiditätsplanung. Aus den Bilanzzahlen ergeben sich eine Reihe von Kennzahlen, die auch im Zusammenhang mit dem Rating nach Basel II wichtig sind.

14.2.13 Betriebsabrechnung/Kosten- und Leistungsrechnung

Vollkostenrechnung

Der größte Teil umfasst die Betriebsbuchhaltung und die sich daraus entwickelnde Betriebsabrechnung. Wenn alle Kosten erfasst sind – in der Regel um den 15. eines Folgemonats –, ist für jedes Projekt von jedem Bauleiter eine detaillierte Leistungsmeldung zu erstellen. Leistung ist das, was ein Unternehmer wertmäßig in Euro vom Bauherrn (zu Abrechnungspreisen) für seine Leistung bekommt (nicht zu verwechseln mit Leistung nach Ausführungs- oder auch Arbeitskalkulation). Zu berücksichtigen sind Wertberichtigungen, also Abstriche, Teilbewertung von Nachträgen usw. Dem Bauleiter steht hier ein umfangreiches und leistungsfähiges Paket zur Verfügung. Wenn der nachfolgend beschriebene Soll-/Ist-Vergleich in € praktiziert wird, ist die Leistungsmeldung mehr oder weniger ein Abfallprodukt. Diese Leistung wird den Kosten gegenübergestellt. In den sogenannten Vollkosten sind neben den direkten/originären Kosten auch die Umlagekosten für Gemeinkosten, Hilfsbetriebe/Bauhof, AGK usw., also nicht originäre Kosten, enthalten. Nach Gegenüberstellung von Kosten und Leistung ergibt sich das Baustellenergebnis nach Monat, Jahr und Baubeginn. Bei den Arbeitsgemeinschaften ergibt sich das Ergebnis aus externer Ergebnisübernahme und internem Ergebnis. Die Summe aller Baustellenergebnisse ergibt das Monats- und Jahresergebnis der Baustellen (Die Summe aller Baustellen seit Baubeginn ist nicht aussagekräftig und wird nicht dargestellt.).

Dieser Wert wird ergänzt um Unter- bzw. Überdeckung der Geschäftskosten, um Unter- oder Überdeckungen aus dem AfA- und Gerätebereich, der Hilfsbetriebe, aus dem Finanzbereich und außerordentlichen Aufwendungen und Erträgen. Schließlich kommt man so zu dem alle Bereiche umfassenden Gesamtbetriebsergebnis nach Monat und Jahr.

Deckungsbeitragsrechnung

An diese Vollkostenrechnung nach klassischem Muster schließt sich die Deckungsbeitragsrechnung an. Wenn man von vorbezeichneter Leistung nur die direkt zugeordneten originären Kosten, (die in der Betriebsbuchhaltung als variable Kosten gekennzeichnet sind) abzieht, erhält man den Deckungsbeitrag der einzelnen Baustelle. Das heißt, es kann hier sehr detailliert abgelesen werden, wie das einzelne Objekt zur Deckung der Fixkosten des Gesamtbetriebes beigetragen hat.

Die Fixkosten sind die Kosten der Betriebsbereitschaft. Sie sind in Fixkostenblöcke aufgeteilt wie Verwaltung, Hilfsbetriebe, Fuhrpark, Reparaturen und AfA sowie eine Reihe weiterer als fix definierter Kosten.

Die Summe aller Deckungsbeiträge abzüglich fixer Kosten in Stufen (DB I, DB II) gibt in Euro das gleiche Ergebnis wie bei der Vollkostenrechnung, nur mit ganz anderen Aufschlüssen. Dargestellt wird hier auch das EBIT (Ergebnis vor Zinsen und Steuern), das im nationalen wie im internationalen Unternehmensvergleich von Interesse ist.

Es ist einhellige Meinung, dass die Deckungsbeitragsrechnung allein für den Baubetrieb nicht unbedingt geeignet ist. Sie gibt aber sehr interessante Erkenntnisse. Der Idealzustand ist, wenn beide Kostenrechnungsarten ohne jeden zusätzlichen Aufwand nebeneinander gefahren werden können, was bei geeigneter Organisation leicht möglich ist. In diesem Rahmen kann nicht detailliert auf die Systematik einer Deckungsbeitragsrechnung im Baubetrieb eingegangen werden. Es gibt hierzu viele Meinungen und Literatur, was fixe und was variable Kosten sind, dies kann auch von Betrieb zu Betrieb verschieden sein. Man muss sich für eine Definition betriebsbezogen entscheiden. Wenn man diese Voraussetzung einmal geschaffen hat, kann man hervorragende Schlüsse über die Bewertung des Einzelprojektes ziehen.

Ein wichtiger Punkt ist auch die Beurteilung der einzelnen Hilfskostenstellen, also z. B. die Verwaltungskosten. Es ist nicht entscheidend, ob durch das Umlageverfahren eine Unter- oder Überdeckung entstanden ist, sondern es ist in diesem Bereich wichtig, wie sich die Kosten in der Periode verändert haben. Das ist auch mit eine der Aussagen der Deckungsbeitragsrechnung (siehe Abb. 14.3).

Bauleiterinformation

Als Extrakt aus der Betriebsabrechnung (Vollkostenrechnung) erhält der Bauleiter ein Bauleiterinformationsblatt, in dem in geraffter Form Leistung, Kosten und Ergebnis dargestellt sind, und darüber hinaus eine Fülle von Informationen aus all den vorbeschriebenen Bereichen, z. B. Stundenaufwand, Mittellohn, Geräte- und Gehaltsbelastungen im Einzelnen. Auf den Soll-/Ist-Vergleich wird in dem nachfolgenden Baustellen-Controlling eingegangen. Für den Bauleiter ist diese Liste wertvoll. Er ist jederzeit über den Stand seines Objektes informiert. Allerdings – und das ist der große Nachteil jeder Kostenrechnung – handelt es sich hier um eine Ex-post- Betrachtung, eine Betrachtung im Nachhinein mit allen Konsequenzen.

Ergebnisbeteiligung

Ergebnisbeteiligungen nach erzieltem Erfolg im monetären Bereich, wie auch im nichtmonetären Bereich zur Strategieumsetzung, mittels der vieldiskutierten sogenannten Balanced Scorecard, sind

Kosten- und Leistungsrechnung/Betriebsabrechnung
Vergleichende schematische Darstellung Vollkosten-/Deckungsbeitragsrechnung

Vollkostenrechnung

Hauptkostenstellen:	Leistung	Kosten	Ergebnis
Baustelle A	10.000	9.900	100
Baustelle B	8.000	8.000	0
Baustelle C	7.500	7.600	-100
Summe Baustellenergebnis			0
Hilfskostenstellen	Erlöse/Umlagen	Aufwand	
Verwaltung	1.600	1.200	400
Hilfsbetriebe	1.200	800	400
Geräte	1.100	1.000	100
Finanzen	90	10	80
A/O außerordentl.Ertr/Aufw.	10	10	0
Summe Ergebnis Hilfsbetriebe	4.000	3.020	980
Gesamtergebnis			**980**

Deckungsbeitrags-/Teilkostenrechnung

	Leistung	direkte Kosten	Deckungsbeitrag
Baustelle A	10.000	8.500	1.500
Baustelle B	8.000	6.700	1.300
Baustelle C	7.500	6.300	1.200
Deckungsbeitrag			4.000
Deckungsbedarf:		Aufwand	
		1.200	
		800	
		1.000	
		10	
		10	
		3.020	-3.020
Gesamtergebnis			**980**

Abb. 14.3: Vergleich: Vollkosten-/Deckungsbeitragsrechnung

in anderen Ländern weit mehr verbreitet als in Deutschland. Ergebnisbeteiligungssysteme nach pauschalen Kriterien sind oft umstritten und nicht für alle Mitarbeiter gerecht zu entwickeln, weil nicht genügend oder nicht die richtigen Messgrößen zur Verfügung stehen. Aus der Vielzahl der gewonnen Zahlen aus vorliegendem System lässt sich nach unterschiedlichsten, für die jeweilige Person oder Personengruppen relevanten Kriterien sehr detailliert und gerecht ein System entwickeln, das die Mitarbeiter entsprechend dem messbar erzielten Erfolg am Ergebnis beteiligt.

Gesellschafter-/Information/Management Report

Aus den Daten aus den vorbeschrieben Abläufen und Kennzahlen aus der Datenbank wird ein monatlicher Report in komprimierter Form erstellt, der dem Management und den Aufsichtsgremien Zahlen zum Stichtag liefert, neben Baustellenergebnissen (Monat/Jahr/Baubeginn) z. B. Auftragbestände, Auftragseingänge, Umsatzentwicklung, Forderungsbestände, Verbindlichkeiten, Investitionen, Liquiditätsentwicklung, bis hin zu Ebit, Cash Flow, usw. Aus den vorhandenen Zahlen und den Einschätzungen der Sachkenner wie Controller, Bauleiter, Bereichsleiter und des Managements wird eine vierteljährliche und jährlich Vorausschau entwickelt. Die Darstellungen sind in vielen Bereichen farbig.

Die Bearbeitung und Darstellung der Betriebsrechnung und die Zusammenfassung aller aus vorbeschriebenen Teilen gewonnenen Informationen und Führungszahlen ist Sache der kaufmännischen Controller, der Abteilung Controlling.

Dokumenten-Management

Im Baubetrieb wird viel geschrieben. Durch die dezentrale Organisation ist die physische, manuelle Zusammenführung der Schriftstücke zu einer »Bauakte« zeitaufwendig und die Akte selbst oft unvollständig. Obendrein entstehen gigantische Papierberge, die Archivraum benötigen. Ein standardisiertes Dokumentenmanagementverfahren schafft Abhilfe. Es ist ein Verfahren, das alle zum Projekt gehörenden Vorgänge/Schriftstücke elektronisch speichert und bei Bedarf wieder verfügbar macht. Geschriebene Dokumente sind ohnedies im EDV-System, von außen kommende Schriftstücke müssen eingescannt werden. Das Suchen und Finden eines Dokumentes nach verschiedensten Kriterien, auch nur nach Stichworten, die der Suchende ggf. nur im Kopf hat, macht das System sehr effizient. Es empfiehlt sich, ein solches System zunächst auf einer großen Baustelle zu praktizieren und Erfahrung zu sammeln, bis es dann in der Gesamtunternehmung eingeführt wird. Ganz besonders die Baustelle ist darauf angewiesen, dass sie vor Ort jederzeit Zugriff auf die vollständigen und relevanten Akten hat. Dokumentenmanagementverfahren haben sich im Baubetrieb noch nicht durchgesetzt, werden aber in modernen Unternehmen über kurz oder lang zum Standard gehören.

14.3 Baustellen-Controlling

Der Erfolg eines Baubetriebes hängt zum größten Teil vom effizienten Ablauf des Baugeschehens auf der Baustelle ab. Deshalb gilt es, das größte Augenmerk dieser ureigensten Aufgabe des Betriebes zu widmen. Alles zuvor Gesagte ist nötiges Beiwerk und Mittel zum Zweck. Der Baubetrieb muss im Verhältnis zu anderen Branchen mit hauchdünnen Margen zurechtkommen. Wenn ein Baubetrieb gut ist, verdient er zwei bis vier Prozent vom Umsatz. Das heißt, wenn man die Kosten durch relevante Informationen sowie geschickte Steuerung und Maßnahmen auf der Baustelle um zwei Prozent reduzieren kann, steigt das Baustellenergebnis um 50 %.

14.3.1 Anfragenverwaltung

Am Anfang stehen die Anfrage vom Bauherrn und die Kalkulation. Jede eingehende Anfrage wird von erfahrenen Kalkulatoren kurz beurteilt und im System in einen Anfragekalender aufgenommen. Es wird ein einheitliches Formular ausgedruckt mit allen relevanten Beurteilungsdaten wie Kubikmeter umbauter Raum, Konstruktionsarten, geschätzte Kosten, Submissionstermin usw. Auch, ob große Teile fremd zu vergeben und demzufolge vor Angebotsabgabe auszuschreiben sind. Danach wird entschieden, ob das Projekt bearbeitet wird, ob es entsprechend der verfügbaren Kapazität, von Struktur und Art her geeignet ist. Hier sind bereits im Vorfeld mit unternehmerischem Geschick Entscheidungen zu treffen, von denen der spätere Erfolg abhängt.

Bei öffentlichen Ausschreibungen steht meist ein Submissionsergebnis zur Verfügung, welches gespeichert wird. Umfassende Statistiken zur Marktbeobachtung stehen dann zur Verfügung.

14.3.2 Vorkalkulation/Angebotskalkulation

Bevor die eigentliche Kalkulation beginnen kann, bedarf es einiger Vorarbeiten. Wenn es sich um ein Rohbauprojekt mit Plänen und einem zur Verfügung gestelltem Leistungsverzeichnis mit Mengen handelt, gibt eine geübte Kraft zunächst den Kurztext des Leistungsverzeichnisses und die LV-Mengen mit Mengeneinheit in das System ein. Zum Teil werden die Texte mit einem Schrifterkennungsprogramm eingescannt oder, falls Datenträger nach GAEB zur Verfügung stehen, können diese direkt eingespielt werden. Oft sind LV-Positionen von alphabetischer Gliederung in Zahlengliederung zu ändern. Leider hat jeder Ausschreibende seinen eigenen Stil, der dann in eine logische Zahlenfolge zu bringen ist.

Immer mehr wird funktional ausgeschrieben, insbesondere im schlüsselfertigen Bereich, dann müssen die Positionen einzelner Gewerke entwickelt und die Mengen ermittelt werden. Hierzu gibt es digitalisierte Verfahren, die aus Plänen Mengen generieren. Voraussetzung ist, dass die jeweiligen Texte und Mengen zu den einzelnen Arbeitsschritten oder Positionen in einer Datenbank vorhanden sind. Interessant ist das Verfahren bei der Ermittlung von Mehrfachmengen nach dem Prinzip eines Stücklistenprozessors. Durch Eingabe des Begriffes »Wand« mit besonderer Definition wird der Aufbau nach innen, also Putz, Voranstrich, Tapete, Anstrich, und nach außen, z. B. Putzfassade, Außenanstrich, aufgelöst und Mengen generiert sowie nach Gewerken zusammengestellt.

Erst jetzt beginnt die Arbeit des Kalkulators. Er arbeitet ausschließlich am Bildschirm. Zunächst gibt er projektbezogene Preise ein, sofern er diese bereits kennt. In aller Regel arbeitet man mit Arbeitsmittel-Stammdaten (Stammdatenkalkulation). Ein Arbeitsmittel kann Lohn, eine Materialsorte, eine Schalung mit einem Standardpreis sein. Jedem einzelnen Arbeitsmittel ist im Lohnbereich eine BAS-Nummer (Bauarbeitsschlüssel) zugeordnet, darüber hinaus jeder Materialart eine Kostenart. Um diese Dinge kümmert sich der Kalkulator aber in diesem Stadium nicht. Verschiedene Arbeitsmittel sind zu Arbeitsmittelgruppen zusammengefasst. Dies sind vordefinierte Strukturen von mehreren Arbeitsmitteln, die unter einem Kurzbegriff gespeichert sind. Die Kurzbegriffe sind alphabetisch aufgebaut, z. B. MW 24 (Mauerwerk 24 cm stark). Ruft der Kalkulator dies auf, bekommt er unter diesem Begriff gespeicherte Arbeitsmittelgruppen und kann auswählen. Innerhalb der nun gewählten Arbeitsmittelgruppe kann er jeden Ansatz projektbezogen sowohl in den Mengen pro Einheit als auch in den Preisen, einzeln oder projektbezogen, verändern. Neben diesen Arbeitsmitteln und Arbeitsmittelgruppen kann er herkömmlich am Bildschirm kalkulieren und seine eigenen Ansätze aufbauen. Hat er die Position abgeschlossen, wird ihm sofort am Bildschirm der Positionspreis zur Verfügung gestellt.

In aller Regel kann der Kalkulator den Preis der Position beurteilen und Fehler sofort erkennen. Sind alle Positionen durchgearbeitet, so ergeben sich die Einzelkosten der Teilleistungen nach Kostenartengruppen und verschiedenen Basen. Darüber hinaus ergibt sich ein Mengengerüst über die voraussichtlich benötigten Mengen mit Preisen.

Diese Liste geht in aller Regel nochmals an den Einkauf und wird dort mit aktuellen Preisen versehen. Aus den Ausschreibungstexten können in das Paket »Ausschreibung und Vergabe« einzelne Positionen, die ausgeschrieben werden, überspielt und dort ggf. auch im Text ergänzt werden. In einem separaten Teil werden die Baustellengemeinkosten ebenfalls am Bildschirm berechnet. Sie können dann wahlweise auf verschiedene Basen umgelegt werden. Die allgemeinen Geschäftskosten werden in Prozenten automatisch zugeschlagen. Zuzüglich Wagnis und Gewinn ergibt sich der Angebotspreis. Das System stellt dem Kalkulator eine Fülle von Informationen zur Verfügung, z. B. welches sind in Prozenten zum Gesamten die größten Positionen? Da praktisch jedem Satz und jedem Arbeitsmittel eine Kostenart zugeordnet ist, ergeben sich auch fixe und variable Kosten, die im Verhandlungsfalle einen Anhaltspunkt für Preisuntergrenzen sind. Früher war man der Ansicht, dass es nicht sinnvoll ist, in die Kalkulation Deckungsbeitragsgesichtspunkte einzubringen. Es ist aber gerade in schwieriger Marktlage notwendig, die absolute Preisuntergrenze zu kennen. Natürlich ist es äußerst gefährlich, wenn mehrere Aufträge zu Preisen hereingenommen werden, die keinen oder nur einen Teildeckungsbeitrag bringen. Allerdings sind fixe Kosten immer da, egal, ob der Betrieb viel, wenig oder gar nichts umsetzt.

14.3.3 Auftragskalkulation

Führt das Angebot zum Auftrag, so wird in die Kalkulation das Verhandlungsergebnis einer Auftragsverhandlung eingearbeitet. Oft gibt es Änderungen in den einzelnen Positionen sowohl in den Inhalten als auch in den Preisen. All diese Dinge werden eingegeben, dann ist der Vertragspreis (Abrechnungsbasis) festgeschrieben.

14.3.4 Arbeitskalkulation

Nach Auftragseingang übergibt die Kalkulation das Projekt dem Bauleiter und gibt diesem sein Wissen weiter. Zusammen mit der Arbeitsvorbereitung werden Überlegungen zum Schalungssystem, über technische Abläufe, über Eigenausführung und Fremdvergabe angestellt und Entscheidungen getroffen. Es gilt nun, alle kostenrelevanten Änderungen in den Ansätzen der Einzelkosten der Teilleistungen so zu verändern, wie sie tatsächlich ausgeführt werden bzw. wie die Kosten tatsächlich anfallen werden. Insbesondere bei Substitutionen, also z. B. Fertigteile statt Ortbeton –, oder wenn sich aus dem Einkauf andere Vergabepreise ergeben usw. Dies ist ein ständiger Prozess über die gesamte Dauer der Bauzeit.

An dieser Stelle überspielt sich der Bauleiter die Daten aus dem Hauptrechner in seinen Baustellen-PC. Er hat nun seine Ausführungskalkulation und alle für den Bauablauf relevanten Daten zur Verfügung, auch z. B. den Kurztext mit dem Vertragspreis für das Aufmaß.

Wichtig ist, dass sich der Bauleiter nun mit seiner Kalkulation identifiziert und Details genau kennt, sowie erkennt, dass er mit diesem oder jedem Kostenansatz einer Position in der Praxis nicht zurecht kommt. Bei erneutem Rechnerdurchlauf ergeben sich ggf. im Vergleich der EKT (Einzelkosten der Teilleistung) der Ausführungskalkulation mit den EKT des Vertragspreises Differenzen. Vereinfacht ausgedrückt erkennt der Bauleiter, dass der Positionsaufwand z. B. 100,– € beträgt und er vom Bauherrn nur 80,– € bekommt. Das heißt, er ist gezwungen, sich hier ggf. eine andere technische Lösung einfallen zu lassen. Er kann also im Vorfeld erkennen, wo Schwierigkeiten auftreten.

Oft kann an dieser Stelle bereits erkannt werden, ob und wo ggf. Nachträge auftreten. Kaum ein Bau wird in allen Teilen so ausgeführt wie geplant. Änderungen und damit außervertragliche Leistungen gibt es immer. Die Nachtragspositionen werden mit ihren EKT in die Ausführungskalkulation eingefügt und in Kosten und Erlösen mitverfolgt.

Auf das sehr intensive Nachtragsmanagement, d. h. die detaillierte Verwaltung und Verfolgung der Nachträge, soll hier nicht weiter eingegangen werden.

14.3.5 Arbeitspakete

Der Bauleiter macht sich nun in Verbindung mit der Arbeitsvorbereitung Gedanken darüber, wie einzelne zeitliche und/oder räumliche Teilabschnitte in Arbeitspakete zergliedert werden können. Eine Massenermittlung ist hierzu erforderlich. Dazu steht ihm das Standardprogramm REB 23.003 (Allgemeine Bauabrechnung, REB = Regelung für die Elektronische Bauabrechnung) zur Verfügung. Er kann dieses Aufmaß später in sein Hauptaufmaß überspielen. Insofern ist diese Arbeit nicht verloren. Die wesentliche Aussage aus diesem Programmpaket ist, dass er die Soll-Vorgabestunden bekommt, dass er einen Ausdruck erhält, den er dem Polier geben kann. Dort ist beschrieben, was in welcher Zeit mit welchem Stundenaufwand zu tun ist.

Dies ist eine wesentliche Schlüsselfunktion. Der Polier hat nun eine Messlatte. Er wird beginnen zu arbeiten. Er wird im negativen Fall bereits am ersten Tag sehen, dass er mit den vorgegebenen Stunden nicht auskommt. Er macht sich nun selbst Gedanken, wie er ggf. mit welchem Personal seine Arbeit organisiert. Wenn es gelingt – und dies ist zugegebenermaßen schwierig -, dem Polier eine Messlatte an die Hand zu geben, die sinnvoll und praxisorientiert ist, so ist sehr viel gewonnen. In aller Regel versucht der Polier, sein Ziel zu erreichen. Durch mehr Selbstorganisation, mehr Einsatz, mehr Mitdenken, gleich mehr Erfolg.

14.3.6 Aufmaß und Abrechnung

Aus der zuvor beschriebenen Kalkulation werden die Positionstexte und der Vertragspreis zur Verfügung gestellt. Auch hier kommt das System REB 23.003 zum Einsatz. Dieses Programm reicht in aller Regel für die Hochbauaufgaben aus. Auch ein relativ schwieriger Baugrubenaushub lässt sich mit den zur Verfügung stehenden Formeln errechnen. Es sind Nebenaufmaße für Subunternehmer möglich. Das Programm ist ausgereift und auch zu kaufen. Es läuft auf jedem PC. Das Verfahren ist in verschiedenen Broschüren detailliert beschrieben. Es gibt nun zwei Möglichkeiten: Der Bauleiter schreibt Aufmaßzeilen auf ein Aufmaßblatt und eine Kraft gibt dies später in den Computer ein, oder aber der geübte Abrechner gibt die Daten direkt von den Plänen in den Computer ein und druckt das Aufmaßblatt zur Prüfung mit der Gegenseite aus. Das Aufmaß ist Basis der Rechnungslegung. In der Praxis ist Mengenermittlung und Endpreisermittlung auf einem Ausdruck dargestellt. Es können aber auch verschiedene Ausdruckarten, wie z. B. nur Kurztext, Menge, Preis und Gesamtbetrag, ausgedruckt werden. Das Gesamtverfahren ist ausgereift und wird mindestens im Hochbau breit eingesetzt, soweit nicht Pauschalverträge bestehen bzw. nach Pauschalen abgerechnet wird, aber auch dort müssen die Mengen mindestens teilweise ermittelt werden. Eine Statistik gibt Auskunft über ausgeschriebene und abgerechnete Mengen sowie den Fertigstellungsgrad in Prozent.

14.3.7 Lohnstunden Soll-/Ist-Vergleich (Mengen Soll-/Ist-Vergleich)

Aus den ausgeführten Mengen, multipliziert mit den Stundenvorgaben der Arbeitskalkulation (den einzelnen Positionen sind eine oder mehrere BAS-Nummern wie zuvor beschrieben, zugeordnet), ergeben sich Soll-Werte. Voraussetzung ist, dass die ausgeführten Mengen zum Stichtag exakt abgegrenzt sind. Wenn das Aufmaß zurückhängt oder bereits im Vorgriff mehr aufgemessen als ausgeführt ist, muss das Aufmaß berichtigt werden. All diese Eingriffsmöglichkeiten stellt das System zur Verfügung, ohne die Aufmaßmengen zu verändern.

Es hat sich als praktisch erwiesen, dass der BAS-Schlüssel schon firmeneinheitlich in seiner Grundstruktur verwendet werden soll, aber baustellenspezifisch doch Änderungen erfahren muss, wenn der Stundenverbrauch aussagefähig dargestellt werden soll. Es hat sich in der Praxis auch gezeigt, dass mehr als 60 BAS-Nummern nicht sinnvoll sind, insofern sollte man sich auf eine sinnvolle Zahl beschränken.

Zu empfehlen ist, die Ist-Stunden nicht, wie früher empfohlen, über den Lohn zu erfassen, sondern wegen der Abgrenzung zum Stichtag oder der erforderlichen räumlichen Abgrenzung über ein einfaches Berichtssystem. Diesen Bericht muss der Polier leider zusätzlich führen – senkrecht der Arbeitnehmer, waagerecht die BAS-Nummer mit kurzer Textbeschreibung. Wöchentlich oder abschnittsweise werden die Summen pro BAS-Nummer auf der Baustelle von einer Person in das System eingegeben. Hier bedarf es eines gewissen Fingerspitzengefühls des Bauleiters, ob die Zuordnungen und Abgrenzungen richtig sind. Das Ergebnis ist ein Lohnstunden-Soll-/Ist-Vergleich, der die Abweichungen pro BAS-Nummer und pro Titel darstellt.

In aller Regel werden noch die gelieferte mit der eingebauten Betonmenge, oder die gelieferte, eingebaute oder abgerechnete Stahlmenge verglichen. Weitere Vergleiche in Mengen sind im Hochbau nicht sinnvoll bzw. werden in der Regel nicht angestellt, wohl aber ein Vergleich in Euro-Werten nach Kostenarten.

14.3.8 €-Soll-/Ist-Vergleich

In einem Durchlauf werden die ausgeführten Mengen wie zuvor beschrieben mit den Einzelkosten der Teilleistungen aus der berichtigten und fortgeschriebenen Ausführungskalkulation multipliziert, und man kommt so in einem vorgegebenen Kostenartensystem zu den Soll-Kosten. In aller Regel werden nun die Ist-Kosten aus der Buchhaltung, die nur im Hauptrechner vorhanden sind, auf den Rechner des Bauleiters online überspielt und es ergibt sich eine Gegenüberstellung von Soll und Ist in €-Werten sowie die Abweichungen.

Es gibt aber auch den umgekehrten Weg, nämlich den, dass der Bauleiter die Sollkosten liefert und in der Hauptverwaltung die Gegenüberstellungen ausdruckt werden. Es gehören aber sehr diffizile Detailkenntnisse über den Bauablauf, Sachwissen und Erfahrung dazu, die nur der Bauleiter hat. Das Baustellenpersonal kann bei Abweichungen, die auf Fehler hindeuten, besser eingreifen als ein externer Controller im Büro.

14.3.9 Ergebnishochrechnung

Die Ergebnishochrechnung berücksichtigt auch, dass ursprünglich ausgeschriebenen LV-Mengen über- oder unterschritten werden können. Es werden deshalb neben den ausgeführten Mengen lt. Aufmaß voraussichtliche Endmengen berücksichtigt. Mit den vorhandenen Daten aus der ständig überarbeiteten Ausführungskalkulation in Verbindung mit den Ergebnissen oder Korrekturen aus den Soll-/Ist-Vergleichen lässt sich das voraussichtliche Ergebnis zum Bauende ermitteln.

Hier kann der erfahrenen Bauleiter erkennen, wo im weiteren Bauablauf Unterdeckungen und damit Gefahren für das Ergebnis drohen, oder auch Verbesserungen möglich sind. Er kann auf Grund dieser Erkenntnisse ggf. kostenverursachende Verfahrensabläufe noch ändern, also nach Kontrolle und Abweichungsanalyse Steuerungen vornehmen.

14.3.10 Soll-/Ist-Vergleich im schlüsselfertigen Bereich

Im schlüsselfertigen Bereich ist eine umfassende Projektbearbeitung, also Arbeitsvorbereitung, Detailfestlegungen, die Entwicklung der Leistungsverzeichnisse und die Vorbereitung der Ausschreibungen ein umfangreicher Teil mit immer größer werdenden Abteilungen in den Firmen. Die Grundfragen und Aussagen sind, wie zuvor beschrieben, die gleichen. Kommt man mit dem gegebenen Preis aus? Wie muss vergeben werden? Was kann technisch geändert werden, um das Ziel zu erreichen? Wenn vergeben ist, ist es Sache des Bauleiters, die Leistung terminlich zu koordinieren, zu überwachen und die Abrechnung des Nachunternehmers vor allem mengenmäßig, preislich und qualitativ im Griff zu behalten. Bei komplexen Bauwerken haben sich bestimmte Netzplantechniken (Power Project, MS Project usw.) entwickelt, die den kritischen Weg aufzeigen und darauf hinweisen, wann und wo möglichst kostenneutral beschleunigt werden muss, wenn der Termin nicht gefährdet werden soll. Über Netzplantechnik ließe sich ein eigener Aufsatz schreiben; es gibt verschiedene Verfahren. In der Praxis im Baubetrieb haben sich keine einheitliche Standards entwickelt. Richtig angewandt ist eine Netzplan aber segensreich, bei komplexen Aufgaben sogar unerlässlich.

Die Gegenüberstellung von Vertragspreis gegenüber dem Bauherrn (Erlös) und Vergabepreis (Kosten), hier in aller Regel nach Gewerken, ergibt das zu erwartende Rohergebnis. Diese Darstellung ist im Grunde einfach, Schwierigkeiten machen die Abgrenzungen und die richtige Zuordnung der Sollwerte der Baustellengemeinkosten. Dieser Vergleich sieht zunächst im Verhältnis zu einen Soll-/Ist-Vergleich bei Rohbau-Eigenleistung relativ einfach aus. Der Weg ist allerdings im Detail steinig, wie vieles im Baugeschäft.

Richtig aufbereitet mit vorhandenen standardisierten Programmen, können aus diesen Vergleichen viele Informationen gezogen werden, die für den Bauablauf wesentlich und für den wirtschaftlichen Erfolg entscheidend sind.

14.3.11 Qualitätsmanagement ISO 9000 ff.

Das beschriebene System ist in wesentlichen Teilen in QM-Elemente eingeflossen und ist Basis der Zertifizierung.

14.4 Voraussetzungen

Die Voraussetzungen, das gesamte System aussagefähig zum Laufen zu bekommen, sind neben vielen anderen:

- Das Management muss die Notwendigkeit eines solchen Systems erkennen.
- Motivierte Mitarbeiter;
- Schulung der Mitarbeiter in den Fachabteilungen und auf den Baustellen ist unerlässlich.
- Eine auf die Unternehmensstruktur abgestimmte und passende Organisation;
- Ein integriertes und in sich geschlossenes Rechnungswesen, das alle administrativen Abläufe umfasst, mit einem ausgefeilten Betriebsabrechnungssystem sowohl nach Vollkosten als auch nach Deckungsbeitragsgesichtspunkten, ist erforderlich.
- Es ist eine komfortable, anpassungsfähige und praktische Software erforderlich, mit modernen Abfragemöglichkeiten auf Datenbankbasis.

- Eine moderne, leistungsfähige Hardware mit großem Speicher (Servertechnik) mit stabilem und komfortablen Betriebssystem;
- Eine moderne Netzwerk- und Kommunikationstechnik, d. h. Vernetzung aller Rechner und Terminals im Hause über LAN und über Strecken zu (großen) Baustellen und Niederlassungen über WAN. In kleinerem Umfang auch über geschützte (soweit möglich) Übertragungswege im Internet. Der jederzeitige Zugriff auf vorhandene zentrale Daten – soweit diese der Mitarbeiter für seinen Bereich braucht – muss gegeben sein.
- Eine Controlling Abteilung, welche die aussagefähigen Extrakte aus all den vorbeschriebenen Teilen systematisch zusammenfügt und dem Management verfügbar macht.

Noch ein Wort zur Soft- und Hardware

Das beschriebene System ist in mehr als 20 Jahren in Eigenentwicklung und Eigenprogrammierung entstanden. Für den größten Teil wie Baulohn, Gerätemiete und Buchhaltung sind seit langer Zeit aber Standardanwendungen erfahrener Bausoftwarehäuser im Einsatz.

Die Hardware besteht aus einem großen IBM AS 400 im Verbund mit Servern. Am Arbeitplatz stehen handelsübliche PCs, in einzelnen Fällen noch AS 400-Terminals. Es wird außer den lokalen Netzen (LAN) ein WAN (Wide Area Net) der Deutschen Telekom verwendet. Tools zur schnellen Datenübertragung (Citrix) sind im Einsatz.

Die heutigen, von Softwarehäusern angebotenen Programme (insbesondere von kleinen) sind zum Teil überaltert. Einzelprogrammierung für das Unternehmen scheidet in Zukunft aus. Die Softwaresituation hat sich stark geändert und wird sich in Zukunft noch schneller ändern. In Zukunft wird man individuell anzupassende Branchensysteme (z. B. SAP, aber auch andere) aus der »Steckdose« mit entfernt stehender Hardware beziehen können. Die Anpassung auf den Anwenderbetrieb ist schwierige Spezialistenarbeit. Ohne den eigenen erfahrenen Mann oder eine Mannschaft wird es nicht gehen. Branchenerfahrene externe Berater sind zusätzlich mehr als bisher erforderlich. Die individuelle (Hilfs-)Programmierung, z. B. mit Excel-Tabellen (jeder macht wie er denkt, noch eine Tabelle und noch eine Tabelle), sollte eingeschränkt werden. Mit geschlossenen Systemen muss man zurückfinden zur programmierten Organisation.

Die Entwicklung ist so schnell, dass Aussagen aus heutiger Sicht morgen bereits überholt sein können.

14.5 Ergebnis und Nutzen

Geplant und ausgeführt wird in der Regel nach Zielvorgabe. Dem Regeln und Steuern gehen das Kontrollieren und ggf. die Abweichungsanalyse voraus – also die Informationsgewinnung.

Wichtig sind Informationen möglichst im Vorfeld, wenn noch etwas bewegt oder verändert werden kann. Ein noch so schöner Soll-/Ist-Vergleich in Kostenarten für ein Rohbauprojekt zu einem Zeitpunkt nach dem Richtfest ändert am Ergebnis nichts mehr. Allenfalls sind Informationen noch für andere vergleichbare Projekte brauchbar. Da aber der Baubetrieb keine Serien fertigt und jedes Bauwerk ein Prototyp oder Unikat ist, kommt es entscheidend darauf an, die Informationen rechtzeitig zu gewinnen und mit diesen Informationen etwas zu bewegen, etwas Zielorientiertes zu veranlassen oder zu ändern. Auf das Umsetzen kommt es an. Jedes Unternehmen hat ein Controlling-System. Früher hatten es Unternehmer »im kleinen Finger«. Das Management von heute braucht aber Zahlen. Knappe Preise und die Komplexität der Aufgaben lassen Improvisieren nicht zu.

Das Unternehmung, in dem das beschriebene System eingesetzt ist, zieht aus der Praktizierung einen hohen Nutzen:

- zum Beispiel eine sichere und leistungsfähige Kalkulation,
- eine an den Unternehmenszielen ausgerichtete Angebotspolitik und Auftragshereinnahme,
- Förderung der Selbstorganisation,
- eine optimierte Objektabwicklung durch vorrausschauende Erkenntnisse; Verlustminimierung im Einzelfall bedeutet Gewinnmaximierung im Gesamten,
- informierte Mitarbeiter sind zufriedene Mitarbeiter; Hektik und Stress werden abgebaut oder vermieden,
- Beherrschung der Komplexibilität einer Baumaßnahme,
- zeitliche und kostenmäßige Beherrschung einer Baumaßnahme = Qualität = zufriedene Kunden = akzeptables Ergebnis.

Literatur

/1/ **KLR Bau** Kosten- und Leistungsrechnung der Bauunternehmen, 7. Auflage, Hauptverband der Deutschen Bauindustrie e. V., Berlin (Herausgeber), Bauverlag, Wiesbaden 2001

/2/ **Dressel/Schneider** Führungszahlen für Bauunternehmen, IFA-Verlag Dressel, Leonberg 1983

15. Controlling im Planungsbüro

Clemens Schramm

Inhalt

15.1 Einführung

Architekten und Ingenieure können wirtschaftlich denken, schließlich gehört die kostenbewusste Planung als wichtiges Bauherrenziel zum kleinen 1×1 der Praxis. Häufig bleibt im Tagesgeschäft jedoch die Steuerung des eigenen Büroerfolgs auf der Strecke. Die Frage drängt sich auf: wollen die Planungsbüro für sich selbst nicht wirtschaftlich handeln? Die Ausflüchte sind bekannt, hier einige O-Töne aus Vorträgen: »dafür habe ich nicht studiert, wozu haben wir die HOAI, keine Zeit, ich arbeite nur kreativ ...«.

In diesem Buch ist viel die Rede von Controllingmaßnahmen in der Baupraxis. Allgemein wird unter Controlling Planung, Kontrolle und Steuerung verstanden. Die Analyseergebnisse aus der Vergangenheit des Bürolebens helfen, im täglichen Handeln die Projekte zu steuern und Entscheidungen für die Zukunft und den Büroerfolg zu treffen. Jedes Büro ist anders, hat andere Bedürfnisse, daher gibt es keinen Königsweg. Nachfolgend werden verschiedene Möglichkeiten des Büromanagements aufgezeigt, die je nach den Anforderungen des Büros an die Aussagegenauigkeit der Controllingmaßnahme eingesetzt werden können. Eine Rolle spielt dabei auch die Bürogröße – je größer das Büro, desto feiner sollte das Controlling erfolgen.

Einen Königsweg für Planungsbüros zum Controlling gibt es nicht. Die Erkenntnisse aus der allgemeinen Betriebswirtschaftslehre für Planung, Steuerung und Kontrolle sind leider nur bedingt umsetzbar auf die Bedürfnisse der meisten kleinen und mittleren Architektur-/Ingenieurbüros. Denn die dort formulierten Anforderungen sind oft zugeschnitten auf die Spezifika der Entwicklung und Herstellung neuer Produkte der stationären Industrie. Diese Erkenntnisse sind durch die Besonderheiten des vom Werkvertragsrecht geprägten Planungs- und Bauablaufs daher nur ansatzweise auf Planungsleistungen übertragbar.

Voraussetzungen für ein wirksames Projekt- und Unternehmenscontrolling im Planungsbüro sind

- die Stundenerfassung für alle Mitarbeiter und Inhaber,
- mindestens eine einfache Kostenartenrechnung und
- die Motivation des gesamten Büros,

solche Maßnahmen zur Steuerung von Aufträgen vor, während und nach der Abwicklung und zur Steuerung des Gesamtbüros einzusetzen. Ergänzt werden sollte nach Möglichkeit zum einen ein Finanz- bzw. Liquiditätscontrolling, z. B. durch Kontrolle der Zahlungsziele und -eingänge mit anstehenden Ausgaben. Zum anderen sollten natürlich die Erkenntnisse des hier im Vordergrund stehenden Projekt- und Unternehmenscontrollings in das Vertragscontrolling einfließen, z. B. durch hinreichend genaue Beschreibung der Leistungsanforderungen und rechtlich abgesicherte Honorarregelungen.

15.2 Drei Voraussetzungen für das Controlling

15.2.1 Stundenerfassung

Aus einschlägigen Untersuchungen ist bekannt, dass eine an sich notwendige Stundenerfassung längst nicht in allen Büros vorgenommen wird. Ein Controlling ohne Stundenaufschrieb ist aber von vornherein zum Scheitern verurteilt. Diese Frage ist zugleich eng verknüpft mit der Motivation der Mitarbeiter und der Inhaber eines Planungsbüros, Wege zum wirtschaftlichen Erfolg auszuloten. Den Mitarbeitern sollte klar sein, dass ein Boykott von Controllingmaßnahmen durch ungenaue oder fehlende Stundenerfassung letztlich den eigenen Arbeitsplatz gefährden könnte. Zu beobachten ist jedoch vielfach, dass der Ball oft eher bei den Inhabern liegt, die zwar von den Mitarbeitern eine detaillierte Stundenerfassung fordern, aber selbst nicht vornehmen. Als Begründung hört man von den Inhabern beispielsweise: *»zu viel Bürokratie, ich springe zwischen so vielen Projekten, ich bin so selten im Büro«*. Gerade weil der Inhaber/die Inhaberin in der Regel der teuerste Mitarbeiter eines Büros ist, kann auf seine Stundenangaben nicht verzichtet werden! Und wenn der Tag so hektisch ist, dass im Fünf-Minuten-Takt andere Projekte bearbeitet werden müssen, sollte man abends rekapitulieren, wie viel Zeit insgesamt für jedes der Projekte verbucht werden kann. Oder man überlegt, ob man sich als Chef/Chefin nicht ohnehin in Details zu vieler Aufträge verstrickt . . . Kleinen Büros (1–2 Mann) wird mindestens zur Erfassung nach Projekten, mittelgroßen Büros (+/- 5 Mitarbeiter) zur leistungsphasenweisen Erfassung und größeren Büros zur detaillierten Erfassung nach Einzeltätigkeiten geraten!

15.2.2 Kosten-/Leistungsrechnung

Bei der so genannten Kostenartenrechnung handelt es sich um eine Vollkostenrechnung, die in größeren bzw. kostenrechnerisch versierten Büros etwa als Teil- oder Prozesskostenrechnung differenziert werden kann. Zum Beispiel kann eine genauere Zuordnung der angefallenen Kosten im Rahmen einer Kostenstellen- oder Kostenträgerrechnung erfolgen. Die hier zugrunde gelegte und von Pfarr /1/ etablierte Kostenartenstruktur ist zur Einführung einer Kosten-/Leistungsrechnung in Planungsbüros in der Regel völlig ausreichend, da sie die Herleitung von Stundensätzen und weiteren Führungs- und Analyse-Kennzahlen als Controllingmethode ermöglicht.

Grundsätzlich ist für eine Verbesserung der Aussagekraft der betrieblichen Kostenrechnung in Planungsbüros und für eine erleichterte Kalkulation eine Auflösung der Kostenartenrechnung in eine Kostenstellenrechnung (z. B. Leistungssparten Entwurf/Ausschreibung/Bauleitung/Verwaltung) bzw. in eine Kostenträgerrechnung (projektbezogen bzw. auf Tätigkeitsbündel oder Aktivitäten) zu überlegen, um eine exaktere Zuordnung der Einzel- und Gemeinkosten bzw. der direkten und indirekten Kosten zu ermöglichen. Doch wie schon oben ausgeführt: eine Kostenartenrechnung genügt, alles andere ist gewissermaßen On Top, nur in größeren Büros sollten Kostenstellen- der Kostenträgerrechnung Standard sein.

15.2.3 Controlling als Büroaufgabe

Ohne Motivation geht es nicht, Mitarbeiter und Inhaber sollten an einem Strang ziehen! Die Vorteile des Projekt- und Unternehmenscontrollings liegen auf der Hand: kein Management by Bauchgefühl mehr, sondern gesicherte Entscheidungen zur laufenden Projektdurchführung und Zukunft des Büros. Wie man vorgehen kann, wird in den folgenden Abschnitten beschrieben.

15.3 Vorgehensweise

15.3.1 Kosten- und Leistungsrechnung einführen

Bei der Erbringung von Architekten- und Ingenieurleistungen fallen im Büro Kosten an. Diese Kosten bestehen aus Sach- und Personalkosten. Sachkosten sind u. a. die Büromiete, Fahrzeuge, EDV-Anlagen, Papier und Stifte. Die Personalkosten der festangestellten Mitarbeiter bzw. genauer die Arbeitskosten (d. h. inkl. Kosten für freie Mitarbeiter und ggf. Leistungen Dritter) machen im Planungsbüro erfahrungsgemäß den größten Kostenblock aus: als Faustformel lässt sich sagen, dass sie im Architekturbüro ca. 3/4, im Ingenieurbüro etwa 2/3 der Gesamtkosten ausmachen (jeweils + ca. 5 %). Bürospezifisch können diese Erfahrungswerte schwanken und sind daher anhand der tatsächlichen Kosten eines Büros zu ermitteln. Die Werte bzw. Kosten ergeben sich überwiegend aus der ausgabenbezogenen Buchhaltung bzw. aus der Einnahmen-/Überschussrechnung zum Jahresende. Bei Fragen dazu wende man sich an einen möglichst branchenkundigen Steuerberater oder suche sich professionelle Unterstützung bei einem Berater für Planungsbüros.

Bei der Kostenartenrechnung handelt es sich um eine so genannte Vollkostenrechnung, die in größeren bzw. kostenrechnerisch versierten Büros differenziert werden kann. Zum Beispiel kann in der Ebene darunter noch eine genauere Zuordnung der angefallenen Kosten im Rahmen einer Kostenstellen-

oder Kostenträgerrechnung erfolgen. Die hier vorgestellte und etablierte Kostenartenstruktur eines Planungsbüros ist jedoch zur Einführung einer Kosten-/Leistungsrechnung in der Regel völlig ausreichend, zumal sie einen Vergleich mit anderen Büros und den in der Vergangenheit ermittelten Kennzahlen ermöglicht. Sie ergibt sich im Allgemeinen wie in der Abb. 15.1 anhand des nachfolgend vorgestellten Musterbüros dargestellt.

15.3.2 Kalkulatorische Kosten nicht vergessen

Zu beachten ist, dass neben den im Folgenden dargestellten ausgabenwirksamen Kosten wie Gehältern und bestimmten Sachmitteln auch kalkulatorische Kosten anfallen. Hierzu zählen zum Beispiel das Inhabergehalt, die Miete sowie die Kapitalverzinsung und Abschreibung von Sachmitteln.

Inhabergehalt

Das kalkulatorische Inhabergehalt, das der Inhaber in seine Kostenkalkulation einstellen muss, bestimmt sich in seiner Höhe nach den am Markt erzielbaren Gehältern für vergleichbare Tätigkeiten zuzüglich eines Inhaberzuschlags. Dieser Posten ist deswegen kalkulatorisch, weil sich der Inhaber dieses Gehalt nur bei entsprechender Liquidität (in der Regel am Kontostand ablesbar) tatsächlich auszahlen kann. Die meisten Planungsbüros werden in Rechtsformen geführt, bei denen – im Gegensatz zu Kapitalgesellschaften, d. h. Gesellschaften mit beschränkter Haftung (Geschäftsführergehälter) oder Aktiengesellschaften (Vorstandsgehälter) – ein kostenmäßiger Ansatz für den bzw. die mitarbeitenden Büroinhaber gefunden werden muss. Das wäre jener Betrag, den der Büroinhaber je nach Bürogröße und fachlichem Anforderungsprofil einsetzen müsste, um davon eine Kraft zu bezahlen, die dieselbe Verantwortung übernimmt und vergleichbaren Einsatz bietet. Dafür gibt es keine Formel, auch keine richtige Größe, sondern nur vergleichende Überlegungen. Als ein Anhaltspunkt könnte das Gehalt des höchstbezahlten Mitarbeiters unter Berücksichtigung eines Zuschlages für Mehrarbeit und Mehrverantwortung des Inhabers dienen. Dieser Ansatz sollte aber noch keine ggf. gesondert auszuweisenden Gewinnbestandteile enthalten. Weitere Kriterien sind die Bürogröße, ein gewisses Spezialistentum usw.

Miete

Auch die Miete inklusive Nebenkosten, wenn der Planer z. B. von zu Hause aus arbeitet und somit keine unmittelbaren Mietausgaben des Büros zu verbuchen hat, muss gleichwohl zu den kalkulatorischen Kosten gerechnet werden. Dies geschieht am besten entsprechend dem Verhältnis der Bürofläche zur Gesamtfläche der Privatwohnung.

Kapitalverzinsung

Zum betriebsnotwendigen Kapital zählt das aufgenommene Fremdkapital (Kredite), dessen Zinsen gleichzeitig Ausgaben und damit aus der Buchhaltung ersichtlich sind. Eine häufige betriebliche Praxis ist es jedoch, privates Kapital vorzuhalten, um jederzeit (d. h. bei Zahlungseingangsverzögerungen) seinen Verpflichtungen nachkommen zu können. Auf dieses Eigenkapital werden zwar keine Zinsen gezahlt, trotzdem ist der so genannte Nutzenentgang des eingesetzten privaten Kapitals kostenmäßig zu erfassen. Der Nutzenentgang wird betriebswirtschaftlich auch als Opportunitätskosten bezeichnet, da das eingesetzte Eigenkapital anderenfalls verzinst angelegt werden könnte. Ein typisches

Berechnungsverfahren für die dadurch entstehenden kalkulatorischen Kapitalkosten (d. h. die Kapitalverzinsung) ist:

Jahresumsatz/12 Monate × 4 Monate × 8 Prozent*

**(konjunkturbedingt in der Regel 4 bis 8 Prozent).*

In dieser (nur als Beispiel gedachten) Konstellation wird davon ausgegangen, dass das Büro rund 4 Monatsumsätze vorhalten muss, um jederzeit seinen Zahlungsverpflichtungen nachkommen zu können. Andere Ansätze ergeben sich, wenn auf Grund schlechter Zahlungsmoral die vier Monatsumsätze nicht ausreichen oder wenn der Kalkulationszins projektbedingt höher angesetzt werden muss.

Abschreibung

Die kalkulatorische Abschreibung bemisst sich nach dem Wert der eingesetzten Sachmittel (Auto, EDV-Anlage etc.) und der mutmaßlichen (hilfsweise häufig steuerlich absetzbaren) Nutzungsdauer. Auch Kosten eines privat genutzten Fahrzeugs müssen analog, d. h. anteilig zum Grad der bürobedingten Nutzung, kalkulatorisch eingestellt werden.

15.4 Das Musterbüro als Praxisbeispiel

Die Kostenartenrechnung und die Ermittlung sowie Interpretation der Kennzahlen werden an einem durchgängigen Zahlenbeispiel erläutert (vgl. Abb. 15.1). Das Musterbüro mit modellhaftem Charakter hat folgende Mitarbeiterstruktur: es besteht aus 1 Inhaber, 4 technischen Mitarbeitern (umgerechnet auf Vollstellen), d. h. 3 in Vollzeit (40-h-Woche) und 2 halbtags (20-h-Woche), und 1 kaufmännischen Mitarbeiter. Für dieses Büro ergeben sich gemäß tabellarischer Zusammenstellung folgende Eckdaten für das Geschäftsjahr:

Gesamtkosten: 380.000,– €; Honorarumsatz: 387.750,– €; Gewinn: 7.750,– €

Lfd.	Kosten-Arten	Kostenart	Beträge in € je Jahr Kosten € / Jahr	Beträge in € je Jahr Einzelkosten € / Jahr	Beträge in € je Jahr Gemeinkosten € / Jahr
a	b	c	d	e	f
1	1.1	Personalkosten Inhaber			
2	1.11	Kalkulator. Inhabergehalt	60.000,-	3.6954,-*	2.3046,-*
3	1.12	Alterssicherung Inhaber			
4	1.2	Personalkosten Mitarbeiter			
5	1.21	- für technische Mitarbeiter	153.400,-	109.312,84*	44.087,16*
6	1.22	- für technische Mitarbeiter	29.250,-		29.250,00
7	1.23	- für Auszubildende	—		
8	1.24	- für sonstige Mitarbeiter	—		
9	1.3	Soziallasten Mitarbeiter			
10	1.31	gesetzliche Soziallasten	40.183,-		40.183,-
11	1.32	freiwillige Soziallasten	2.167,-		2.167,-
12	**1.1-1.3**	**Summe d. Personalkosten**	**285.000,-**	**146.266,84**	**138.733,16**
13	1.4	Honorare f. "freie Mitarbeiter"	—		
14	1.5	Honorare f. Leistung. Dritter	—		
15	**1.1-1.5**	**Summe d. "Arbeitskosten"**	**285.000,-**	**146.266,84**	**138.733,16**
16	2.0	Kosten Raumnutzung	16.500,-		16.500,-
17	3.0	Sachkosten Bürobetrieb	26.375,-		26.375,-
18	4.0	Kosten Fahrzeug	17.625,-		17.625,-
19	5.0	Reisekosten	4.925,-		4.925,-
20	6.0	Kosten Bürosicherung			
21	6.1	Fort- und Weiterbildung	4.500,-		4.500,-
22	6.2	Sonstige Bürosicherung	7.212,50		7.212,50
23	7.0	Repräsentation, Akquisition	2.862,50		2.862,50
24	8.0	Sonstige Kosten	4.660,-		4.660,-
25	9.0	Kalkulator. Kapitalverzinsung	10.340,-		10.340,-
26	**2.0-9.0**	**Summe d. Sachkosten**	**95.000,-**		**95.000,-**
27	**1.0-9.0**	**Gesamtkosten**	**380.000,-**	**146.266,84**	**233.733,16**

Abb. 15.1: Kostenartenrechnung Musterbüro

Die vorstehenden wie auch die folgenden Zahlen verstehen sich netto, d. h. ohne Mehrwertsteuer (USt). Folgende Erläuterungen sind zum Verständnis notwendig:

Personalkosten (Kostengruppe 1)

Inhabergehalt

Dieses liegt über den Gehältern der bestbezahlten Mitarbeiter des Musterbüros *(siehe Abb. 15.1, Lfd. Nr. 5)*. Selbstverständlich handelt es sich hier lediglich um ein Zahlenbeispiel, d. h. die tatsächlichen Inhabergehälter werden je nach Bürogröße und den anderen genannten Parametern zu bestimmen sein.

Alterssicherung des Inhabers

Diesem Punkt sind die Beiträge zum Versorgungswerk der Kammern und gegebenenfalls zur Lebensversicherung (evtl. Risikoversicherung) zuzuordnen.

Personalkosten für technische, kaufmännische und sonstige Mitarbeiter sowie Auszubildende

Diesen vier Kostenarten sind jeweils die vertraglich zugesicherten Gehälter und alle weiteren vertraglich festgelegten Zuwendungen zuzuordnen.

Gesetzliche Soziallasten (Sozialleistungen)

Gesetzliche Sozialleistungen umfassen die Arbeitgeberbeiträge zur gesetzlichen Rentenversicherung sowie zur gesetzlichen Kranken-, Pflege- und Arbeitslosenversicherung.

Freiwillige Soziallasten (Sozialleistungen)

Freiwillige Sozialleistungen umfassen Beihilfen, Gratifikationen, freiwillige Versicherungen, Betriebsfeiern, Essens- und Fahrgeldzuschüsse sowie ggf. Renten für ausgeschiedene Inhaber und Partner.

Honorare für freie Mitarbeiter

Hierunter werden alle Mitarbeiter geführt, die nicht in einem Angestelltenverhältnis stehen, sondern für das Büro als echte freie Mitarbeiter tätig sind.

Honorare für Leistungen Dritter

Zum Beispiel für Modellbau oder Honorierung für Besondere Leistungen oder Gutachten durch Dritte von Sub-Büros. Um das Zahlenbeispiel in Abb. 15.1 verständlich zu halten, hat das Musterbüro keine Honorare für freie Mitarbeiter bzw. Leistungen Dritter geleistet.

Sachkosten (Kostengruppe 2–9)

Kosten der Raumnutzung (Kostengruppe 2)

Zu den Kosten der Raumnutzung zählt die tatsächlich bezahlte Miete oder alternativ ein kalkulatorischer Ansatz für die Nutzung eigener Räume. Ferner gehören dazu Strom, Gas, Wasser, Heizung, Büroreinigung und notwendige Reparaturen. Für Privaträume, die ein Einzelunternehmer oder Personengesellschafter für betriebliche Zwecke zur Verfügung stellt, wird eine kalkulatorische Miete in die Kosten eingerechnet inklusive anteiliger Verbrauchskosten. Da der Inhaber des Musterbüros für diese Räume keine Miete an sich selbst zahlt, sind die Überlegungen hier analog denen beim kalkulatorischen Inhabergehalt (z. B. Ansatz ortsüblicher Vergleichsmiete).

Sachkosten des Bürobetriebs (Kostengruppe 3)

Neben den Kosten für Büromaterial, Kommunikation und Hardware sind auch die Abschreibungen für die Betriebsausstattung zu berücksichtigen (ebenso eventuelle Leasingraten für die Büroausstattung).

Kosten fürs Fahrzeug (Kostengruppe 4)

Außer Kfz-Abschreibung und der laufenden Unterhaltung (inkl. Kfz-Steuer) müssen hier die bezahlten Kilometergelder bzw. Taxi-, Bus-, und Bahnfahrtkosten einbezogen werden. Ebenso gehören die Leasingraten bzw. Abschreibungen der Fahrzeuge in diese Kostengruppe.

Reisekosten (Kostengruppe 5)

Hierzu zählen alle Reisekosten und Tagegelder, die im Rahmen der Erfüllung eines Planungsauftrages und zum Betrieb des Planungsbüros notwendig sind, z. B. Flug- und Bahnreisen und Kosten der Unterkunft.

Kosten der Bürosicherung (Kostengruppe 6)

Zu den Kosten der Bürosicherung gehören neben der Haftpflichtversicherung und Betriebsversicherung die Beiträge für Berufsorganisationen, Rechts- und Beratungskosten sowie Kosten, die mit Fort- und Weiterbildung im Zusammenhang stehen (z. B. Kurse, Tagungen, Kongresse). Diese sind zwei zusätzlichen Untergliederungspunkten der »Kosten der Bürosicherung« zuzuordnen, nämlich der Kostengruppe 6.1: Fort- und Weiterbildung und 6.2: Sonstige Bürosicherung.

Repräsentation und Akquisition (Kostengruppe 7)

Neben Bewirtung und Geschenken für Geschäftsfreunde sind auch die Kosten der Akquisition hier zu verbuchen. Hierzu rechnen auch die Kosten für die Herstellung von Broschüren und Ausstellungen als typische Akquisition.

Sonstige Kosten (Kostengruppe 8)

Dazu zählen z. B. Bankspesen, Schuldzinsen, Steuern. Eventuelle Gewinnsteuern gehören nach herrschender Meinung nicht zu den Kosten. Es ist besonders darauf zu achten, dass es bei dieser Kostenart zu keiner Doppelnennung kommt, da z. B. die Grundsteuer bereits bei den Raumkosten und die Kfz-Steuer bei den Fahrzeugkosten erfasst worden sind.

Kalkulatorische Kapitalverzinsung (Kostengruppe 9)

Als betriebsnotwendiges Kapital sollten 4 Monatsumsätze vorhanden sein, um den Zahlungsverpflichtungen nachkommen zu können. Kalkulatorisch ist hierfür beim Musterbüro eine noch gut 8-prozentige Verzinsung berücksichtigt, die konjunkturbedingt zur Zeit realiter jedoch bei 4 bis 8 Prozent liegen dürfte (s. o.).

15.5 Die PeP-7-Kennzahlen

15.5.1 Einige Worte vorab – PeP-7: Erfolg steuern, Wirtschaftlichkeit messen

Planungsbüros bei der Bewältigung ihrer betriebswirtschaftlichen und unternehmerischen Anforderungen zu unterstützen, ist das Anliegen der **P**raxisinitiative **e**rfolgreiches **P**lanungsbüro e. V. (PeP). Ein erster Schritt zu diesem Ziel war im Jahr 2006 die Vorstellung des standardisierten Kennzahlensystems für Planungsbüros, das unter der Bezeichnung PeP-7-Kennzahlen mittlerweile das Interesse einer breiten Fachöffentlichkeit findet. Diese Kennzahlen und ihre Ermittlung, vor dem Hintergrund der Kosten- und Leistungsrechnung im Planungsbüro, sind Gegenstand der nachfolgenden Ausführungen.

Der Sinn des standardisierten Kennzahlensystems PeP-7 ergibt sich auf mehreren Ebenen: Das Planungsbüro erhält ein branchengerechtes betriebswirtschaftliches Mess- und Steuerungssystem. Durch einheitliche Kennzahlen werden die in den einzelnen Büros ermittelten Werte untereinander und im Bezug zum Branchendurchschnitt vergleichbar. Die Einhaltung der Pep-7-Vorgaben ist ein Qualitätsmerkmal der einschlägigen BMSP*-Programme für Planungsbüros. Folgerichtig hat sich PeP von Anfang an auch bei den betreffenden Software-Firmen für die Umsetzung des PeP-7-Standards eingesetzt. Dieses Zertifizierungs-Siegel steht für den Nachweis der regelkonformen PeP-7-Kennzahlen (siehe Abb. 15.2).

Abb. 15.2: Prüfsiegel zertifizierte BMSP

Welche Programme bzw. Programmversionen den PeP-7- Standard jeweils erfüllen, darüber gibt die Website des PeP e. V. aktuelle Auskunft (www.pep-7.de). Diese Homepage sollte deshalb auf der Agenda haben, wer sich mit der Beschaffung bzw. Neuorientierung von BMSP in Sachen Projektcontrolling und Unternehmenssteuerung befasst.

15.5.2 Kennzahl 1: Umsatzrendite

Die Umsatzrendite errechnet man mit der Formel:

$$\text{Gewinn/Umsatz } (\times 100)$$

Im Falle des Musterbüros beträgt der Gewinn 7.750,– € und der Umsatz 387.750,– €. Mithin ergibt sich daraus eine (geringe) Umsatzrendite in Höhe von 1,99 Prozent. Diese sollte tendenziell höher liegen und sich bei 10 Prozent (oder mehr) einpendeln.

15.5.3 Kennzahl 2: Umsatzziel

Bei der betriebswirtschaftlichen Jahresplanung des Architektur- oder Ingenieurbüros (die der Aktualität wegen etwa 3 Monate vor Beginn eines neuen Geschäftsjahres fertiggestellt sein sollte) ist die Festlegung eines Umsatzzieles *pro Mitarbeiter* ein wesentlicher Schlüssel zum Erfolg. Dieses auf den einzelnen Mitarbeiter bezogene Umsatzziel errechnet sich wie folgt:

Umsatz/Mitarbeiter

Bezogen auf unser Musterbüro sind dies: 3 techn. Mitarbeiter in Vollzeit sowie *2 techn. Mitarbeiter halbtags, d. h.* 1 techn. Mitarbeiter *in Vollzeit*, 1 kaufm. Mitarbeiter, 1 Inhaber, gesamt 6 Mitarbeiter im Musterbüro (gerechnet in Vollzeit).

Auf der Basis des Umsatzes unseres Musterbüros in Höhe von 387.750,– € ergibt sich daraus für die 6 Mitarbeiter ein Umsatzziel pro Vollzeitstelle von 64.625,– €. Dieses wird am Ende des Geschäftsjahres mit dem dann tatsächlich realisierten Umsatz pro Vollzeitstelle (sog. IST-Zahl) nachgerechnet. Die Zielabweichung dabei (positiv wie auch negativ) ist für den Büroinhaber auch unter Berücksichtigung der Arbeitskostenquote (3. PeP-Kennzahl) u. a. Entscheidungshilfe für seine Personalpolitik.

Eine Berücksichtigung der IST-Zahlen vergangener Geschäftsjahre hierbei erleichtert die Projektion für die Jahresplanung des neuen Geschäftsjahres. Ist z. B. zum Ende des laufenden Geschäftsjahres der Gewinn höher als im Vorjahr, so ist dieser Gewinnzuwachs bei der Planung des neuen Geschäftsjahres angemessen zu berücksichtigen.

15.5.4 Kennzahl 3: Arbeitskostenquote

Diese prozentuale Quote gibt Auskunft über das Verhältnis der Arbeitskosten zu den Gesamtkosten (siehe Abb. 15.1). Die Formel hierzu lautet:

Arbeitskosten/Gesamtkosten (× 100)

Bei unserem Musterbüro, d. h. bei 285.000,– € Arbeitskosten versus 380.000,– € Gesamtkosten, beträgt die Arbeitskostenquote also exakt 75 Prozent. Studien der vergangenen Jahre belegen, dass diese Quote über die Jahre relativ konstant bleibt.

15.5.5 Kennzahl 4: Projektstundenanteil

Der Projektstundenanteil wird wie folgt ermittelt:

Projektstunden/Gesamtstunden (× 100)

Diese Ermittlung erfolgt getrennt für den Inhaber und die technischen Mitarbeiter. Je mehr Projektstunden die technischen Mitarbeiter einschließlich des Inhabers, gemessen am Gesamtstundenaufkommen eines Jahres, tatsächlich haben, umso besser. Der Inhaber kann durch allgemeine Verwaltungs- und Organisationstätigkeiten sowie wegen Akquisition weniger Projektstunden leisten. Die tatsächlichen Projektstunden können, je nach Bürogröße und Arbeitsorganisation, stark schwanken. Diese Projektstunden erhält man natürlich nur dann zuverlässig, wenn sie zeitnah und regelmäßig (möglichst täglich zum Arbeitsende) vom Inhaber sowie allen Mitarbeitern erfasst werden.

Abb. 15.3 zeigt die Stundenzusammenstellung unseres Musterbüros für das Geschäftsjahr. Zieht man von den 365 Kalendertagen die arbeitsfreien Wochenenden (= 104 Tage) ab, so verbleiben 261 potenzielle Arbeitstage (bei 8 h/d = 2.088 h). Durch je nach Bürosituation zu bestimmende sozial- (Urlaub, Krankheit, Feiertage etc.) und betriebsbedingte Ausfallzeiten (Bürobesprechungen, Fortbildungszeiten etc.) kommt es zu einer weiteren Reduktion. Im Musterbüro sind für einen technischen Mitarbeiter (TMA) realistische 75 Ausfalltage zu verzeichnen, so dass 186 direkt erlösfähige Arbeitstage je TMA verbleiben. Bei einem Achtstundentag bedeutet dies, dass 1.488 Projektstunden möglich sind, bei zusammen 4 TMA also insgesamt 5.952 Stunden.

Der Inhaber des Musterbüros hat vor allem durch höheren Akquisitionsaufwand insgesamt nur 1.286 Projektstunden im Jahr geleistet. Gegenüber den potenziell insgesamt möglichen Arbeitsstunden von TMA und Inhaber in Höhe von 10.440 Stunden (= 4 × 2.088 Std. + 2.088 Std.) bedeutet die Anzahl der Projektstunden (7.238 Std. = 5.952 Std. + 1.286 Std.) natürlich eine deutliche Reduzierung. Zugleich ist eine Unterscheidung in Projektstunden und potentiell mögliche Arbeitsstunden unerlässlich, um im nächsten Schritt den mittleren Bürostundensatz berechnen und eine Zuordnung der Kosten vornehmen zu können.

Der Projektstundenanteil für den Inhaber beläuft sich demnach bei 1.286 Projektstunden und 2.088 möglichen Gesamtstunden auf 61,59 Prozent. Bei den technischen Mitarbeitern beträgt der Projektstundenanteil bei 5.952 Projektstunden und 8.352 möglichen Gesamtstunden 71,26 Prozent.

15.5.6 Kennzahl 5: Mittlerer Bürostundensatz

Der kostendeckende mittlere Bürostundensatz ist in Architekturbüros – vermutlich durch niedrigere Gehälter bei Architekten – etwas geringer als in Ingenieurbüros. Den mittleren Bürostundensatz kann man schnell ermitteln, wenn man die Gesamtkosten des Büros und die gesamten Stunden aller Mitarbeiter einschließlich Inhaber kennt, die in den verschiedenen Aufträgen des Vorjahres angefallen sind. Der kostendeckende mittlere Bürostundensatz ergibt sich aus der Formel:

Gesamtkosten/Projektstunden

Beim Musterbüros beträgt der mittlere Bürostundensatz bei 380.000,– € Gesamtkosten (siehe Abb. 15.1) und 7.238 Projektstunden des Inhabers und der technischen Mitarbeiter (siehe Abb. 15.3) also 52,50 €. Unter der Voraussetzung, dass der Inhaber sein Büro im laufenden Jahr ähnlich fortführt wie im Jahr zuvor, hat er damit einen Anhaltspunkt, welchen Stundensatz er im Durchschnitt über alle Aufträge mindestens erreichen muss, um ohne Verlust zu arbeiten. Jeder Cent über diesem Betrag fließt somit in den Gewinn. Denn im mittleren Bürostundensatz sind auch die (All-)Gemeinkosten des Büros enthalten, die ebenfalls erwirtschaftet werden müssen: sobald alle Kosten gedeckt sind, fällt Gewinn an. Sollte sich die Bürostruktur absehbar nicht verändern, kann vorläufig mit diesem Wert weitergerechnet werden, außer, wenn sich gravierende Mitarbeiterbewegungen ergeben. Dann sollte der mittlere Bürostundensatz aufgrund von Erwartungen und vorläufigen Annahmen rechtzeitig fortgeschrieben werden, um immer gesicherte Zahlen zur Verfügung haben.

Der mittlere Bürostundensatz dient vor allem zum Vergleich der Kostenentwicklung im Laufe der Jahre oder als sog. Benchmarking mit anderen Büros. Zudem sind damit sehr schnell die sog. Honorardeckungsstunden ermittelbar, in dem das zu erzielende Honorar eines Projektes durch den mittleren

1	Inhaber [INH]			Anz. INH: 1	
Lfd. Nr.	Bezeichnung	Anzahl Tage	Anzahl Stunden/Tag	Summe Stunden	Anteil in %
a	b	c	d	e	f
2	Kalendertage	365	8	2.920	
3	Samstage / Sonntage	104	8	832	
4	Arbeitstage bzw. Gesamtstunden	261	8	2.088	100,00
	abzüglich				
5	*Sozial bedingte Ausfallzeiten*				
6	Urlaub	20,00	8	160	7,66
7	Krankheit	10,00	8	80	3,83
8	Feiertage	6,00	8	48	2,30
9	Sonstige	0,00	8	0	0,00
10	*Betriebsbedingte Ausfallzeiten*				
11	Fortbildung / Seminare	3,00	8	24	1,15
12	Akquisition / Wettbewerbe	47,25	8	378	18,10
13	Kammertätigkeit / Berufsverbände	6,00	8	48	2,30
14	Interne Betriebsbesprechungen	8,00	8	64	3,07
15	Sonstige......................	0,00	8	0	0,00
	INH Ausfallzeiten gesamt	100,25	8	802	38,41
16	**INH Arbeitstage / Projektstunden / %**	**160,75**	**8**	**1.286**	**61,59**

17	Technische Mitarbeiter [TMA]			Anzahl TMA 4	
Lfd. Nr.	Bezeichnung	Anzahl Tage	Anzahl Stunden/Tag	Summe Stunden	Anteil in %
a	b	c	d	e	f
18	Kalendertage	365	8	11.680	
19	Samstage / Sonntage	104	8	3.328	
20	Arbeitstage bzw. Gesamtstunden	261	8	8.352	100,00
	abzüglich				
21	*Sozial bedingte Ausfallzeiten*				
22	Urlaub	25	8	800	9,58
23	Krankheit	15	8	480	5,75
24	Feiertage	6	8	192	2,30
25	Sonstige	2	8	64	0,77
26	*Betriebsbedingte Ausfallzeiten*				
27	Fortbildung / Seminare	4	8	128	1,53
28	Akquisition / Wettbewerbe	10	8	320	3,83
29	Interne Betriebsbesprechungen	8	8	256	3,07
30	Sonstige......................	5	8	160	1,92
	TMA Ausfallzeiten gesamt	75	8	2.400	28,74
31	**TMA Arbeitstage / Projektstunden / %**	**186**	**8**	**5.952**	**71,26**

Abb. 15.3: Ermittlung Projektstunden Musterbüro

Bürostundensatz dividiert wird. Das Ergebnis liefert eine erste grobe Einschätzung der maximal möglichen Stunden eines neuen Auftrags. Das Vorgehen im Einzelnen wird im Folgenden noch vertieft behandelt.

15.5.7 Kennzahl 6: Gemeinkostenfaktor

Um die Kosten der verschiedenen Aufträge eines Planungsbüros zu erfassen, müssen diese den Aufträgen entsprechend zugeordnet werden, z. B. müssen die Kosten für das Büro oder ein Firmenfahrzeug auf die einzelnen Aufträge umgelegt werden. Man spricht bei diesen allgemeinen Kosten auch von Gemeinkosten oder indirekten Kosten. Diese werden mit Hilfe des Gemeinkostenzuschlagsatzes auf die Einzelkosten (einem Auftrag direkt zuordenbare Kosten, vor allem der projektbezogene Stundenaufwand) verteilt. Die »kalkulatorische« Verteilung der Gemeinkosten wird über das Verhältnis von Gemeinkosten zu Einzelkosten vorgenommen. Den Gemeinkostenfaktor errechnet man dabei mit folgender Formel:

Gesamtkosten/Einzelkosten

Das Schema in Abb. 15.4 zeigt die Grundsätze des Vorgehens auf. Sachkosten werden im Regelfall insgesamt den Gemeinkosten zugeordnet, auch wenn natürlich im Einzelfall projektbezogene Kosten entstehen. Aus Vereinfachungsgründen wird in der Regel auf eine Differenzierung verzichtet; größere Büros (ab 10 Mitarbeitern) sollten an dieser Stelle über eine Feingliederung nachdenken. Die Sozialkosten, die Kosten für kaufmännische Mitarbeiter und die Personalgemeinkosten für den Inhaber und die technischen Mitarbeiter werden ebenfalls den Gemeinkosten zugeordnet.

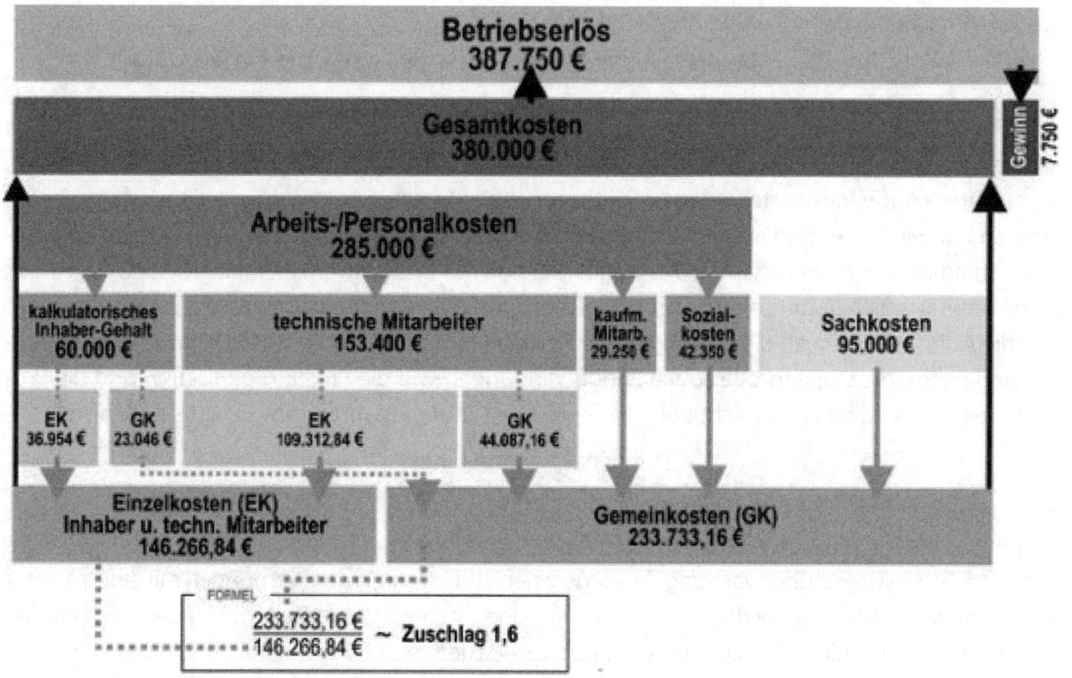

Abb. 15.4: Ermittlung des Gemeinkostenzuschlags

Die Personalgemeinkosten ergeben sich, wenn von den gesamten Personalkosten des Inhabers und der technischen Mitarbeiter die projektbedingten Einzelkosten abgezogen werden. Dazu müssen die direkt einem Projekt bzw. Auftrag zuordenbaren Personalkosten in Relation zum Projektstundenanteil ermittelt werden. Hierzu bedienen wir uns folgender Formel analog zu Kennzahl 4: Projektstunden/ Gesamtstunden = Faktor (zur Erinnerung: Projektstunden= auftragsbezogener Stundenaufwand; Gesamtstunden = *mit* Ausfallzeiten, d. h. Urlaub, Krankheit, Fortbildung etc.).

Bei unserem Musterbüro ergibt sich dabei für den Inhaber bei 1.286 Projektstunden bzw. 2.088 Gesamtstunden (Abb. 15.3) ein Faktor in Höhe von 0,6159 (*Faktor*, nicht Prozent!). Bei den 4 technischen Mitarbeitern (TMA) mit zusammen 5.952 Projektstunden bzw. 8.352 Gesamtstunden mithin ein Faktor von 0,7126 (kaufmännische Mitarbeiter sind Gemeinkosten, ebenso wie die Sozialkosten bzw. -lasten der Mitarbeiter). Das Zahlenbeispiel kann anhand der Abb. 15.1 nachvollzogen werden. Beim Inhaber betragen somit die Einzelkosten 36.954,00 € (= 60.000,00 € × 0,6159), bei den technischen Mitarbeitern 109.312,84 € (= 153.400,00 € × 0,7126). Die Gesamtkosten des Musterbüros werden nach obigem Schema in Einzel- und Gemeinkosten aufgeteilt. Das Verhältnis von Gemeinkosten zu Einzelkosten wird als *Gemeinkostenzuschlag* bezeichnet und in Prozent ausgedrückt. Im vorliegenden Fall ergibt sich, dass die Gemeinkosten rund das 1,6-fache der Einzelkosten betragen:

Gemeinkosten = 233.733,16 €/Einzelkosten = 146.266,84 € × 100 = 159,80 Prozent.

Der für die Stundensatzermittlung maßgebliche *Gemeinkostenfaktor* von 2,598 lässt sich analog im Verhältnis von Gesamtkosten zu den nun ermittelten Einzelkosten wie folgt berechnen und beträgt das 2,598-fache:

Gesamtkosten = 380.000,00 €/Einzelkosten = 146.266,84 € = 2,598 (Faktor).

15.5.8 Kennzahl 7: Aufwandswerte für Planungsleistungen

Während zu den ersten sechs Kennzahlen verschiedentlich Durchschnittswerte benannt worden sind, liegen zu den Aufwandswerten – den projektbezogenen Messgrößen bzw. besser den Aufwandswerten – so gut wie keine fundierten Aussagen vor. Aufwandswerte ermöglichen eine bessere Ressourcenbestimmung eines anstehenden Auftrages. Sie sind nur bedingt verallgemeinerbar, da sie je nach Fachplanungssparte getrennt ermittelt werden müssen. Die Randbedingungen, z. B. der Objekttyp und die Anforderungen an die Planung (man denke an den Schwierigkeitsgrad bzw. die Honorarzoneneinteilung), die Objektgröße sowie Randbedingungen wie die Projektorganisation und die Projektbeteiligten sind zu berücksichtigen. Der jeweilige Aufwandswert ergibt sich aus der Formel:

Stundenaufwand/Einheit*

(z. B. BRI = Brutto-Rauminhalt in m^3 oder BGF = Brutto-Grundfläche in m^2).*

Als Messgröße für den Aufwand bieten sich für die Ausführungsplanung die erforderlichen m^2 Planfläche an, für die Objektüberwachung die vorgesehene Bauzeit in Tagen, verbunden mit einem Faktor »Mannmonat«, d. h. wie viel der Arbeitszeit eines oder mehrerer Mitarbeiter bei diesem Projekt gebunden ist. Diese Zahlen hängen aber stark von den vorgenannten Faktoren ab und müssen deshalb bei Übertragung auf andere Projekte jeweils kritisch geprüft werden. So ist der Aufwand insbesondere für die Leistungsphasen 1–3 von der Kreativität des Büros bzw. des damit befassten Mitarbeiters, d. h. der Schnelligkeit der Lösung der Entwurfsaufgabe abhängig und kann daher stark schwanken.

Besser kann der Aufwand deshalb anhand von bereits abgerechneten Projekten über die Messgröße h/m^3 BRI oder auch h/m^2 BGF überschlägig ermittelt werden. Abb. 15.5 zeigt ein Beispiel für die Architekturleistungen bereits realisierter Wohnhäuser bzw. Mehrfamilienhäuser für das Planen und Bauen im Bestand. Die Auswertung erfolgte anhand von Daten abgewickelter Projekte. Durch die rote Trendlinie lässt sich nachweisen, dass kleine Objekte einen höheren Stundenaufwand je m³ BRI erfordern als große Objekte. Diese und ähnliche Aufstellungen für andere Objektbereiche können dazu dienen, den gesamten Stundenaufwand eines Auftrags im Vorhinein zu ermitteln.

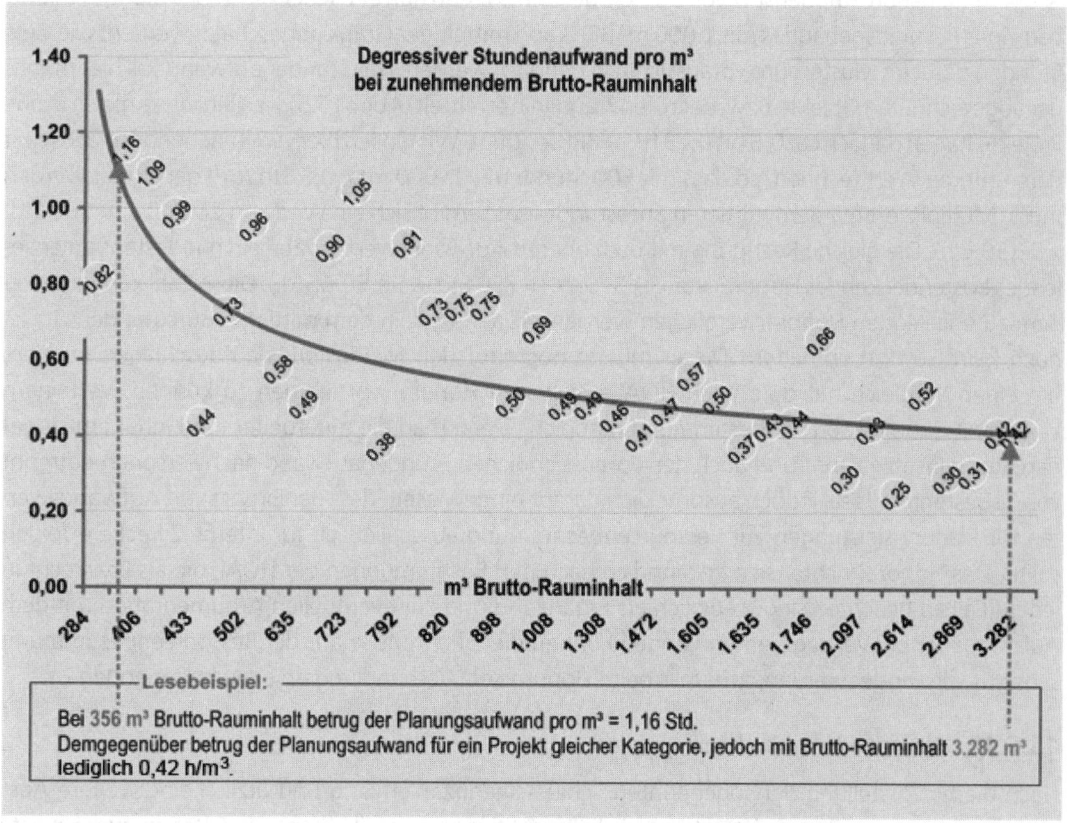

Abb. 15.5: Aufwandswerte beim Planen und Bauen im Bestand

15.5.9 Kalkulation der Planungsleistungen

Wie man es auch macht: eine detaillierte Zeiterfassung, mindestens projektbezogen, ggf. nach Leistungsphasen oder besser nach Einzeltätigkeiten (Teilleistungen gemäß HOAI oder nach einer bürointernen Checkliste der jeweiligen Tätigkeiten) ist zwingend notwendig, da die Personalkosten den Großteil der Kosten eines Auftrags darstellen. Ohne eine zeitnahe (möglichst tägliche) Stundenerfassung kann man die Aufwandsermittlung von Planungsleistungen nicht einsetzen. Mit dem mittleren Bürostundensatz oder den mitarbeiterbezogenen Stundensätzen multipliziert, erhält man im Vorwege ein Auftragsbudget. Im Vergleich zu den nach HOAI erzielbaren Honoraren ist eine gesicherte Entscheidung über Auftragsannahme oder -ablehnung zu fällen bzw. ein laufender Soll-/Ist-Vergleich durch Gegenüberstellung der geplanten und tatsächlichen projektbezogenen Kosten möglich. Damit kann ein gezieltes Projektcontrolling erfolgen: Wenn die Stunden aus dem Ruder laufen sollten, kann frühzeitig gegengesteuert werden.

Anhand des vorgestellten Musterbüros soll nachfolgend gezeigt werden, wie die Ressourcenbestimmung bei neuen Aufträgen praktisch gehandhabt werden kann. Wie dargestellt (siehe Kennzahl 5), ist der mittlere Bürostundensatz von 52,50 € bekannt. Wenn nun ein neuer Auftrag ansteht, z. B. Umbau eines Bestandsgebäudes mit 1.000 m^3 BRI, kann mittels der Grafik abgeschätzt werden, wie viele Stunden dafür im Musterbüro voraussichtlich benötigt werden. Der Stundenaufwand soll hier mittels der abgerechneten Objekte bzw. der roten Trendlinie ermittelt (Abb. 15.5) werden: etwa gleich große Projekte haben danach ca. 0,5 bis 0,75 h/m^3 BRI benötigt. Wir wollen hier vereinfachend zunächst mit dem unteren Wert rechnen, so dass mit 500 Stunden (= 1.000 m^3 × 0,5 Std./m^3) gerechnet werden muss. Multipliziert mit dem mittleren Bürostundensatz ergibt sich ein Wert von 26.250 € (= 500 Std. × 52,50 €/h). Die gleiche Rechnung mit dem oberen Aufwandswert ergäbe ein mindestens zu erzielendes kostendeckendes Honorar von 39.375.- € (= 750 Std. × 52,50 €/Std.). Diese Zahl kann nun mit dem zu erzielenden Honorar verglichen werden. *Aufgepasst:* In dem mittleren Bürostundensatz ist noch kein Gewinn enthalten! Dieser müsste noch auf den Mindesterlös aufgeschlagen werden, um einen Vergleich mit dem nach HOAI erzielbaren Honorar vornehmen zu können. Verfeinern kann man diese Ressourcenbestimmung natürlich, wenn man die mitarbeiter- und inhaberbezogenen Stundensätze kennt und auch den voraussichtlichen Stundenaufwand nach Personen getrennt vorausbestimmt. Es sei jedoch ausdrücklich darauf hingewiesen, dass der Einsatz von Aufwandswerten für Planungsleistungen zur Ressourcenbestimmung ausschließlich für interne Zwecke erfolgen sollte. Das Honorar richtet sich bekanntlich nach den Bestimmungen der HOAI, die als Preisrecht in jedem Fall zu beachten sind. Lediglich als Ergänzung und zur eventuellen Argumentation mit dem Auftraggeber bei Vertragsverhandlungen können die Erkenntnisse aus der Ressourcenbestimmung sehr gut verwendet werden, z. B. falls beim Honorarsatz Verhandlungsspielraum vorhanden ist.

15.5.10 Weitere Kennzahlen

Nach dieser Vorstellung der sogenannten Schlüsselkennzahlen ist grundsätzlich eine weitere Ausgestaltung denkbar. Zum Beispiel können die Investitionen oder die Kosten in Relation zum Umsatz ermittelt werden. Personenbezogen sind die Honorarumsätze je technischem Mitarbeiter bzw. je Inhaber oder bezogen auf die jeweiligen Kosten als Kennzahlen darstellbar. Auch die Anzahl der Mitarbeiter je Inhaber ist denkbar. Daneben können bürobezogene Kennzahlen wie Auftragsgrößen, Auftragserwartung, Mitarbeiterfluktuation, die Anteile der einzelnen Tätigkeitsbereiche (Kostenstellen) an der Wertschöpfung oder die Außenstände gebildet werden. Vertiefte Kennzahlen können also im Einzelfall weitere wertvolle Informationen liefern. Diese in der allgemeinen Wirtschaftslehre anerkannten Kennzahlen werden zur Zeit nur vereinzelt in der Planungsbranche angewendet, so dass es an Vergleichszahlen (noch) fehlt. Grundsätzlich gilt jedoch: Wenn es Büroinhabern gelingt, die übergeordneten PeP-7-Kennzahlen zu ermitteln und im Rahmen eines Benchmarkings zu vergleichen, hat man bereits einen Wettbewerbsvorteil!

Abb. 15.6 gibt einen Überblick zu den hier vorgestellten Kennzahlen. Dazu werden in Kurzform die Bezeichnung, die Ermittlung und Durchschnittswerte (getrennt nach Architekten und Ingenieuren) mit üblichen Spannen dargestellt. Es ist erneut darauf hinzuweisen, dass erst der Vergleich mit den eigenen Kennzahlen eine sinnvolle Aussage zur wirtschaftlichen Büroführung ermöglicht. Hat man als Büroinhaber mehrere Vergleichswerte über verschiedene Geschäftsjahre, ist die Entwicklung nachvollziehbar, um daraus Schlüsse zu ziehen.

Bezeichnung	Kennzahl	Ermittlung Formel	Kennzahlen Ergebnis Musterbüro	Architekten Durchschnittswerte	Ingenieure Durchschnittswerte
Umsatzrendite	1	$\frac{\text{Gewinn}}{\text{Umsatz}}$ (x100%)	rd. 2,0 Prozent	3-5 Prozent	
Umsatzziel	2	$\frac{\text{Umsatz}}{\text{Mitarbeiter}}$	64.625.- EUR	60.000-70.000.- EUR	70.000-80.000.- EUR
Arbeitskostenquote	3	$\frac{\text{Arbeitskosten}}{\text{Gesamtkosten}}$ (x100%)	75 Prozent	70-80 Prozent	
Projektstundenanteil	4	$\frac{\text{Projektstunden}}{\text{Gesamtstunden}}$ (x100%)	für TMA rd. 71 Prozent; für INH rd. 61,5 Prozent	TMA: ca. 70 Prozent (+/-5 Prozent); INH: ca. 50 Prozent, stark variierend	
mittlerer Bürostundensatz	5	$\frac{\text{Gesamtkosten}}{\text{Projektstunden}}$	52,50 EUR/Std.	ca. 45-55 EUR	ca. 50-60 EUR
Gemeinkostenfaktor	6	$\frac{\text{Gesamtkosten}}{\text{Einzelkosten}}$	Faktor 2,59	Faktor 2,5-3,0	
Aufwandswerte	7	$\frac{\text{Stundenaufwand}}{\text{Einheit*}}$	hier anhand der Abb. 15.5 dargestellt	in Abhängigkeit von Objekttyp, Schwierigkeitsgrad und Projektumfeld	

***z.B. m³ Brutto-Rauminhalt (BRI) oder m² Brutto-Grundfläche (BGF)**

Abb. 15.6: PeP-7-Kennzahlen im Überblick

15.6 Ausblick

Ein Controlling sollte in jedem Planungsbüro vorgenommen werden, sowohl in vermeintlich guten Zeiten als auch, wenn das wirtschaftliche Gleichgewicht eines Architektur- und Ingenieurbüros bereits nachhaltig gestört ist. Ebenso ist es für Büros, die eine strategische Neuausrichtung anstreben, besonders notwendig, die Krisenursachen anhand zuverlässiger Daten und Kennzahlen der bisherigen Geschäftsentwicklung analysieren zu können. Nur wer seine wirtschaftlichen Stärken und Schwächen kennt, kann Wege zum wirtschaftlichen Erfolg finden.

Die anfallende Arbeitszeit ist gering, die Aussage hoch, die Chancen des Büros, am Markt zu bestehen, steigen. Controlling lohnt sich!

Literatur

/1/ **Pfarr, Karlheinz** Zahlreiche Veröffentlichungen; hier zu nennen: Was kosten Planungsleistungen? Kalkulieren – aber richtig! (1989) und Betriebswirtschaftslehre des Architekturbüros (1971).

/2/ **Schramm/Pfarr** Von der GOA 1950 über die HOAI 1977 zur kalkulierten Planungsleistung 2005 in: Kalusche, W. (Hrsg.), Praxis, Lehre und Forschung der Bauökonomie, Selbstverlag Stuttgart, Stuttgart 2005.

/3/ **Schramm/Schwenker** Störungen der Architekten- und Ingenieurleistungen, Werner Verlag, Köln 2008.

/4/ **Schramm/Wessel/Schwenker** (K)ein Mindestlohn für Architekten? Kritische Überlegungen zur Novellierung der HOAI einschließlich einer Prüfung der verfassungsrechtlichen Zulässigkeit der geplanten Reduktion der Leistungsphasen in: Zeitschrift für deutsches und internationales Baurecht (2008).

/5/ **Schramm/Goldammer/Diesbach** Die Planerbüro-Kennzahlen (2014; Bezug über www.pep-7.de). Dort wird vermittelt, welche Erkenntnisse sich aus der Ermittlung der jeweiligen Kennzahl ergeben und welche Handlungsmaximen sich daraus für die Planer ableiten lassen. Zudem werden Branchendurchschnittswerte angegeben, um einen Vergleich zu ermöglichen.

16. Controlling im 5D-Modell

Wolfgang Paul, Calvin Kühn und Dominik Sablotny

Inhalt

16.1 Einleitung

Das Buch »Bauprojekte erfolgreich steuern und managen« /1/ hebt folgende Thesen hervor:

- »Ein wesentlicher Teil der Organisationsaufgabe für ein dauerhaft funktionierendes Bauprojekt-Management besteht darin, vorhandene Kapazitäten so zu nutzen und weiterzuentwickeln, dass genügend Kraft und Zeit für die Planungsphase frei wird.
- In der Phase der projektvorbereitenden Planung kann der häufig chronisch überlasteten Projektleitung am einfachsten und effizientesten unter die Arme gegriffen werden. Die in der Planungsphase investierte Zeit kommt der Projektleitung während der Ausführungsphase zugute.
- Eine tief in das Bauprojekt-Management integrierte Bauablaufplanung ist notwendig, um mittels eines Bauwerksmodells die vertragsorientierte Struktur in eine zeitbezogene Ablaufstruktur überführen zu können.
- Der Planung kommt eine ganz besondere Bedeutung zu, die in der Praxis oft nur unzureichend beachtet wird. In der Planung können Arbeiten vorgezogen werden, welche in der Ausführung mehrfach wiederholt werden und fehleranfällig sind. Eine gute Planung entlastet die Projektleitung während der Ausführungsphase.« /1/

Die Studie »Unternehmen als Bauherren – Project Controlling, Risk Management und Claim Management im Projekt«, die von EY Real Estate gemeinsam mit der Hochschule Biberach durchgeführt wurde, kommt zu folgenden Kernergebnissen:

- Unternehmen setzen heute auf einen guten Mitarbeiterstamm, Methoden und Prozesse.
- Von wesentlicher Bedeutung ist das Projektcontrolling.
- Die Bauherren müssen schon bei Bauprojektbeginn gut aufgestellt sein. /2/

Hauser /3/ betrachtet ein Bauprojekt aus der Sicht der Fertigungsprozesse: »Das individuelle Projekt folgt einem immer wiederkehrenden, standardisierten Ablauf. Planung besteht nicht nur aus Visionen und Entwürfen, sondern ist konkrete Arbeitsvorbereitung, die den späteren Bau produktionsgerecht aus der Sicht der Errichtungsabläufe gestaltet. Wir müssen über die Verbesserung der Methoden bei Bauprojekten nachdenken. Sorgfältige Projektvorbereitung dient vor allem auch einem besseren Management des Projekts. Planung muss auch dazu genutzt werden, Komplexität zu reduzieren und Fehleranfälligkeit bei der Erstellung zu reduzieren.«

Allgemein wird die Aussage bestätigt, dass es immer noch sehr aufwendig ist, die notwendigen Informationen in der richtigen Form schnell bereitzustellen.

Wie 5D hilft, die obigen Schwierigkeiten zu lösen oder zu vereinfachen, wird nachfolgend erläutert. Zuerst erfolgt eine kurze Begriffsdefinition.

16.2 Definition und Abgrenzung 5D oder BIM

Der Begriff BIM ist bei einigen Fachleuten negativ belegt. Deshalb sollen im Weiteren die Begriffe 5D und BIM gleichbedeutend verwendet werden. Unter Building Information Modeling (BIM) ist die Methode zu verstehen, ein Bauwerk in seinem kompletten Lebenszyklus (Planung, Errichtung, Bewirtschaftung und Rückbau) zu planen. Dabei werden alle benötigten Informationen (Zeichnungen, Materialeigenschaften, techn. Ausrüstungen, Kosten, Termine. . .) von den am Bauprozess Beteiligten in ein computergestütztes Bauwerkmodell eingepflegt. Der Planungs- und Baufortschritt wird so immer detaillierter. Diese modellbasierte Arbeitsweise wird bereits seit langer Zeit in der Maschinen- und Fahrzeugbauindustrie mit großen Effizienzsteigerungen angewendet. Die Steigerungen resultieren auch aus der frühzeitigen Einbindung der Zulieferer in die Planung.

BIM wird allgemein wie folgt definiert:

»Building Information Modeling (BIM) ist eine Planungsmethode im Bauwesen, die die Erzeugung und die Verwaltung von digitalen virtuellen Darstellungen der physikalischen und funktionalen Eigenschaften eines Bauwerks beinhaltet. Die Bauwerksmodelle stellen dabei eine Informationsdatenbank rund um das Bauwerk dar, um eine verlässliche Quelle für Entscheidungen während des gesamten Lebenszyklus zu bieten, von der ersten Vorplanung bis zum Rückbau.« /4/

16.3 Vor- und Nachteile des 5D-Ansatzes

Bereits in der Planungsphase eines Projektes fallen bei der Koordination zwischen Architekt, Tragwerksplaner und den verschiedenen Fachingenieuren eine hohe Zahl an Schnittstellen an und damit auch mögliche Fehlerquellen, auch weil meist noch mit digitalen 2D-Plänen gearbeitet wird. Gebäudedaten sind allein in der Planungsphase meist mehrere Male in die entsprechende Software einzugeben. Allein diese mehrmalige Eingabe erhöht die Zahl möglicher Fehler rapide.

5D (BIM) bietet genau an diesen Stellen einen Mehrwert. »Mit BIM entfallen zeitraubende, fehlerträchtige und unproduktive Mehrfacheingaben. Planungsalternativen lassen sich schnell analysieren und bewerten, Kollisionsprüfungen ohne großen Aufwand durchführen. Die Bauwerke können kostensparend statisch, bau- und haustechnisch, bauphysikalisch oder energetisch optimiert werden.« /5/ Eine weitere Steigerung der Effizienz im Bauprozesswird dadurch erreicht werden, dass die Bauausführenden bereits in einer frühen Phase der Planung mit in das Projekt integriert werden. Dadurch wird die Qualität und Konsistenz der Planung nochmals verbessert. Ein weiterer Vorteil einer frühen Einbindung aller Baubeteiligten liegt darin, dass Arbeitsabläufe deutlich effizienter geplant werden.

BIM heißt jedoch nicht, dass alles automatisch funktioniert. Für die »automatischen« Ergebnisse ist ein hoher Eingabeaufwand erforderlich. »Mit einem BIM-Modell werden nur die Ziele erreicht, die vorher definiert wurden, und es können nur jene Informationen ausgewertet werden, die auch eingepflegt wurden. Dabei bedeuten mehr Informationen auch mehr Aufwand in der Eingabe, dem muss der erhöhte Nutzen bei der Auswertung gegenübergestellt werden.« /6/ Wichtig zu wissen ist, dass den Elementen des BIM-Modells Informationen zugeordnet werden können. So können z. B die Betonwände mit den Kosten und dem Aufwandswert je m^3 Beton verknüpft werden. Außerdem sollen die Betonwände von einer Vier-Mann-Kolonne betoniert werden. Die zugehörige Schalung und Bewehrung muss vor dem Betonieren erstellt und abgenommen worden sein, etc. Die exakte Mengenbestimmung ist ein auch für das Controlling wichtiges Ergebnis, das »nebenbei« anfällt.

Nachteilig beim Einsatz von 5D sind die fehlenden oder nicht einheitlichen Standards. HOAI, Software- und Schulungskosten, der Zwang zur frühzeitigen Abstimmung, usw. – es lassen sich noch viele weitere Argumente gegen die 5D-Planung anführen. Letzten Endes wird sich jedoch 5D (BIM) bei den Baubeteiligten durchsetzen, die ein qualitativ hochwertiges Projekt im vorgesehenen Kosten- und Zeitrahmen erstellen wollen. Und das erfolgreiche Miteinander der Baubeteiligten ist ein schönes Nebenergebnis.

16.4 Das 3D-Gebäudemodell

Vor dem eigentlichen Modellieren sind die Ebenen der verschiedenen Geschosse festzulegen. Die Eingabe des Gebäudemodells verlangt einige Erfahrung. Vorteilhaft ist die Verwendung einer Datenbank für verschiedene Bauwerkstypen wie z. B. Wandtyp »STB 20.0« für eine Betonwand der Dicke 20 cm. Die Betongüte ist ebenfalls zu hinterlegen. Auf die Besonderheiten bei der Eingabe wird nicht weiter eingegangen. Beispielhaft wird das Gebäudemodell bis EG gezeigt. /7/

Das Bauwerksmodell wird an iTWO /19/, ein 5D-Kalkulationsprogramm, übergeben. Es werden LV-Positionen erstellt. Über definierte Abfragen – die Formulierungen ähneln einer Programmiersprache – werden die Mengen den Positionen zugeordnet. Über einen Artikelkatalog werden die Stunden- und Kostenansätze den Positionen zugeordnet. Die weitere Vorgehensweise entspricht der üblichen Kalkulation von Baupreisen.

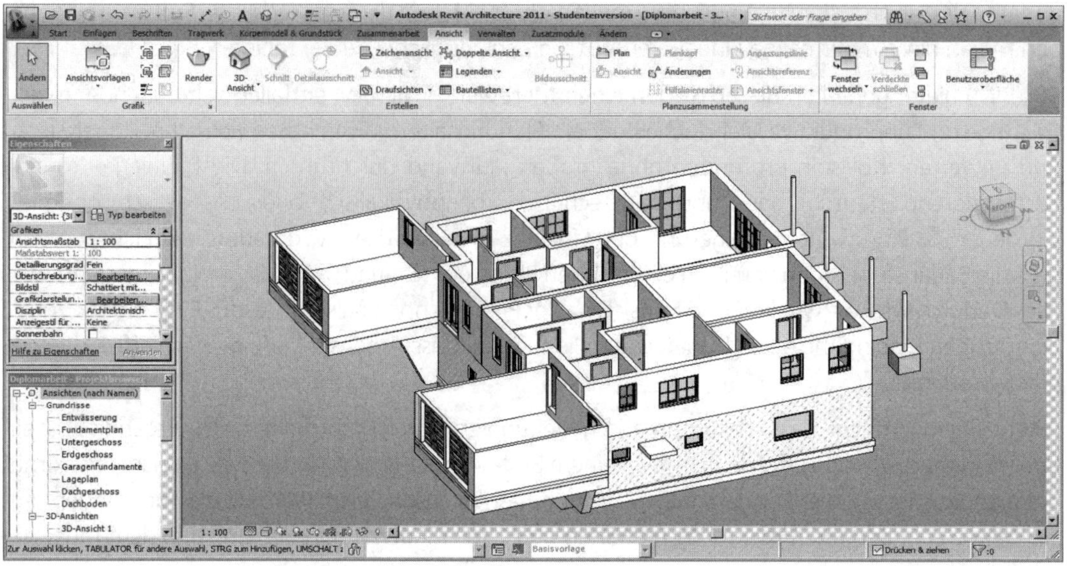

Abb. 16.1: Gebäudemodell eines Doppelhauses bis zum Erdgeschoss

16.4.1 Mengenermittlung

Die Mengenermittlungen werden momentan größtenteils noch von Hand durchgeführt. Diese Arbeit ist nicht nur sehr zeitaufwendig, sondern bei großen Bauprojekten auch häufig mit Fehlern behaftet und ungenau. Warum die Baubeteiligten bei der Mengenermittlung so nachlässig agieren, ist nicht zu verstehen. Ungenau ermittelte Mengen führen zu einem unnötigen Risiko, das nicht eingegangen werden muss. /8/

Bei dem wichtigen Vorgang »Mengenermittlung« mit maßgeblichen Auswirkungen auf die Projektgrößen »Zeit« und »Kosten« ist das Bauwerksmodell von großem Nutzen. Da jedes Bauteil mit Informationen zu Konstruktionsweise und Typ verknüpft ist und seine Abmessungen festliegen, kann das jeweilig verwendete Softwareprogramm mit vertretbarem Aufwand jegliche Materialmengen aus dem 3D-Modell automatisiert ermitteln und ausgeben. Hierbei können die Mengen nach nationalen oder internationalen Standards – wie beispielsweise der deutschen Vergabe- und Vertragsordnung für Bauleistungen (VOB) – berechnet werden. /9/

Die automatisierte Mengenermittlung wird sich auf die heute gängige Aufmaßpraxis für die Rechnungsstellung und das Baustellencontrolling auswirken: »Die Verknüpfung von Geometrie, Zeit und Ressourcen ermöglicht detaillierte Soll-/Ist-Vergleiche in jeder Projektphase und eröffnet so neue Maßstäbe beim Projektcontrolling« /10/.

16.4.2 Kollisionsprüfung

Die manuelle Kollisionsprüfung (»clashdetection«) von Planungsunterlagen verlangt sehr viel Erfahrung. Auf zweidimensionalen Plänen sind räumliche Überschneidungen nur schwer zu erkennen. Das

Übereinanderlegen von 2D-Plänen zur Feststellung potentieller visueller Konflikte ist eine langsame und fehleranfällige Methode, die zudem nur mit aktuellen Planversionen überhaupt Erkenntnisse liefern kann. Bei BIM-basierten Analysen prüft ein sogenannter »Model Checker« das 3D-Modell nach bestimmten Regeln auf Fehlerhaftigkeiten oder Überschneidungen. Das Prüfspektrum reicht hierbei von einfachen Konsistenzregeln (ob doppelte Wände vorliegen), über Prüfung von Kollisionen zwischen den Bauteilen untereinander bis hin zur Erfüllung von verbindlichen Normen (z.B. Brandschutz). /11/

Die Kollisionsprüfung durch BIM-Software kann Planfehler automatisch anhand der Bauteilgeometrie und den semantischen Regeln erkennen und klassifizieren. Ein »hard clash« bedeutet, dass zwei Objekte denselben Platz belegen – wohingegen bei einem »soft clash« (auch »clearance clash« genannt) die Objekte einen zu geringen Abstand für angemessenen Zugang, Isolierung, Sicherheit, Instandhaltung etc. aufweisen. Da jedes Objekt mit einem bestimmten Gewerk verknüpft ist, kann man speziell Konflikte zwischen den jeweiligen Systemen (beispielsweise Statik und Technische Gebäudeausrüstung) recherchieren lassen. Die Software kann jedes Modell mit beliebiger Detaillierungstiefe und beliebig vielen Einzelsystemen überprüfen. Zur exakten Ermittlung von »soft clashes« müssen die Bauteilkomponenten genau klassifiziert sein. Um beispielsweise zu überprüfen, ob der Abstand zwischen Lüftungsschächten und der abgehängten Decke ausreichend ist, muss auf Objektebene die genaue Information beziehungsweise Regel oder Zuordnung für das Bauteil festgelegt sein. Damit eine korrekte Kollisionsprüfung erfolgen kann, muss das Bauwerksmodell genau definiert und strukturiert sein sowie eine ausreichende Detailtiefe aufweisen. /12/

16.4.3 Verknüpfung mit Terminen: 4D-Planung – Bauablauf

Durch die Kopplung des 3D-Modells mit einem Bauzeitenplan lässt sich der Bauablauf grafisch visualisieren. Es entsteht ein 4D-Modell, das die Entstehung des Bauwerks in einer Animation darstellt – und so ein besseres Verständnis für die Abläufe auf der Baustelle schafft sowie mögliche Probleme frühzeitig aufzeigt. /13/ Durch die automatische Verknüpfung der Bauablaufvisualisierung mit den Daten des 3D-Modells und den Konstruktions-Datensätzen kann der Bauablauf häufiger an die aktuellen Gegebenheiten angepasst werden, die Terminpläne gewinnen an Zuverlässigkeit. Für einen optimalen Informationsfluss sollten hierbei möglichst schon in der Planungsphase die Kompetenzen des Bauunternehmers eingebunden werden. Der Unternehmer kann aufgrund seiner Erfahrung schnelle Rückmeldung zur baulichen Umsetzbarkeit, Ablaufsteuerung und Kostenoptimierung geben. Soll beispielsweise eine Betondecke in mehreren Abschnitten hergestellt werden, muss die Decke im Modell unterteilt werden, um den Ablauf zu planen und darzustellen. Dies wirkt sich auf alle Objekte des Bauteils aus. Bei einer Decke sind das beispielsweise der Beton, der Bewehrungsstahl etc., aber auch temporäre Strukturen wie das Montagegerüst und die Schalung müssen im 4D-Modell berücksichtigt werden. Das 4D-Modell fungiert hauptsächlich als Kommunikationstool zur Fehler- und Problemerkennung. Die gemeinsame Zusammenarbeit kann bereits frühzeitig verbessert und somit die Plausibilität der Planung und die höchstmögliche Effizienz sichergestellt werden. /12/

16.4.4 Verknüpfung mit Kosten: 5D-Planung – Kalkulation

Wird die zuvor behandelte 4D-Planung um die jeweiligen Kosten- und Ressourcen-parameter erweitert, wird von einer 5D-Modellierung gesprochen. /14/ Einzelne Bauteile werden Teilleistungen einschließlich Kalkulationsansätzen beziehungsweise Ressourcen und einzelnen Vorgängen zugeordnet. Mit Hilfe des so entstehendem 5D-Modells können in der Bauausführung jederzeit Geometrie-, Ressourcen- und Ablaufplanungsdaten überwacht werden. Sowohl Fortschrittsprognosen als auch Soll- und Ist-Zustandsvergleiche der Baustelle sind mit dieser Planung zu jedem Zeitpunkt möglich, ebenso die Kontrolle aktueller Kosten beziehungsweise die Einhaltung des Budgets. /15/

16.5 Das 5D-Bauablaufmodell

Wie zuvor beschrieben, werden für die Ablauf- und Terminplanung die Ablaufabschnitte aus dem CAD-Modell einschließlich ihrer Mengen und Kosten mit dem zeitlichen Ablauf des Projekts verknüpft.

Zum besseren Verständnis wird die Vorgehensweise an einem Beispiel erläutert. Der Ablaufplan des Beispiels »Doppelhaus« wird in drei Sammelablaufabschnitte Rohbau, Ausbau und Außenanlage gegliedert.

Struktur	Schlüssel	Bezeichnung	Start	Dauer	Ende	Stunden
	Bauablaufplan		**20.02.2012**	**209,000**	**18.12.2012**	**3.219,535**
	001	Rohbau	20.02.2012	92,000	04.07.2012	3.098,855
	001.001	Baugrube und Kanalanschluss	20.02.2012	4,000	23.02.2012	18,408
	001.002	Baustelle einrichten	24.02.2012	2,000	27.02.2012	20,000
	001.003	Entwässerung	28.02.2012	2,000	29.02.2012	53,163
	001.004	Gründung bis OK Bodenplatte	28.02.2012	8,000	08.03.2012	219,063
	001.005	UG	12.03.2012	27,000	19.04.2012	1.030,863
	001.006	EG	20.04.2012	25,000	29.05.2012	861,457
	001.007	DG	31.05.2012	22,000	02.07.2012	875,901
	001.008	Baustelle abräumen	03.07.2012	2,000	04.07.2012	20,000
	002	Ausbau	05.07.2012	117,000	18.12.2012	10,344
	003	Außenanlage	11.12.2012	5,000	17.12.2012	110,336

Abb. 16.2: Gliederung des Bauablaufplans

Die weitere Untergliederung der Ablaufabschnitte erfolgt nach den verschiedenen Bauteilkategorien wie beispielsweise Fundamente, Bodenplatten, Wände oder Decken bzw. den verschiedenen Arbeitsvorgängen. In der untersten Gliederungsebene jedes Sammelablaufabschnitts befinden sich die Einzelvorgänge, die dann ein Bauteil oder eine Teilleistung repräsentieren. Dabei ist darauf zu achten, dass nur zeitlich in sich abgeschlossene Teilleistungen jeweils zu einem Vorgang zusammengefasst werden. Es macht keinen Sinn, die Teilleistung »Dickbeschichtung an Kelleraußenwand« dem Vorgang 001.005.001.001.001 »Außenwand Stahlbeton 20 cm« zuzuordnen, da diese Teilleistung zeitlich getrennt von der Erstellung der Außenwände ausgeführt wird. Für die Dickbeschichtung ist somit ein separater Vorgang zu erstellen.

Sind die Stahlbetonwände in einzelne Betonierabschnitte zu trennen, so müssen die einzelnen Abschnitte schon im 5D-Modell getrennt erfasst werden. Nur dann kann für jeden Betonierabschnitt ein Vorgang angelegt werden. Soll beispielweise eine 20 m lange Wand in zwei Betonierabschnitte zu je 10 m gefertigt werden, so muss die Wand auch in zwei Teilen zu je 10 m Länge im Gebäudemodell eingegeben worden sein, um den Ablauf in der späteren Visualisierung richtig darzustellen. Ist die Wand als ein 20 m langes Bauteil modelliert, ist eine Trennung in zwei Betonierabschnitte im 5D-Kalkulationsprogramm nicht möglich. Somit muss schon beim Modellieren der spätere Bauablauf berücksichtigt werden. Eine weitere aufwendige Zuordnung ist das Verteilen der Mengen einzelner Teilleistungen auf mehrere Vorgänge, dem sogenannten Mengensplit. Die Vorgehensweise wird nicht näher beschrieben, aber als Abbildung gezeigt.

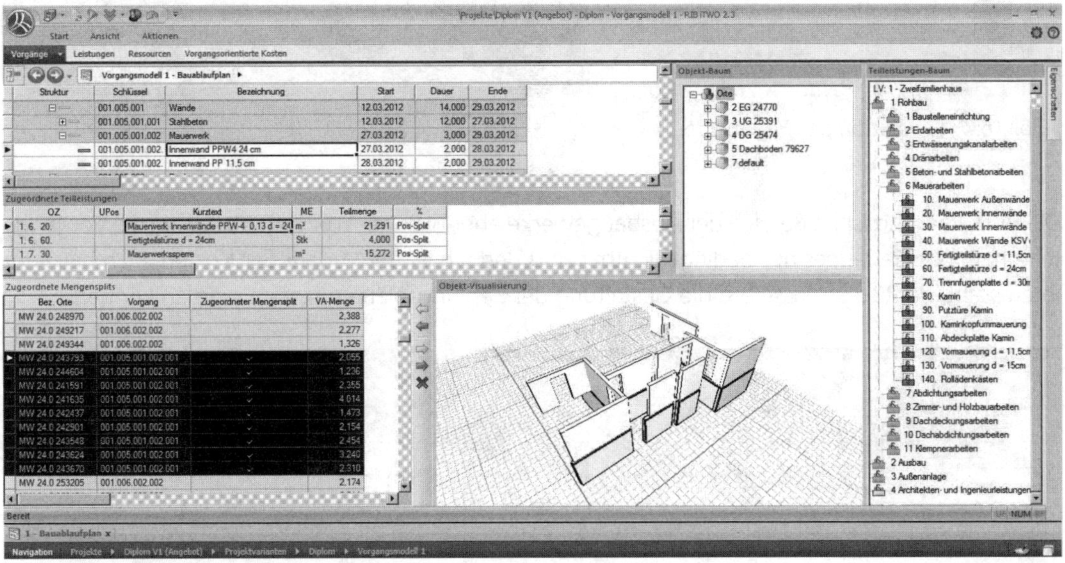

Abb. 16.3: Beispiel für einen Mengensplit

Sind alle Vorgänge bestimmt, sind diesen Anfangstermine, Dauern und Anordnungsbeziehungen zuzuordnen. Eine automatische Berechnung ist möglich, Fachwissen über die grundsätzliche Vorgehensweise bei der Ablaufplanung ist jedoch unabdingbar. Anschließend kann der Bauablauf simuliert werden.

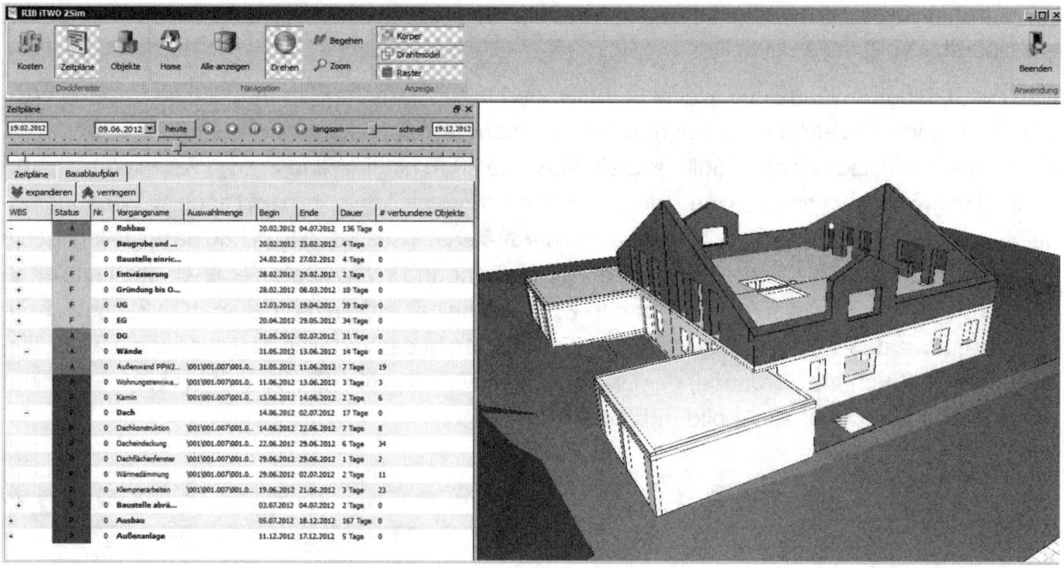

Abb. 16.4: Simulation des Bauablaufs

Die Visualisierung ist im Bereich der Ausbaugewerke eher weniger von Bedeutung, da die Vorgänge innerhalb des Gebäudes nur bedingt sichtbar sind. Jedoch ist der Verlauf der Kosten auch hier sehr interessant, da Rückschlüsse auf die Gestaltung der Zahlungspläne gezogen werden können.

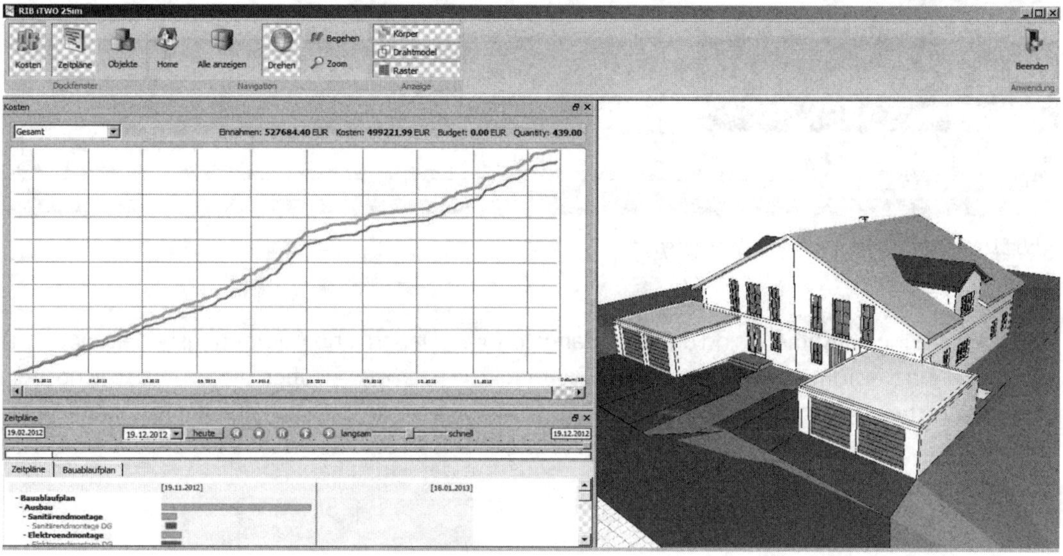

Abb. 16.5: Simulation mit Verlauf der Kosten und Erlöse

Zusätzlich zur Simulation des Gesamtmodells lassen sich auch die Kostenverläufe beliebiger Teilmengen des Bauablaufs, wie beispielsweise die Betonkosten, Schalungskosten oder die Lohnkosten der Bewehrung, darstellen.

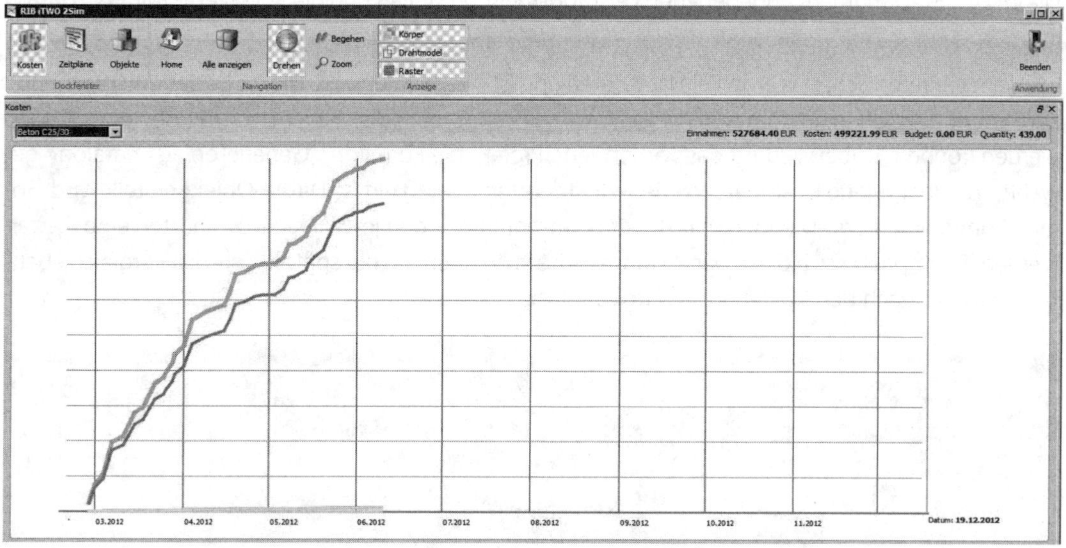

Abb. 16.6: Verlauf der geplanten Betonkosten und Erlöse über die Bauzeit

16.6 Möglichkeiten des 5D-Controlling

In dem dargestellten 5D-Kalkulationsprogramm können monatliche oder freie Berichtszeiträume ausgewählt werden. Durch die Anwendung der freien Berichtszeiträume können Start- und Endtermine so gewählt werden, dass sie mit einem Ablaufabschnitt übereinstimmen. Dadurch sind die Leistungen zum Stichtag einfach abzugrenzen.

Für den Rohbau des Beispielprojekts wurden folgende Berichtszeiträume gewählt:

Zeitraum 1: Beginn der Erdarbeiten bis Fertigstellung Bodenplatte;

Zeitraum 2: Ab Fertigstellung Bodenplatte bis Fertigstellung Decke über UG;

Zeitraum 3: Ab Fertigstellung Decke über UG bis Fertigstellung Decke über EG;

Zeitraum 4: Ab Fertigstellung Decke über EG bis Räumen der Baustelle.

16.6.1 Erfassen der Soll- und Ist-Werte

Nach Festlegung der Berichtszeiträume wird das Leistungs- und Rechnungsdokument (LE – RE-Dokument) erstellt. In diesem Dokument werden nun die Leistungsmengen den jeweiligen Berichtszeiträumen zugewiesen. Den Leistungsmengen liegen die Ausführungsmengen des Leistungsverzeichnisses zugrunde. Da diese wiederum mit den jeweiligen Objekten in den CAD-Daten verknüpft sind, werden nun die Leistungsmengen bei der Aufteilung auf die jeweiligen Berichtszeiträume ebenfalls mit den CAD-Daten verbunden. Somit entsteht auch beim Controlling der Bezug zum Gebäudemodell. Um die Leistungsmengen objektbezogen korrekt aufzuteilen, kommen wieder Mengensplits zum Einsatz.

Die im LE – RE-Dokument angegebenen Leistungsmengen stellen nun die Soll-Werte für das Controlling dar.

In einem weiteren Schritt werden die Ist-Kosten und Ist-Mengen erfasst. Hierzu ist das entsprechende Dokument anzulegen, in dem nun die Ist-Werte getrennt nach den Berichtszeiträumen eingetragen werden können. Dabei wird für das vorhandene Projekt die Funktion »Generieren aus Katalog« gewählt, mit der für jede Kostenart aus dem Kostenartenkatalog ein Ist-Daten-Objekt erstellt wird. Somit können nun die Ist-Mengen und -Kosten getrennt nach den jeweiligen Kostenarten eingegeben werden. Es empfiehlt sich diese Darstellungsweise zu wählen, da der spätere Soll-/Ist-Vergleich ebenfalls getrennt nach den Kostenarten aufgebaut ist.

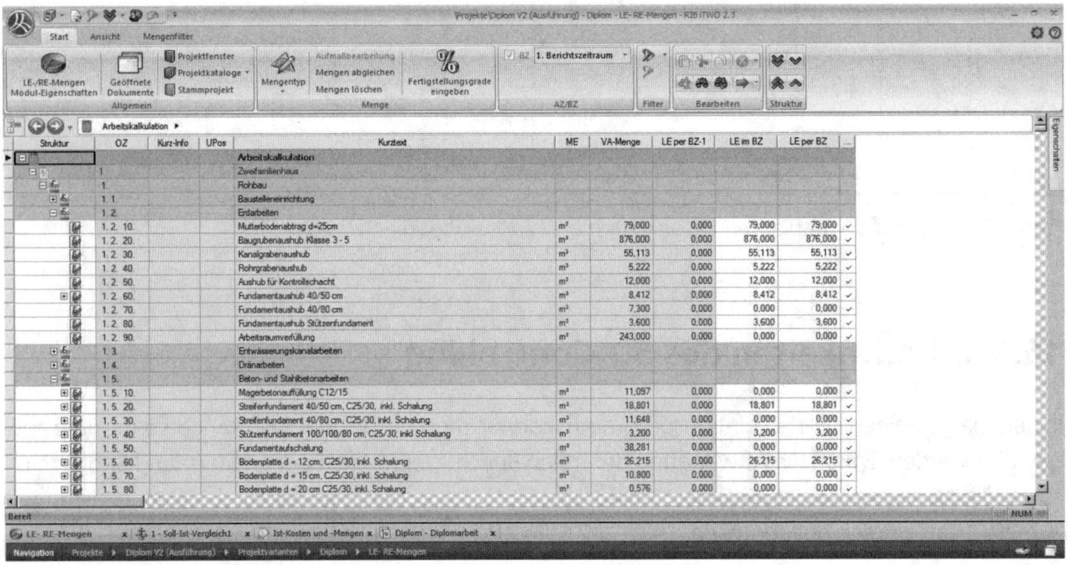

OZ	Kurz-Info	UPos	Kurztext	ME	VA-Menge	LE per BZ-1	LE im BZ	LE per BZ
			Arbeitskalkulation					
1			Zweifamilienhaus					
1.			Rohbau					
1. 1.			Baustelleneinrichtung					
1. 2.			Erdarbeiten					
1. 2. 10.			Mutterbodenabtrag d=25cm	m³	79,000	0,000	79,000	79,000
1. 2. 20.			Baugrubenaushub Klasse 3 - 5	m³	876,000	0,000	876,000	876,000
1. 2. 30.			Kanalgrabenaushub	m³	55,113	0,000	55,113	55,113
1. 2. 40.			Rohrgrabenaushub	m³	5,222	0,000	5,222	5,222
1. 2. 50.			Aushub für Kontrollschacht	m³	12,000	0,000	12,000	12,000
1. 2. 60.			Fundamentaushub 40/50 cm	m³	8,412	0,000	8,412	8,412
1. 2. 70.			Fundamentaushub 40/80 cm	m³	7,300	0,000	0,000	0,000
1. 2. 80.			Fundamentaushub Stützenfundament	m³	3,600	0,000	3,600	3,600
1. 2. 90.			Arbeitsraumverfüllung	m³	243,000	0,000	0,000	0,000
1. 3.			Entwässerungskanalarbeiten					
1. 4.			Dränarbeiten					
1. 5.			Beton- und Stahlbetonarbeiten					
1. 5. 10.			Magerbetonauffüllung C12/15	m³	11,097	0,000	0,000	0,000
1. 5. 20.			Streifenfundament 40/50 cm, C25/30, inkl. Schalung	m³	18,801	0,000	18,801	18,801
1. 5. 30.			Streifenfundament 40/80 cm, C25/30, inkl. Schalung	m³	11,648	0,000	0,000	0,000
1. 5. 40.			Stützenfundament 100/100/80 cm, C25/30, inkl Schalung	m³	3,200	0,000	3,200	3,200
1. 5. 50.			Fundamentaufschalung	m²	38,281	0,000	0,000	0,000
1. 5. 60.			Bodenplatte d = 12 cm, C25/30, inkl. Schalung	m³	26,215	0,000	26,215	26,215
1. 5. 70.			Bodenplatte d = 15 cm, C25/30, inkl. Schalung	m³	10,800	0,000	0,000	0,000
1. 5. 80.			Bodenplatte d = 20 cm C25/30, inkl. Schalung	m³	0,576	0,000	0,000	0,000

Abb. 16.7: Leistungsmengen im Berichtszeitraum 1

16.6.2 Auswerten der Soll- und Ist-Werte

Um die weiteren Controlling-Möglichkeiten darstellen zu können, wurden für das Beispielprojekt Ist-Daten für den ersten und zweiten Berichtszeitraum angenommen.

Nachdem die Soll- und Ist-Daten festgelegt wurden, kann nun ein Soll-/Ist-Vergleich erstellt werden. Es besteht die Möglichkeit, beliebig zwischen den angelegten Berichtszeiträumen zu wählen. Es können sowohl die Soll- und Ist-Werte im jeweiligen Berichtszeitraum angezeigt werden, als auch die Soll- und Ist-Werte per jeweiligen Berichtszeitraum. In den Spalten ». . . per BZ« werden die Werte aus den vorhergegangenen Berichtszeiträumen inklusive des aktuellen BZ aufaddiert. Auf diese Weise bekommt der Anwender einen schnellen Überblick über den Stand des jeweiligen Projekts.

Sind Soll-/Ist-Vergleiche nur für bestimmte Bereiche oder Mengen aufzustellen, empfiehlt es sich, dies über das Arbeiten mit Bauarbeitsschlüsseln zu tun. Ist beispielsweise eine Auswertung der Soll- und der Ist-Stunden getrennt nach den Stundenarten zu erstellen, ist wie folgt vorzugehen:

Zunächst sind Bauarbeitsschlüssel (BAS) für die auszuwertenden Stundenarten im Katalog »Bauarbeitsschlüssel« anzulegen. Danach sind in der Kalkulation die jeweiligen Stundenarten der kalkulierten Positionen mit dem BAS zu versehen.

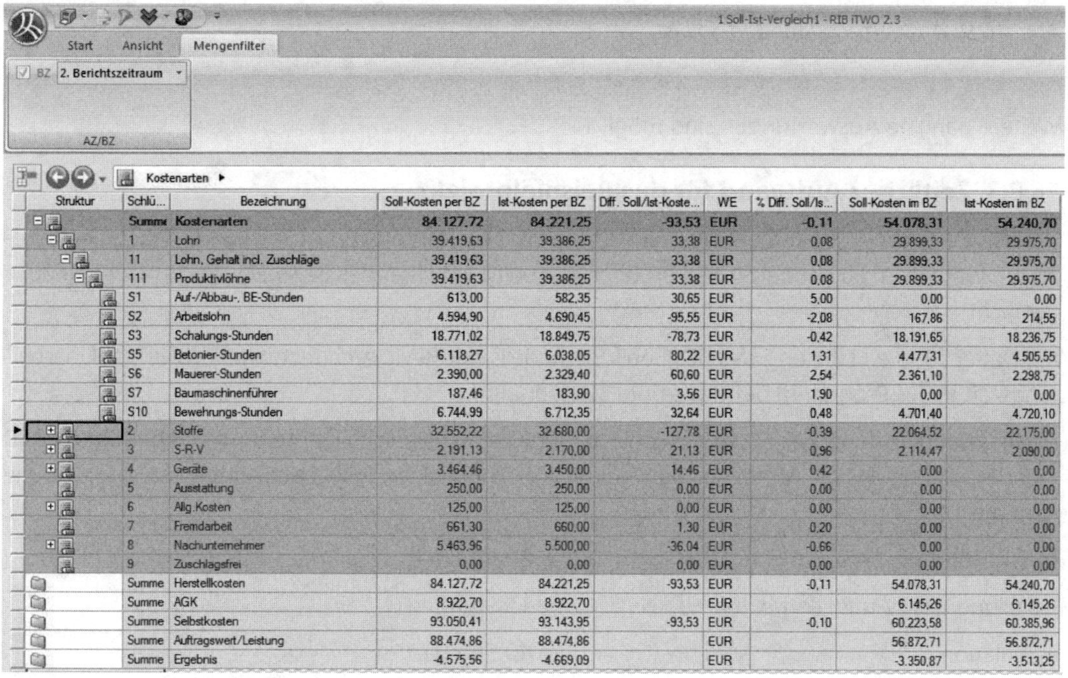

Schlü...	Bezeichnung	Soll-Kosten per BZ	Ist-Kosten per BZ	Diff. Soll/Ist-Koste...	WE	% Diff. Soll/Is...	Soll-Kosten im BZ	Ist-Kosten im BZ
Summe	**Kostenarten**	**84.127,72**	**84.221,25**	**-93,53**	**EUR**	**-0,11**	**54.078,31**	**54.240,70**
1	Lohn	39.419,63	39.386,25	33,38	EUR	0,08	29.899,33	29.975,70
11	Lohn, Gehalt incl. Zuschläge	39.419,63	39.386,25	33,38	EUR	0,08	29.899,33	29.975,70
111	Produktivlöhne	39.419,63	39.386,25	33,38	EUR	0,08	29.899,33	29.975,70
S1	Auf-/Abbau-, BE-Stunden	613,00	582,35	30,65	EUR	5,00	0,00	0,00
S2	Arbeitslohn	4.594,90	4.690,45	-95,55	EUR	-2,08	167,86	214,55
S3	Schalungs-Stunden	18.771,02	18.849,75	-78,73	EUR	-0,42	18.191,65	18.236,75
S5	Betonier-Stunden	6.118,27	6.038,05	80,22	EUR	1,31	4.477,31	4.505,55
S6	Mauerer-Stunden	2.390,00	2.329,40	60,60	EUR	2,54	2.361,10	2.298,75
S7	Baumaschinenführer	187,46	183,90	3,56	EUR	1,90	0,00	0,00
S10	Bewehrungs-Stunden	6.744,99	6.712,35	32,64	EUR	0,48	4.701,40	4.720,10
2	Stoffe	32.552,22	32.680,00	-127,78	EUR	-0,39	22.064,52	22.175,00
3	S-R-V	2.191,13	2.170,00	21,13	EUR	0,96	2.114,47	2.090,00
4	Geräte	3.464,46	3.450,00	14,46	EUR	0,42	0,00	0,00
5	Ausstattung	250,00	250,00	0,00	EUR	0,00	0,00	0,00
6	Allg.Kosten	125,00	125,00	0,00	EUR	0,00	0,00	0,00
7	Fremdarbeit	661,30	660,00	1,30	EUR	0,20	0,00	0,00
8	Nachunternehmer	5.463,96	5.500,00	-36,04	EUR	-0,66	0,00	0,00
9	Zuschlagsfrei	0,00	0,00	0,00	EUR	0,00	0,00	0,00
Summe	Herstellkosten	84.127,72	84.221,25	-93,53	EUR	-0,11	54.078,31	54.240,70
Summe	AGK	8.922,70	8.922,70		EUR		6.145,26	6.145,26
Summe	Selbstkosten	93.050,41	93.143,95	-93,53	EUR	-0,10	60.223,58	60.385,96
Summe	Auftragswert/Leistung	88.474,86	88.474,86		EUR		56.872,71	56.872,71
Summe	Ergebnis	-4.575,56	-4.669,09		EUR		-3.350,87	-3.513,25

Abb. 16.8: Soll-/Ist-Vergleich per Berichtszeitraum

Die Ist-Stunden müssen nun in einem separaten Ist-Stunden-Dokument getrennt nach den BAS für die jeweiligen Berichtszeiträume eingetragen werden. Hierbei ist für jeden Eintrag die Angabe eines Leistungsdatums notwendig. Für das vorhandene Projekt wird als Leistungsdatum der letzte Tag des jeweiligen Berichtszeitraumes eingegeben. In einem weiteren Schritt kann nun die Auswertung der Soll- und Ist-Stunden erfolgen.

Kommt es beim Soll-/Ist-Vergleich zu größeren Abweichungen, können nun gezielt nach den Ursachen gesucht und Problemlösungen entwickelt werden.

Stunden-Soll-/Ist-Vergleich

Projekt:
Kalkulation: Arbeitskalkulation

Auswertungszeitraum vom 09.03.2012 bis 10.04.2012

				bis Stichtag (10.04.2012)			im Berichtszeitraum						
BAS	Bezeichnung	VA-Menge	ME	LE-Menge	Soll-Std	Ist-Std	LE-Menge	Soll-Std	Ist-Std	Soll-Std/ME	Ist-Std/ME	Differenz-Std	%
1	**Stunden**												
S10	BE Auf/Abbau		Std		20,000	19,000						0,00	
S20	Sonstiges		Std		149,915	153,000		5,477	7,000			-1,52	-27,81
S30	Schalen		Std		612,431	615,000		593,529	595,000			-1,47	-0,25
S50	Betonieren		Std		199,617	197,000		146,079	147,000			-0,92	-0,63
S60	Mauern		Std		77,977	76,000		77,034	75,000			2,03	2,64
S70	Baumaschinenführer		Std		6,116	6,000						0,00	
S100	Bewehren		Std		220,065	219,000		153,390	154,000			-0,61	-0,40
1	**Stunden**				**1.286,122**	**1.285,000**		**975,508**	**978,000**			**-2,49**	**-0,26**
Gesamt					**1.286,122**	**1.285,000**		**975,508**	**978,000**			**-2,49**	

Abb. 16.9: Auswertung Stunden-Soll/Ist

Weitere gängige Auswertungen sind möglich.

16.6.3 Zeitlicher Aufwand für das Beispielprojekt

Um den zeitlichen Aufwand bei der Bearbeitung des Musterprojekts mit Revit und iTWO zu verdeutlichen, werden im Folgenden Angaben über Bearbeitungsdauer des Beispielprojekts »Doppelhaus« gemacht.

Die Dauer für die Erstellung des 3D-Gebäudemodells mit Revit Architecture inklusive der Einarbeitungszeit in das Programm beträgt ca. 50 Stunden.

Die Bearbeitungsdauer des Musterprojekts mit iTWO einschließlich Einarbeitungszeit beträgt ca. 200 Stunden. Dabei sieht die Aufteilung der Dauern auf die einzelnen Teilbereiche des Musterprojekts wie folgt aus:

Ausstattungsprozess	80 Stunden
Erstellung des LV mit Langtexten	15 Stunden
Kalkulation	40 Stunden
Ablaufplanung	40 Stunden
Controlling	25 Stunden

16.7 Fazit

Die großen Vorteile von 5D zeigen sich im Modell und den sich daraus festgelegten Mengen und in den Modellfortschreibungen. Allein die frühe Festlegung des Modells bzw. Projekts vereinfacht das Bauen für alle Parteien. Projektänderungswünsche des Bauherren zeigen sofort ihre Auswirkungen auf Kosten und Bauzeit. Er kann schnell entscheiden, ob er diese Auswirkungen wünscht.

Aus den vorhandenen Modelldaten lassen sich vielfältige Controllingauswertungen durchführen. Auch das Baustellencontrolling wird durch die leichtere abschnittsbezogene Mengenermittlung stark vereinfacht. Soll-/Ist-Vergleiche sind schneller zu erstellen.

5D verlangt ein partnerschaftliches Miteinander. Der Bauherr muss hier den ersten Schritt tun und offen kommunizieren, was er wünscht. Und er muss den richtigen, nicht den billigsten Baupartner auswählen. Dann wird ein zufriedener Bauherr sein Bauprojekt in der vereinbarten Bauzeit im vorgesehenen Kostenrahmen in der vertraglich zugesicherten Qualität erhalten.

Literatur

/1/	**Hannewald, J./Oepen, R.**	Bauprojekte erfolgreich steuern und managen, Hannewald, Jens. – Wiesbaden: Springer Vieweg, 2013, 2., erw. und aktualisierte Aufl.
/2/	**Ernst & Young Real Estate GmbH**	Studie »Unternehmen als Bauherren – Project Controlling, Risk Management und Claim Management im Projekt, gemeinsame Studie von EY Real Estate mit der HBC Biberach, 2014
/3/	**Hauser, K.**	BMW Group, »Helden und Methoden – Wie managen?«, Studie »Unternehmen als Bauherren – Project Controlling, Risk Management und Claim Management im Projekt« (2013), S. 8f.
/4/	**NBIMS**	National Building Information Model Standard Project Committee (NBIMS), Fachausschuss des National Institute for Building Sciences (NIBS), Facility Information Council (FIC) der Vereinigten Staaten in Fragen BIM und Standardisierung für den openBIM-basierten Datenaustausch; siehe http://www.nationalbimstandard.org/faq.php#faq1
/5/	**Handwerkskammer Berlin**	http://www.hwkberlin.de/beratung/umwelt-innovationen/maerkte-im-wandel/building-information-modeling-bim.html
/6/	**BIM-Leitfaden für Deutschland**	Forschungsprogramm Zukunft BAU, 2013 http://www.bbsr.bund.de/BBSR/DE/FP/ZB/Auftragsforschung/3Rahmenbedingungen/2013/BIMLeitfaden/01_start.html?nn=440404&notFirst=true&docId=702606
/7/	**Sablotny, D.**	»Anwendungen von iTWO im Schlüsselfertigbau – gezeigt an einem Beispiel«, Diplomarbeit am Institut für Baubetriebslehre der Universität Stuttgart, 2012
/8/	**Popp, K.H.**	S. 85f. Automatisierte Mengenermittlung, in: Günthner, W., Borrmann, A. (Hrsg.), Digitale Baustelle – innovativer Planen, effizienter Ausführen – Werkzeuge und Methoden für das Bauen im 21. Jahrhundert, 1. Auflage, Heidelberg: Springer, 2011
/9/	**Borrmann, A. u.a.**	S. 37f. BIM-gestützte Analysen, Berechnungen und Simulationen, in: Günthner, W., Borrmann, A. (Hrsg.), Digitale Baustelle – innovativer Planen, effizienter Ausführen – Werkzeuge und Methoden für das Bauen im 21. Jahrhundert, 1. Auflage, Heidelberg: Springer, 2011
/10/	**Popp, K.H.**	S. 86 Automatisierte Mengenermittlung
/11/	**Borrmann, A. u.a.**	S. 37 BIM-gestützte Analysen
/12/	**Eastman, C. u.a.**	S. 283ff. BIM Handbook – A Guide to Building Information Modeling for Owners, Managers, Designers, Engineers, and Con-

tractors, 2. Auflage, Hoboken (New Jersey): John Wiley & Sons, Inc., 2011

/13/ **Borrmann, A. u. a.** S. 38 BIM-gestützte Analysen

/14/ **Mack, J., Baumgärtel, T.** S. 17 Kostendruck versus Innovation – Die Sicht der Bauausführung, in: Günthner, W., Borrmann, A. (Hrsg.), Digitale Baustelle – innovativer Planen, effizienter Ausführen – Werkzeuge und Methoden für das Bauen im 21. Jahrhundert, 1. Auflage, Heidelberg: Springer, 2011

/15/ **Popp, K.H. (2011)** S. 88–90 Automatisierte Mengenermittlung

/16/ **BIM** BIM – Building Information Modeling, Berlin: Ernst & Sohn Special, 2013

/17/ **Günthner, W., Borrmann, A.** Digitale Baustelle – innovativer Planen, effizienter Ausführen – Werkzeuge und Methoden für das Bauen im 21. Jahrhundert, 1. Auflage, Heidelberg: Springer, 2011

/18/ **Talebitari, B.** BIM – Building Information Modeling, Berlin: Ernst & Sohn Special, 2013

/19/ **RIB iTWO®** RIB iTWO5D: Software – Handbuch, RIB Software AG, Stuttgart, 2015

17. EDV-Controllingsysteme

Volker Wirth

Inhalt

17.1 Nutzen der EDV-Unterstützung

In den letzten Jahren werden zunehmend EDV-Systeme in der Bauwirtschaft eingesetzt. In der Vergangenheit war der Verbreitungsgrad der EDV in den kaufmännischen Aufgabenstellungen wie Buchhaltung und Lohnabrechnung größer als in den technischen Bereichen wie Angebotskalkulation und Bauabrechnung. Dies hat sich in den letzten Jahren gewandelt. Die technischen Bereiche, insbesondere Kalkulation und Abrechnung, werden weitgehend EDV-gestützt abgewickelt. Das Angebot an praxiserprobter Branchensoftware ist zahlreich und ausgereift. Im Baustellencontrolling hält sich die EDV-Anwendung in Grenzen. Hier werden zum einen die verfügbaren Controllingfunktionen zum Teil nicht genutzt, zum andern stoßen die Branchenpakete an ihre Grenzen und es werden Tools wie EXCEL eingesetzt. Ein Hauptgrund für diese Problematik ist die fehlende Standardisierung der Controllingprozesse. Dies gilt insbesondere für den Schlüsselfertigbau. Hier werden häufig universell einsetzbare Tabellenkalkulationsprogramme oder firmenspezifische Datenbanklösungen eingesetzt.

Grundsätzlich lassen sich in vielen Controllingprozessen Branchenpakete mit folgenden Vorteilen einsetzen:

- Rückgriff auf Stammdaten, z. B. bei der Kalkulation,
- Ergebnisprognosen zum Bauende,
- zeitnahe Mengenermittlung und Abrechnung der Baustellen,
- Impulse zum Handeln aus Soll-/Ist-Vergleichen,
- EDV-Einsatz lässt die Controllingprozesse zur Routine werden!

17.2 EDV-Controllingsysteme

Zur Erleichterung der Auswahl der geeigneten EDV-Controllingsysteme werden nachfolgende Branchenpakete vorgestellt. Diese Übersicht erhebt keinen Anspruch auf Vollständigkeit. Die nachstehenden Informationen beruhen auf Angaben der Anbieter ohne Wertung des Herausgebers. Nachstehende Kurzbeschreibungen sind wie folgt gegliedert:

1. Produktname, Hersteller, Kontaktperson
2. Zielgruppe, Einsatzbereiche: z. B. Bauunternehmen, vorwiegend Rohbau
3. Kurzbeschreibung herausragender Controllingfunktionen: z. B. Ergebnishochrechnung von Baustellen
4. Link für weitere Informationen, E-Mail

Die Reihenfolge ergibt sich aus der alphabetischen Sortierung der Hersteller:

17.2.1 Baurechenzentrum Nürnberg BRZ

BRZ Deutschland GmbH, Nürnberg

1. Produktname, Hersteller, Kontaktperson

BRZ-Baustellensteuerung

BRZ Deutschland GmbH
Ansprechpartner: Uwe Hüttner, Leitung Kundenberatung/Business Development
Rollnerstraße 180
90425 Nürnberg
Telefon: +49 (0)911/3607–899
Telefax: +49 (0)911/3607–564

2. Zielgruppe, Einsatzbereiche:

Bauunternehmen (Hochbau, Tiefbau, Straßenbau)

3. Kurzbeschreibung herausragender Controllingfunktionen:

Baustellenexplorer

Projektübergreifender Soll-/Ist-Vergleich konsolidierter Projekte/Kostenstellen bis zum Einzelbeleg (Drill-down). Umfassender und aktueller Überblick der Bauvorhaben auf Basis der Kalkulation, Arbeitsvorbereitung, Betriebsabrechnung, Geräteabrechnung, Mengenermittlung, Lohnabrechnung, Beschaffung und technischen Nachkalkulation.

Projektübergreifende Umsatz- u. Personalbedarfsplanung

Die Übernahme von Stunden- und Preisvorgaben aus der Arbeitsvorbereitung ermöglicht die Erstellung eines projektbezogenen Bauzeitenplans mit konkreten Aussagen zum geplanten Personaleinsatz und der Bauleistung. Die projektübergreifende Ermittlung des Personalbedarfs und der zu erwartenden Umsätze verschafft den Überblick über ausgewählte Baustellen, einzelne Abteilungen des Betriebs oder die gesamte Firma. Durch die Analyse des projektübergreifenden Personalbedarfs kann festgestellt werden, über welche Baustellen die Auslastung optimiert werden kann oder korrigiert werden muss.

Projektkostenverfolgung

Die Projektkostenverfolgung erstellt vor und organisiert während der Bauphase eine komplette Übersicht der wichtigsten Daten im Bereich »Nachunternehmermanagement«: Von der Vergabe bis zur Abrechnung, über die Budgetierung der NU-Leistungen und deren Abgrenzung, bis hin zur Kostenhochrechnung und Auswertung entsprechender Vergabeergebnisse, werden hier zentral alle Daten geordnet abgelegt.

4. Link für weitere Informationen, E-Mail

www.brz.eu/de, info.de@brz.eu

17.2.2 Bau-Software Unternehmen

1. Produktname, Hersteller, Kontaktperson

Bau-SU® für Windows
Bau-Software Unternehmen GmbH
Ansprechpartner: Frohmut V. Barsch

2. Zielgruppe, Einsatzbereiche: z. B. Bauunternehmen, vorwiegend Rohbau

Zielgruppe: Bauhaupt- und Baunebengewerbe, komplette Software für technische-kaufmännische und kaufmännische Aufgaben, BU aller Größenordnungen

3. Kurzbeschreibung herausragender Controllingfunktionen:

Durch die automatische durchgängige Verknüpfung der Daten aus Vorkalkulation, Abrechnung, Einkauf, Lager, Finanzbuchhaltung und Lohn ergibt sich ein perfektes Controlling der Baustellen. Zusätzlich liefert ein Management-Informations-System (MIS) auf Grund der Daten der Finanz- und Lohnbuchhaltung sowie der Baustellen über Kennzahlen frei definierbare Auswertungen über den Gesamtbetrieb. Dabei unterstützen flexible Verteilungsschlüssel, Betriebsabrechnungsbogen sowie frei konfigurierbar Einzelnachweisimporte aus Fremdsystemen das Programm.

4. Link für weitere Informationen, E-Mail

www.bausu.de, Info@BauSU.de

17.2.3 Blindow & Partner Consulting

1. Produktname, Hersteller, Kontaktperson

Tunnel EDOC

Intertunnel Blindow & Partner Consulting GmbH
Ansprechpartner: Friedrich Karl Blindow
Grabenweg 68
A-6020 Innsbruck

Tel: +43(0)512/58 35 63 10
Fax: +43(0)512/58 35 63 90

2. Zielgruppe, Einsatzbereiche:

Für alle Bereiche des Tunnelbaus

3. Kurzbeschreibung herausragender Controllingfunktionen:

siehe Kapitel 7

4. Link für weitere Informationen, E-Mail, Gutscheine für kostenlose Test-/Demolizenzen

blindowconsult.com, office@blindowconsult.com

17.2.4 Linear project GmbH

1. Produktname, Hersteller, Kontaktperson

TILOS

Linear project GmbH
Ansprechpartner: Dipl.-Ing.(FH) Peter Lenk
G.-Braunstr. 14
76187 Karlsruhe
Tel.: +49(0)721/46 47 28–0
Fax.: +49(0)721/5096–1042
info@linearproject.com

2. Zielgruppe, Einsatzbereiche

Bauherren, Bauunternehmen, Architekten und Ingenieure, Projektmanager

3. Kurzbeschreibung herausragender Controllingfunktionen

Grafische Software zur Zeit-Wege-Planung für Linienbaustellen im Gleis-, Straßen-, Tunnel-, Pipeline- und Stromtrassen-Bau o. ä.

- Hohe Kommunikation durch Darstellung der Fertigungsrichtung und der Geschwindigkeit im Zeit-Wege-Programm.
- Grafisches Erstellen vom Grob- bis zum Detailplan.
- Integration von Geometrie (Lageplan) und Terminen in einem Plan steigert die Aussagekraft: Kollisionen zwischen Gewerken werden auf einen Blick sichtbar und können beseitigt werden.
- Beliebige Gliederung der Projekte nach Orten und Phasen mit farblicher Markierung der Objekte.
- Sicheres Mengen- und Leistungskonzept basierend auf Streckenprofilen. Teilmengen ergeben sich automatisch aus der geometrischen Zuordnung zu den Massenprofilen.
- Kollisionskontrolle von Vorgängen beim Neuberechnen der Termine aufgrund vorab definierter Mindestabstände zwischen den Kolonnen.

- Volle Integration von Kosten und Ressourcen, auch im Ist-Bereich.
- Einfaches Erstellen eines 3-stufigen Soll-/ Ist-Vergleiches: Soll/Ist/Modifiziertes Soll für die Restarbeiten gegliedert nach Terminen, Mengen, Ressourcen und Kosten.
- Massenverteilungskurven für Erdarbeiten.
- Darstellung der Termine im Zeit-Wege-Diagramm, Balkenplan und als Simulation des Baulaufes in Google Earth.

4. Link für weitere Informationen, E-Mail, Gutscheine für kostenlose Test-/Demolizenzen

www.tilos.org, info@linearproject.com, Testlizenzen gegen Vorlage der Kopie des Buchumschlages.

17.2.5 MWM Software & Beratung

1. Produktname, Hersteller, Kontaktperson

MWM-Libero/MWM-Piccolo
MWM Software & Beratung GmbH
Ansprechpartner: Wilhelm Veenhuis
Combahnstr. 43, 53225 Bonn
Tel: +49(0)228/400680
Fax: +49(0)228/4006843
www.mwm.deinfo@mwm.de

2. Zielgruppe, Einsatzbereiche:

Für alle Bereich der Bauwirtschaft, in denen zeitnah ein Leistungsstand der Baustelle gewünscht wird.

3. Kurzbeschreibung herausragender Controllingfunktionen:

Aufmaßermittlung auf der Baustelle mit Unterstützung von Table PC, PDA, Smartphone und Laser-Entfernungsmesser. Zusätzlich kann die Aufmaßermittlung auch aus Zeichnungen (DXF) oder Bildern (TIF) erfolgen. Kommunikation mit jeder anderen Bausoftware mittels GAEB und REB.

4. Link für weitere Informationen, E-Mail, Gutscheine für kostenlose Test-/Demolizenzen

www.mwm.de, info@mwm.de, ein kostenloser Download von Unterlagen und der Anwendung steht auf der Internetseite www.mwm.de zur Verfügung.

Die Leser von **»Controlling in der Baupraxis«** erhalten exklusiv eine kostenlose Freischaltung für 6 Monate. Stichwort »Prof. Wirth, Deggendorf« an wv@mwm.de.

17.2.6 Nemetschek Bausoftware GmbH

1. Produktname, Hersteller

Bau für Windows (integrierte Branchenlösung der NEMETSCHEK Bausoftware GmbH)

NEMETSCHEK Bausoftware GmbH
Im Finigen 3
28832 Achim
Tel: +49(0)4202/989–0
Fax: +49(0)4202/989–111

2. Zielgruppe, Einsatzbereiche:

- Bauunternehmen (Hochbau, Tiefbau, Straßenbau, Ingenieurbau, Garten/Landschaftsbau, ...)
- Schlüsselfertigbauer, Generalunternehmer
- Bauträger, Projektentwickler
- Betriebe des Baunebengewerbes
- Fertighaushersteller

3. Kurzbeschreibung herausragender Controllingfunktionen:

- Soll-/Ist-Vergleiche (Kostenarten-SIV, Stunden-SIV, Mittellohn-SIV, Warengruppen-SIV)
- Deckungsbeitrags-Soll-/Ist-Vergleich
- Plan-/Ist-Vergleiche (Budgetüberwachung)
- Mitlaufende Ergebnisrechnung
  (bauzeitbegleitende, stichtagsbezogene Kosten-Leistungs-Rechnung mit Gegenüberstellung von Kalkulationswerten, unter Berücksichtigung von diversen Obligos)
- Nachunternehmer-Controlling
  (Begleitende Ergebnisrechnung für SF-Projekte)

4. Link für weitere Informationen, E-Mail

www.bausoftware.de/produkte/bau-fuer-windows.html, info@bausoftware.de

1. Produktname, Hersteller

NEVARIS (integrierte Branchenlösung der NEMETSCHEK Bausoftware GmbH)

2. Zielgruppe, Einsatzbereiche:

- Bauunternehmen aus Gewerbe und Industrie (Hochbau, Tiefbau, Straßenbau, Ingenieurbau, Garten/Landschaftsbau, ...)
- Schlüsselfertigbauer, Generalunternehmer
- Bauträger, Projektentwickler
- Betriebe des Baunebengewerbes
- Fertighaushersteller

3. Kurzbeschreibung herausragender Controllingfunktionen:

- Berichtsgeneration zur Ermittlung betriebswirtschaftlicher Kennzahlen
- Soll-/Ist-Vergleiche (monetär und mengenmäßig; Vergleichsdarstellung unterschiedlicher Planebenen generierbar, so auch Kontrolle der Budgetierung möglich)
- Ergebnisentwicklung nach Voll-/Teilkostenrechnung oder auf Basis der Deckungsbeitragsermittlung
- Mandantenübergreifende Berichtserstattung
- Integrierte und zeitnahe Berichtsdatenführung
- Soll-/Ist-Vergleiche im Technikbereich auf Basis
  - kalkulierter Elemente,
  - verschiedener Mengen (LV-Menge, Leistungsmenge, VA-Menge, Rechnungsmenge usw.),
  - kalkulierter Kosten (gegliedert nach Hauptkosten- und Kostenarten),
  - kalkulierter Stunden (produktive und unproduktive),
  - der verschiedenen kalkulierten Mittellöhne,
  - der Kalkulationsstadien (Angebot, Auftrag, Arbeitskalkulation usw.) unter Berücksichtigung aller im Bauvorhaben kalkulierten Kosten,
  - der Deckungsbeiträge.
- Prognoserechnung zum Bauzeitende auf Basis der jeweiligen Ist-Daten (aktuell erfasste Leistungsmeldungen) unter Berücksichtigung noch zu erwartender Risiken (z. B. NU- und Projektrisiken) und Abweichungen.
- Plan-Soll-/Ist-Vergleich (Leistungswerte, Planwerte und Istwerte werden gegenübergestellt.)
- Jederzeit stichtagsbezogenes, mitlaufendes Controlling der Soll- und Ist-Zahlen: Dadurch ist eine bauzeitbegleitende Kosten-Leistungs-Rechnung mit Gegenüberstellung von Kalkulationswerten und den verschiedenen Kalkulationsstadien möglich.
- Nachunternehmer-Controlling, inkl. Vertragsverwaltung durch unterschiedliche Instrumentarien wie z. B. Schätzung, Erfassung, Prüfung und Freigabe von NU-Rechnungen, Vergabekontrolle, Vergabeziel, Cashflow, Zahlungsfluss usw.)

Management-Informationssystem

- Planung und Budgetierung,
- bis zu 10-Jahres-Planung integriert,
- mehrere Planebenen gleichzeitig im Griff,
- Festlegung von Kontroll- und Abweichungsmaßstäben,
- beliebige Planverteilungsschlüssel,

- Trendrechnungen nach diversen mathematischen Verfahren,
- Investitions- und Kreditplanung,
- Abweichungsanalysen,
- Kennzahlenanalysen/Kennzahlensysteme,
- Simulationen,
- Deckungsbeitragsanalysen,
- umfangreiche Reportingmöglichkeiten und grafische Darstellungen.

NEVARIS BIM (Building Information Modeling) – Controllingfunktionen

- umfassende 5D-Lösung mit 3D-Gebäudemodell als Mittelpunkt aller Anwendungen,
- Übersicht über die Kosten bereits am 3D-Modell,
- Einsatz in allen Leistungsphasen von den ersten Entwürfen bis zur Fertigstellung des Projektes,
- Effizientes und durchgängiges modellbasiertes Arbeiten in Planung und Ausführung,
- Mengenermittlung als zentrale Schnittstelle zwischen Modell und Bearbeitungsprozessen,
- Direkte Visualisierung von Mengen durch Verbindung zwischen CAD-Modell und LV-Daten,
- Umfangreiche Plausibilitätskontrollen und Herstellung verschiedenster Listenansichten durch komplexe Filtermöglichkeiten,
- AVA-Programmfunktionen mit Preisdatenbanken, Eventualpositionen, Handmengen, Exportfunktionen (Excel, PDF, GAEB),
- Auch im Gebäudebetrieb geeignet (Unterhalts-/Betriebskosten),
- Visualisierung aller Teilleistungen für die Bauleitung.

4. Link für weitere Informationen, E-Mail

www.bausoftware.de/produkte/nevaris.html, info@bausoftware.de

17.2.7 RIB Software

1. Produktname, Hersteller, Kontaktperson

RIB iTWO, RIB iTWOFinance

RIB Software AG
Vaihinger Straße 151
70567 Stuttgart
Telefon: +49(0)711/7873–770
Fax: +49(0)711/7873–88370

2. Zielgruppe, Einsatzbereiche:

Für alle Bereich der Bauwirtschaft, technischen und kaufmännischen Baubetrieb, Unternehmensführung

3. Kurzbeschreibung herausragender Controllingfunktionen:

1 Projektcontrolling:

- Stunden-Soll-/Ist-Vergleich
- Material-Soll-/Ist-Mengenvergleich
- variable Gegenüberstellung von Leistung/Kosten/DB
  - Plan: Auftragskalkulation
  - Prognose: wiederkehrende Hochrechnung, basierend auf dem Change-Management des Projekts
  - Ist
- Permanente Verfolgung der Regiegewinne aus Differenz der Nachunternehmerleistungen und Leistungen gegenüber dem Auftraggeber unter Einbeziehung des gesamten Nachtragsmanagements (Abwehr einerseits, Durchsetzung andererseits)
- Terminplanung und Termincontrolling

2 Projektübergreifendes Controlling (Multiprojektcontrolling)

3 Unternehmenscontrolling (multimandantenfähig)

- Rentabilität
- Projektbezogen, strukturiert nach Verantwortungshierarchien
- variable Gegenüberstellung von Leistung/Kosten/DB
  - Plan: Auftragskalkulation
  - Prognose: wiederkehrende Hochrechnung, basierend auf dem Change-Management des Projekts
  - Ist
- Gegenüberstellung von Nachträgen unterschiedlicher Stadien und darauf erbrachter Leistungen
- Beschaffungsbezogen:
  - Gegenüberstellung der Vergabeziele von Nachunternehmern mit den tatsächlich erzielten Vergaben
  - Gegenüberstellung der Materialplanpreise aus der Auftragskalkulation mit den tatsächlich erzielten Materialpreisen
  - Kostenstellenbezogen: Gegenüberstellung der Budgets aller Verwaltungs- und Hilfskostenstellen mit den Istkosten.
- Liquidität
  - Finanzplanung und Liquiditätsvorschau aus allen Erkenntnissen der Buchhaltung und der zu erwartenden Einnahmen- und Ausgabenströme von Projekten

    - Beobachtung der Erlössicherung aller Projekte durch Gegenüberstellung Leistungsstand, Abrechnungsstand, Zahlungsstand – strukturiert nach Verantwortungshierarchien

- Aggregiertes Managementinformationssystem (multimandantenfähig)
    - Monitoring aller Kerngeschäftsprozesse und Basel II-relevanten Kennzahlen über Plan-/Prognose- und Istwerte (harte und weiche Faktoren) auf Basis von Balanced Scorecards, Tabellen und Grafiken
    - Komplettes, unternehmensweites Frühwarnsystem

4. Link für weitere Informationen, E-Mail, Gutscheine für kostenlose Test-/Demolizenzen

www.rib-software.com, vertrieb@rib-software.com

Die Leser von **»Controlling in der Baupraxis«** erhalten exklusiv eine kostenlose Fachberatung zum Einsatz von RIB **iTWO.**

17.2.8 SFIRION

1. Produktname, Hersteller, Kontaktperson

SFIRION SUITE

sfirion AG
Ismaninger Str. 68
81675 München
Tel: +49(0)89/41 07 37–3
Fax: +49(0)89/41 07 37–59
Ansprechpartner: Dr. Albert Ripberger

2. Zielgruppe, Einsatzbereiche:

Für alle Bereich der Bauwirtschaft

3. Kurzbeschreibung herausragender Controllingfunktionen:

siehe Kapitel 13

4. Link für weitere Informationen, E-Mail, Gutscheine für kostenlose Test-/Demolizenzen

www.sfirion.de, info@sfirion.de

Die Leser von **»Controlling in der Baupraxis«** erhalten exklusiv eine kostenlose Freischaltung für 6 Monate.